NON-STOP HIGH-PASS

FINAL 적중
화재안전기준 및 소방관련법령
580제

김상현 저

PREFACE
머리말

1. 저자생각
건축물이 고층화, 대형화 및 복합화 되어감에 따라서 화재발생 시 인명피해 및 재산피해가 급격히 증가하고 있습니다. 이러한 사유로 건축물의 화재 안전성 및 피난 안전성을 확보하기 위하여 관계법령에 따라 소방시설을 설계, 감리 및 시공하고 설치된 소방시설에 대한 철저한 점검과 유지관리를 통하여 인명의 안전과 재산을 보호하여야 하는 전문인력이 절실하게 필요한 때입니다. 이러한 시대의 흐름에 맞추어 본인에 맞는 미래를 체계적으로 설계해야 합니다.

> 남과는 다른! 남보다 앞서가는! 눈부신 미래를 위한 첫걸음!
> 자격증 취득과 평생기술로 평생직장을...

2. 본서의 특징
1. 소방시설관리사 실기 때려잡기 필독서
2. 설비별 화재안전성능기준(NFPC), 화재안전기술기준(NFTC) 중 중요내용을 발췌하여 문제화
3. 문제와 답안을 별도 구성, 문제별 배점표시하여 실전 답안작성능력을 극대화
4. 최근 제정된 공동주택, 창고시설, 화재알림설비 관련 문제 수록
5. 설계 및 시공, 점검실무행정 주요 기출문제 수록
6. 소방관련법령 주요 기출문제 수록
7. 출간 교재를 활용한 연계학습 강화
   ① 화재안전기준(NFSC) 및 소방관련법령 이론
   ② FINAL 적중 화재안전기준 및 소방관련법령 580제
   ③ 소방시설의 설계 및 시공
   ④ 소방시설의 점검실무행정
   ⑤ 실전 동형 모의고사(설계 및 시공, 점검실무행정)

3. 맺음말

소방설비(산업)기사, 소방시설관리사, 소방기술사 관련 동영상은 아래의 사이트에서 보실 수 있습니다.

㈜배울학 홈페이지 www.baeulhak.com

본 교재에 대한 **오타신고, 개선사항 및 질의사항**은 아래 홈페이지에 올려주시면 감사하겠습니다.

동일출판사 www.dongilbook.co.kr
㈜배울학 홈페이지 www.baeulhak.com

자격증 공부는 단거리가 아닌 지구력을 요하는 마라톤과 같습니다. 끝까지 페이스를 잃지 않고 꾸준히 하시는 분이 결승선을 통과할 수 있습니다. 앞만 보고 달리십시오. 힘들면 잠시 쉬었다가 가셔도 됩니다. 절대로 뒤를 돌아보시거나 앞으로 달리기를 주저하시면 안 됩니다.

본 수험서가 자격증을 취득하는데 조금이나마 도움이 되었으면 하는 작은 바람을 가져 봅니다. 또한, 최적의 수험서가 될 수 있도록 최선의 노력을 다하겠습니다.

김 상 현
㈜배울학 소방분야 대표교수
소방기술사, 전기안전기술사
소방시설관리사

CONTENTS 차례

1편 화재안전기준(NFSC) 430제 문제

- 소화기구 및 자동소화장치 ········· 10
- 옥내소화전설비 ········· 12
- 스프링클러설비 ········· 17
- 간이스프링클러설비 ········· 28
- 화재조기진압용 스프링클러설비 ········· 32
- 물분무소화설비 ········· 35
- 미분무소화설비 ········· 37
- 포소화설비 ········· 39
- 이산화탄소소화설비 ········· 42
- 할론소화설비 ········· 47
- 할로겐화합물 및 불활성기체 소화설비 ········· 49
- 분말소화설비 ········· 55
- 옥외소화전설비 ········· 57
- 고체에어로졸소화설비 ········· 58
- 비상경보설비 및 단독경보형감지기 ········· 62
- 비상방송설비 ········· 64
- 자동화재탐지설비 및 시각경보장치 ········· 66
- 자동화재속보설비 ········· 74
- 누전경보기 ········· 75
- 가스누설경보기 ········· 76
- 화재알림설비 ········· 77
- 피난기구 ········· 79
- 인명구조기구 ········· 82
- 유도등 및 유도표지 ········· 83
- 비상조명등 ········· 87
- 상수도소화용수설비 ········· 88
- 소화수조 및 저수조 ········· 89
- 제연설비 ········· 90
- 특별피난계단의 계단실 및 부속실 제연설비 ········· 93
- 연결송수관설비 ········· 97
- 연결살수설비 ········· 99
- 비상콘센트설비 ········· 100
- 무선통신보조설비 ········· 102

소방시설용 비상전원수전설비 · 103
도로터널 · 104
고층건축물 · 106
지하구 · 110
건설현장 · 112
전기저장시설 · 113
공동주택 · 115
창고시설 · 120
소방시설의 내진설계 기준 · 124
기타 · 129

2편 소방관련법령 150제 문제

화재의 예방 및 안전관리에 관한 법률 · · · · · · · · · · · · · · · · · 136
화재의 예방 및 안전관리에 관한 법률 시행령 · · · · · · · · · · 137
화재의 예방 및 안전관리에 관한 법률 시행규칙 · · · · · · · · 140
소방시설 설치 및 관리에 관한 법률 · · · · · · · · · · · · · · · · · · · 142
소방시설 설치 및 관리에 관한 법률 시행령 · · · · · · · · · · · · 148
소방시설 설치 및 관리에 관한 법률 시행규칙 · · · · · · · · · · 165
다중이용업소의 안전관리에 관한 특별법 · · · · · · · · · · · · · · 180
다중이용업소의 안전관리에 관한 특별법 시행령 · · · · · · · 181
다중이용업소의 안전관리에 관한 특별법 시행규칙 · · · · · 182
건축물의 피난·방화구조 등의 기준에 관한 규칙 · · · · · · · 185
기타법령 · 188
형식승인, 성능인증 · 193

3편 화재안전기준(NFSC) 430제 답안

소화기구 및 자동소화장치 · 208
옥내소화전설비 · 210
스프링클러설비 · 215
간이스프링클러설비 · 223
화재조기진압용 스프링클러설비 · 226
물분무소화설비 · 229

CONTENTS
차 례

- 미분무소화설비 ········· 231
- 포소화설비 ········· 233
- 이산화탄소소화설비 ········· 236
- 할론소화설비 ········· 243
- 할로겐화합물 및 불활성기체 소화설비 ········· 245
- 분말소화설비 ········· 251
- 옥외소화전설비 ········· 252
- 고체에어로졸소화설비 ········· 253
- 비상경보설비 및 단독경보형감지기 ········· 257
- 비상방송설비 ········· 259
- 자동화재탐지설비 및 시각경보장치 ········· 260
- 자동화재속보설비 ········· 266
- 누전경보기 ········· 266
- 가스누설경보기 ········· 267
- 화재알림설비 ········· 269
- 피난기구 ········· 274
- 인명구조기구 ········· 276
- 유도등 및 유도표지 ········· 277
- 비상조명등 ········· 280
- 상수도소화용수설비 ········· 281
- 소화수조 및 저수조 ········· 281
- 제연설비 ········· 282
- 특별피난계단의 계단실 및 부속실 제연설비 ········· 287
- 연결송수관설비 ········· 292
- 연결살수설비 ········· 295
- 비상콘센트설비 ········· 297
- 무선통신보조설비 ········· 298
- 소방시설용 비상전원수전설비 ········· 300
- 도로터널 ········· 300
- 고층건축물 ········· 303
- 지하구 ········· 306
- 건설현장 ········· 308
- 전기저장시설 ········· 310
- 공동주택 ········· 311
- 창고시설 ········· 318

소방시설의 내진설계 기준 ··· 324
기타 ··· 326

4편 소방관련법령 150제 답안

화재의 예방 및 안전관리에 관한 법률 ·· 330
화재의 예방 및 안전관리에 관한 법률 시행령 ·· 332
화재의 예방 및 안전관리에 관한 법률 시행규칙 ···································· 334
소방시설 설치 및 관리에 관한 법률 ·· 335
소방시설 설치 및 관리에 관한 법률 시행령 ·· 338
소방시설 설치 및 관리에 관한 법률 시행규칙 ·· 350
다중이용업소의 안전관리에 관한 특별법 ·· 358
다중이용업소의 안전관리에 관한 특별법 시행령 ···································· 359
다중이용업소의 안전관리에 관한 특별법 시행규칙 ································ 360
건축물의 피난·방화구조 등의 기준에 관한 규칙(건축물 방화구조규칙) ··· 363
기타법령 ·· 365
형식승인, 성능인증 ·· 369

5편 화재안전기준 기출문제 및 답안

소화기구 및 자동소화장치 ·· 376
옥내소화전설비 ··· 378
스프링클러설비 ··· 382
간이스프링클러설비 ·· 386
화재조기진압용 스프링클러설비 ·· 388
물분무소화설비 ··· 389
미분무소화설비 ··· 390
포소화설비 ··· 390
이산화탄소소화설비 ·· 392
할론소화설비 ·· 398
할로겐화합물 및 불활성기체소화설비 ··· 398
분말소화설비 ·· 402
옥외소화전설비 ··· 403
비상경보설비 및 단독경보형감지기 ·· 403
자동화재탐지설비 및 시각경보장치 ·· 404
누전경보기 ··· 411

CONTENTS 차례

가스누설경보기 ········· 412
피난기구 ········· 412
인명구조기구 ········· 415
유도등 및 유도표지 ········· 415
비상조명등 ········· 418
제연설비 ········· 419
특별피난계단의 계단실 및 부속실 제연설비 ········· 421
연결송수관설비 ········· 426
비상콘센트설비 ········· 426
무선통신보조설비 ········· 428
소방시설용 비상전원수전설비 ········· 428
도로터널 ········· 429
고층건축물 ········· 431
지하구 ········· 433
전기저장시설 ········· 435
소방시설의 내진설계기준 ········· 435

6편 소방관련법령 기출문제 및 답안

소방시설 설치 및 관리에 관한 법률 시행령 ········· 438
소방시설 설치 및 관리에 관한 법률 시행규칙 ········· 445
다중이용업소의 안전관리에 관한 특별법 ········· 447
다중이용업소의 안전관리에 관한 특별법 시행령 ········· 448
다중이용업소의 안전관리에 관한 특별법 시행규칙 ········· 449
건축물의 피난·방화구조 등의 기준에 관한 규칙 ········· 454
건축법 시행령 ········· 455

FINAL 적중 화재안전기준 및 소방관련법령 580제

화재안전기준(NFSC)
430제 문제

소화기구 및 자동소화장치

001 소화기구 및 자동소화장치의 화재안전성능기준(NFPC 101)에 따른 주거용 주방자동소화장치 설치기준 5가지를 쓰시오.(5점)

002 소화기구 및 자동소화장치의 화재안전기술기준(NFTC 101)에 따른 주거용 주방자동소화장치 설치기준 5가지를 쓰시오.(5점)

003 소화기구 및 자동소화장치의 화재안전성능기준(NFPC 101)에 따른 상업용 주방자동소화장치 설치기준 5가지를 쓰시오.(5점)

004 다음은 소화기구 및 자동소화장치의 화재안전성능기준(NFPC 101)에 따른 캐비닛형자동소화장치의 설치기준을 나타낸 것이다. 괄호 안의 번호에 알맞은 답을 쓰시오.(3점)

> 가. 분사헤드(방출구)의 설치 높이는 방호구역의 바닥으로부터 형식승인을 받은 범위 내에서 유효하게 소화약제를 방출시킬 수 있는 높이에 설치할 것
> 나. 화재감지기는 방호구역 내의 천장 또는 옥내에 면하는 부분에 설치하되 「자동화재탐지설비 및 시각경보장치의 화재안전성능기준(NFPC 203)」 제7조에 적합하도록 설치할 것
> 다. 방호구역 내의 (㉠)의 감지에 따라 작동되도록 할 것
> 라. 화재감지기의 회로는 (㉡)방식으로 설치할 것

> 마. 개구부 및 통기구(환기장치를 포함한다. 이하 같다)를 설치한 것에 있어서는 소화약제가 방출되기 전에 해당 개구부 및 통기구를 자동으로 폐쇄할 수 있도록 할 것
> 바. 작동에 지장이 없도록 견고하게 고정할 것
> 사. 구획된 장소의 (ⓒ) 이상을 방호할 수 있는 소화성능이 있을 것

005 소화기구 및 자동소화장치의 화재안전기술기준(NFTC 101)에 따른 특정소방대상물의 설치장소별 소화기구의 소화약제별 적응성 기준에 대한 각 물음에 답하시오.(4점)
  (1) 일반화재, 전기화재 및 유류화재에 모두 적응성이 있는 소화약제의 종류를 모두 쓰시오.(2점)
  (2) 액체 소화약제의 종류 4가지를 쓰시오.(2점)

006 다음은 소화기구 및 자동소화장치의 화재안전기술기준(NFTC 101)에 따른 부속용도별로 추가해야 할 소화기구 및 자동소화장치에 대한 기준의 일부를 나타낸 표이다. 괄호 안의 번호에 알맞은 답을 쓰시오.(4점)

용도별	소화기구의 능력단위
1. 다음 각목의 시설. 다만, 스프링클러설비·간이스프링클러설비·(㉠) 또는 (㉡)가 설치된 경우에는 자동확산소화기를 설치하지 않을 수 있다. 가. 보일러실·건조실·세탁소·대량화기취급소 나. 음식점(지하가의 음식점을 포함한다)·다중이용업소·호텔·기숙사·(㉢)·의료시설·업무시설·공장·(㉣)·교육연구시설·교정 및 군사시설의 주방 다만, 의료시설·업무시설 및 공장의 주방은 공동취사를 위한 것에 한한다. 다. 관리자의 출입이 곤란한 변전실·송전실·변압기실 및 배전반실(불연재료로된 상자 안에 장치된 것을 제외한다)	1. 해당 용도의 바닥면적 (㉤) ㎡ 마다 능력단위 1단위 이상의 소화기로 할 것. 이 경우 나목의 주방에 설치하는 소화기 중 1개 이상은 (㉥) 소화기(K급)로 설치해야 한다. 2. 자동확산소화기는 해당 용도의 바닥면적을 기준으로 (㉦) ㎡ 이하는 1개, (㉦) ㎡ 초과는 2개 이상을 설치하되, 보일러, 가스레인지 등 방호대상에 유효하게 분사될 수 있는 위치에 배치될 수 있는 수량으로 설치할 것

옥내소화전설비

007 옥내소화전설비의 화재안전성능기준(NFPC 102)에 따른 옥내소화전설비용 수조 설치 기준 3가지를 쓰시오.(3점)

008 다음은 옥내소화전설비의 화재안전기술기준(NFTC 102)에 따른 옥상수원 설치 제외하는 기준을 나타낸 것이다. 괄호 안의 번호에 알맞은 답을 쓰시오.(4점)

> 옥내소화전설비의 수원은 유효수량 외에 유효수량의 3분의 1 이상을 옥상(옥내소화전설비가 설치된 건축물의 주된 옥상을 말한다. 이하 같다)에 설치해야 한다. 다만, 다음의 어느 하나에 해당하는 경우에는 그렇지 않다.
> (1) 지하층만 있는 건축물
> (2) 2.2.2에 따른 (㉠)
> (3) 수원이 건축물의 최상층에 설치된 방수구보다 높은 위치에 설치된 경우
> (4) (㉡)
> (5) (㉢)
> (6) 2.2.1.9의 단서에 해당하는 경우
> (7) 2.2.4에 따라 (㉣)

009 옥내소화전설비의 화재안전기술기준(NFTC 102)에 따라 학교·공장·창고시설(옥상수조를 설치한 대상은 제외한다)로서 동결의 우려가 있는 장소에 있어서는 기동스위치에 보호판을 부착하여 옥내소화전함 내에 설치할 수 있다. 이 경우에 주펌프와 동등 이상의 성능이 있는 별도의 펌프로서 내연기관의 기동과 연동하여 작동되거나 비상전원을 연결한 펌프를 추가 설치해야 하나 설치하지 않을 수 있는 경우 5가지를 쓰시오.(5점)

010 옥내소화전설비의 화재안전기술기준(NFTC 102)에 따른 배관과 배관이음쇠는 배관 내 사용압력에 따라 그 사용을 달리해야 한다. 다음 물음에 알맞은 배관의 종류를 쓰시오.(6점)
(1) 배관 내 사용압력이 1.2메가파스칼 미만일 경우 4가지(4점)
(2) 배관 내 사용압력이 1.2메가파스칼 이상일 경우 2가지(2점)

011 옥내소화전설비의 화재안전성능기준(NFPC 102) 제6조(배관 등)에 따른 펌프의 흡입측 배관은 기준에 따라 설치해야 한다. 이에 해당하는 기준 2가지를 쓰시오.(2점)

012 옥내소화전설비의 화재안전성능기준(NFPC 102)에 따라 옥내소화전설비에는 소방자동차부터 그 설비에 송수할 수 있는 송수구를 설치한다. 이 송수구 설치기준 6가지를 쓰시오.(6점)

013 옥내소화전설비의 화재안전기술기준(NFTC 102)에 따라 옥내소화전설비에는 소방차로부터 그 설비에 송수할 수 있는 송수구를 설치해야 한다. 이 송수구 설치기준 6가지를 쓰시오.(6점)

014 옥내소화전설비의 화재안전성능기준(NFPC 102) 중 옥내소화전방수구 설치기준 4가지를 쓰시오.(4점)

015 옥내소화전설비의 화재안전기술기준(NFTC 102) 중 옥내소화전방수구 설치기준 4가지를 쓰시오.(4점)

016
다음은 옥내소화전설비의 화재안전성능기준(NFPC 102) 제9조(제어반)에 대한 내용이다. 괄호 안의 번호에 알맞은 답을 쓰시오.(5점)

① 옥내소화전설비에는 제어반을 설치하되, (㉠)과 (㉡)으로 구분하여 설치해야 한다.
② 감시제어반은 (㉢), 상용전원, 비상전원, 수조, (㉣), 예비전원 등을 감시·제어 및 시험할 수 있는 기능을 갖추어야 한다.
③ 감시제어반은 다음 각 호의 기준에 따라 설치해야 한다.
  1. 화재 또는 침수 등의 재해로 인한 피해를 받을 우려가 없는 곳에 설치할 것
  2. 감시제어반은 옥내소화전설비의 전용으로 할 것
  3. 감시제어반은 다음 각 목의 기준에 따른 전용실 안에 설치하고, 전용실에는 특정소방대상물의 기계·기구 또는 시설 등의 제어 및 감시설비 외의 것을 두지 않을 것
    가. 다른 부분과 (㉤)을 할 것
    나. (㉥) 또는 (㉦)에 설치할 것
    다. (㉧) 및 (㉨)를 설치할 것
    라. 「무선통신보조설비의 화재안전성능기준(NFPC 505)」 제5조제3항에 따라 유효하게 통신이 가능할 것
    마. 바닥면적은 감시제어반의 설치에 필요한 면적 외에 화재 시 (㉩)이 그 감시제어반의 조작에 필요한 최소면적 이상으로 할 것

017
다음은 옥내소화전설비의 화재안전기술기준(NFTC 102) 상 감시제어반의 기능 적합 기준을 나타낸 것이다. 괄호 안의 번호에 알맞은 답을 쓰시오.(4점)

감시제어반의 기능은 다음의 기준에 적합해야 한다.
  ○ 각 펌프의 작동여부를 확인할 수 있는 (㉠) 및 (㉡)이 있어야 할 것
  ○ 각 펌프를 (㉢)으로 작동시키거나 중단시킬 수 있어야 할 것
  ○ 비상전원을 설치한 경우에는 (㉣)의 공급여부를 확인할 수 있어야 할 것
  ○ (㉤)가 저수위로 될 때 표시등 및 음향으로 경보할 것
  ○ 다음의 각 확인회로마다 도통시험 및 작동시험을 할 수 있도록 할 것
    (1) (㉥)
    (2) (㉦)
    (3) 2.3.10에 따른 (㉧)
    (4) 그 밖의 이와 비슷한 회로
  ○ 2.6.2.6 예비전원이 확보되고 예비전원의 적합여부를 시험할 수 있어야 할 것

018 옥내소화전설비의 화재안전성능기준(NFPC 102) 제8조(전원)에 대한 다음 물음에 답하시오.(7점)

(1) 특정소방대상물의 옥내소화전설비에는 비상전원을 설치해야 한다. 이에 해당하는 특정소방대상물 2가지를 쓰시오.(2점)

(2) 옥내소화전설비의 비상전원은 자가발전설비, 축전지설비 또는 전기저장장치로서 기준에 따라 설치해야 한다. 이에 해당하는 기준 5가지를 쓰시오.(5점)

019 다음은 옥내소화전설비의 화재안전성능기준(NFPC 102) 제10조(배선 등)에 대한 내용이다. 괄호 안의 번호에 알맞은 답을 쓰시오.(2점)

> 옥내소화전설비의 배선은 「전기사업법」 제67조에 따른 「전기설비기술기준」에서 정한 것 외에 다음 각 호의 기준에 따라 설치해야 한다.
> 1. (㉠)은 내화배선으로 할 것
> 2. (㉡)은 내화배선 또는 내열배선으로 할 것

020 옥내소화전설비의 화재안전성능기준(NFPC 102) 제11조(방수구의 설치 제외) 기준을 쓰시오.(2점)

021 옥내소화전설비의 화재안전기술기준(NFTC 102) 상 사용전선의 종류에 따른 내화배선의 공사방법을 쓰시오.(5점)

사용전선의 종류	공사방법
450/750 V 저독성 난연 가교 폴리올레핀 절연 전선	(1)
내화전선	(2)

022 옥내소화전설비의 화재안전기술기준(NFTC 102) 상 내화전선의 내화성능기준을 쓰시오.(2점)

023 옥내소화전설비의 화재안전기술기준(NFTC 102) 상 450/750 V 저독성 난연 가교 폴리올레핀 절연 전선을 사용할 경우 내열배선 공사방법을 쓰시오.(5점)

스프링클러설비

024 다음은 스프링클러설비의 화재안전성능기준(NFPC 103) 제4조(수원)에 따른 스프링클러설비 설치장소 별 기준개수를 나타낸 표이다. 표의 빈칸 번호에 알맞은 답을 쓰시오.(5점)

스프링클러설비 설치장소			기준개수
지하층을 제외한 층수가 10층 이하인 특정소방대상물	(㉠)	(㉡)	(㉢)
		그 밖의 것	20
	(㉣)	(㉤)	(㉥)
		그 밖의 것	20
	그 밖의 것	헤드의 부착높이가 8m 이상인 것	(㉦)
		헤드의 부착높이가 8m 미만인 것	10
(㉧)			(㉨)

비고 : 하나의 특정소방대상물이 2 이상의 "스프링클러헤드의 기준개수"란에 해당하는 때에는 기준개수가 (㉨) 난을 기준으로 한다. 다만, 각 기준개수에 해당하는 수원을 별도로 설치하는 경우에는 그러하지 아니하다.

025 스프링클러설비의 화재안전성능기준(NFPC 103) 상 스프링클러설비용 수조 설치기준 3가지를 쓰시오.(3점)

026 스프링클러설비의 화재안전기술기준(NFTC 103) 상 스프링클러설비용 수조는 기준에 따라 설치해야 한다. 이에 해당하는 기준 8가지를 쓰시오.(8점)

027 스프링클러설비의 화재안전기술기준(NFTC 103) 상 스프링클러설비의 수원을 수조로 설치하는 경우에는 소화설비의 전용수조로 해야 하나, 그렇지 않아도 되는 경우 2가지를 쓰시오.(2점)

028 스프링클러설비의 화재안전성능기준(NFPC 103) 제6조(폐쇄형스프링클러설비의 방호구역 및 유수검지장치)에 따른 폐쇄형스프링클러헤드를 사용하는 설비의 방호구역(스프링클러설비의 소화범위에 포함된 영역을 말한다. 이하 같다) 및 유수검지장치 적합기준 7가지를 쓰시오.(7점)

029 스프링클러설비의 화재안전기술기준(NFTC 103) 상 폐쇄형스프링클러헤드를 사용하는 설비의 방호구역(스프링클러설비의 소화범위에 포함된 영역을 말한다. 이하 같다) 및 유수검지장치 적합기준 중 유수검지장치에 대한 내용 4가지를 쓰시오.(5점)

030 다음은 스프링클러설비의 화재안전기술기준(NFTC 103) 상 폐쇄형스프링클러설비의 방호구역 및 유수검지장치에 대한 내용이다. 괄호 안의 번호에 알맞은 답을 쓰시오.(9점)

> ○ 하나의 방호구역의 바닥면적은 (㉠) ㎡를 초과하지 않을 것. 다만, 폐쇄형스프링클러설비에 격자형배관방식(2 이상의 수평주행배관 사이를 가지배관으로 연결하는 방식을 말한다)을 채택하는 때에는 (㉡) ㎡ 범위 내에서 펌프용량, 배관의 구경 등을 수리학적으로 계산한 결과 헤드의 방수압 및 방수량이 방호구역 범위 내에서 소화목적을 달성하는데 충분하도록 해야 한다.
> ○ 하나의 방호구역에는 1개 이상의 (㉢)를 설치하되, 화재 시 접근이 쉽고 점검하기 편리한 장소에 설치할 것
> ○ 하나의 방호구역은 2개 층에 미치지 않도록 할 것. 다만, 1개 층에 설치되는 스프링클러헤드의 수가 (㉣) 이하인 경우와 복층형구조의 공동주택에는 3개 층 이내로 할 수 있다.
> ○ 유수검지장치를 실내에 설치하거나 보호용 철망 등으로 구획하여 바닥으로부터 0.8 m 이상 1.5 m 이하의 위치에 설치하되, 그 실 등에는 (㉤)의 개구부로서 그 개구부에는 출입문을 설치하고 그 출입문 상단에 "유수검지장치실"이라고 표시한 표지를 설치할 것. 다만, 유수검지장치를 기계실(공조용기계실을 포함한다)안에 설치하는 경우에는 별도의 실 또는 보호용 철망을 설치하지 않고 기계실 출입문 상단에 "유수검지장치실"이라고 표시한 표지를 설치할 수 있다.
> ○ 스프링클러헤드에 공급되는 물은 유수검지장치를 지나도록 할 것. 다만, (㉥)를 통하여 공급되는 물은 그렇지 않다.
> ○ (ⓐ)에 따른 압력수가 흐르는 배관 상에 설치된 유수검지장치는 화재 시 물의 흐름을 검지할 수 있는 최소한의 압력이 얻어질 수 있도록 수조의 하단으로부터 낙차를 두어 설치할 것
> ○ 조기반응형 스프링클러헤드를 설치하는 경우에는 (ⓞ) 또는 (㉧)를 설치할 것

031 스프링클러설비의 화재안전기술기준(NFTC 103) 상 폐쇄형스프링클러헤드를 사용하는 설비의 방호구역(스프링클러설비의 소화범위에 포함된 영역을 말한다. 이하 같다) 및 유수검지장치 적합기준 중 방호구역에 대한 내용 3가지를 쓰시오.(4점)

032 스프링클러설비의 화재안전성능기준(NFPC 103) 제7조(개방형스프링클러설비의 방수구역 및 일제개방밸브)에 따른 개방형스프링클러설비의 방수구역 및 일제개방밸브 적합기준 4가지를 쓰시오.(4점)

033 다음은 스프링클러설비의 화재안전성능기준(NFPC 103) 중 일부를 나타낸 것이다. 괄호 안의 번호에 알맞은 답을 쓰시오.(3점)

> 준비작동식유수검지장치 또는 일제개방밸브의 작동은 다음 각 호의 기준에 적합해야 한다.
> 1. (㉠)
> 2. (㉡)
> 3. (㉢)
> 4. 제1호 및 제2호에 따른 화재감지기의 설치기준에 관하여는 「자동화재탐지설비 및 시각경보장치의 화재안전성능기준(NFPC 203)」 제7조 및 제11조를 준용할 것
> 5. 화재감지기 회로에는 「자동화재탐지설비 및 시각경보장치의 화재안전성능기준(NFPC 203)」 제9조에 따른 발신기를 설치할 것

034 스프링클러설비의 화재안전기술기준(NFTC 103) 상 「소방용합성수지배관의 성능인증 및 제품검사의 기술기준」에 적합한 소방용 합성수지배관으로 설치할 수 있는 장소 3가지를 쓰시오.(3점)

035 다음은 스프링클러설비의 화재안전기술기준(NFTC 103) 상 "스프링클러헤드 수별 급수관의 구경"을 나타낸 표이다. 괄호 안의 번호에 알맞은 답을 쓰시오.(4점)

(단위: mm)

구분 \ 급수관의 구경	25	32	40	50	65	80	90	100	125	150
가	2	3	5	10	30	60	80	100	160	161 이상
나	2	4	7	15	30	60	65	100	160	161 이상
다	1	2	5	8	15	27	40	55	90	91 이상

[비고] 1. 폐쇄형스프링클러헤드를 사용하는 설비의 경우로서 1개 층에 하나의 급수배관(또는 밸브 등)이 담당하는 구역의 최대면적은 (㉠) ㎡를 초과하지 않을 것
2. (㉡)를 설치하는 경우에는 "가"란의 헤드수에 따를 것. 다만 (㉢)개 이상의 헤드를 담당하는 급수배관(또는 밸브)의 구경을 (㉣) ㎜로 할 경우에는 수리계산을 통하여 2.5.3.3의 단서에서 규정한 배관의 유속에 적합하도록 할 것
3. 폐쇄형스프링클러헤드를 설치하고 (㉤)를 동일 급수관의 가지관상에 병설하는 경우에는 "나"란의 헤드수에 따를 것
4. 2.7.3.1의 경우로서 폐쇄형스프링클러헤드를 설치하는 설비의 배관구경은 "다"란에 따를 것
5. (㉥)를 설치하는 경우 하나의 방수구역이 담당하는 헤드의 개수가 (㉦)개 이하일 때는 "다"란의 헤드수에 의하고, (㉧)개를 초과할 때는 수리계산 방법에 따를 것

036 다음은 스프링클러설비의 화재안전기술기준(NFTC 103) 상 "스프링클러헤드 수별 급수관의 구경"을 나타낸 표이다. 표의 빈칸에 알맞은 답을 쓰시오.(6점)

급수관의 구경 구분	25	32	40	50	65	80	90	100	125	150
가										161 이상
나										161 이상
다										91 이상

037 스프링클러설비의 화재안전기술기준(NFTC 103) 상 펌프의 흡입측 배관 설치기준 2가지를 쓰시오.(2점)

038 스프링클러설비의 화재안전기술기준(NFTC 103) 상 펌프의 성능시험배관 적합기준 2가지를 쓰시오.(3점)

039 스프링클러설비의 화재안전기술기준(NFTC 103) 상 주차장의 스프링클러설비를 습식으로 할 수 있는 경우 2가지를 쓰시오.(2점)

040 다음은 스프링클러설비의 화재안전기술기준(NFTC 103) 중의 일부를 나타낸 것이다. 괄호 안의 번호에 알맞은 답을 쓰시오.(6점)

> (㉠) 또는 (㉡)를 사용하는 스프링클러설비와 (㉢)에는 동 장치를 시험할 수 있는 시험장치를 다음의 기준에 따라 설치해야 한다.
> ○ (㉣) 및 (㉤)에 있어서는 유수검지장치 2차 측 배관에 연결하여 설치하고 (㉥)인 경우 유수검지장치에서 가장 먼 거리에 위치한 가지배관의 끝으로부터 연결하여 설치할 것. 이 경우 유수검지장치 2차 측 설비의 내용적이 (㉦) L를 초과하는 건식스프링클러설비는 시험장치 개폐밸브를 완전 개방 후 (㉧) 이내에 물이 방사되어야 한다.
> ○ 시험장치 배관의 구경은 (㉨) mm 이상으로 하고, 그 끝에 (㉩) 및 개방형헤드 또는 스프링클러헤드와 동등한 방수성능을 가진 오리피스를 설치할 것. 이 경우 개방형헤드는 반사판 및 프레임을 제거한 오리피스만으로 설치할 수 있다.
> ○ 시험배관의 끝에는 (㉠) 및 (㉫)을 설치하여 시험 중 방사된 물이 바닥에 흘러내리지 않도록 할 것. 다만, 목욕실·화장실 또는 그 밖의 곳으로서 배수처리가 쉬운 장소에 시험배관을 설치한 경우에는 그렇지 않다.

041 스프링클러설비의 화재안전기술기준(NFTC 103) 상 층수가 11층(공동주택인 경우 16층) 이상의 특정소방대상물은 어떤 기준에 따라 경보를 발할 수 있도록 해야 하는지 쓰시오.(3점)

042 스프링클러설비의 화재안전기술기준(NFTC 103) 상 음향장치의 구조 및 성능에 대한 기준 2가지를 쓰시오.(2점)

043 스프링클러설비의 화재안전성능기준(NFPC 103) 상 조기반응형 스프링클러헤드를 설치해야 하는 장소 기준 3가지를 쓰시오.(3점)

044 스프링클러설비의 화재안전성능기준(NFPC 103) 상 스프링클러헤드 설치방법 5가지 기준을 쓰시오.(5점)

045 다음은 스프링클러설비의 화재안전기술기준(NFTC 103) 상 폐쇄형스프링클러헤드에 대한 내용 중의 일부이다. 괄호 안의 번호에 알맞은 답을 쓰시오.(10점)

폐쇄형스프링클러헤드는 그 설치장소의 평상시 최고 주위온도에 따라 다음 표 2.7.6에 따른 표시온도의 것으로 설치해야 한다. 다만, 높이가 (㉠) m 이상인 공장에 설치하는 스프링클러헤드는 그 설치장소의 평상시 최고 주위온도에 관계없이 표시온도 (㉡) ℃ 이상의 것으로 할 수 있다.

[표] 설치장소의 평상시 최고 주위온도에 따른 폐쇄형스프링클러헤드의 표시온도

설치장소의 최고 주위온도	표시온도
(㉢)	(㉣)
(㉤)	(㉥)
(㉦)	(㉧)
(㉨)	(㉩)

046 스프링클러설비의 화재안전기술기준(NFTC 103)에 따른 다음 물음에 답하시오.(4점)
(1) 하향식스프링클러헤드를 설치해야 하는 스프링클러설비의 종류를 쓰시오.(1점)
(2) 건식스프링클러설비를 하향식스프링클러헤드로 설치할 수 있는 경우 3가지를 쓰시오.(3점)

047 다음은 스프링클러설비의 화재안전기술기준(NFTC 103) 일부를 나타낸 것이다. 괄호 안의 번호에 알맞은 답을 쓰시오.(5점)

특정소방대상물의 보와 가장 가까운 스프링클러 헤드는 다음 [표]의 기준에 따라 설치해야 한다. 다만, 천장 면에서 보의 하단까지의 길이가 (㉠) cm를 초과하고 보의 하단 측면 끝부분으로부터 스프링클러헤드까지의 거리가 스프링클러헤드 상호간 거리의 (㉡) 이하가 되는 경우에는 스프링클러헤드와 그 부착 면과의 거리를 (㉢) cm 이하로 할 수 있다.

[표] 보의 수평거리에 따른 스프링클러헤드의 수직거리

스프링클러헤드의 반사판 중심과 보의 수평거리	스프링클러헤드의 반사판 높이와 보의 하단 높이의 수직거리
(㉣)	보의 하단보다 낮을 것
(㉤)	0.1 m 미만일 것
(㉥)	0.15 m 미만일 것
1.5 m 이상	(㉦)

048 스프링클러설비의 화재안전기술기준(NFTC 103) 상 감시제어반과 동력제어반으로 구분하여 설치하지 않을 수 있는 경우 4가지를 쓰시오.(4점)

049 스프링클러설비의 화재안전기술기준(NFTC 103) 상 감시제어반의 기능 적합기준 5가지를 쓰시오.(5점)

050 다음은 스프링클러설비의 화재안전기술기준(NFTC 103) 일부를 나타낸 것이다. 괄호 안의 번호에 알맞은 답을 쓰시오.(4점)

> 다음의 각 확인회로마다 도통시험 및 작동시험을 할 수 있도록 할 것
> (1) (㉠)
> (2) (㉡)
> (3) (㉢)
> (4) (㉣)
> (5) 2.5.16에 따른 개폐밸브의 폐쇄상태 확인회로
> (6) 그 밖의 이와 비슷한 회로

051 스프링클러설비의 화재안전성능기준(NFPC 103) 제15조(헤드의 설치제외) 기준 2가지를 쓰시오.(2점)

052 스프링클러설비의 화재안전기술기준(NFTC 103) 상 연소할 우려가 있는 개구부에 드렌처설비를 설치한 경우에는 해당 개구부에 한하여 스프링클러헤드를 설치하지 않을 수 있다. 이에 해당하는 기준 5가지를 쓰시오.(5점)

053 스프링클러설비의 화재안전기술기준(NFTC 103) 상 스프링클러설비의 가압송수장치로서 펌프가 설치되는 경우 그 펌프의 작동은 어떻게 작동해야 되는지 해당 기준을 쓰시오.(4점)
(1) 습식유수검지장치 또는 건식유수검지장치를 사용하는 설비(2점)
(2) 준비작동식유수검지장치 또는 일제개방밸브를 사용하는 설비(2점)

054 스프링클러설비의 화재안전기술기준(NFTC 103) 상 준비작동식유수검지장치 또는 일제개방밸브의 화재감지기회로를 교차회로방식으로 적용하지 않아도 되는 기준 2가지를 쓰시오.(2점)

055 스프링클러설비의 화재안전기술기준(NFTC 103) 상 스프링클러설비에는 소방차로부터 그 설비에 송수할 수 있는 송수구를 기준에 따라 설치해야 한다. 이에 해당하는 기준 8가지를 쓰시오.(8점)

056 스프링클러설비의 화재안전기술기준(NFTC 103) 상 헤드의 설치제외 기준을 나타낸 것이다. 괄호 안의 번호에 알맞은 답을 쓰시오.(4점)

○ 천장과 반자 양쪽이 불연재료로 되어 있는 경우로서 그 사이의 거리 및 구조가 다음의 어느 하나에 해당하는 부분
  1. (㉠)
  2. (㉡)
○ 천장·반자 중 한쪽이 불연재료로 되어 있고 (㉢)
○ 천장 및 반자가 불연재료 외의 것으로 되어 있고 (㉣)

057 스프링클러설비의 화재안전기술기준(NFTC 103) 상 헤드의 설치제외 기준을 나타낸 것이다. 괄호 안의 번호에 알맞은 답을 쓰시오.(2점)

> 불연재료로 된 특정소방대상물 또는 그 부분으로서 다음의 어느 하나에 해당하는 장소
> 1. 정수장·오물처리장 그 밖의 이와 비슷한 장소
> 2. (㉠)
> 3. 불연성의 금속·석재 등의 가공공장으로서 가연성물질을 저장 또는 취급하지 않는 장소
> 4. (㉡)

058 스프링클러설비의 화재안전기술기준(NFTC 103) 상 헤드의 설치제외 기준을 나타낸 것이다. 괄호 안의 번호에 알맞은 답을 쓰시오.(4점)

> ○ 계단실(특별피난계단의 부속실을 포함한다)·경사로·승강기의 승강로·(㉠)·파이프덕트 및 덕트피트(파이프·덕트를 통과시키기 위한 구획된 구멍에 한한다)·목욕실·수영장(관람석부분을 제외한다)·화장실·직접 외기에 개방되어 있는 복도·기타 이와 유사한 장소
> ○ (㉡)·전자기기실·기타 이와 유사한 장소
> ○ 발전실·(㉢)·변압기·기타 이와 유사한 전기설비가 설치되어 있는 장소
> ○ 병원의 수술실·(㉣)·기타 이와 유사한 장소

간이스프링클러설비

059 간이스프링클러설비의 화재안전성능기준(NFPC 103A) 제2조(정의)에서 "분기배관"이란 배관 측면에 구멍을 뚫어 둘 이상의 관로가 생기도록 가공한 배관으로서 확관형 분기배관과 비확관형 분기배관이 있다. 이의 용어 정의를 쓰시오.(2점)

확관형 분기배관	
비확관형 분기배관	

060 간이스프링클러설비의 화재안전성능기준(NFPC 103A) 제4조(수원)에 따른 간이스프링클러설비용 수조는 기준에 따라 설치해야 한다. 이에 해당하는 기준 3가지를 쓰시오.(3점)

061 간이스프링클러설비의 화재안전성능기준(NFPC 103A)에 따른 가압송수장치의 종류 5가지를 쓰시오.(5점)

062 간이스프링클러설비의 화재안전성능기준(NFPC 103A)에 따른 간이스프링클러설비의 가압송수장치로서 펌프가 설치되는 경우에는 그 펌프의 작동은 어떻게 되야 하는지 해당 기준을 쓰시오.(2점)

063 다음은 간이스프링클러설비의 화재안전성능기준(NFPC 103A) 제6조(간이스프링클러설비의 방호구역 및 유수검지장치)에 따른 간이스프링클러설비의 방호구역(간이스프링클러설비의 소화범위에 포함된 영역을 말한다. 이하 같다) 및 유수검지장치 적합기준을 나타낸 것이다. 괄호 안의 번호에 알맞은 답을 쓰시오.(5점)

> 1. (㉠)
> 2. (㉡)
> 3. (㉢)
> 4. 유수검지장치는 실내에 설치하거나 보호용 철망 등으로 구획하여 바닥으로부터 0.8미터 이상 1.5미터 이하의 위치에 설치하되, 그 실 등에는 개구부가 가로 0.5미터 이상 세로 1미터 이상의 출입문을 설치하고 그 출입문 상단에 "유수검지장치실"이라고 표시한 표지를 설치할 것
> 5. (㉣)
> 6. (㉤)
> 7. 간이스프링클러설비가 설치되는 특정소방대상물에 부설된 주차장부분(영 별표 4 제1호바목에 해당하지 않는 부분에 한한다)에는 습식 외의 방식으로 할 것

064 다음은 간이스프링클러설비의 화재안전성능기준(NFPC 103A) 제6조(간이스프링클러설비의 방호구역 및 유수검지장치)의 일부를 나타낸 것이다. 표의 밑줄친 부분에 해당하는 내용을 쓰시오.(2점)

> 간이스프링클러설비가 설치되는 특정소방대상물에 부설된 주차장부분(<u>영 별표 4 제1호바목에 해당하지 않는 부분에 한한다</u>)에는 습식 외의 방식으로 할 것

065 간이스프링클러설비의 화재안전기술기준(NFTC 103A)에 따른 펌프의 흡입 측 배관 설치기준 2가지를 쓰시오.(2점)

066 간이스프링클러설비의 화재안전기술기준(NFTC 103A)에 따른 간이스프링클러설비의 배관 및 밸브 등의 순서 중 상수도직결형의 경우 해당기준을 쓰시오.(2점)

067 간이스프링클러설비의 화재안전기술기준(NFTC 103A)에 따른 간이스프링클러설비의 배관 및 밸브 등의 순서 중 펌프 등의 가압송수장치를 이용하여 배관 및 밸브 등을 설치하는 경우 해당기준을 쓰시오.(2점)

068 간이스프링클러설비의 화재안전기술기준(NFTC 103A)에 따른 간이스프링클러설비의 배관 및 밸브 등의 순서 중 가압수조를 가압송수장치로 이용하여 배관 및 밸브 등을 설치하는 경우 해당기준을 쓰시오.(2점)

069 간이스프링클러설비의 화재안전기술기준(NFTC 103A)에 따른 간이스프링클러설비의 배관 및 밸브 등의 순서 중 캐비닛형의 가압송수장치에 배관 및 밸브 등을 설치하는 경우 해당기준을 쓰시오.(2점)

070 다음은 간이스프링클러설비의 화재안전성능기준(NFPC 103A) 제9조(헤드)에 대한 내용 중 일부분이다. 괄호 안의 번호에 알맞은 답을 쓰시오.(5점)

> 간이헤드는 다음 각 호의 기준에 적합한 것을 사용해야 한다.
> 1. (㉠)를 사용할 것
> 2. 간이헤드의 작동온도는 실내의 최대 주위 천장온도에 따라 적합한 (㉡)의 것으로 설치할 것
> 3. 간이헤드를 설치하는 천장·반자·천장과 반자 사이·덕트·선반 등의 각 부분으로부터 간이헤드까지의 수평거리는 (㉢)미터(「스프링클러헤드의 형식승인 및 제품검사의 기술기준」에 따른 유효살수반경의 것으로 한다) 이하가 되도록 할 것. 다만, 성능이 별도로 인정된 간이헤드를 (㉣)에 따라 설치하는 경우에는 그렇지 않다.
> 4. (㉤) 또는 측벽형간이헤드는 살수 및 감열에 장애가 없도록 설치할 것
> 5. 특정소방대상물의 보와 가장 가까운 간이헤드는 헤드의 반사판 중심과 보의 (㉥)를 고려하여, 살수에 장애가 없도록 설치할 것
> 6. 상향식간이헤드 아래에 설치되는 하향식간이헤드에는 상향식간이헤드의 방출수를 차단할 수 있는 유효한 (㉦)을 설치할 것

071 다음은 간이스프링클러설비의 화재안전기술기준(NFTC 103A) 간이헤드에 대한 내용이다. 괄호 안의 번호에 알맞은 답을 쓰시오.(5점)

> 간이헤드는 다음의 기준에 적합한 것을 사용해야 한다.
> ○ 폐쇄형간이헤드를 사용할 것
> ○ 간이헤드의 작동온도는 실내의 최대 주위 천장온도가 0 ℃ 이상 (㉠) ℃ 이하인 경우 공칭작동온도가 (㉡) ℃에서 (㉢) ℃의 것을 사용하고, (㉣) ℃ 이상 66 ℃ 이하인 경우에는 공칭작동온도가 (㉤) ℃에서 109 ℃의 것을 사용할 것
> ○ 상향식간이헤드 또는 하향식간이헤드의 경우에는 간이헤드의 디플렉터에서 천장 또는 반자까지의 거리는 (㉥) mm에서 (㉦) mm 이내가 되도록 설치해야 하며, 측벽형간이헤드의 경우에는 (㉧) mm에서 (㉨) mm 사이에 설치할 것 다만, (㉪) 스프링클러헤드의 경우에는 천장 또는 반자까지의 거리를 102 mm 이하가 되도록 설치할 수 있다.

071-1 다음은 간이스프링클러설비의 화재안전성능기준(NFPC 103A) 제14조(주택전용 간이스프링클러설비)에 대한 내용이다. (   )에 들어갈 내용을 쓰시오.(5점)

> 주택전용 간이스프링클러설비는 다음 각 호의 기준에 따라 설치한다. 다만, 주택전용 간이스프링클러설비가 아닌 상수도직결형, 펌프형, 가압수조형 및 캐비닛형 간이스프링클러설비를 설치하는 경우에는 그렇지 않다.
> 1. 상수도에 직접 연결하는 방식으로 수도용 계량기 이후에서 분기하여 (㉠), 개폐표시형밸브, (㉡) 및 간이헤드의 순으로 설치할 것. 이 경우 개폐표시형밸브와 세대별 개폐밸브는 그 설치위치를 쉽게 식별할 수 있는 표시를 해야 한다.
> 2. 방수압력과 방수량은 제5조제1항에 따를 것
> 3. 배관은 제8조에 따라 설치할 것. 다만, 세대 내 배관은 제8조제2항에 따른 (㉢)으로 설치할 수 있다.
> 4. 간이헤드와 송수구는 제9조 및 제11조에 따라 설치할 것
> 5. 주택전용 간이스프링클러설비에는 가압송수장치, (㉣), 제어반, (㉤), 기동장치 및 비상전원은 적용하지 않을 수 있다.

화재조기진압용 스프링클러설비

072 화재조기진압용 스프링클러설비의 화재안전성능기준(NFPC 103B) 제4조(설치장소의 구조) 기준을 쓰시오.(2점)

073 화재조기진압용 스프링클러설비의 화재안전기술기준(NFTC 103B)에 따른 화재조기진압용 스프링클러설비를 설치할 장소의 구조 적합기준 5가지를 쓰시오.(5점)

074 화재조기진압용 스프링클러설비의 화재안전성능기준(NFPC 103B) 제7조(방호구역 및 유수검지장치)에 따른 화재조기진압용 스프링클러설비의 방호구역(화재조기진압용 스프링클러설비의 소화범위에 포함된 영역을 말한다. 이하 같다) 및 유수검지장치 적합기준 6가지를 쓰시오.(6점)

075 화재조기진압용 스프링클러설비의 화재안전기술기준(NFTC 103B)에 따른 가지배관의 배열 기준 2가지를 쓰시오.(2점)

076 화재조기진압용 스프링클러설비의 화재안전기술기준(NFTC 103B)에 따른 화재조기진압용 스프링클러설비에는 유수검지장치를 시험할 수 있는 시험장치를 설치해야 한다. 이에 해당하는 기준 3가지를 쓰시오.(3점)

077 다음은 화재조기진압용 스프링클러설비의 화재안전기술기준(NFTC 103B)에 따른 화재조기진압용 스프링클러설비의 헤드 적합기준을 나타낸 것이다. 괄호 안의 번호에 알맞은 답을 쓰시오.(6점)

> 화재조기진압용 스프링클러설비의 헤드는 다음의 기준에 적합해야 한다.
> ○ 헤드 하나의 방호면적은 (㉠)㎡ 이상 (㉡)㎡ 이하로 할 것
> ○ 가지배관의 헤드 사이의 거리는 천장의 높이가 9.1 m 미만인 경우에는 (㉢)로, (㉣)인 경우에는 3.1 m 이하로 할 것
> ○ 헤드의 반사판은 천장 또는 반자와 평행하게 설치하고 저장물의 최상부와 (㉤) mm 이상 확보되도록 할 것
> ○ 하향식 헤드의 반사판의 위치는 천장이나 반자 아래 (㉥) mm 이상 355 mm 이하일 것
> ○ 상향식 헤드의 감지부 중앙은 천장 또는 반자와 (㉦) mm 이상 152 mm 이하이어야 하며, 반사판의 위치는 스프링클러 배관의 윗부분에서 최소 (㉧) mm 상부에 설치되도록 할 것
> ○ 헤드와 벽과의 거리는 헤드 상호간 거리의 (㉨)을 초과하지 않아야 하며 최소 (㉩) mm 이상일 것
> ○ 헤드의 작동온도는 (㉪) ℃ 이하일 것. 다만, 헤드 주위의 온도가 (㉫) ℃ 이상의 경우에는 그 온도에서의 화재시험 등에서 헤드 작동에 관하여 공인기관의 시험을 거친 것을 사용할 것

078 화재조기진압용 스프링클러설비의 화재안전성능기준(NFPC 103B) 제11조(저장물의 간격) 기준을 쓰시오.(2점)

079 화재조기진압용 스프링클러설비의 화재안전성능기준(NFPC 103B) 제12조(환기구) 기준을 쓰시오.(2점)

080 화재조기진압용 스프링클러설비의 화재안전기술기준(NFTC 103B) 상 화재조기진압용 스프링클러설비의 환기구 적합기준 2가지를 쓰시오.(2점)

081 화재조기진압용 스프링클러설비의 화재안전성능기준(NFPC 103B) 제17조(설치제외) 기준을 쓰시오.(2점)

082 화재조기진압용 스프링클러설비의 화재안전기술기준(NFTC 103B) 상 설치제외 기준을 쓰시오.(2점)

083 화재조기진압용 스프링클러설비의 화재안전성능기준(NFPC 103B) 제13조(송수구)에 따른 화재조기진압용 스프링클러설비에는 소방차로부터 그 설비에 송수할 수 있는 송수구를 기준에 따라 설치해야 한다. 이에 해당하는 기준 8가지를 쓰시오.(8점)

084 화재조기진압용 스프링클러설비의 화재안전성능기준(NFPC 103B) 제16조(배선 등)에 따른 화재조기진압용 스프링클러설비의 배선은 「전기사업법」 제67조에 따른 「전기설비기술기준」에서 정한 것 외에 기준에 따라 설치해야 한다. 이에 해당하는 기준 2가지를 쓰시오.(2점)

물분무소화설비

085 물분무소화설비의 화재안전성능기준(NFPC 104) 제7조(송수구)에 따른 물분무소화설비에는 소방차로부터 그 설비에 송수할 수 있는 송수구를 기준에 따라 설치해야 한다. 이에 해당하는 기준 8가지를 쓰시오.(8점)

086 물분무소화설비의 화재안전성능기준(NFPC 104) 제8조(기동장치) 설치기준 2가지를 쓰시오.(2점)

087 물분무소화설비의 화재안전기술기준(NFTC 104) 상 기동장치에 대한 다음 물음에 답하시오.(4점)
  (1) 수동식기동장치 설치기준 2가지를 쓰시오.(2점)
  (2) 자동식기동장치 설치기준을 쓰시오.(2점)

088 물분무소화설비의 화재안전성능기준(NFPC 104) 제9조(제어밸브 등)에 대한 내용이다. 다음 각 물음에 답하시오.(5점)
  (1) 물분무소화설비의 제어밸브 기타 밸브 설치기준 2가지를 쓰시오.(2점)
  (2) 괄호 안의 번호에 알맞은 답을 쓰시오.(3점)

  (㉠) 및 (㉡)는 화재 시 용이하게 접근할 수 있는 곳에 설치하고, 2차 측 배관 부분에는 해당 방수구역 외에 (㉢)을 시험할 수 있는 장치를 설치해야 한다.

089 물분무소화설비의 화재안전기술기준(NFTC 104) 상 제어밸브 등에 대한 다음 물음에 답하시오.(4점)
  (1) 물분무소화설비의 제어밸브는 방수구역 마다 일정기준에 따라 설치해야 한다. 이에 해당하는 기준 2가지를 쓰시오.(2점)
  (2) 자동 개방밸브 및 수동식 개방밸브의 설치기준 2가지를 쓰시오.(2점)

090 물분무소화설비의 화재안전기술기준(NFTC 104) 상 물분무헤드 설치제외 장소 3가지를 쓰시오. (3점)

091 물분무소화설비의 화재안전성능기준(NFPC 104) 제10조(물분무헤드) 기준 2가지를 쓰시오. (2점)

092 물분무소화설비의 화재안전성능기준(NFPC 104) 제11조(배수설비) 기준을 쓰시오. (2점)

093 물분무소화설비의 화재안전성능기준(NFPC 104) 제12조(전원)에 따른 물분무소화설비에는 자가발전설비, 축전지설비 또는 전기저장장치에 따른 비상전원을 기준에 따라 설치해야 한다. 이에 해당하는 기준 5가지를 쓰시오. (5점)

미분무소화설비

094 미분무소화설비의 화재안전성능기준(NFPC 104A) 제9조(폐쇄형 미분무소화설비의 방호구역)에 따른 폐쇄형 미분무헤드를 사용하는 설비의 방호구역(미분무소화설비의 소화범위에 포함된 영역을 말한다. 이하 같다) 적합기준 2가지를 쓰시오.(2점)

095 미분무소화설비의 화재안전성능기준(NFPC 104A) 제10조(개방형 미분무소화설비의 방수구역)에 따른 개방형 미분무소화설비의 방수구역 적합기준 3가지를 쓰시오.(3점)

096 미분무소화설비의 화재안전기술기준(NFTC 104A)에 따른 미분무소화설비용 수조는 기준에 따라 설치해야 한다. 이에 해당하는 기준 8가지를 쓰시오.(8점)

097 미분무소화설비의 화재안전기술기준(NFTC 104A)에 따른 펌프의 성능시험배관 적합기준 4가지를 쓰시오.(5점)

098 미분무소화설비의 화재안전기술기준(NFTC 104A)에 따른 미분무소화설비에는 동 장치를 시험할 수 있는 시험장치를 일정 기준에 따라 설치해야 한다. 이에 해당하는 기준 3가지를 쓰시오.(3점)(다만, 개방형헤드를 설치하는 경우에는 그렇지 않다.)

099 미분무소화설비의 화재안전기술기준(NFTC 104A)에 따른 호스릴방식의 설치기준 4가지를 쓰시오.(4점)

100 미분무소화설비의 화재안전기술기준(NFTC 104A)에 따른 감시제어반의 기능은 기준에 적합해야 한다. 이에 해당하는 기준 5가지를 쓰시오.

101 미분무소화설비의 화재안전기술기준(NFTC 104A)에 따른 미분무소화설비의 배선은 「전기사업법」제67조에 따른 「전기설비기술기준」에서 정한 것 외에 기준에 따라 설치해야 한다. 이에 해당하는 기준 2가지를 쓰시오.(4점)

102 미분무소화설비의 화재안전기술기준(NFTC 104A)에 따른 소화설비용 전기배선의 양단 및 접속단자에는 기준에 따라 표지해야 한다. 이에 해당하는 기준 2가지를 쓰시오.(2점)

103 미분무소화설비의 화재안전성능기준(NFPC 104A) 제17조(청소·시험·유지 및 관리 등)에 해당하는 기준 3가지를 쓰시오.(3점)

포소화설비

104 포소화설비의 화재안전성능기준(NFPC 105) 제4조(종류 및 적응성)에 따른 특정소방대상물에 따라 적응하는 포소화설비 4가지 기준을 쓰시오.(4점)

105 포소화설비의 화재안전기술기준(NFTC 105)에 따른 가압송수장치는 부식 등으로 인한 펌프의 고착을 방지할 수 있도록 기준에 적합한 것으로 해야 한다. 이에 해당하는 기준 2가지를 쓰시오.(2점)(다만, 충압펌프는 제외한다.)

106 포소화설비의 화재안전기술기준(NFTC 105)에 따른 소방청장이 정하여 고시한 「소방용 합성수지배관의 성능인증 및 제품검사의 기술기준」에 적합한 소방용 합성수지배관으로 설치할 수 있다. 이에 해당하는 장소 3가지를 쓰시오.(3점)

107 포소화설비의 화재안전기술기준(NFTC 105)에 따른 펌프의 성능시험배관은 기준에 적합하도록 설치해야 한다. 이에 해당하는 기준 2가지를 쓰시오.(3점)

108 포소화설비의 화재안전성능기준(NFPC 105) 제7조(배관 등)에 따른 포소화설비에는 소방차로부터 그 설비에 송수할 수 있는 송수구를 기준에 따라 설치해야 한다. 이에 해당하는 기준 8가지를 쓰시오.(8점)

109 포소화설비의 화재안전성능기준(NFPC 105) 제8조(저장탱크 등)에 따른 포 소화약제의 저장탱크(용기를 포함한다. 이하 같다) 설치기준 6가지를 쓰시오.(6점)

110 포소화설비의 화재안전성능기준(NFPC 105) 제9조(혼합장치) 기준을 쓰시오.(2점)

111 포소화설비의 화재안전성능기준(NFPC 105) 제10조(개방밸브)에 따른 포소화설비의 개방밸브는 기준에 따라 설치해야 한다. 이에 해당하는 기준 2가지를 쓰시오.(2점)

112 포소화설비의 화재안전기술기준(NFTC 105)에 따른 혼합장치의 혼합방식 5가지를 쓰시오.(5점)

113 포소화설비의 화재안전성능기준(NFPC 105) 제11조(기동장치)에 대한 다음 물음에 답하시오.(6점)
　(1) 포소화설비의 수동식 기동장치 설치기준을 쓰시오.(2점)
　(2) 포소화설비의 자동식 기동장치 설치기준을 쓰시오.(2점)
　(3) 포소화설비의 기동장치에 설치하는 자동경보장치 및 수신기 설치기준을 쓰시오.(2점)

114 포소화설비의 화재안전성능기준(NFPC 105)에 따른 차고·주차장에 설치하는 호스릴포소화설비 또는 포소화전설비의 설치기준 5가지를 쓰시오.(5점)

115 포소화설비의 화재안전성능기준(NFPC 105) 제15조(배선 등)에 따른 포소화설비의 배선은 「전기사업법」 제67조에 따른 「전기설비기술기준」에서 정한 것 외에 기준에 따라 설치해야 한다. 이에 해당하는 기준 2가지를 쓰시오.(2점)

이산화탄소소화설비

116 이산화탄소소화설비의 화재안전기술기준(NFTC 106)에 따른 다음의 용어 정의를 쓰시오.(2점)

설계농도	
소화농도	

117 다음은 이산화탄소소화설비의 화재안전기술기준(NFTC 106)에 따른 가연성액체 또는 가연성가스의 소화에 필요한 설계농도를 나타낸 표이다. 괄호 안의 번호에 알맞은 답을 쓰시오.(4점)

방호대상물	설계농도(%)
수소(Hydrogen)	(㉠)
(㉡)	66
일산화탄소(Carbon Monoxide)	(㉢)
(㉣)	53
에틸렌(Ethylene)	(㉤)
(㉥)	40
석탄가스, 천연가스(Coal gas, Natural gas)	37
사이크로 프로판(Cyclo Propane)	37
(㉦)	36
프로판(Propane)	36
부탄(Butane)	(㉧)
메탄(Methane)	34

118 이산화탄소소화설비의 화재안전기술기준(NFTC 106)에 따른 이산화탄소 소화약제의 저장용기는 기준에 적합한 장소에 설치해야 한다. 이에 해당하는 기준 7가지를 쓰시오.(7점)

119 이산화탄소소화설비의 화재안전기술기준(NFTC 106)에 따른 이산화탄소 소화약제의 저장용기는 기준에 적합해야 한다. 이에 해당하는 기준 5가지를 쓰시오.(5점)

120 다음은 이산화탄소소화설비의 화재안전기술기준(NFTC 106)에 대한 내용이다. 괄호 안의 번호에 알맞은 답을 쓰시오.(3점)

> ○ 이산화탄소 소화약제 저장용기의 개방밸브는 (㉠)·(㉡) 또는 (㉢)에 따라 자동으로 개방되고 수동으로도 개방되는 것으로서 안전장치가 부착된 것으로 해야 한다.
> ○ 이산화탄소 소화약제 저장용기와 (㉣) 또는 (㉤) 사이에는 배관의 최소사용설계압력과 최대허용압력 사이의 압력에서 작동하는 (㉥)를 설치해야 하며, (㉥)를 통하여 나온 소화가스는 전용의 배관 등을 통하여 건축물 외부로 배출될 수 있도록 해야 한다. 이 경우 안전장치로 (㉦)을 사용해서는 안 된다.

121 이산화탄소소화설비의 화재안전성능기준(NFPC 106) 제6조(기동장치)기준 3가지를 쓰시오.(5점)

122 이산화탄소소화설비의 화재안전기술기준(NFTC 106)에 따른 기동장치에 대한 다음 물음에 답하시오.(11점)
   (1) 방출지연스위치에 대한 다음 각 물음에 답하시오.(3점)

정의	
기능	
설치위치	

   (2) 수동식 기동장치의 설치기준 8가지를 쓰시오.(8점)

123 다음은 이산화탄소소화설비의 화재안전기술기준(NFTC 106)에 따른 이산화탄소소화설비의 자동식 기동장치에 대한 내용이다. 괄호 안의 번호에 알맞은 답을 쓰시오.(4점)

> 자동화재탐지설비의 감지기의 작동과 연동하는 것으로서 다음의 기준에 따라 설치해야 한다.
> ㅇ 자동식 기동장치에는 수동으로도 기동할 수 있는 구조로 할 것
> ㅇ 전기식 기동장치로서 (㉠)병 이상의 저장용기를 동시에 개방하는 설비는 (㉡)병 이상의 저장용기에 전자 개방밸브를 부착할 것
> ㅇ 가스압력식 기동장치는 다음의 기준에 따를 것
>   • 기동용가스용기 및 해당 용기에 사용하는 밸브는 (㉢) MPa 이상의 압력에 견딜 수 있는 것으로 할 것
>   • 기동용가스용기에는 내압시험압력의 (㉣)배부터 내압시험압력 이하에서 작동하는 안전장치를 설치할 것
>   • 기동용가스용기의 체적은 (㉤) L 이상으로 하고, 해당 용기에 저장하는 질소 등의 비활성기체는 (㉥) MPa 이상(21 ℃ 기준)의 압력으로 충전할 것
>   • 질소 등의 비활성기체 기동용가스용기에는 충전 여부를 확인할 수 있는 (㉯)를 설치할 것
> ㅇ (㉰) 기동장치는 저장용기를 쉽게 개방할 수 있는 구조로 할 것

124 다음은 이산화탄소소화설비의 화재안전기술기준(NFTC 106)에 따른 이산화탄소소화설비의 자동식 기동장치에 대한 내용 중 가스압력식 기동장치 설치기준 4가지를 쓰시오.(4점)

125 이산화탄소소화설비의 화재안전성능기준(NFPC 106) 제7조(제어반 등)에 따른 이산화탄소소화설비의 제어반 및 화재표시반 설치기준 3가지를 쓰시오.(3점)

126 이산화탄소소화설비의 화재안전성능기준(NFPC 106) 제8조(배관 등)제1항에서 규정한 이산화탄소소화설비의 배관 설치기준 4가지를 쓰시오.(4점)

127 이산화탄소소화설비의 화재안전성능기준(NFPC 106) 제8조(배관 등)제2항에서 규정한 배관의 구경은 이산화탄소 소화약제의 소요량이 다음 표에 따른 시간 내에 방출될 수 있는 것으로 해야 한다. 표의 괄호 안에 알맞은 답을 쓰시오.(3점)

방출방식	방출시간
전역방출방식에 있어서 가연성액체 또는 가연성가스 등 표면화재 방호대상물의 경우	(㉠)
전역방출방식에 있어서 종이, 목재, 석탄, 섬유류, 합성수지류 등 심부화재 방호대상물의 경우	(㉡)
국소방출방식의 경우	(㉢)

128 이산화탄소소화설비의 화재안전기술기준(NFTC 106)에 따른 이산화탄소소화설비의 분사헤드의 오리피스구경 등은 기준에 적합해야 한다. 다음 각 물음에 답하시오.(5점)

(1) 분사헤드에는 어떤 조치와 무엇이 표시되도록 해야 하는지 쓰시오.(2점)

조치	
표시	

(2) 분사헤드의 개수(1점)
(3) 분사헤드의 방출률 및 방출압력(1점)
(4) 분사헤드의 오리피스의 면적(1점)

129 이산화탄소소화설비의 화재안전기술기준(NFTC 106)에 따른 분사헤드 설치제외 장소 4가지를 쓰시오.(4점)

130 이산화탄소소화설비의 화재안전성능기준(NFPC 106) 제14조(자동폐쇄장치) 기준을 쓰시오.(2점)

131 이산화탄소소화설비의 화재안전기술기준(NFTC 106)에 따른 전역방출방식의 이산화탄소소화설비를 설치한 특정소방대상물 또는 그 부분에 대하여는 기준에 따라 자동폐쇄장치를 설치해야 한다. 이에 해당하는 기준 3가지를 쓰시오.(3점)

132 이산화탄소소화설비의 화재안전성능기준(NFPC 106) 제16조(배출설비) 기준을 쓰시오.(2점)

133 이산화탄소소화설비의 화재안전성능기준(NFPC 106) 제17조(과압배출구) 기준을 쓰시오.(2점)

134 이산화탄소소화설비의 화재안전성능기준(NFPC 106) 제19조(안전시설 등) 기준을 쓰시오.(5점)

135 이산화탄소소화설비의 화재안전기술기준(NFTC 106)에 따른 이산화탄소소화설비가 설치된 장소에는 기준에 따른 안전시설을 설치해야 한다. 이에 해당하는 기준 2가지를 쓰시오.(2점)

할론소화설비

136 할론소화설비의 화재안전기술기준(NFTC 107)에 따른 할론소화약제의 저장용기 적합 기준 3가지를 쓰시오.(3점)

137 할론소화설비의 화재안전기술기준(NFTC 107)에 따른 가스압력식 기동장치 설치기준 3가지를 쓰시오.(3점)

138 할론소화설비의 화재안전성능기준(NFPC 107) 제7조(제어반 등)에 따른 할론소화설비의 제어반 및 화재표시반 설치기준 3가지를 쓰시오.(3점)

139 할론소화설비의 화재안전성능기준(NFPC 107) 제8조(배관)에 따른 할론소화설비의 배관 설치기준 4가지를 쓰시오.(4점)

140 할론소화설비의 화재안전기술기준(NFTC 107)에 따른 분사헤드에 대한 내용이다. 괄호 안의 번호에 알맞은 답을 쓰시오.(4점)

> 전역방출방식의 할론소화설비의 분사헤드는 다음의 기준에 따라 설치해야 한다.
> ○ 방출된 소화약제가 방호구역의 전역에 균일하고 신속하게 확산할 수 있도록 할 것
> ○ 할론 2402를 방출하는 분사헤드는 해당 소화약제가 무상으로 분무되는 것으로 할 것
> ○ 분사헤드의 방출압력은 할론 2402를 방출하는 것은 (㉠) MPa 이상, 할론 1211을 방출하는 것은 (㉡) MPa 이상, 할론 1301을 방출하는 것은 (㉢) MPa 이상으로 할 것
> ○ 기준저장량의 소화약제를 (㉣) 이내에 방출할 수 있는 것으로 할 것

141 할론소화설비의 화재안전성능기준(NFPC 107)에 따른 호스릴방식의 할론소화설비에 대한 내용이다. 괄호 안의 번호에 알맞은 답을 쓰시오.(5점)

> 화재 시 현저하게 연기가 찰 우려가 없는 장소로서 다음 각 호의 어느 하나에 해당하는 장소에는 호스릴방식의 할론소화설비를 설치할 수 있다. 다만, (㉠)로 사용되는 장소는 제외한다.
> 1. (㉡)에 있는 부분으로서 지상에서 수동 또는 원격조작에 따라 개방할 수 있는 개구부의 유효면적의 합계가 바닥면적의 (㉢)퍼센트 이상이 되는 부분
> 2. (㉣) 또는 다량의 화기를 사용하는 부분(해당 설비의 주위 5미터 이내의 부분을 포함한다)의 바닥면적이 해당 설비가 설치되어 있는 구획의 바닥면적의 (㉤)이 되는 부분

142 할론소화설비의 화재안전성능기준(NFPC 107)에 따른 호스릴방식의 할론소화설비 설치기준 5가지를 쓰시오.(5점)

143 할론소화설비의 화재안전기술기준(NFTC 107)에 따른 할론소화설비의 분사헤드의 오리피스구경 등에 대한 적합기준 4가지를 쓰시오.(4점)

할로겐화합물 및 불활성기체 소화설비

144 할로겐화합물 및 불활성기체소화설비의 화재안전성능기준(NFPC 107A)에 따른 다음의 용어 정의를 쓰시오.(3점)

설계농도	
소화농도	
최대허용 설계농도	

145 할로겐화합물 및 불활성기체소화설비의 화재안전성능기준(NFPC 107A)에 따른 소화설비에 적용되는 할로겐화합물소화약제에 대한 표이다. 소화약제에 따른 화학식을 쓰시오.(5점)

소 화 약 제	화 학 식
퍼플루오로부탄(이하 "FC-3-1-10"이라 한다)	(㉠)
하이드로클로로플루오로카본혼화제 (이하 "HCFC BLEND A"라 한다)	HCFC-123($CHCl_2CF_3$) : 4.75% (㉡) HCFC-124($CHClFCF_3$) : 9.5% $C_{10}H_{16}$: 3.75%
클로로테트라플루오르에탄(이하 "HCFC-124"라 한다)	(㉢)
펜타플루오로에탄(이하 "HFC-125"라 한다)	(㉣)
헵타플루오로프로판(이하 "HFC-227ea"라 한다)	(㉤)
트리플루오로메탄(이하 "HFC-23"라 한다)	(㉥)
헥사플루오로프로판(이하 "HFC-236fa"라 한다)	(㉦)
트리플루오로이오다이드(이하 "FIC-13I1"라 한다)	(㉧)
도데카플루오로-2-메틸펜탄-3-원 (이하 "FK-5-1-12"라 한다)	(㉨)

146 할로겐화합물 및 불활성기체소화설비의 화재안전성능기준(NFPC 107A)에 따른 소화설비에 적용되는 불활성기체소화약제에 대한 표이다. 소화약제에 따른 화학식을 쓰시오.(4점)

소 화 약 제	화 학 식
불연성·불활성기체혼합가스(이하 "IG-01"이라 한다)	(㉠)
불연성·불활성기체혼합가스(이하 "IG-100"이라 한다)	(㉡)
불연성·불활성기체혼합가스(이하 "IG-541"이라 한다)	(㉢)
불연성·불활성기체혼합가스(이하 "IG-55"이라 한다)	(㉣)

147 할로겐화합물 및 불활성기체소화설비의 화재안전성능기준(NFPC 107A) 제5조(설치제외) 기준을 쓰시오.(2점)

148 할로겐화합물 및 불활성기체소화설비의 화재안전기술기준(NFTC 107A) 설치제외 장소 기준 2가지를 쓰시오.(2점)

149 할로겐화합물 및 불활성기체소화설비의 화재안전성능기준(NFPC 107A) 제6조(저장용기)에 따른 할로겐화합물 및 불활성기체소화약제의 저장용기 적합기준 3가지를 쓰시오.(3점)

150 할로겐화합물 및 불활성기체소화설비의 화재안전성능기준(NFPC 107A) 제6조(저장용기)에 따른 해당 방호구역에 대한 설비를 별도 독립방식으로 해야 하는 기준을 쓰시오.(2점)

151 할로겐화합물 및 불활성기체소화설비의 화재안전기술기준(NFTC 107A)에 따른 할로겐화합물 및 불활성기체 소화약제의 저장용기는 기준에 적합한 장소에 설치해야 한다. 이에 해당하는 기준 7가지를 쓰시오.(7점)

152 할로겐화합물 및 불활성기체소화설비의 화재안전기술기준(NFTC 107A)에 따른 내용이다. 괄호 안의 번호에 알맞은 내용을 쓰시오.(3점)

> 저장용기의 약제량 손실이 (㉠)%를 초과하거나 압력손실이 (㉡)%를 초과할 경우에는 재충전하거나 저장용기를 교체할 것. 다만, 불활성기체 소화약제 저장용기의 경우에는 압력손실이 (㉢)%를 초과할 경우 재충전하거나 저장용기를 교체해야 한다.

153 할로겐화합물 및 불활성기체소화설비의 화재안전기술기준(NFTC 107A)에 따른 내용이다. 다음 각 물음에 답하시오.(5점)

(1) 최대허용 설계농도의 정의를 쓰시오.(2점)

(2) 할로겐화합물 및 불활성기체소화약제 최대허용 설계농도를 나타낸 표이다. 괄호 안의 번호에 알맞은 답을 쓰시오.(3점)

소화약제	최대허용 설계농도(%)
(㉠)	40
HCFC BLEND A	(㉡)
HCFC-124	1.0
(㉢)	11.5
HFC-227ea	(㉣)
HFC-23	30
HFC-236fa	12.5
FIC-13I1	0.3
(㉤)	10
IG-01	43
IG-100	43
(㉥)	43
IG-55	43

154 할로겐화합물 및 불활성기체소화설비의 화재안전성능기준(NFPC 107A) 제8조(기동장치)기준 3가지를 쓰시오.(5점)

155 할로겐화합물 및 불활성기체소화설비의 화재안전기술기준(NFTC 107A)에 따른 할로겐화합물 및 불활성기체소화설비의 수동식 기동장치는 기준에 따라 설치해야 한다. 이 경우 수동식 기동장치의 부근에는 소화약제의 방출을 지연시킬 수 있는 방출지연스위치(자동복귀형 스위치로서 수동식 기동장치의 타이머를 순간 정지시키는 기능의 스위치를 말한다)를 설치해야 한다. 이에 해당하는 기준 9가지를 쓰시오.(9점)

156 할로겐화합물 및 불활성기체소화설비의 화재안전기술기준(NFTC 107A)에 따른 할로겐화합물 및 불활성기체소화설비의 자동식 기동장치에 대한 다음 물음에 답하시오.(9점)
 (1) 자동식 기동장치의 종류 3가지를 쓰시오.(3점)
 (2) 전기식 기동장치 기준을 쓰시오.(2점)
 (3) 가스압력식 기동장치 설치기준 4가지를 쓰시오.(4점)

157 할로겐화합물 및 불활성기체소화설비의 화재안전성능기준(NFPC 107A) 제9조(제어반 등)에 따른 할로겐화합물 및 불활성기체소화설비의 제어반 및 화재표시반 설치기준 3가지를 쓰시오.(3점)

158 할로겐화합물 및 불활성기체소화설비의 화재안전기술기준(NFTC 107A)의 내용이다. 괄호 안의 번호에 알맞은 답을 쓰시오.(4점)

> ○ 배관과 배관, 배관과 배관 부속 및 밸브류의 접속은 (㉠), (㉡), (㉢) 또는 (㉣) 등의 방법을 사용해야 한다.
> ○ 배관의 구경은 해당 방호구역에 할로겐화합물소화약제는 (㉤) 이내에, 불활성기체소화약제는 A · C급 화재 (㉥), B급 화재 (㉦) 이내에 방호구역 각 부분에 최소설계농도의 (㉧) % 이상에 해당하는 약제량이 방출되도록 해야 한다.

159 할로겐화합물 및 불활성기체소화설비의 화재안전기술기준(NFTC 107A) 분사헤드에 대한 내용이다. 괄호 안의 번호에 알맞은 답을 쓰시오.(5점)

> 할로겐화합물 및 불활성기체소화설비의 분사헤드는 다음의 기준에 따라야 한다.
> ○ 분사헤드의 설치 높이는 방호구역의 바닥으로부터 최소 (㉠) m 이상 최대 (㉡) m 이하로 해야 하며 천장높이가 (㉢) m를 초과할 경우에는 추가로 다른 열의 분사헤드를 설치할 것. 다만, 분사헤드의 성능인정 범위 내에서 설치하는 경우에는 그렇지 않다.
> ○ 분사헤드의 개수는 방호구역에 2.7.3에 따른 방출시간이 충족되도록 설치할 것
> ○ 분사헤드에는 (㉣)조치를 해야 하며 (㉤), (㉥), (㉦)가 표시되도록 할 것
> ○ 분사헤드의 방출률 및 방출압력은 (㉧)으로 할 것
> ○ 분사헤드의 오리피스의 면적은 분사헤드가 연결되는 배관구경 면적의 (㉨) % 이하가 되도록 할 것

160 할로겐화합물 및 불활성기체소화설비의 화재안전성능기준(NFPC 107A) 제14조(음향경보장치)에 따른 할로겐화합물 및 불활성기체소화설비의 음향경보장치 설치기준 3가지를 쓰시오.(3점)

161 할로겐화합물 및 불활성기체소화설비의 화재안전성능기준(NFPC 107A) 제14조(음향경보장치)에 따른 방송에 따른 경보장치를 설치할 경우 기준 3가지를 쓰시오.(3점)

162 할로겐화합물 및 불활성기체소화설비의 화재안전기술기준(NFTC 107A)에 따른 할로겐화합물 및 불활성기체소화설비를 설치한 특정소방대상물 또는 그 부분에 대하여는 기준에 따라 자동폐쇄장치를 설치해야 한다. 이에 해당하는 기준 3가지를 쓰시오.(3점)

163 할로겐화합물 및 불활성기체소화설비의 화재안전성능기준(NFPC 107A) 제16조(비상전원)에 대한 다음 각 물음에 답하시오.(6점)
　(1) 비상전원의 종류를 모두 쓰시오.(1점)
　(2) 비상전원 설치기준 5가지를 쓰시오.(5점)

164 할로겐화합물 및 불활성기체소화설비의 화재안전성능기준(NFPC 107A) 제17조(과압배출구) 기준을 쓰시오.(2점)

분말소화설비

165 분말소화설비의 화재안전성능기준(NFPC 108) 제4조(저장용기)제2항에 따른 분말소화약제의 저장용기는 기준에 적합해야 한다. 이에 해당하는 기준 6가지를 쓰시오.(6점)

165 분말소화설비의 화재안전기술기준(NFTC 108)에 따른 분말소화약제의 저장용기 기준을 나타낸 것이다. 괄호 안의 번호에 알맞은 답을 쓰시오.(5점)

○ [표] 소화약제 종류에 따른 저장용기의 내용적

소화약제의 종류	소화약제 1 kg당 저장용기의 내용적
(㉠)	0.8 L
제2종 분말(탄산수소칼륨을 주성분으로 한 분말)	1.0 L
(㉡)	(㉢)
제4종 분말(탄산수소칼륨과 요소가 화합된 분말)	(㉣)

○ 저장용기에는 가압식은 (㉤)의 1.8배 이하, 축압식은 용기의 (㉥)의 0.8배 이하의 압력에서 작동하는 안전밸브를 설치할 것
○ 저장용기에는 저장용기의 내부압력이 설정압력으로 되었을 때 주밸브를 개방하는 (㉦)를 설치할 것
○ 저장용기의 충전비는 (㉧) 이상으로 할 것
○ 저장용기 및 배관에는 잔류 소화약제를 처리할 수 있는 (㉨)를 설치할 것
○ 축압식 저장용기에는 사용압력 범위를 표시한 (㉩)를 설치할 것

167 분말소화설비의 화재안전성능기준(NFPC 108) 제5조(가압용가스용기)에 대한 다음 물음에 답하시오.(6점)

(1) 괄호 안의 번호에 알맞은 답을 쓰시오.(2점)

○ 분말소화약제의 가압용가스 용기를 (㉠) 이상 설치한 경우에는 2개 이상의 용기에 (㉡)를 부착한다.
○ 분말소화약제의 가압용가스 용기에는 (㉢) 이하의 압력에서 조정이 가능한 (㉣)를 설치한다.

(2) 가압용가스 또는 축압용가스 설치기준 4가지를 쓰시오.(4점)

168 분말소화설비의 화재안전성능기준(NFPC 108)에 따른 화재 시 현저하게 연기가 찰 우려가 없는 장소로서 다음 각 호의 어느 하나에 해당하는 장소에는 호스릴방식의 분말소화설비를 설치할 수 있다. 다만, 차고 또는 주차의 용도로 사용되는 장소는 제외한다. 번호에 알맞은 답을 쓰시오.(2점)
   1. (㉠)
   2. (㉡)

169 분말소화설비의 화재안전성능기준(NFPC 108)에 따른 호스릴방식의 분말소화설비 설치기준 5가지를 쓰시오.(5점)

옥외소화전설비

170 옥외소화전설비의 화재안전기술기준(NFTC 109)에 따른 소방청장이 정하여 고시한 「소방용합성수지배관의 성능인증 및 제품검사의 기술기준」에 적합한 소방용 합성수지배관으로 설치할 수 있는 장소기준 3가지를 쓰시오.(3점)

171 옥외소화전설비의 화재안전기술기준(NFTC 109)에 따른 옥외소화전설비에는 옥외소화전마다 그로부터 5 m 이내의 장소에 소화전함을 기준에 따라 설치해야 한다. 이에 해당하는 기준 3가지를 쓰시오.(3점)

172 옥외소화전설비의 화재안전기술기준(NFTC 109)에 따른 옥외소화전설비에는 제어반을 설치하되, 감시제어반과 동력제어반으로 구분하여 설치해야 하나, 감시제어반과 동력제어반으로 구분하여 설치하지 않을 수 있는데 이에 해당하는 경우 4가지를 쓰시오.(4점)

173 옥외소화전설비의 화재안전성능기준(NFPC 109) 제10조(배선 등)에 따른 옥외소화전설비의 배선은 「전기사업법」 제67조에 따른 「전기설비기술기준」에서 정한 것 외에 기준에 따라 설치해야 한다. 이에 해당하는 기준 2가지를 쓰시오.(2점)

고체에어로졸소화설비

174 고체에어로졸소화설비의 화재안전성능기준(NFPC 110) 제3조(정의)에 따른 다음의 용어 정의를 쓰시오.(3점)

고체에어로졸소화설비	㉠
고체에어로졸화합물	㉡
고체에어로졸	㉢

175 고체에어로졸소화설비의 화재안전성능기준(NFPC 110) 제3조(정의)에 따른 다음의 용어 정의를 쓰시오.(2점)

| 소화밀도 | ㉠ |
| 설계밀도 | ㉡ |

176 고체에어로졸소화설비의 화재안전기술기준(NFTC 110)에 따른 고체에어로졸소화설비 충족 기준 7가지를 쓰시오.(7점)

177 고체에어로졸소화설비의 화재안전기술기준(NFTC 110)에 따른 고체에어로졸소화설비는 특정 물질을 포함한 화재 또는 장소에는 사용할 수 없다. 이에 해당하는 기준 5가지를 쓰시오.(5점)

178 고체에어로졸소화설비의 화재안전성능기준(NFPC 110) 제5조(설치제외) 기준을 쓰시오.(2점)

179 고체에어로졸소화설비의 화재안전성능기준(NFPC 110) 제6조(고체에어로졸발생기) 설치기준 6가지를 쓰시오.(6점)

180 고체에어로졸소화설비의 화재안전기술기준(NFTC 110)에 따른 고체에어로졸발생기에 대한 내용이다. 괄호 안의 번호에 알맞은 답을 쓰시오.(2점)

> 고체에어로졸발생기는 다음 각 기준의 최소 열 안전이격거리를 준수하여 설치할 것
> ○ 인체와의 최소 이격거리는 고체에어로졸 방출 시 (㉠)℃를 초과하는 온도가 인체에 영향을 미치지 않는 거리
> ○ 가연물과의 최소 이격거리는 고체에어로졸 방출 시 (㉡)℃를 초과하는 온도가 가연물에 영향을 미치지 않는 거리

181 고체에어로졸소화설비의 화재안전성능기준(NFPC 110) 제8조(기동)에 대한 기준 4가지를 쓰시오.(4점)

182 고체에어로졸소화설비의 화재안전기술기준(NFTC 110)에 따른 고체에어로졸소화설비의 수동식 기동장치 설치기준 8가지를 쓰시오.(8점)

183 고체에어로졸소화설비의 화재안전기술기준(NFTC 110)에 따른 고체에어로졸의 방출을 지연시키기 위해 방출지연스위치 설치기준 4가지를 쓰시오.(4점)

184 고체에어로졸소화설비의 화재안전기술기준(NFTC 110)에 따른 고체에어로졸소화설비의 제어반 설치기준 5가지를 쓰시오.(5점)

185 고체에어로졸소화설비의 화재안전성능기준(NFPC 110) 제11조(화재감지기) 기준을 쓰시오.(2점)

186 고체에어로졸소화설비의 화재안전기술기준(NFTC 110)에 따른 고체에어로졸소화설비에는 어떤 감지기를 설치해야 하는지 그 종류 3가지를 쓰시오.(3점)

187 고체에어로졸소화설비의 화재안전기술기준(NFTC 110)에 따른 고체에어로졸소화설비의 방호구역은 고체에어로졸소화설비가 기동할 경우 기준에 따라 자동적으로 폐쇄되어야 한다. 이에 해당하는 기준 3가지를 쓰시오.(3점)

188 고체에어로졸소화설비의 화재안전성능기준(NFPC 110) 제12조(방호구역의 자동폐쇄장치) 기준을 쓰시오.(2점)

189 고체에어로졸소화설비의 화재안전성능기준(NFPC 110) 제13조(비상전원)에 따른 고체에어로졸소화설비에는 자가발전설비, 축전지설비 또는 전기저장장치에 따른 비상전원을 기준에 따라 설치해야 한다. 이에 해당하는 기준 5가지를 쓰시오.(5점)

190 고체에어로졸소화설비의 화재안전성능기준(NFPC 110) 제15조(과압배출구) 기준을 쓰시오.(2점)

191 고체에어로졸소화설비의 화재안전기술기준(NFTC 110)에 따른 소화설비용 전기배선의 양단 및 접속단자에는 기준에 따른 표지 또는 표시를 해야 한다. 이에 해당하는 기준 2가지를 쓰시오.(2점)

비상경보설비 및 단독경보형감지기

192 비상경보설비 및 단독경보형감지기의 화재안전기술기준(NFTC 201)에 따른 비상벨설비 또는 자동식사이렌설비의 상용전원 설치기준 2가지를 쓰시오.(2점)

193 비상경보설비 및 단독경보형감지기의 화재안전기술기준(NFTC 201)에 대한 내용이다. 괄호 안의 번호에 알맞은 답을 쓰시오.(4점)

○ 비상벨설비 또는 자동식사이렌설비에는 그 설비에 대한 감시상태를 (㉠)간 지속한 후 유효하게 (㉡) 이상 경보할 수 있는 비상전원으로서 (㉢) 또는 (㉣)를 설치해야 한다. 다만, 상용전원이 축전지설비인 경우 또는 건전지를 주전원으로 사용하는 (㉤)인 경우에는 그렇지 않다.

○ 전원회로의 전로와 대지 사이 및 배선상호간의 절연저항은 「전기사업법」 제67조에 따른 「전기설비기술기준」이 정하는 바에 의하고, 부속회로의 전로와 대지 사이 및 (㉥)의 절연저항은 1경계구역마다 (㉦)의 절연저항측정기를 사용하여 측정한 절연저항이 (㉧) 이상이 되도록 할 것

194 비상경보설비 및 단독경보형감지기의 화재안전성능기준(NFPC 201) 제4조(비상벨설비 또는 자동식사이렌설비)에 따른 다음 각 물음에 답하시오.(4점)

(1) 비상벨설비 또는 자동식사이렌설비는 어떤 장소에 설치해야 하는가?(1점)
(2) 괄호 안의 번호에 알맞은 답을 쓰시오.(3점)

○ 지구음향장치는 특정소방대상물의 층마다 설치하되, 해당 특정소방대상물의 각 부분으로부터 하나의 음향장치까지의 (㉠)가 25미터 이하가 되도록 하고, 해당층의 각 부분에 유효하게 경보를 발할 수 있도록 설치해야 한다.
○ 음향장치는 정격전압의 (㉡) 전압에서도 음향을 발할 수 있도록 해야 한다.
○ 음향장치의 음량은 부착된 음향장치의 중심으로부터 1미터 떨어진 위치에서 (㉢) 이상이 되는 것으로 해야 한다.

195 비상경보설비 및 단독경보형감지기의 화재안전성능기준(NFPC 201)에 따른 발신기 설치기준 3가지를 쓰시오.(3점)

196 비상경보설비 및 단독경보형감지기의 화재안전성능기준(NFPC 201)에 대한 내용이다. 괄호 안의 번호에 알맞은 답을 쓰시오.(3점)

> ○ 비상벨설비 또는 자동식사이렌설비의 상용전원은 전기가 정상적으로 공급되는 (㉠), (㉡) 또는 (㉢)으로 하고, 전원까지의 배선은 전용으로 해야 한다.
> ○ 비상벨설비 또는 자동식사이렌설비에는 그 설비에 대한 (㉣)를 60분간 지속한 후 유효하게 10분 이상 경보할 수 있는 비상전원으로서 (㉤) 또는 (㉥)를 설치해야 한다.

197 비상경보설비 및 단독경보형감지기의 화재안전성능기준(NFPC 201) 제5조(단독경보형감지기) 설치기준 4가지를 쓰시오.(4점)

비상방송설비

198 비상방송설비의 화재안전기술기준(NFTC 202)에 따른 음향장치에 대한 내용이다. 괄호 안의 번호에 알맞은 답을 쓰시오.(4점)

> 비상방송설비는 다음의 기준에 따라 설치해야 한다. 이 경우 엘리베이터 내부에는 별도의 음향장치를 설치할 수 있다.
> ○ 확성기의 음성입력은 (㉠)(실내에 설치하는 것에 있어서는 (㉡)) 이상일 것
> ○ 확성기는 각 층마다 설치하되, 그 층의 각 부분으로부터 하나의 확성기까지의 (㉢)가 25 m 이하가 되도록 하고, 해당 층의 각 부분에 유효하게 경보를 발할 수 있도록 설치할 것
> ○ 음량조정기를 설치하는 경우 음량조정기의 배선은 (㉣)으로 할 것
> ○ 조작부의 (㉤)는 바닥으로부터 0.8 m 이상 1.5 m 이하의 높이에 설치할 것
> ○ 조작부는 기동장치의 작동과 연동하여 해당 기동장치가 작동한 (㉥)을 표시할 수 있는 것으로 할 것
> ○ (㉦)는 수위실 등 상시 사람이 근무하는 장소로서 점검이 편리하고 방화상 유효한 곳에 설치할 것

199 비상방송설비의 화재안전기술기준(NFTC 202)에 따른 내용이다. 괄호 안의 번호에 알맞은 답을 쓰시오.(4점)

> 1. 층수가 11층(공동주택의 경우에는 16층) 이상의 특정소방대상물은 다음의 기준에 따라 경보를 발할 수 있도록 해야 한다.
>   ○ 2층 이상의 층에서 발화한 때에는 (㉠)에 경보를 발할 것
>   ○ 1층에서 발화한 때에는 (㉡)에 경보를 발할 것
>   ○ 지하층에서 발화한 때에는 (㉢)에 경보를 발할 것
> 2. 기동장치에 따른 화재신호를 수신한 후 필요한 음량으로 화재발생상황 및 피난에 유효한 방송이 자동으로 개시될 때까지의 소요시간은 (㉣) 이내로 할 것

200 비상방송설비의 화재안전기술기준(NFTC 202)에 따른 음향장치는 기준에 따른 구조 및 성능의 것으로 해야 한다. 이에 해당하는 기준 2가지를 쓰시오.(2점)

201 비상방송설비의 화재안전성능기준(NFPC202) 제5조(배선)기준 4가지를 쓰시오.(4점)

202 비상방송설비의 화재안전성능기준(NFPC202) 제6조(전원) 설치기준 2가지를 쓰시오. (2점)

자동화재탐지설비 및 시각경보장치

203 자동화재탐지설비 및 시각경보장치의 화재안전성능기준(NFPC 203)제3조의2(신호처리방식)에 따른 화재신호 및 상태신호 등(이하 "화재신호 등"이라 한다)을 송수신하는 방식 3가지를 쓰고 설명하시오.(3점)

204 자동화재탐지설비 및 시각경보장치의 화재안전성능기준(NFPC 203) 제4조(경계구역)에 따른 자동화재탐지설비의 경계구역은 기준에 따라 설정하여야 한다. 다만, 감지기의 형식승인 시 감지거리, 감지면적 등에 대한 성능을 별도로 인정받은 경우에는 그 성능인정범위를 경계구역으로 할 수 있다. 이에 해당하는 기준 3가지를 쓰시오.(3점)

205 자동화재탐지설비 및 시각경보장치의 화재안전성능기준(NFPC 203) 제4조(경계구역)에 대한 내용이다. 괄호 안의 번호에 알맞은 답을 쓰시오.(4점)

> ○ 계단(직통계단외의 것에 있어서는 떨어져 있는 상하계단의 상호간의 수평거리가 (㉠) 이하로서 서로 간에 구획되지 아니한 것에 한한다. 이하 같다)·경사로(에스컬레이터경사로 포함)·엘리베이터 승강로(권상기실이 있는 경우에는 권상기실)·린넨슈트·파이프 피트 및 덕트 기타 이와 유사한 부분에 대하여는 별도로 경계구역을 설정하되, 하나의 경계구역은 높이 (㉡) 이하(계단 및 경사로에 한한다)로 하고, 지하층의 계단 및 경사로(지하층의 층수가 1일 경우는 제외한다)는 별도로 하나의 경계구역으로 하여야 한다.
> ○ 외기에 면하여 상시 개방된 부분이 있는 (㉢) 등에 있어서는 외기에 면하는 각 부분으로부터 (㉣) 미만의 범위 안에 있는 부분은 경계구역의 면적에 산입하지 아니한다.
> ○ (㉤)·(㉥) 또는 (㉦)의 화재감지장치로서 화재감지기를 설치한 경우의 경계구역은 해당 소화설비의 방호구역 또는 제연구역과 동일하게 설정할 수 있다.

206 자동화재탐지설비 및 시각경보장치의 화재안전성능기준(NFPC 203)에 따른 수신기 설치기준 9가지를 쓰시오.(9점)

207 자동화재탐지설비 및 시각경보장치의 화재안전기술기준(NFTC 203)에 따른 부착 높이에 따른 감지기의 종류를 나타낸 것이다. 괄호 안의 번호에 알맞은 답을 쓰시오.(5점)

부착 높이	감지기의 종류	
4 m 미만	• 차동식(스포트형, 분포형) • (㉠) • 열복합형 • 열연기복합형	• 보상식 스포트형 • (㉡) • 연기복합형 • 불꽃감지기
4 m 이상 8 m 미만	• 차동식(스포트형, 분포형) • (㉢) • (㉤) • 연기복합형 • 불꽃감지기	• 보상식 스포트형 • (㉣) • 열복합형 • 열연기복합형

208 자동화재탐지설비 및 시각경보장치의 화재안전기술기준(NFTC 203)에 따른 부착 높이에 따른 감지기의 종류를 나타낸 것이다. 괄호 안의 번호에 알맞은 답을 쓰시오.(5점)

부착높이	감지기의 종류
8 m 이상 15 m 미만	(㉠) 이온화식 1종 또는 2종 (㉡) 연기복합형 불꽃감지기
15 m 이상 20 m 미만	이온화식 1종 (㉢) 연기복합형 불꽃감지기
20 m 이상	불꽃감지기 (㉣)

[비고] 1. 감지기별 부착 높이 등에 대하여 별도로 형식승인을 받은 경우에는 그 성능인정 범위 내에서 사용할 수 있다.
2. 부착 높이 20 m 이상에 설치되는 광전식 중 아날로그방식의 감지기는 공칭 감지농도 하한값이 감광율 (㉤) 미만인 것으로 한다.

209 자동화재탐지설비 및 시각경보장치의 화재안전기술기준(NFTC 203)에 따른 연기감지기를 설치해야 하는 장소 5가지를 쓰시오.(5점)(다만, 교차회로방식에 따른 감지기가 설치된 장소는 제외)

210 자동화재탐지설비 및 시각경보장치의 화재안전기술기준(NFTC 203)에 따른 연기감지기 설치기준을 나타낸 것이다. 괄호 안의 번호에 알맞은 답을 쓰시오.(4점)

○ [표] 부착 높이에 따른 연기감지기의 종류

부착 높이	감지기의 종류(단위: ㎡)	
	1종 및 2종	3종
4 m 미만	(㉠)	50
4 m 이상 20 m 미만	(㉡)	-

○ 감지기는 복도 및 통로에 있어서는 보행거리 (㉢) m(3종에 있어서는 20 m)마다, 계단 및 경사로에 있어서는 수직거리 (㉣) m(3종에 있어서는 10 m)마다 1개 이상으로 할 것
○ 천장 또는 반자가 낮은 실내 또는 좁은 실내에 있어서는 (㉤) 부분에 설치할 것
○ 천장 또는 반자 부근에 (㉥)가 있는 경우에는 그 부근에 설치할 것
○ 감지기는 벽 또는 보로부터 (㉦) m 이상 떨어진 곳에 설치할 것

211 자동화재탐지설비 및 시각경보장치의 화재안전기술기준(NFTC 203)에 따른 축적기능이 없는 것으로 설치해야 하는 감지기 기준 3가지를 쓰시오.(3점)

212 자동화재탐지설비 및 시각경보장치의 화재안전기술기준(NFTC 203)에 대한 내용이다. 괄호 안의 번호에 알맞은 답을 쓰시오.(3점)

○ 감지기(차동식분포형의 것을 제외한다)는 실내로의 공기유입구로부터 (㉠) m 이상 떨어진 위치에 설치할 것
○ 감지기는 천장 또는 반자의 옥내에 면하는 부분에 설치할 것

○ 보상식스포트형감지기는 정온점이 감지기 주위의 평상시 최고온도보다 (ⓒ)℃ 이상 높은 것으로 설치할 것
○ 정온식감지기는 (ⓒ) 등으로서 다량의 화기를 취급하는 장소에 설치하되, 공칭작동온도가 최고주위온도보다 (ⓔ)℃ 이상 높은 것으로 설치할 것
○ 스포트형감지기는 (ⓜ)° 이상 경사되지 않도록 부착할 것

213 자동화재탐지설비 및 시각경보장치의 화재안전기술기준(NFTC 203) [표] 부착 높이 및 특정소방대상물의 구분에 따른 차동식·보상식·정온식스포트형감지기의 종류를 나타낸 것이다. 표의 빈칸에 알맞은 답을 쓰시오.(6점)

부착 높이 및 특정소방대상물의 구분		감지기의 종류(단위: ㎡)						
		차동식 스포트형		보상식 스포트형		정온식스포트형		
		1종	2종	1종	2종	특종	1종	2종
4m 미만	주요구조부가 내화구조로 된 특정소방대상물 또는 그 부분							
	기타 구조의 특정소방대상물 또는 그 부분							
4m 이상 8m 미만	주요구조부가 내화구조로 된 특정소방대상물 또는 그 부분							−
	기타 구조의 특정소방대상물 또는 그 부분							−

214 자동화재탐지설비 및 시각경보장치의 화재안전기술기준(NFTC 203)에 따른 공기관식 차동식분포형감지기 설치기준 6가지를 쓰시오.(6점)

215 자동화재탐지설비 및 시각경보장치의 화재안전기술기준(NFTC 203)에 따른 정온식감지선형감지기 설치기준 8가지를 쓰시오.(8점)

216 자동화재탐지설비 및 시각경보장치의 화재안전기술기준(NFTC 203)에 따른 불꽃감지기 설치기준 6가지를 쓰시오.(6점)

217 자동화재탐지설비 및 시각경보장치의 화재안전기술기준(NFTC 203)에 따른 지하층·무창층 등으로서 환기가 잘되지 아니하거나 실내면적이 40 ㎡ 미만인 장소, 감지기의 부착면과 실내 바닥과의 거리가 2.3 m 이하인 곳으로서 일시적으로 발생한 열·연기 또는 먼지 등으로 인하여 화재신호를 발신할 우려가 있는 장소에는 기준에서 정한 감지기 중 적응성이 있는 감지기를 설치해야 한다. 이에 해당하는 감지기의 종류 8가지를 쓰시오. (4점)

218 자동화재탐지설비 및 시각경보장치의 화재안전기술기준(NFTC 203)에 따른 일시적으로 발생한 열·연기 또는 먼지 등으로 인하여 화재신호를 발신할 우려가 있는 장소에 설치장소별 감지기의 적응성(연기감지기를 설치할 수 없는 경우 적용)을 나타낸 표의 일부이다. 표의 빈칸(환경상태) '1.~9.'에 알맞은 답을 쓰시오.(9점)

설치장소	
환경 상태	적응 장소
1.	쓰레기장, 하역장, 도장실, 섬유·목재·석재 등 가공 공장
2.	증기세정실, 탕비실, 소독실 등
3.	도금공장, 축전지실, 오수처리장 등
4.	주방, 조리실, 용접작업장 등
5.	건조실, 살균실, 보일러실, 주조실, 영사실, 스튜디오
6.	주차장, 차고, 화물취급소 차로, 자가발전실, 트럭터미널, 엔진시험실
7.	음식물배급실, 주방전실, 주방내 식품저장실, 음식물 운반용 엘리베이터, 주방 주변의 복도 및 통로, 식당 등
8.	스레트 또는 철판으로 설치한 지붕 창고·공장, 패키지형 냉각기전용수납실, 밀폐된 지하창고, 냉동실 주변 등
9.	유리공장, 용선로가 있는장소, 용접실, 주방, 작업장, 주조실 등

219 다음은 일시적으로 발생한 열·연기 또는 먼지 등으로 인하여 화재신호를 발신할 우려가 있는 장소에 설치장소별 감지기의 적응성을 나타낸 표의 일부이다. 표의 빈칸(환경상태) '1.~7.'에 알맞은 답을 쓰시오.(7점)

설치장소	
환경 상태	적응 장소
1.	회의실, 응접실, 휴게실, 노래연습실, 오락실, 다방, 음식점, 대합실, 카바레 등의 객실, 집회장, 연회장 등
2.	호텔 객실, 여관, 수면실 등
3.	복도, 통로 등
4.	로비, 교회, 관람장, 옥탑에 있는 기계실
5.	계단, 경사로
6.	전화기기실, 통신기기실, 전산실, 기계제어실
7.	체육관, 항공기 격납고, 높은 천장의 창고·공장, 관람석 상부 등 감지기 부착 높이가 8 m 이상의 장소

220 자동화재탐지설비 및 시각경보장치의 화재안전기술기준(NFTC 203)에 따른 설치장소별 감지기 적응성(연기감지기를 설치할 수 없는 경우 적용)에서 설치장소의 환경상태가 "수증기가 다량으로 머무는 장소"에 설치할 수 있는 감지기의 종류별 설치조건을 쓰시오.(2점)

221 자동화재탐지설비 및 시각경보장치의 화재안전기술기준(NFTC 203)에 따른 설치장소별 감지기 적응성(연기감지기를 설치할 수 없는 경우 적용)에서 설치장소의 환경상태가 "주방, 기타 평상시에 연기가 체류하는 장소"에 설치할 수 있는 감지기의 종류별 설치조건을 쓰시오.(2점)

222 자동화재탐지설비 및 시각경보장치의 화재안전기술기준(NFTC 203)에 따른 설치장소별 감지기 적응성(연기감지기를 설치할 수 없는 경우 적용)에서 설치장소의 환경상태가 "배기가스가 다량으로 체류하는 장소"에 설치할 수 있는 감지기의 종류별 설치조건을 쓰시오.(2점)

223 자동화재탐지설비 및 시각경보장치의 화재안전기술기준(NFTC 203)에 따른 설치장소별 감지기 적응성(연기감지기를 설치할 수 없는 경우 적용)에서 설치장소의 환경상태가 "연기가 다량으로 유입할 우려가 있는 장소"에 설치할 수 있는 감지기의 종류별 설치조건을 쓰시오.(2점)

224 자동화재탐지설비 및 시각경보장치의 화재안전기술기준(NFTC 203)에 따른 설치장소별 감지기 적응성(연기감지기를 설치할 수 없는 경우 적용)에서 설치장소의 환경상태가 "물방울이 발생하는 장소"에 설치할 수 있는 감지기의 종류별 설치조건을 쓰시오.(3점)

225 자동화재탐지설비 및 시각경보장치의 화재안전성능기준(NFPC 203)에 따른 청각장애인용 시각경보장치는 소방청장이 정하여 고시한 「시각경보장치의 성능인증 및 제품검사의 기술기준」에 적합한 것으로서 기준에 따라 설치해야 한다. 이에 해당하는 기준 4가지를 쓰시오.(4점)

226 자동화재탐지설비 및 시각경보장치의 화재안전성능기준(NFPC 203) 제10조(전원) 기준 2가지를 쓰시오.(2점)

227 자동화재탐지설비 및 시각경보장치의 화재안전성능기준(NFPC 203) 제11조(배선)에 대한 내용이다. 괄호 안의 번호에 알맞은 답을 쓰시오.(6점)

> 1. 전원회로의 배선은 (㉠)으로 하고, 그 밖의 배선은 내화배선 또는 내열배선에 따를 것
> 2. 감지기 상호간 또는 감지기로부터 수신기에 이르는 감지기회로의 배선의 경우에는 (㉡), (㉢)용 등으로 사용되는 것은 (㉣)를 받지 않는 것으로 배선하고, 그 외의 일반배선을 사용할 때에는 내화배선 또는 내열배선으로 할 것
> 3. 감지기회로에는 도통시험을 위한 (㉤)을 설치할 것
> 4. 감지기 사이의 회로의 배선은 (㉥)으로 할 것
> 5. 전원회로의 전로와 대지 사이 및 배선 상호간의 절연저항은 「전기사업법」 제67조에 따른 기술기준이 정하는 바에 의하고, 감지기회로 및 부속회로의 전로와 대지 사이 및 배선 상호간의 절연저항은 1경계구역마다 직류 (㉦)의 절연저항측정기를 사용하여 측정한 절연저항이 (㉧) 이상이 되도록 할 것
> 6. 자동화재탐지설비의 배선은 다른 전선과 별도의 관·덕트(절연효력이 있는 것으로 구획한 때에는 그 구획된 부분은 별개의 덕트로 본다)·몰드 또는 풀박스 등에 설치할 것. 다만, (㉨) 미만의 약 전류회로에 사용하는 전선으로서 각각의 전압이 같을 때에는 그러하지 아니하다.
> 7. 피(P)형 수신기 및 지피(G.P.)형 수신기의 감지기 회로의 배선에 있어서 하나의 공통선에 접속할 수 있는 경계구역은 (㉩) 이하로 할 것
> 8. 자동화재탐지설비의 감지기회로의 전로저항은 (㉪) 이하가 되도록 해야 하며, 수신기의 각 회로별 종단에 설치되는 감지기에 접속되는 배선의 전압은 감지기 정격전압의 (㉫) 이상이어야 할 것

228 자동화재탐지설비 및 시각경보장치의 화재안전기술기준(NFTC 203)에 따른 감지기 상호간 또는 감지기로부터 수신기에 이르는 감지기회로의 배선에 대한 내용이다. 괄호 안의 번호에 알맞은 답을 쓰시오.(3점)

> ○ (㉠), (㉡) 감지기나 (㉢)용으로 사용되는 것은 전자파 방해를 받지 않는 (㉣ 실드선) 등을 사용해야 하며, 광케이블의 경우에는 전자파 방해를 받지 아니하고 (㉤)이 있는 경우 사용할 것. 다만, 전자파 방해를 받지 않는 방식의 경우에는 그렇지 않다.
> ○ 일반배선을 사용할 때는 「옥내소화전설비의 화재안전기술기준(NFTC 102)」 2.7.2의 표 2.7.2(1) 또는 표 2.7.2(2)에 따른 (㉥)으로 사용할 것

229 자동화재탐지설비 및 시각경보장치의 화재안전기술기준(NFTC 203)에 따른 감지기회로의 도통시험을 위한 종단저항 설치기준 3가지를 쓰시오.(3점)

자동화재속보설비

230 자동화재속보설비의 화재안전성능기준(NFPC 204) 제4조(설치기준)에 따른 자동화재속보설비 설치기준 4가지를 쓰시오.(4점)

누전경보기

231 누전경보기의 화재안전성능기준(NFPC 205) 제4조(설치방법 등)에 따른 누전경보기는 각 호의 방법에 따라 설치해야 한다. 이에 해당하는 3가지 기준을 쓰시오.(3점)

232 누전경보기의 화재안전성능기준(NFPC 205) 제5조(수신부) 기준 3가지를 쓰시오.(3점)

233 누전경보기의 화재안전기술기준(NFTC 205)에 따른 수신부에 대한 다음 물음에 답하시오.(7점)
(1) 누전경보기의 수신부 설치장소 기준을 쓰시오.(2점)
(2) 누전경보기의 수신부 설치제외 장소 5가지를 쓰시오.(5점)(단, 해당 누전경보기에 대하여 방폭·방식·방습·방온·방진 및 정전기 차폐 등의 방호조치를 한 것은 제외)

234 누전경보기의 화재안전성능기준(NFPC 205) 제6조(전원)에 따른 누전경보기의 전원은 「전기사업법」제67조에 따른 기술기준에서 정한 것 외에 기준에 따라야 한다. 이에 해당하는 기준 3가지를 쓰시오.(3점)

가스누설경보기

235 가스누설경보기의 화재안전성능기준(NFPC 206) 제4조(가연성가스 경보기) 제2항에 따른 분리형 경보기의 수신부 설치기준 5가지를 쓰시오.(5점)

236 가스누설경보기의 화재안전성능기준(NFPC 206) 제4조(가연성가스 경보기) 제2항에 따른 분리형 경보기의 탐지부 설치기준 2가지를 쓰시오.(2점)

237 가스누설경보기의 화재안전성능기준(NFPC 206) 제4조(가연성가스 경보기) 제2항에 따른 단독형 경보기 설치기준 6가지를 쓰시오.(6점)

238 가스누설경보기의 화재안전성능기준(NFPC 206) 제5조(일산화탄소 경보기)제4항에 따른 단독형 경보기 설치기준 4가지를 쓰시오.(4점)

239 가스누설경보기의 화재안전성능기준(NFPC 206) 제6조(설치장소) 기준을 쓰시오.(2점)

240 가스누설경보기의 화재안전성능기준(NFPC 206) 제7조(전원) 기준을 쓰시오.(1점)

241 가스누설경보기의 화재안전기술기준(NFTC 206)에 따른 분리형 경보기의 탐지부 및 단독형 경보기 설치 제외장소 5가지를 쓰시오.(5점)

화재알림설비

242 화재알림설비의 화재안전성능기준(NFPC 207) 제3조(정의)에 따른 다음의 용어 정의를 쓰시오.(3점)
   (1) 화재알림형 감지기(2점)
   (2) 화재알림형 비상경보장치(1점)

243 화재알림설비의 화재안전성능기준(NFPC 207) 제4조(신호전송방식)에 따른 화재정보값 및 화재신호, 상태신호 등(이하 "화재정보·신호 등"이라 한다)을 송·수신하는 방식 3가지를 쓰고 설명하시오.(3점)

244 화재알림설비의 화재안전성능기준(NFPC 207) 제5조(화재알림형 수신기)에 따른 화재알림형 수신기 적합기준 4가지를 쓰시오.(4점)

245 화재알림설비의 화재안전성능기준(NFPC 207) 제5조(화재알림형 수신기)에 따른 화재알림형 수신기 설치기준 7가지를 쓰시오.(7점)

246 화재알림설비의 화재안전성능기준(NFPC 207) 제6조(화재알림형 중계기)에 따른 화재알림형 중계기 설치기준 3가지를 쓰시오.(3점)

247 화재알림설비의 화재안전성능기준(NFPC 207) 제7조(화재알림형 감지기) 기준 3가지를 쓰시오.(3점)

248 화재알림설비의 화재안전성능기준(NFPC 207) 제8조(비화재보방지) 기준을 쓰시오.(1점)

249 화재알림설비의 화재안전성능기준(NFPC 207) 제9조(화재알림형 비상경보장치)에 따른 내용이다. 괄호 안의 번호에 알맞은 답을 쓰시오.(3점)

> 화재알림형 비상경보장치는 다음 각 호의 기준에 따라 설치해야 한다. 다만 (㉠)의 경우에는 공용부분에 한하여 설치할 수 있다.
> ○ 층수가 (㉡) 이상의 특정소방대상물은 발화층에 따라 경보하는 층을 달리하여 경보를 발할 수 있도록 할 것
> ○ 화재알림형 비상경보장치는 특정소방대상물의 층마다 설치하되, 해당 특정소방대상물의 각 부분으로부터 하나의 화재알림형 비상경보장치까지의 수평거리가 (㉢) 이하가 되도록 하고, 해당 층의 각 부분에 유효하게 경보를 발할 수 있도록 설치할 것
> ○ 화재알림형 비상경보장치는 (㉣) 장소에 설치하고, 발신기의 스위치는 바닥으로부터 0.8미터 이상 1.5미터 이하의 높이에 설치할 것
> ○ 화재알림형 비상경보장치의 위치를 표시하는 표시등은 함의 상부에 설치하되, 그 불빛은 부착면으로부터 15도 이상의 범위 안에서 부착지점으로부터 (㉤) 이내의 어느 곳에서도 쉽게 식별할 수 있는 적색등으로 설치할 것

250 화재알림설비의 화재안전성능기준(NFPC 207) 제9조(화재알림형 비상경보장치)에 따른 화재알림형 비상경보장치는 기준에 따른 구조 및 성능의 것으로 해야 한다. 이에 해당하는 기준 3가지를 쓰시오.(2점)

피난기구

251 피난기구의 화재안전기술기준(NFTC 301)에 따른 [표] 설치장소별 피난기구의 적응성을 나타낸 것이다. 빈칸에 적응성 있는 피난기구를 모두 적으시오. 단, 해당사항이 없는 경우에는 빈칸으로 둔다.(7점)

설치장소별 \ 층별	1층	2층	3층	4층 이상 10층 이하
노유자시설				
「다중이용업소의 안전관리에 관한 특별법 시행령」제2조에 따른 다중이용업소로서 영업장의 위치가 4층 이하인 다중이용업소				

252 피난기구의 화재안전기술기준(NFTC 301)에 따른 [표] 설치장소별 피난기구의 적응성에서 4층 이상 10층 이하의 노유자시설에 구조대를 추가로 설치해야 하는 기준을 쓰시오.(2점)

253 피난기구의 화재안전기술기준(NFTC 301)에 따른 [표] 설치장소별 피난기구의 적응성을 나타낸 것이다. (1) 3층에 적응성 있는 피난기구와 (2) 4층 이상 10층 이하의 층에 적응성 있는 피난기구를 구분하여 모두 쓰시오.(4점)

설치장소별 \ 층별	1층	2층	3층	4층 이상 10층 이하
2. 의료시설·근린생활시설중 입원실이 있는 의원·접골원·조산원			(1)	(2)

254 피난기구의 화재안전성능기준(NFPC 301) 제5조(적응성 및 설치개수 등)제2항에 대한 내용이다. 괄호 안의 번호에 알맞은 답을 쓰시오.(3점)

> 피난기구는 다음 각 호의 기준에 따른 개수 이상을 설치해야 한다.
> ○ 층마다 설치하되, 특정소방대상물의 종류에 따라 그 층의 용도 및 바닥면적을 고려하여 한 개 이상 설치할 것
> ○ 숙박시설(휴양콘도미니엄을 제외한다)의 경우에는 추가로 객실마다 (㉠)를 설치할 것
> ○ 4층 이상의 층에 설치된 노유자시설 중 (㉡)로서 주된 사용자 중 스스로 피난이 불가한 자가 있는 경우에는 층마다 (㉢)를 1개 이상 추가로 설치할 것

255 피난기구의 화재안전성능기준(NFPC 301)에 따른 피난기구 설치기준 7가지를 쓰시오.(7점)

256 피난기구의 화재안전성능기준(NFPC 301) 제6조(설치제외) 기준을 쓰시오.(2점)

257 피난기구의 화재안전기술기준(NFTC 301)에 따른 설치제외 기준을 나타낸 것이다. 괄호 안의 번호에 알맞은 답을 쓰시오.(5점)

> 다음의 기준에 적합한 층
> ○ (㉠)로 되어 있어야 할 것
> ○ 실내의 면하는 부분의 마감이 (㉡)로 되어 있고 방화구획이 「건축법 시행령」 제46조의 규정에 적합하게 구획되어 있어야 할 것
> ○ 거실의 각 부분으로부터 (㉢) 통할 수 있어야 할 것
> ○ 복도에 2 이상의 (㉣)이 「건축법 시행령」 제35조에 적합하게 설치되어 있어야 할 것
> ○ 복도의 어느 부분에서도 (㉤)에 도달할 수 있어야 할 것

258
피난기구의 화재안전기술기준(NFTC 301)에 따른 설치제외 기준을 나타낸 것이다. 괄호 안의 번호에 알맞은 답을 쓰시오.(4점)

> 다음의 기준에 적합한 특정소방대상물 중 그 옥상의 직하층 또는 최상층(문화 및 집회시설, 운동시설 또는 판매시설을 제외한다)
> ○ 주요구조부가 내화구조로 되어 있어야 할 것
> ○ 옥상의 면적이 (㉠) ㎡ 이상이어야 할 것
> ○ 옥상으로 쉽게 통할 수 있는 (㉡)가 설치되어 있어야 할 것
> ○ 옥상이 (㉢)가 쉽게 통행할 수 있는 도로(폭 6 m 이상의 것을 말한다. 이하 같다) 또는 공지(공원 또는 광장 등을 말한다. 이하 같다) 에 면하여 설치되어 있거나 옥상으로부터 (㉣)으로 통하는 2 이상의 피난계단 또는 특별피난계단이 「건축법 시행령」제35조의 규정에 적합하게 설치되어 있어야 할 것

259
피난기구의 화재안전성능기준(NFPC 301) 제7조(피난기구설치의 감소) 기준 3가지를 쓰시오.(3점)

259-1
다음은 피난기구의 화재안전성능기준 일부를 나타낸 것이다. ( )에 들어갈 내용을 쓰시오.(6점)

> 승강식 피난기 및 하향식 피난구용 내림식사다리는 다음 각 목에 적합하게 설치할 것
> 가. 승강식 피난기 및 하향식 피난구용 내림식사다리는 설치경로가 설치층에서 (㉠)까지 연계될 수 있는 구조로 설치할 것
> 나. 대피실의 면적은 (㉡) 이상으로 하고,「건축법 시행령」제46조제4항의 규정에 적합하여야 하며 하강구(개구부) 규격은 직경 (㉢) 이상일 것
> 다. 하강구 내측에는 기구의 (㉣) 등이 없어야 하며 전개된 피난기구는 하강구 수평투영면적 공간 내의 범위를 침범하지 않는 구조이어야 할 것
> 라. 대피실의 출입문은 (㉤)으로 설치하고, 피난방향에서 식별할 수 있는 위치에 "대피실" 표지판을 부착할 것
> 마. 착지점과 하강구는 상호 (㉥) 15센티미터 이상의 간격을 둘 것
> 바. 대피실 내에는 (㉦)을 설치 할 것
> 사. 대피실에는 층의 (㉧)와 (㉨) 및 (㉩)을 부착 할 것
> 아. 대피실 출입문이 개방되거나, 피난기구 작동 시 해당층 및 직하층 거실에 설치된 (㉪)가 작동되고, 감시 제어반에서는 피난기구의 작동을 확인 할 수 있어야 할 것
> 자. 사용 시 기울거나 흔들리지 않도록 설치할 것
> 차. (㉫)는 한국소방산업기술원 또는 법 제46조제1항에 따라 성능시험기관으로 지정받은 기관에서 그 성능을 검증받은 것으로 설치할 것

인명구조기구

260 인명구조기구의 화재안전성능기준(NFPC 302) 제4조(설치기준)을 나타낸 것이다. 괄호 안의 번호에 알맞은 답을 쓰시오.(7점)

> 인명구조기구는 특정소방대상물의 용도 및 장소별로 다음 각 호에 따라 설치해야 한다.
> 1. 방열복 또는 방화복(안전모, 보호장갑 및 안전화를 포함한다)·공기호흡기 및 인공소생기를 각 2개 이상 비치해야 하는 특정소방대상물은 다음 각 목과 같다.
>   가. (㉠)
>   나. (㉡)
> 2. 공기호흡기를 층마다 2개 이상 비치해야 하는 특정소방대상물은 다음 각 목과 같다.
>   가. (㉢)
>   나. (㉣)
>   다. (㉤)
>   라. (㉥)
> 3. 물분무등소화설비 중 이산화탄소소화설비를 설치하는 특정소방대상물에는 이산화탄소소화설비가 설치된 장소의 (㉦)를 비치할 것

261 인명구조기구의 화재안전기술기준(NFTC 302)에 따른 [표] 특정소방대상물의 용도 및 장소별로 설치해야 할 인명구조기구를 나타낸 것이다. 괄호 안의 번호(1)~(3)에 알맞은 답을 쓰시오.(5점)

특정소방대상물	인명구조기구	설치 수량
(1)	방열복 또는 방화복(안전모, 보호장갑 및 안전화를 포함한다), 공기호흡기, 인공소생기	각 2개 이상 비치할 것. 다만, 병원의 경우에는 인공소생기를 설치하지 않을 수 있다.
(2)	공기호흡기	층마다 2개 이상 비치할 것. 다만, 각 층마다 갖추어 두어야 할 공기호흡기 중 일부를 직원이 상주하는 인근 사무실에 갖추어 둘 수 있다.
(3)	공기호흡기	이산화탄소소화설비가 설치된 장소의 출입구 외부 인근에 1개 이상 비치할 것

유도등 및 유도표지

262 유도등 및 유도표지의 화재안전성능기준(NFPC 303) 제4조(유도등 및 유도표지의 종류)를 나타낸 표이다. 괄호 안의 번호에 알맞은 답을 쓰시오.(5점)

설치장소	유도등 및 유도표지의 종류
1. 공연장·집회장(종교집회장 포함)·관람장·(㉠)	○대형피난구유도등 ○통로유도등 ○객석유도등
2. 유흥주점영업시설(「식품위생법 시행령」제21조 제8호라목의 유흥주점영업 중 손님이 춤을 출 수 있는 무대가 설치된 카바레, 나이트클럽 또는 그밖에 이와 비슷한 영업시설만 해당한다)	
3. 위락시설·판매시설·(㉡)·「관광진흥법」제3조제1항제2호에 따른 관광숙박업·의료시설·장례식장·방송통신시설·전시장·지하상가·지하철 역사	○대형피난구유도등 ○통로유도등
4. 숙박시설(제3호의 관광숙박업 외의 것을 말한다)·오피스텔	○중형피난구유도등 ○통로유도등
5. 제1호부터 제3호까지 외의 건축물로서 (㉢)인 특정소방대상물	
6. 제1호부터 제5호까지 외의 건축물로서 근린생활시설·(㉣)·업무시설·발전시설·종교시설(집회장 용도로 사용하는 부분 제외)·교육연구시설·수련시설·공장·교정 및 군사시설(국방·군사시설 제외)·자동차정비공장·운전학원 및 정비학원·다중이용업소·(㉤)	○소형피난구유도등 ○통로유도등

263 유도등 및 유도표지의 화재안전성능기준(NFPC 303) 제5조(피난구유도등) 제1항에 따른 피난구유도등 설치장소 4가지를 쓰시오.(4점)

264 유도등 및 유도표지의 화재안전성능기준(NFPC 303) 제6조(통로유도등 설치기준)에 따른 복도통로유도등 설치기준 4가지를 쓰시오.(4점)

265 유도등 및 유도표지의 화재안전성능기준(NFPC 303) 제6조(통로유도등 설치기준)에 따른 거실통로유도등 설치기준 3가지를 쓰시오.(3점)

266 유도등 및 유도표지의 화재안전성능기준(NFPC 303) 제10조(유도등의 전원)제3항에 따른 배선에 대한 내용이다. 괄호 안의 번호에 알맞은 답을 쓰시오.(3점)

> 배선은 「전기사업법」 제67조에 따른 「전기설비기술기준」에서 정한 것 외에 다음 각 호의 기준에 따라야 한다.
> 1. (㉠)
> 2. (㉡)
> 3. (㉢)

267 유도등 및 유도표지의 화재안전성능기준(NFPC 303) 제10조(유도등의 전원)에 대한 내용이다. 괄호 안의 번호에 알맞은 답을 쓰시오.(4점)

> ○ 유도등의 상용전원은 전기가 정상적으로 공급되는 (㉠), (㉡) 또는 (㉢)으로 하고, 전원까지의 배선은 전용으로 해야 한다.
> ○ 비상전원은 유도등을 (㉣) 이상 유효하게 작동시킬 수 있는 용량의 축전지로 설치해야 한다. 다만, 지하층을 제외한 층수가 (㉤) 이상의 층이나 특정소방대상물의 지하층 또는 무창층의 경우에는 그 부분에서 피난층에 이르는 부분의 유도등을 (㉥) 이상 유효하게 작동시킬 수 있는 용량으로 해야 한다.
> ○ (㉦) 배선으로 상시 충전되는 유도등의 전기회로에 점멸기를 설치하는 경우에는 (㉧), 정전 또는 단선, 자동소화설비의 작동 등에 의해 자동으로 점등되도록 해야 한다.

268 유도등 및 유도표지의 화재안전성능기준(NFPC 303) 제9조(피난유도선 설치기준)에 따른 축광방식의 피난유도선 설치기준 5가지를 쓰시오.(5점)

269 유도등 및 유도표지의 화재안전성능기준(NFPC 303) 제9조(피난유도선 설치기준)에 따른 광원점등방식의 피난유도선 설치기준 7가지를 쓰시오.(7점)

270 유도등 및 유도표지의 화재안전성능기준(NFPC 303) 제11조(유도등 및 유도표지의 제외) 기준 4가지를 쓰시오.(4점)

271 유도등 및 유도표지의 화재안전기술기준(NFTC 303)에 따른 3선식 배선에 대한 다음 물음에 답하시오.(8점)
  (1) 3선식 배선의 정의(2점)
  (2) 3선식 배선은 「옥내소화전설비의 화재안전기술기준(NFTC 102)」 2.7.2의 표 2.7.2(1) 또는 표 2.7.2(2)에 따른 무슨 배선으로 해야 하는가?(1점)
  (3) 3선식 배선으로 상시 충전되는 유도등의 전기회로에 점멸기를 설치하는 경우에는 어떠한 경우에 자동으로 점등되도록 해야 하는지 5가지를 쓰시오.(5점)

272 유도등 및 유도표지의 화재안전기술기준(NFTC 303)에 따른 유도등의 비상전원에 대한 내용이다. 괄호 안에 알맞은 답을 쓰시오.(3점)

> 비상전원은 다음의 기준에 적합하게 설치해야 한다.
> ○ (㉠)로 할 것
> ○ 유도등을 20분 이상 유효하게 작동시킬 수 있는 용량으로 할 것. 다만, 다음의 특정소방대상물의 경우에는 그 부분에서 피난층에 이르는 부분의 유도등을 60분 이상 유효하게 작동시킬 수 있는 용량으로 해야 한다.
>   1. (㉡)
>   2. (㉢)

273 유도등 및 유도표지의 화재안전기술기준(NFTC 303) '유도등 및 유도표지의 제외' 기준 중 피난구유도등 설치제외 4가지 기준을 쓰시오.(4점)

274 유도등 및 유도표지의 화재안전기술기준(NFTC 303) '유도등 및 유도표지의 제외' 기준 중 통로유도등 설치제외 2가지 기준을 쓰시오.(2점)

275 유도등 및 유도표지의 화재안전기술기준(NFTC 303) '유도등 및 유도표지의 제외' 기준 중 객석유도등 설치제외 2가지 기준을 쓰시오.(2점)

비상조명등

276 비상조명등의 화재안전기술기준(NFTC 304)에 따른 비상조명등 설치기준 3가지를 쓰시오.(3점)

277 비상조명등의 화재안전성능기준(NFPC 304) 제5조(비상조명등의 제외) 기준 2가지를 쓰시오.(2점)

278 비상조명등의 화재안전기술기준(NFTC 304)에 따른 비상조명등의 설치제외 2가지와 휴대용비상조명등 설치제외 기준 1가지를 쓰시오.(3점)

279 비상조명등의 화재안전기술기준(NFTC 304)에 따른 휴대용비상조명등에 대한 내용이다. 괄호 안의 번호에 알맞은 답을 쓰시오.(5점)

> 휴대용비상조명등은 다음의 기준에 적합해야 한다.
> ○ 다음 각 기준의 장소에 설치할 것
> 1. (㉠) 또는 다중이용업소에는 객실 또는 영업장 안의 구획된 실마다 잘 보이는 곳(외부에 설치시 출입문 손잡이로부터 1 m 이내 부분)에 1개 이상 설치
> 2. 「유통산업발전법」 제2조제3호에 따른 대규모점포(지하상가 및 지하역사는 제외한다)와 (㉡)에는 보행거리 50 m 이내마다 3개 이상 설치
> 3. 지하상가 및 (㉢)에는 보행거리 25 m 이내마다 3개 이상 설치
> ○ 설치높이는 바닥으로부터 0.8 m 이상 1.5 m 이하의 높이에 설치할 것
> ○ 어둠속에서 위치를 확인할 수 있도록 할 것
> ○ 사용 시 자동으로 점등되는 구조일 것
> ○ 외함은 (㉣)이 있을 것
> ○ 건전지를 사용하는 경우에는 방전 방지조치를 해야 하고, 충전식 배터리의 경우에는 상시 충전되도록 할 것
> ○ 건전지 및 충전식 배터리의 용량은 (㉤) 이상 유효하게 사용할 수 있는 것으로 할 것

상수도소화용수설비

280 상수도소화용수설비의 화재안전기술기준(NFTC 401)에 따른 상수도소화용수설비 설치기준 4가지를 쓰시오.(4점)

소화수조 및 저수조

281 소화수조 및 저수조의 화재안전성능기준(NFPC 402) 제4조(소화수조 등)에 따른 소화수조 또는 저수조는 기준에 따라 흡수관투입구 또는 채수구를 설치해야 한다. 다음 물음에 답하시오.(5점)
 (1) 지하에 설치하는 소화용수설비의 흡수관투입구 기준을 쓰시오.(2점)
 (2) 소화용수설비에 설치하는 채수구 설치기준 3가지를 쓰시오.(3점)

282 소화수조 및 저수조의 화재안전성능기준(NFPC 402) 제5조(가압송수장치)에 대한 내용이다. 괄호 안의 번호에 알맞은 답을 쓰시오.(3점)

> ① 소화수조 또는 저수조가 지표면으로부터의 깊이(수조 내부바닥까지의 길이를 말한다)가 (㉠)미터 이상인 지하에 있는 경우에는 소요수량을 고려하여 가압송수장치를 설치해야 한다.
> ② 가압송수장치의 1분당 양수량은 (㉡)리터(소요수량이 40세제곱미터 미만인 것은 (㉢)리터, 100세제곱미터 이상인 것은 (㉣)리터)로 한다.
> ③ 소화수조가 옥상 또는 옥탑의 부분에 설치된 경우에는 지상에 설치된 채수구에서의 압력이 (㉤)메가파스칼 이상이 되도록 해야 한다.

283 소화수조 및 저수조의 화재안전성능기준(NFPC 402) 제5조(가압송수장치)에 따른 전동기 또는 내연기관에 따른 펌프를 이용하는 가압송수장치는 기준에 따라 설치해야 한다. 이에 해당하는 기준 9가지를 쓰시오.(9점)

제연설비

284 제연설비의 화재안전성능기준(NFPC 501) 제3조(정의)에서 규정한 아래의 정의를 쓰시오.(4점)

제연구역	
제연경계	
댐퍼	
풍량조절댐퍼	

285 제연설비의 화재안전성능기준(NFPC 501) 제4조(제연설비)제1항에 따른 제연설비의 설치장소는 제연구역으로 구획해야 한다. 이에 해당하는 기준 5가지를 쓰시오.(5점)

286 제연설비의 화재안전성능기준(NFPC 501) 제4조(제연설비) 제2항에 따른 제연구역의 구획은 보·제연경계벽(이하 "제연경계"라 한다) 및 벽(화재 시 자동으로 구획되는 가동벽·방화셔터·방화문을 포함한다. 이하 같다)으로 하되, 기준에 적합해야 한다. 이에 해당하는 기준 3가지를 쓰시오.(3점)

287 제연설비의 화재안전기술기준(NFTC 501)에 따른 제연방식 3가지 기준을 쓰시오.(4점)

288 제연설비의 화재안전성능기준(NFPC 501) 제7조(배출구)에 대한 다음 물음에 답하시오.(8점)
(1) 바닥면적이 400제곱미터 미만인 예상제연구역(통로인 예상제연구역을 제외한다)에 대한 배출구의 설치는 기준에 적합해야 한다. 이에 해당하는 기준 2가지를 쓰시오.(4점)
(2) 통로인 예상제연구역과 바닥면적이 400제곱미터 이상인 통로 외의 예상제연구역에 대한 배출구의 위치는 기준에 적합해야 한다. 이에 해당하는 기준 2가지를 쓰시오.(4점)

289 제연설비의 화재안전기술기준(NFTC 501)에 따른 예상제연구역에 대한 배출구의 설치 위치는 기준에 따라야 한다. 다음 각 물음에 답하시오.(8점)

(1) 바닥면적이 400 ㎡ 미만인 예상제연구역(통로인 예상제연구역을 제외한다)에 대한 배출구의 설치 위치는 기준에 적합해야 한다. 이에 해당하는 기준 2가지를 쓰시오. (4점)

(2) 통로인 예상제연구역과 바닥면적이 400 ㎡ 이상인 통로 외의 예상제연구역에 대한 배출구의 설치 위치는 기준에 적합해야 한다. 이에 해당하는 기준 2가지를 쓰시오.(4점)

290 제연설비의 화재안전성능기준(NFPC 501) 제8조(공기유입방식 및 유입구) 기준을 쓰시오.(2점)

291 제연설비의 화재안전성능기준(NFPC 501) 제11조(제연설비의 전원 및 기동)에 대한 다음 물음에 답하시오.(13점)

(1) 비상전원은 자가발전설비, 축전지설비 또는 전기저장장치로서 기준에 따라 설치해야 한다. 이에 해당하는 기준 5가지를 쓰시오.(5점)

(2) 괄호 안의 번호에 알맞은 답을 쓰시오.(3점)

> 제연설비의 작동은 해당 제연구역에 설치된 (㉠)와 연동되어야 하며, 예상제연구역(또는 인접장소)마다 설치된 (㉡) 및 (㉢)에서 수동으로 기동이 가능하도록 해야 한다.

(3) 괄호 안의 번호에 알맞은 답을 쓰시오.(5점)

> 제연설비의 작동에는 다음 각 호의 사항이 포함되어야 하며, 예상제연구역(또는 인접장소)마다 설치되는 수동기동장치는 바닥으로부터 0.8미터 이상 1.5미터 이하의 높이에 문 개방 등으로 인한 위치 확인에 장애가 없고 접근이 쉬운 위치에 설치해야 한다.
> 1. (㉠)
> 2. (㉡)
> 3. (㉢)

292 제연설비의 화재안전성능기준(NFPC 501) 제12조(설치제외) 기준을 쓰시오.(2점)

292-1 제연설비의 화재안전성능기준(NFPC 501) 제11조의2(성능확인)에 대한 다음 각 물음에 답하시오.(10점)

(1) 제연설비는 설계목적에 적합한지 검토하고 시점에 맞추어 시험·측정 및 조정(이하 "시험 등"이라 한다)을 해야 한다. 이 시점을 쓰시오.(1점)

(2) 제연설비의 시험 등에 대한 실시기준 4가지를 쓰시오.(5점)

(3) ( ) 안의 번호에 알맞은 답을 쓰시오.(4점)

> 제연설비 시험 등의 평가는 이 기준에서 정하는 성능 및 다음 각 호의 기준에 따른다.
> 1. 배출구별 배출량은 배출구별 설계 배출량의 (㉠) 이상이어야 하며, 제연구역별 배출구의 배출량 합계는 제6조에 따른 설계배출량 이상일 것
> 2. 유입구별 공기유입량은 유입구별 설계 유입량의 (㉡) 이상이어야 하며, 제연구역별 유입구의 공기유입량 합계는 제8조제7항에 따른 설계유입량을 충족할 것
> 3. 제연구역의 구획이 설계조건과 동일한 조건에서 제1호에 따라 측정한 배출량이 (㉢) 이상인 경우에는 제2호에 따라 측정한 (㉣)이 설계유입량에 일부 미달되더라도 적합한 성능으로 볼 것

292-2 제연설비의 화재안전기술기준(NFTC 501) 상 제연설비에 설치되는 댐퍼 설치기준 3가지를 쓰시오.(5점)

특별피난계단의 계단실 및 부속실 제연설비

293 특별피난계단의 계단실 및 부속실 제연설비의 화재안전성능기준(NFPC 501A) 제3조 (정의)에서 규정한 다음의 용어 정의를 쓰시오.(4점)

방연풍속	
급기량	
누설량	
보충량	

294 특별피난계단의 계단실 및 부속실 제연설비의 화재안전성능기준(NFPC 501A) 제3조 (정의)에서 규정한 다음의 용어 정의를 쓰시오.(5점)

플랩댐퍼	
유입공기	
자동차압급기댐퍼	
자동폐쇄장치	
과압방지장치	

295 특별피난계단의 계단실 및 부속실 제연설비의 화재안전성능기준(NFPC 501A) 제4조 (제연방식)에 따른 제연설비 적합 기준 3가지를 쓰시오.(4점)

296 특별피난계단의 계단실 및 부속실 제연설비의 화재안전성능기준(NFPC 501A) 제5조 (제연구역의 선정)에 따른 제연구역 3가지를 쓰시오.(3점)

296-1 특별피난계단의 계단실 및 부속실 제연설비의 화재안전성능기준(NFPC 501A)에 대한 기준이다. ( )에 들어갈 내용을 쓰시오.(5점)

> 제6조(차압 등)
> ① 제4조제1호의 기준에 따라 제연구역과 옥내와의 사이에 유지해야 하는 최소차압은 (㉠)파스칼(옥내에 (㉡)가 설치된 경우에는 12.5파스칼) 이상으로 해야 한다.
> ② 제연설비가 가동되었을 경우 출입문의 개방에 필요한 힘은 (㉢)뉴턴 이하로 해야 한다.
> ③ 제4조제2호의 기준에 따라 출입문이 일시적으로 개방되는 경우 개방되지 않은 제연구역과 옥내와의 차압은 제1항의 기준에도 불구하고 제1항의 기준에 따른 차압의 (㉣) 이상이어야 한다.
> ④ 계단실과 부속실을 동시에 제연 하는 경우 부속실의 기압은 계단실과 같게 하거나 계단실의 기압보다 낮게 할 경우에는 부속실과 계단실의 압력 차이는 (㉤)파스칼 이하가 되도록 해야 한다.

297 특별피난계단의 계단실 및 부속실 제연설비의 화재안전성능기준(NFPC 501A) 제10조(방연풍속)에서 규정한 방연풍속은 제연구역의 선정방식에 따라 다음 표의 기준에 적합해야 한다. 표의 빈칸에 알맞은 내용을 쓰시오.(6점)

제 연 구 역	방연풍속

298 특별피난계단의 계단실 및 부속실 제연설비의 화재안전성능기준(NFPC 501A) 제16조(급기)에서 규정한 제연구역에 대한 급기기준 5가지를 쓰시오.(5점)

299 특별피난계단의 계단실 및 부속실 제연설비의 화재안전기술기준(NFTC 501A)에 따른 유입공기의 배출에 대한 다음 물음에 답하시오.(7점)
(1) 유입공기는 어떻게 배출되도록 해야 하는가?(1점)
(2) 유입공기의 배출은 기준에 따른 배출방식으로 해야 한다. 이에 해당하는 기준을 모두 쓰시오.(6점)

299-1 특별피난계단의 계단실 및 부속실 제연설비의 화재안전성능기준(NFPC 501A) 상 (1) 제19조(급기송풍기) 기준 (2) 제20조(외기취입구) 기준을 쓰시오.(2점)
(1) 제19조(급기송풍기)
(2) 제20조(외기취입구)

300 특별피난계단의 계단실 및 부속실 제연설비의 화재안전성능기준(NFPC 501A) 제21조(제연구역 및 옥내의 출입문) 기준 2가지를 쓰시오.(4점)

301 특별피난계단의 계단실 및 부속실 제연설비의 화재안전기술기준(NFTC 501A) 제연구역 및 옥내의 출입문에 대한 다음 물음에 답하시오.(5점)
(1) 제연구역의 출입문 적합기준 3가지를 쓰시오.(3점)
(2) 옥내의 출입문(방화구조의 복도가 있는 경우로서 복도와 거실 사이의 출입문에 한한다) 적합기준 2가지를 쓰시오.(2점)

302 특별피난계단의 계단실 및 부속실 제연설비의 화재안전성능기준(NFPC 501A) 제22조(수동기동장치)에서 규정한 배출댐퍼 및 개폐기의 직근 또는 제연구역에는 기준에 따른 장치의 작동을 위하여 전용의 수동기동장치를 설치해야 한다. 이에 해당하는 기준 4가지를 쓰시오.(4점)

303 특별피난계단의 계단실 및 부속실 제연설비의 화재안전성능기준(NFPC 501A) 제23조(제어반)에서 규정한 제어반 적합기준 2가지를 쓰시오.(4점)

304 특별피난계단의 계단실 및 부속실 제연설비의 화재안전기술기준(NFTC 501A)에 따른 제어반이 보유해야 할 기능 8가지를 쓰시오.(8점)

305 특별피난계단의 계단실 및 부속실 제연설비의 화재안전기술기준(NFTC 501A)에 따른 제연설비의 시험 등은 기준에 따라 실시해야 한다. 이에 해당하는 기준을 모두 쓰시오. (10점)

306 특별피난계단의 계단실 및 부속실 제연설비의 화재안전성능기준(NFPC 501A)제24조(비상전원)에 따른 비상전원은 자가발전설비, 축전지설비 또는 전기저장장치로서 기준에 따라 설치해야 한다. 이에 해당하는 기준 5가지를 쓰시오.(5점)

연결송수관설비

307 연결송수관설비의 화재안전기술기준(NFTC 502)의 내용 중 일부이다. 괄호 안의 번호에 알맞은 답을 쓰시오.(2점)

> 송수구의 부근에는 자동배수밸브 및 체크밸브를 기준에 따라 설치할 것. 이 경우 자동배수밸브는 배관안의 물이 잘빠질 수 있는 위치에 설치하되, 배수로 인하여 다른 물건이나 장소에 피해를 주지 않아야 한다.
> 1. 습식의 경우에는 (㉠)의 순으로 설치할 것
> 2. 건식의 경우에는 (㉡)의 순으로 설치할 것

308 연결송수관설비의 화재안전성능기준(NFPC 502) 제5조(배관 등)에 따른 연결송수관설비의 배관 설치기준 2가지를 쓰시오.(2점)

309 연결송수관설비의 화재안전성능기준(NFPC 502) 제6조(방수구)에 따른 연결송수관설비의 방수구 설치기준 7가지를 쓰시오.(7점)

310 연결송수관설비의 화재안전기술기준(NFTC 502)에 따라 연결송수관설비의 방수구를 그 특정소방대상물의 층에 설치하지 않을 수 있는 기준 3가지를 쓰시오.(5점)

311 연결송수관설비의 화재안전기술기준(NFTC 502)에 따라 11층 이상의 부분에 설치하는 방수구를 단구형으로 설치할 수 있는 기준 2가지를 쓰시오.(2점)

312 연결송수관설비의 화재안전성능기준(NFPC 502) 제7조(방수기구함)에 따른 연결송수관설비의 방수기구함 설치기준 3가지를 쓰시오.(3점)

313 연결송수관설비의 화재안전성능기준(NFPC 502) 제8조(가압송수장치)에서 규정한 가압송수장치는 방수구가 개방될 때 자동으로 기동되거나 수동스위치의 조작에 따라 기동되도록 할 것. 이 경우 수동스위치는 두 개 이상 설치하되, 그중 한 개는 기준에 따라 송수구의 부근에 설치해야 한다. 이에 해당하는 기준 3가지를 쓰시오.(3점)

연결살수설비

314 연결살수설비의 화재안전성능기준(NFPC 503) 제4조(송수구 등)에 따른 연결살수설비의 선택밸브 설치기준 2가지를 쓰시오.(2점)

315 연결살수설비의 화재안전기술기준(NFTC 503)에 따라 송수구의 가까운 부분에 자동배수밸브와 체크밸브를 기준에 따라 설치해야 한다. 이에 해당하는 기준 3가지를 쓰시오.(4점)

316 연결살수설비의 화재안전성능기준(NFPC 503) 제5조(배관 등)제4항에서 규정한 폐쇄형헤드를 사용하는 연결살수설비의 배관에 대한 다음 각 물음에 답하시오.(5점)
  (1) 주배관 설치기준(3점)
  (2) 시험배관 설치기준(2점)

317 연결살수설비의 화재안전기술기준(NFTC 503)에 따른 연결살수설비 전용헤드 수별 급수관의 구경을 나타낸 표이다. 괄호 안의 번호에 알맞은 답을 쓰시오.(3점)

하나의 배관에 부착하는 연결살수설비 전용헤드의 개수	1개	2개	3개	4개 또는 5개	6개 이상 10개 이하
배관의 구경	(㉠) ㎜	(㉡) ㎜	50 ㎜	65 ㎜	(㉢) ㎜

318 연결살수설비의 화재안전기술기준(NFTC 503)에 따른 건축물에 설치하는 연결살수설비의 헤드 설치기준 2가지를 쓰시오.(3점)

319 연결살수설비의 화재안전성능기준(NFPC 503) 제7조(헤드의 설치제외) 기준을 쓰시오.(2점)

비상콘센트설비

320 비상콘센트설비의 화재안전기술기준(NFTC 504)에 따른 비상콘센트설비에는 기준에 따른 전원을 설치해야 한다. 이에 해당하는 기준 2가지를 쓰시오.(4점)

321 비상콘센트설비의 화재안전성능기준(NFPC 504) 제4조(전원 및 콘센트 등)에 따른 비상콘센트설비에는 기준에 따른 전원을 설치해야 한다. 이에 해당하는 기준 2가지를 쓰시오.(2점)

322 비상콘센트설비의 화재안전성능기준(NFPC 504) 제4조(전원 및 콘센트 등)에 대한 내용 중 일부이다. 괄호 안의 번호에 알맞은 답을 쓰시오.(3점)

> 비상콘센트는 다음 각 호의 기준에 따라 설치해야 한다.
> 1. 바닥으로부터 높이 0.8미터 이상 1.5미터 이하의 위치에 설치할 것
> 2. 비상콘센트의 배치는 바닥면적이 (㉠)제곱미터 미만인 층은 계단의 출입구(계단의 부속실을 포함하며 계단이 둘 이상 있는 경우에는 그중 한개의 계단을 말한다)로부터 (㉡)미터 이내에, 바닥면적 (㉢)제곱미터 이상인 층은 각 계단의 출입구 또는 계단부속실의 출입구(계단의 부속실을 포함하며 계단이 세 개이상 있는 층의 경우에는 그중 두 개의 계단을 말한다)로부터 (㉣)미터이내에 설치하되, 그 비상콘센트로부터 그 층의 각 부분까지의 거리가 다음 각 목의 기준을 초과하는 경우에는 그 기준 이하가 되도록 비상콘센트를 추가하여 설치할 것
> 가. 지하상가 또는 지하층의 바닥면적의 합계가 (㉤)제곱미터 이상인 것은 수평거리 25미터
> 나. 가목에 해당하지 않는 것은 수평거리 (㉥)미터

323 비상콘센트설비의 화재안전성능기준(NFPC 504) 제4조(전원 및 콘센트 등)에 따른 비상콘센트설비의 전원부와 외함 사이의 절연저항 및 절연내력은 기준에 적합해야 한다. 이에 해당하는 기준 2가지를 쓰시오.(4점)

324 비상콘센트설비의 화재안전기술기준(NFTC 504)에 따른 비상콘센트를 보호하기 위한 비상콘센트 보호함은 기준에 따라 설치해야 한다. 이에 해당하는 기준 3가지를 쓰시오. (3점)

324-1 다음은 비상콘센트설비의 화재안전성능기준의 일부를 나타낸 것이다. ( )에 들어갈 내용을 쓰시오.(6점)

> ○ 비상콘센트설비의 전원회로는 (㉠)인 것으로서, 그 공급용량은 (㉡) 이상인 것으로 할 것
> ○ 전원회로는 각 층에 둘 이상이 되도록 설치할 것
> ○ 전원회로는 주배전반에서 전용회로로 할 것
> ○ 전원으로부터 각 층의 비상콘센트에 분기되는 경우에는 (㉢)를 보호함안에 설치할 것
> ○ 콘센트마다 배선용 차단기(KS C 8321)를 설치해야 하며, 충전부가 노출되지 않도록 할 것
> ○ 하나의 전용회로에 설치하는 비상콘센트는 10개 이하로 할 것. 이 경우 전선의 용량은 각 (㉣)의 공급용량을 합한 용량 이상의 것으로 해야 한다.
> ○ 비상콘센트의 플러그접속기는 (㉤)를 사용해야 한다.
> ○ 비상콘센트의 (㉥)에는 접지공사를 해야 한다.

무선통신보조설비

325 무선통신보조설비의 화재안전성능기준(NFPC 505) 제3조(정의)에서 규정한 다음의 용어 정의를 쓰시오.(5점)

누설동축케이블	
분배기	
분파기	
혼합기	
증폭기	

326 무선통신보조설비의 화재안전성능기준(NFPC 505) 제4조(설치제외) 기준을 쓰시오.(2점)

327 무선통신보조설비의 화재안전성능기준(NFPC 505) 제6조(옥외안테나) 설치기준 4가지를 쓰시오.(4점)

328 무선통신보조설비의 화재안전성능기준(NFPC 505) 제7조(분배기 등)에서 규정한 분배기·분파기 및 혼합기 등의 설치기준 3가지를 쓰시오.(3점)

329 무선통신보조설비의 화재안전성능기준(NFPC 505) 제8조(증폭기 등)에서 규정한 증폭기 및 무선중계기를 설치하는 경우에는 기준에 따라 설치해야 한다. 이에 해당하는 기준 4가지를 쓰시오.(4점)

소방시설용 비상전원수전설비

330 소방시설용 비상전원수전설비의 화재안전기술기준(NFTC 602)에 대한 내용이다. 괄호 안의 번호에 알맞은 답을 쓰시오. (3점)

> ○ 일반전기사업자로부터 특별고압 또는 고압으로 수전하는 비상전원 수전설비는 (㉠), (㉡) 또는 (㉢)형으로서 다음의 기준에 적합하게 설치해야 한다.
> ○ 전기사업자로부터 저압으로 수전하는 비상전원수전설비는 (㉣)·(㉤) 또는 (㉥)으로 해야 한다.

331 소방시설용 비상전원수전설비의 화재안전성능기준(NFPC 602) 제4조(인입선 및 인입구 배선의 시설) 기준 2가지를 쓰시오.(2점)

332 소방시설용 비상전원수전설비의 화재안전성능기준(NFPC 602) 제5조(특별고압 또는 고압으로 수전하는 경우) 제3항 큐비클형에 대한 다음 물음에 답하시오.(7점)
(1) 괄호 안의 번호에 알맞은 답을 쓰시오.(3점)

> ○ 외함에 수납하는 수전설비, 변전설비 그 밖의 기기 및 배선은 다음 각 목에 적합하게 설치할 것
>   가. 외함 또는 프레임(Frame) 등에 견고하게 고정할 것
>   나. 외함의 바닥에서 (㉠)센티미터(시험단자, 단자대 등의 충전부는 (㉡)센티미터) 이상의 높이에 설치할 것
> ○ 전선 인입구 및 인출구에는 (㉢) 또는 (㉣)을 쉽게 접속할 수 있도록 할 것
> ○ 공용큐비클식의 소방회로와 일반회로에 사용되는 배선 및 배선용기기는 (㉤)로 구획할 것

(2) 환기장치 설치기준 4가지를 쓰시오.(4점)

도로터널

333 도로터널의 화재안전성능기준(NFPC 603) 제5조(소화기)에서 규정한 소화기 설치기준 5가지를 쓰시오.(5점)

334 도로터널의 화재안전성능기준(NFPC 603) 제7조(물분무소화설비)에 따른 물분무소화설비 설치기준 3가지를 쓰시오.(3점)

335 도로터널의 화재안전기술기준(NFTC 603)에 따른 비상경보설비의 설치기준 4가지를 쓰시오.(4점)

336 도로터널의 화재안전성능기준(NFPC 603) 제9조(자동화재탐지설비) 기준 2가지를 쓰시오.(2점)

337 도로터널의 화재안전성능기준(NFPC 603) 제10조(비상조명등) 설치기준 3가지를 쓰시오.(3점)

338 도로터널의 화재안전성능기준(NFPC 603) 제11조(제연설비)에서 규정한 제연설비는 사양을 만족하도록 설계해야 한다. 이에 해당하는 기준 2가지를 쓰시오.(2점)

339 도로터널의 화재안전성능기준(NFPC 603) 제11조(제연설비)에서 규정한 제연설비는 기준에 따라 설치해야 한다. 이에 해당하는 기준 4가지를 쓰시오.(4점)

340 도로터널의 화재안전기술기준(NFTC 603)에 따른 제연설비의 기동은 자동 및 수동으로 기동될 수 있도록 해야 한다. 이에 해당하는 기준 3가지를 쓰시오.(3점)

341 도로터널의 화재안전성능기준(NFPC 603) 제12조(연결송수관설비)에서 규정한 연결송수관설비 설치기준 3가지를 쓰시오.(3점)

342 도로터널의 화재안전성능기준(NFPC 603) 제13조(무선통신보조설비) 기준 2가지를 쓰시오.(2점)

343 도로터널의 화재안전성능기준(NFPC 603) 제14조(비상콘센트설비) 기준 4가지를 쓰시오.(4점)

고층건축물

344 고층건축물의 화재안전기술기준(NFTC 604)에 따른 스프링클러설비의 음향장치를 나타낸 것이다. 괄호 안의 번호에 알맞은 답을 쓰시오.(3점)

> 스프링클러설비의 음향장치는「스프링클러설비의 화재안전기술기준(NFTC 103)」2.6(음향장치 및 기동장치)에 따라 설치하되, 다음의 기준에 따라 경보를 발할 수 있도록 해야 한다.
> ○ 2층 이상의 층에서 발화한 때에는 (㉠)에 경보를 발할 것
> ○ 1층에서 발화한 때에는 (㉡)에 경보를 발할 것
> ○ 지하층에서 발화한 때에는 (㉢)에 경보를 발할 것

345 고층건축물의 화재안전성능기준 (NFPC 604) 제8조(자동화재탐지설비) 기준 4가지를 쓰시오.(4점)

346 고층건축물의 화재안전성능기준 (NFPC 604) 제10조(피난안전구역의 소방시설)의 규정에 따른 피난안전구역에 설치하는 소방시설의 설치기준을 나타낸 것이다. 괄호 안의 번호에 알맞은 답을 쓰시오.(3점)

> ○ 제연설비의 피난안전구역과 비 제연구역간의 차압은 (㉠)파스칼(옥내에 (㉡)가 설치된 경우에는 12.5파스칼) 이상으로 할 것
> ○ 비상조명등은 상시 조명이 소등된 상태에서 그 비상조명등이 점등되는 경우 각 부분의 바닥에서 조도는 (㉢)럭스 이상이 될 수 있도록 설치할 것

347 고층건축물의 화재안전성능기준(NFPC 604) 제10조(피난안전구역의 소방시설)의 규정에 따른 피난안전구역에 설치하는 소방시설의 설치기준 중 피난유도선 설치기준 4가지를 쓰시오.(4점)

348 고층건축물의 화재안전성능기준 (NFPC 604) 제10조(피난안전구역의 소방시설)의 규정에 따른 피난안전구역에 설치하는 소방시설의 설치기준 중 휴대용비상조명등 설치기준 3가지를 쓰시오.(4점)

349 고층건축물의 화재안전성능기준 (NFPC 604) 제10조(피난안전구역의 소방시설)의 규정에 따른 피난안전구역에 설치하는 소방시설의 설치기준 중 인명구조기구 설치기준 4가지를 쓰시오.(4점)

350 고층건축물의 화재안전기술기준(NFTC 604)에 따른 피난안전구역에 설치하는 소방시설의 설치기준을 나타낸 표이다. 표의 빈칸 번호에 알맞은 답을 쓰시오.(4점)

구분	설치기준
제연설비	(1)
비상조명등	(2)

351 고층건축물의 화재안전기술기준(NFTC 604)에 따른 피난안전구역에 설치하는 소방시설의 설치기준을 나타낸 표이다. 표의 빈칸 번호에 알맞은 답을 쓰시오.(4점)

구분	설치기준
휴대용 비상조명등	가. 피난안전구역에는 휴대용비상조명등을 다음의 기준에 따라 설치해야 한다. 1) (㉠)에 설치된 피난안전구역 : 피난안전구역 위층의 재실자수(「건축물의 피난·방화구조 등의 기준에 관한 규칙」 별표 1의2에 따라 산정된 재실자 수를 말한다)의 10분의 1 이상 2) (㉡)에 설치된 피난안전구역 : 피난안전구역이 설치된 층의 수용인원(영 별표 7에 따라 산정된 수용인원을 말한다)의 10분의 1 이상 나. 건전지 및 충전식 건전지의 용량은 (㉢) 이상 유효하게 사용할 수 있는 것으로 한다. 다만, 피난안전구역이 (㉣) 이상에 설치되어 있을 경우의 용량은 60분 이상으로 할 것
인명구조기구	가. 방열복, 인공소생기를 각 (㉤) 이상 비치할 것 나. (㉥) 이상 사용할 수 있는 성능의 공기호흡기(보조마스크를 포함한다)를 2개 이상 비치해야 한다. 다만, 피난안전구역이 (㉦) 이상에 설치되어 있을 경우에는 동일한 성능의 예비용기를 (㉧) 이상 비치할 것 다. 화재 시 쉽게 반출할 수 있는 곳에 비치할 것 라. 인명구조기구가 설치된 장소의 보기 쉬운 곳에 "인명구조기구"라는 표지판 등을 설치할 것

352 고층건축물의 화재안전기술기준(NFTC 604)에 따른 연결송수관설비 설치기준 3가지를 쓰시오.(4점)

353 고층건축물의 화재안전기술기준(NFTC 604)에 따른 자동화재탐지설비에 대한 다음 물음에 답하시오.(10점)

(1) 감지기는 어떤 감지기로 설치해야 하는지 해당 기준을 쓰시오.(2점)
(2) 자동화재탐지설비의 음향장치는 다음의 기준에 따라 경보를 발할 수 있도록 해야 한다. 표의 빈칸에 알맞은 내용을 쓰시오.(3점)

발화 층	경보 층
2층 이상의 층에서 발화한 때	
1층에서 발화한 때	
지하층에서 발화한 때	

(3) 50층 이상인 건축물에 설치하는 통신·신호배선은 이중배선을 설치하도록 하고 단선 시에도 고장표시가 되며 정상 작동할 수 있는 성능을 갖도록 설비를 해야 한다. 이에 해당하는 통신·신호배선 3가지를 쓰시오.(3점)

(4) 괄호 안에 알맞은 내용을 쓰시오.(2점)

> 자동화재탐지설비에는 그 설비에 대한 감시상태를 (㉠)간 지속한 후 유효하게 (㉡) 이상 경보할 수 있는 비상전원으로서 (㉢)설비(수신기에 내장하는 경우를 포함한다) 또는 (㉣)(외부 전기에너지를 저장해 두었다가 필요한 때 전기를 공급하는 장치)를 설치해야 한다. 다만, 상용전원이 축전지설비인 경우에는 그렇지 않다.

지하구

354 지하구의 화재안전성능기준(NFPC 605) 제5조(소화기구 및 자동소화장치)에 따른 소화기구 설치기준 5가지를 쓰시오.(5점)

355 지하구의 화재안전성능기준(NFPC 605) 제5조(소화기구 및 자동소화장치)에 대한 내용이다. 괄호 안의 번호에 알맞은 답을 쓰시오.(5점)

> ○ 지하구 내 발전실·변전실·송전실·변압기실·배전반실·통신기기실·전산기기실·기타 이와 유사한 시설이 있는 장소 중 바닥면적이 (㉠)제곱미터 미만인 곳에는 유효설치 방호체적 이내의 (㉡)·분말·(㉢)·캐비닛형 자동소화장치를 설치해야 한다.
> ○ 제어반 또는 분전반마다 가스·분말·고체에어로졸 자동소화장치 또는 유효설치 방호체적 이내의 (㉣)를 설치해야 한다.
> ○ 케이블접속부(절연유를 포함한 접속부에 한한다)마다 (㉤) 자동소화장치 또는 케이블 화재에 적응성이 있다고 인정된 자동소화장치를 설치하되 소화성능이 확보될 수 있도록 방호공간을 구획하는 등 유효한 조치를 해야 한다.

356 지하구의 화재안전성능기준(NFPC 605) 제6조(자동화재탐지설비)에 따른 감지기 설치기준 4가지를 쓰시오.(5점)

357 지하구의 화재안전성능기준(NFPC 605) 제8조(연소방지설비)에 따른 연소방지설비의 헤드 설치기준 4가지를 쓰시오.(4점)

358 지하구의 화재안전성능기준(NFPC 605) 제8조(연소방지설비)에 따른 송수구 설치기준 7가지를 쓰시오.(7점)

359 지하구의 화재안전기술기준(NFTC 605)에 대한 내용이다. 괄호 안의 번호에 알맞은 내용을 쓰시오.(4점)

> 연소방지재는 다음의 기준에 해당하는 부분에 시험성적서에 명시된 방식으로 시험성적서에 명시된 길이 이상으로 설치하되, 연소방지재 간의 설치 간격은 (㉠) m를 넘지 않도록 해야 한다.
> (1) (㉡)
> (2) (㉢)
> (3) (㉣)
> (4) 기타 화재발생 위험이 우려되는 부분

360 지하구의 화재안전성능기준(NFPC 605) 제13조(기존 지하구에 대한 특례)에 따른 법 제13조에 따라 기존 지하구에 설치하는 소방시설 등에 대해 강화된 기준을 적용하는 경우에는 설치·관리 관련 특례를 적용한다. 이에 해당하는 기준 2가지를 쓰시오.(4점)

건설현장

361 건설현장의 화재안전성능기준(NFPC 606) 제5조(소화기의 성능 및 설치기준)에 따른 소화기의 성능 및 설치기준 3가지를 쓰시오.(3점)

362 건설현장의 화재안전성능기준(NFPC 606) 제6조(간이소화장치의 성능 및 설치기준)에 따른 간이소화장치의 성능 및 설치기준 5가지를 쓰시오.(5점)

363 건설현장의 화재안전성능기준(NFPC 606) 제9조(간이피난유도선의 성능 및 설치기준)에 따른 간이피난유도선의 성능 및 설치기준 5가지를 쓰시오.(5점)

364 건설현장의 화재안전성능기준(NFPC 606) 제10조(비상조명등의 성능 및 설치기준)에 따른 비상조명등의 성능 및 설치기준 5가지를 쓰시오.(5점)

365 건설현장의 화재안전기술기준(NFTC 606)에 따른 가스누설경보기의 설치기준을 쓰시오.(2점)

366 건설현장의 화재안전기술기준(NFTC 606)에 따른 방화포의 설치기준을 쓰시오.(2점)

367 건설현장의 화재안전성능기준(NFPC 606) 제12조(소방안전관리자의 업무)에 따른 건설현장에 배치되는 소방안전관리자의 수행업무 4가지를 쓰시오.(4점)

전기저장시설

368 전기저장시설의 화재안전성능기준(NFPC 607) 제3조(정의)에 따른 다음의 용어 정의를 쓰시오.(4점)

전기저장장치	
더블인터락 (Double-Interlock) 방식	

369 전기저장시설의 화재안전성능기준(NFPC 607) 제6조(스프링클러설비) 기준 7가지를 쓰시오.(7점)

370 전기저장시설의 화재안전성능기준(NFPC 607) 제7조(배터리용 소화장치)에 대한 내용이다. 괄호 안의 번호에 알맞은 답을 쓰시오.(4점)

> 다음 각 호의 어느 하나에 해당하는 경우에는 중앙소방기술심의위원회의 심의를 거쳐 소방청장이 인정하는 시험방법으로 시험기관에서 전기저장장치에 대한 소화성능을 인정받은 배터리용 소화장치를 설치할 수 있다.
> 1. (㉠)
> 2. (㉡)

371 전기저장시설의 화재안전성능기준(NFPC 607) 제10조(배출설비) 기준을 쓰시오.(2점)

372 전기저장시설의 화재안전성능기준(NFPC 607) 제11조(설치장소) 기준을 쓰시오.(2점)

373 전기저장시설의 화재안전기술기준(NFTC 607)에 따른 자동화재탐지설비에서 화재감지기는 어떤 감지기를 설치해야 하는지 쓰시오.(4점)

공동주택

374 공동주택의 화재안전성능기준(NFPC 608) 제5조(소화기구 및 자동소화장치)에 따른 소화기 설치기준 4가지를 쓰시오.(4점)

375 공동주택의 화재안전성능기준(NFPC 608) 제5조(소화기구 및 자동소화장치)에 따른 주거용 주방자동소화장치 설치기준을 쓰시오.(2점)

376 공동주택의 화재안전성능기준(NFPC 608) 제6조(옥내소화전설비)에 따른 옥내소화전설비 설치기준 3가지를 쓰시오.(3점)

377 공동주택의 화재안전성능기준(NFPC 608) 제7조(스프링클러설비)에 대한 내용이다. 괄호 안의 번호에 알맞은 답을 쓰시오.(7점)

1. 폐쇄형스프링클러헤드를 사용하는 아파트등은 기준개수 (㉠)개(스프링클러헤드의 설치개수가 가장 많은 세대에 설치된 스프링클러헤드의 개수가 기준개수보다 작은 경우에는 그 설치개수를 말한다)에 1.6세제곱미터를 곱한 양 이상의 수원이 확보되도록 할 것. 다만, 아파트등의 각 동이 주차장으로 서로 연결된 구조인 경우 해당 주차장 부분의 기준개수는 (㉡)개로 할 것
2. 아파트등의 경우 화장실 반자 내부에는「소방용 합성수지배관의 성능인증 및 제품검사의 기술기준」에 적합한 소방용 합성수지배관으로 배관을 설치할 수 있다. 다만, 소방용 합성수지배관 내부에 항상 (㉢)가 채워진 상태를 유지할 것
3. 하나의 방호구역은 (㉣) 층에 미치지 아니하도록 할 것. 다만, 복층형 구조의 공동주택에는 3개 층 이내로 할 수 있다.
4. 아파트등의 세대 내 스프링클러헤드를 설치하는 경우 천장·반자·천장과 반자사이·덕트·선반등의 각 부분으로부터 하나의 스프링클러헤드까지의 수평거리는 (㉤)미터 이하로 할 것.
5. 외벽에 설치된 창문에서 (㉥)미터 이내에 스프링클러헤드를 배치하고, 배치된 헤드의 수평거리 이내에 창문이 모두 포함되도록 할 것. 다만, 다음 각 목의 어느 하나에 해당하는 경우에는 그렇지 아니하다
   가. 창문에 (㉦)설비가 설치된 경우
   나. 창문과 창문 사이의 수직부분이 내화구조로 (㉧)센티미터 이상 이격되어 있거나,「발코니 등의 구조변경절차 및 설치기준」제4조제1항부터 제5항까지에서 정하는 구조와 성능의 방화판 또는 방화유리창을 설치한 경우
   다. (㉨)가 설치된 부분
6. 거실에는 (㉪) 스프링클러헤드를 설치할 것.
7. 감시제어반 전용실은 피난층 또는 지하 1층에 설치할 것. 다만, 상시 사람이 근무하는 장소 또는 관계인이 쉽게 접근할 수 있고 관리가 용이한 장소에 감시제어반 전용실을 설치할 경우에는 (㉠) 또는 (㉢)에 설치할 수 있다.
8. 「건축법 시행령」제46조제4항에 따라 설치된 (㉤)에는 헤드를 설치하지 않을 수 있다.
9. 「스프링클러설비의 화재안전기술기준(NFTC 103)」 2.7.7.1 및 2.7.7.3의 기준에도 불구하고 세대 내 실외기실 등 소규모 공간에서 해당 공간 여건상 헤드와 장애물 사이에 (㉫)센티미터 반경을 확보하지 못하거나 장애물 폭의 3배를 확보하지 못하는 경우에는 살수방해가 최소화되는 위치에 설치할 수 있다.

378 공동주택의 화재안전성능기준(NFPC 608) 제8조(물분무소화설비) 기준을 쓰시오.(2점)

379 공동주택의 화재안전성능기준(NFPC 608) 제9조(포소화설비) 기준을 쓰시오.(2점)

380 공동주택의 화재안전성능기준(NFPC 608) 제10조(옥외소화전설비) 기준 2가지를 쓰시오.(4점)

381 공동주택의 화재안전성능기준(NFPC 608) 제11조(자동화재탐지설비)에 따른 감지기 설치기준 4가지를 쓰시오.(4점)

382 공동주택의 화재안전성능기준(NFPC 608) 제12조(비상방송설비)에 따른 비상방송설비 설치기준 2가지를 쓰시오.(2점)

383 공동주택의 화재안전성능기준(NFPC 608) 제13조(피난기구)에 따른 피난기구 설치기준 3가지를 쓰시오.(4점)

384 공동주택의 화재안전성능기준(NFPC 608) 제14조(유도등)에 따른 유도등 설치기준 4가지를 쓰시오.(4점)

385 공동주택의 화재안전성능기준(NFPC 608) 제15조(비상조명등) 기준을 쓰시오.(2점)

386 공동주택의 화재안전성능기준(NFPC 608) 제16조(특별피난계단의 계단실 및 부속실 제연설비) 기준을 쓰시오.(2점)

387 공동주택의 화재안전성능기준(NFPC 608) 제17조(연결송수관설비)에 따른 방수구 설치기준 4가지를 쓰시오.(4점)

388 공동주택의 화재안전성능기준(NFPC 608) 제18조(비상콘센트) 기준을 쓰시오.(2점)

389 공동주택의 화재안전성능기준(NFPC 608)에 따른 공동주택에 설치가능한 소방시설의 종류를 모두 쓰시오.(4점)

창고시설

390 창고시설의 화재안전성능기준(NFPC 609)에 따른 창고시설에 설치가능한 소방시설의 종류를 모두 쓰시오.(4점)

391 창고시설의 화재안전성능기준(NFPC 609) 제3조(정의)에 따른 다음의 용어 정의를 쓰시오.(4점)

라지드롭형 (large-drop type) 스프링클러헤드	
송기공간	

392 창고시설의 화재안전성능기준(NFPC 609) 제5조(소화기구 및 자동소화장치) 기준을 쓰시오.(2점)

393 창고시설의 화재안전성능기준(NFPC 609) 제6조(옥내소화전설비) 기준 3가지를 쓰시오.(3점)

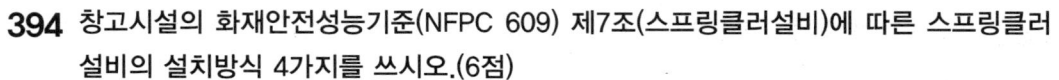

394 창고시설의 화재안전성능기준(NFPC 609) 제7조(스프링클러설비)에 따른 스프링클러설비의 설치방식 4가지를 쓰시오.(6점)

395 창고시설의 화재안전성능기준(NFPC 609) 제7조(스프링클러설비)에 따른 수원의 저수량은 기준에 적합해야 한다. 이에 해당하는 기준 2가지를 쓰시오.(4점)

396 창고시설의 화재안전성능기준(NFPC 609) 제7조(스프링클러설비)에 따른 가압송수장치의 송수량은 기준에 적합해야 한다. 이에 해당하는 기준 2가지를 쓰시오.(4점)

397 창고시설의 화재안전성능기준(NFPC 609) 제7조(스프링클러설비)에 따른 스프링클러헤드는 기준에 적합해야 한다. 이에 해당하는 기준 2가지를 쓰시오.(4점)

398 창고시설의 화재안전성능기준(NFPC 609) 제7조(스프링클러설비)에 따른 비상전원 기준을 쓰시오.(2점)

399 창고시설의 화재안전성능기준(NFPC 609) 제8조(비상방송설비) 기준 3가지를 쓰시오.(3점)

400 창고시설의 화재안전성능기준(NFPC 609) 제9조(자동화재탐지설비)에 대한 다음 물음에 답하시오.(4점)

(1) 괄호 안의 번호에 알맞은 답을 쓰시오.(2점)

> ○ 감지기 작동 시 해당 감지기의 위치가 (㉠)에 표시되도록 해야 한다.
> ○ 「개인정보 보호법」 제2조제7호에 따른 영상정보처리기기를 설치하는 경우 수신기는 영상정보의 열람·재생 장소에 설치해야 한다.
> ○ 창고시설에서 발화한 때에는 (㉡)에 경보를 발해야 한다.
> ○ 자동화재탐지설비에는 그 설비에 대한 (㉢)를 60분간 지속한 후 유효하게 (㉣) 이상 경보할 수 있는 비상전원으로서 축전지설비 또는 전기저장장치를 설치해야 한다. 다만, 상용전원이 축전지설비인 경우에는 그렇지 않다.

(2) 스프링클러설비를 설치하는 창고시설의 감지기는 기준에 따라 설치해야 한다. 이에 해당하는 기준 2가지를 쓰시오.(2점)

401 창고시설의 화재안전성능기준(NFPC 609) 제10조(유도등) 기준을 모두 쓰시오.(5점)

402 창고시설의 화재안전성능기준(NFPC 609) 제11조(소화수조 및 저수조) 기준을 쓰시오. (2점)

소방시설의 내진설계 기준

403 소방시설의 내진설계 기준 제3조(정의)에서 규정한 다음의 용어 정의를 쓰시오.(3점)

내진	
면진	
제진	

404 소방시설의 내진설계 기준 제3조(정의)에서 규정한 가동중량(Wp)의 정의를 쓰시오.(4점)

405 소방시설의 내진설계 기준 제4조(수원)에 따른 수조 설치기준 3가지를 쓰시오.(4점)

406 소방시설의 내진설계 기준 제10조(수평직선배관 흔들림 방지 버팀대) 기준 중 일부분이다. 괄호 안의 번호에 알맞은 답을 하시오.(5점)

> ① 횡방향 흔들림 방지 버팀대는 다음 각 호의 기준에 따라 설치하여야 한다.
> ○ 배관 구경에 관계없이 모든 수평주행배관·교차배관 및 옥내소화전설비의 수평배관에 설치하여야 하고, 가지배관 및 기타배관에는 구경 (㉠) mm 이상인 배관에 설치하여야 한다. 다만, 옥내소화전설비의 수직배관에서 분기된 구경 (㉡) mm 이하의 수평배관에 설치되는 소화전함이 1개인 경우에는 횡방향 흔들림 방지 버팀대를 설치하지 않을 수 있다.
> ○ 흔들림 방지 버팀대의 간격은 중심선을 기준으로 최대간격이 (㉢) m를 초과하지 않아야 한다.
> ○ 마지막 흔들림 방지 버팀대와 배관 단부 사이의 거리는 (㉣) m를 초과하지 않아야 한다.
> ○ 횡방향 흔들림 방지 버팀대가 설치된 지점으로부터 (㉤) mm 이내에 그 배관이 방향전환되어 설치된 경우 그 횡방향 흔들림방지 버팀대는 인접배관의 종방향 흔들림 방지 버팀대로 사용할 수 있으며, 배관의 구경이 다른 경우에는 구경이 큰 배관에 설치하여야 한다.

② 종방향 흔들림 방지 버팀대는 다음 각 호의 기준에 따라 설치하여야 한다.
   ○ 배관 구경에 관계없이 모든 수평주행배관·교차배관 및 옥내소화전설비의 수평배관에 설치하여야 한다. 다만, 옥내소화전설비의 수직배관에서 분기된 구경 (ㅂ) mm 이하의 수평배관에 설치되는 소화전함이 1개인 경우에는 종방향 흔들림 방지 버팀대를 설치하지 않을 수 있다.
   ○ 종방향 흔들림 방지 버팀대의 설계하중은 설치된 위치의 좌우 (ㅅ) m를 포함한 (ㅇ) m 이내의 배관에 작용하는 수평지진하중으로 영향구역내의 수평주행배관, 교차배관 하중을 포함하여 산정하며, 가지배관의 하중은 제외한다.
   ○ 수평주행배관 및 교차배관에 설치된 종방향 흔들림 방지 버팀대의 간격은 중심선을 기준으로 (ㅈ) m를 넘지 않아야 한다.
   ○ 마지막 흔들림 방지 버팀대와 배관 단부 사이의 거리는 (ㅊ)m를 초과하지 않아야 한다.

407 소방시설의 내진설계 기준 제6조(배관) 제1항에 따른 배관 설치기준 5가지를 쓰시오.(5점)

408 소방시설의 내진설계 기준 제6조(배관) 제3항에 따라 벽, 바닥 또는 기초를 관통하는 배관 주위에는 기준에 따라 이격거리를 확보하여야 한다. 다만, 벽, 바닥 또는 기초의 각 면에서 300mm 이내에 지진분리이음을 설치하거나 내화성능이 요구되지 않는 석고보드나 이와 유사한 부서지기 쉬운 부재를 관통하는 배관은 그러하지 아니하다. 이에 해당하는 기준 2가지를 쓰시오.(4점)

409 소방시설의 내진설계 기준 제9조(흔들림 방지 버팀대)에 따른 소화펌프(충압펌프를 포함한다. 이하 같다) 주위의 수직직선배관 및 수평직선배관은 기준에 따라 흔들림 방지 버팀대를 설치한다. 이에 해당하는 기준 2가지를 쓰시오.(2점)

410 소방시설의 내진설계 기준 제16조(소화전함)에 따른 소화전함 설치기준 3가지를 쓰시오.(3점)

411 소방시설의 내진설계 기준 제17조(비상전원)에 따른 비상전원 설치기준 2가지를 쓰시오.(2점)

412 소방시설의 내진설계 기준 제5조(가압송수장치)에 대한 내용이다. 괄호 안의 번호에 알맞은 답을 쓰시오.(3점)

> ① 가압송수장치에 (㉠)가 있어 앵커볼트로 지지 및 고정할 수 없는 경우에는 다음 각 호의 기준에 따라 내진스토퍼 등을 설치하여야 한다. 다만, (㉠)에 이 기준에 따른 내진성능이 있는 경우는 제외한다.
> 1. 정상운전에 지장이 없도록 내진스토퍼와 본체 사이에 최소 (㉡)이상 이격하여 설치한다.
> 2. 내진스토퍼는 제조사에서 제시한 허용하중이 제3조의2제2항에 따른 지진하중 이상을 견딜 수 있는 것으로 설치하여야 한다. 단, 내진스토퍼와 본체사이의 이격거리가 (㉢)를 초과한 경우에는 수평지진하중의 (㉣) 이상을 견딜 수 있는 것으로 설치하여야 한다.
> ② 가압송수장치의 흡입측 및 토출측에는 지진 시 상대변위를 고려하여 (㉤)를 설치하여야 한다.

413 소방시설의 내진설계 기준 제9조(흔들림 방지 버팀대) 제1항 흔들림 방지 버팀대 설치 기준 6가지를 쓰시오.(6점)

414 다음은 소방시설의 내진설계 기준 제11조(수직직선배관 흔들림 방지 버팀대)에 대한 내용이다. 괄호 안의 번호에 알맞은 답을 쓰시오.(3점)

> 수직직선배관 흔들림 방지 버팀대는 다음 각 호의 기준에 따라 설치하여야 한다.
> 1. 길이 (㉠)m를 초과하는 수직직선배관의 최상부에는 4방향 흔들림 방지 버팀대를 설치하여야 한다. 다만, 가지배관은 설치하지 아니할 수 있다.
> 2. 수직직선배관 최상부에 설치된 4방향 흔들림 방지 버팀대가 수평직선배관에 부착된 경우 그 흔들림 방지 버팀대는 수직직선배관의 중심선으로부터 (㉡)m 이내에 설치되어야 하고, 그 흔들림 방지 버팀대의 하중은 수직 및 수평방향의 배관을 모두 포함하여야 한다.
> 3. 수직직선배관 4방향 흔들림 방지 버팀대 사이의 거리는 (㉢)m를 초과하지 않아야 한다.
> 4. 소화전함에 아래 또는 위쪽으로 설치되는 (㉣)mm 이상의 수직직선배관은 다음 각 목의 기준에 따라 설치한다.
>   가. 수직직선배관의 길이가 (㉤)m 이상인 경우, 4방향 흔들림 방지 버팀대를 1개 이상 설치하고, 말단에 U볼트 등의 고정장치를 설치한다.
>   나. 수직직선배관의 길이가 (㉤)m 미만인 경우, 4방향 흔들림 방지 버팀대를 설치하지 아니할 수 있고, U볼트 등의 고정장치를 설치한다.
> 5. 수직직선배관에 4방향 흔들림 방지 버팀대를 설치하고 수평방향으로 분기된 수평직선배관의 길이가 (㉥)m 이하인 경우 수직직선배관에 수평직선배관의 지진하중을 포함하는 경우 수평직선배관의 흔들림 방지 버팀대를 설치하지 않을 수 있다.

415 다음은 소방시설의 내진설계 기준 제13조(가지배관 고정장치 및 헤드)에 대한 내용이다. 괄호 안의 번호에 알맞은 답을 쓰시오.(5점)

① 가지배관의 고정장치는 각 호에 따라 설치하여야 한다.
1. 가지배관에는 별표 3의 간격에 따라 고정장치를 설치한다.
2. 와이어타입 고정장치는 행가로부터 (㉠)mm 이내에 설치하여야 한다. 와이어 고정점에 가장 가까운 행거는 가지배관의 상방향 움직임을 지지할 수 있는 유형이어야 한다.
3. 환봉타입 고정장치는 행가로부터 (㉡)mm이내에 설치한다.
4. 환봉타입 고정장치의 세장비는 (㉢)을 초과하여서는 아니된다. 단, 양쪽 방향으로 두 개의 고정장치를 설치하는 경우 세장비를 적용하지 아니한다.
5. 고정장치는 수직으로부터 45°이상의 각도로 설치하여야 하고, 설치각도에서 최소 1340N 이상의 인장 및 압축하중을 견딜 수 있어야 하며 와이어를 사용하는 경우 와이어는 1960N 이상의 인장하중을 견디는 것으로 설치하여야 한다.
6. 가지배관 상의 말단 헤드는 수직 및 수평으로 과도한 움직임이 없도록 고정하여야 한다.
7. 가지배관에 설치되는 행가는「스프링클러설비의 화재안전기준」제8조제13항에 따라 설치한다.
8. 가지배관에 설치되는 행가가 다음 각 목의 기준을 모두 만족하는 경우 고정장치를 설치하지 않을 수 있다.
   가. 건축물 구조부재 고정점으로부터 배관 상단까지의 거리가 (㉣)mm 이내일 것
   나. 가지배관에 설치된 모든 행가의 75% 이상이 가목의 기준을 만족할 것
   다. 가지배관에 연속하여 설치된 행가는 가목의 기준을 연속하여 초과하지 않을 것

② 가지배관 고정에 사용되지 않는 건축부재와 헤드 사이의 이격거리는 (㉤)mm 이상을 확보하여야 한다.

기타

416 감시제어반에서 설비별로 도통시험 및 작동시험을 하여야 하는 확인회로를 나타낸 것이다. 괄호 안의 번호에 알맞은 답을 쓰시오.(5점)

 (1) 옥내소화전설비
  ① (㉠)
  ② (㉡)
  ③ 2.3.10에 따른 (㉢)
  ④ 그 밖의 이와 비슷한 회로
 (2) 옥외소화전설비, 물분무소화설비
  ① (㉣)
  ② (㉤)

417 포소화설비의 감시제어반에서 도통시험 및 작동시험을 하여야 하는 확인회로를 나타낸 것이다. 괄호 안의 번호에 알맞은 답을 쓰시오.(3점)

 ○ 포소화설비
  ① (㉠)
  ② (㉡)
  ③ 2.4.12에 따른 (㉢)
  ④ 그 밖의 이와 비슷한 회로

418 스프링클러설비의 감시제어반에서 도통시험 및 작동시험을 하여야 하는 확인회로를 나타낸 것이다. 괄호 안의 번호에 알맞은 답을 쓰시오.(4점)

 ○ 스프링클러설비
  ① (㉠)
  ② (㉡)
  ③ (㉢)
  ④ (㉣)
  ⑤ 2.5.16에 따른 개폐밸브의 폐쇄상태 확인회로
  ⑥ 그 밖의 이와 비슷한 회로

419 감시제어반에서 설비별로 도통시험 및 작동시험을 하여야 하는 확인회로를 나타낸 것이다. 괄호 안의 번호에 알맞은 답을 쓰시오.(5점)

(1) 화재조기진압용스프링클러설비
   ① (㉠)
   ② (㉡)
   ③ (㉢)
   ④ 2.5.15에 따른 개폐밸브의 폐쇄상태 확인회로
   ⑤ 그 밖의 이와 비슷한 회로
(2) 미분무소화설비
   ① (㉣)
   ② (㉤)
   ③ 2.8.11에 따른 개폐밸브의 폐쇄상태 확인회로
   ④ 그 밖의 이와 비슷한 회로

420 다음은 소화설비별 방출시간을 나타낸 표이다. 표의 빈칸 번호에 알맞은 답을 쓰시오.(4점)

설비	구분	방출시간
이산화탄소 소화설비	국소방출방식	(㉠) 이내
	전역방출방식(표면화재)	(㉡) 이내
	전역방출방식(심부화재)	(㉢) 이내 (2분이내 30% 농도 도달)
할론 소화설비	전역방출방식, 국소방출방식	(㉣) 이내
할로겐화합물 및 불활성기체 소화설비	할로겐화합물 소화약제	(㉤) 이내
	불활성기체 소화약제	B급 화재 : (㉥) 이내 A, C급 화재 : (㉦) 이내
분말소화약제 소화설비	전역방출방식, 국소방출방식	(㉧) 이내

421 다음은 소화설비별 분사헤드의 방사압력을 나타낸 표이다. 괄호 안의 번호에 알맞은 답을 쓰시오.(5점)

설비	구분	방사압력
이산화탄소 소화설비	저압식	(㉠) MPa 이상
	고압식	(㉡) MPa 이상
할론 소화설비	할론 1301	(㉢) MPa 이상
	할론 1211	(㉣) MPa 이상
	할론 2402	(㉤) MPa 이상

422 다음은 소화설비별 충전비를 나타낸 표이다. 괄호 안의 번호에 알맞은 답을 쓰시오.(5점)

설비	구분		방사압력
이산화탄소 소화설비	저압식		(㉠)
	고압식		(㉡)
할론 소화설비	할론 1301		(㉢)
	할론 1211		(㉣)
	할론 2402	가압식	0.51 이상 0.67 이하
		축압식	0.67 이상 2.75 이하
분말소화약제 소화설비	제1종 분말		(㉤)
	제2종, 제3종 분말		(㉥)
	제4종 분말		1.25[L/kg] 이상

423 다음은 가스계 소화설비 중 호스릴 방식을 나타낸 표이다. 표의 빈칸 번호에 알맞은 답을 쓰시오.(4점)

설비	약제종류	저장량 (kg)	방사량 (kg/min)	수평거리
	이산화탄소	90	(㉠) 이상	(㉡)m 이하
할론	할론 2402	50 이상	45 이상	(㉣)m 이하
	할론 1211	50 이상	40 이상	
	할론 1301	(㉢) 이상	35 이상	
분말	제1종	(㉤) 이상	45 이상	(㉥)m 이하
	제2종, 제3종	30) 이상	(㉥) 이상	
	제4종	20 이상	(㉧) 이상	

424 다음은 호스릴(hose reel) 옥내소화전과 옥내소화전을 비교한 표이다. 괄호 안의 번호에 알맞은 답을 쓰시오.(5점)

구 분	호스릴옥내소화전설비	옥내소화전설비
토출량 (30층 미만)	N×130[L/min]이상 (N : 2개 이상은 2개)	N×130[L/min]이상 (N : 2개 이상은 2개)
수평거리	(㉠)m 이하	(㉡)m 이하
호스구경	(㉢)mm 이상	(㉣)mm 이상
가지배관	(㉤)mm 이상	(㉥)mm 이상
수직배관	(㉦)mm 이상	(㉧)mm 이상

연결송수관설비의 배관과 겸용할 경우의 주배관은 구경 (㉨)mm 이상, 방수구로 연결되는 배관의 구경은 (㉩)mm 이상의 것으로 하여야 한다.

425 다음은 소화설비별 압력조정기(압력조정장치)의 조정압력을 나타낸 표이다. 표의 빈칸 번호에 알맞은 답을 쓰시오.(2점)

할론소화설비	(㉠) MPa 이하
분말소화설비	(㉡) MPa 이하

426 다음은 수계소화설비에 적용되는 가압송수장치의 종류인 고가수조, 압력수조 및 가압수조의 구성요소를 나타낸 표이다. 표의 빈칸 번호 (1)~(3)에 알맞은 답을 쓰시오. (3점)

가압송수장치	구성요소
고가수조	(1)
압력수조	(2)
가압수조	(3)

427 다음은 수계소화설비의 화재안전기준 일부를 나타낸 것이다. 괄호 안의 번호에 알맞은 답을 쓰시오. (5점)

○ 옥내소화전설비의 배관을 연결송수관설비의 배관과 겸용할 경우의 (㉠)은 구경 100 mm 이상, (㉡)로 연결되는 배관의 구경은 65 mm 이상의 것으로 해야 한다.
○ 펌프의 성능시험배관은 다음의 기준에 적합하도록 설치해야 한다.
  1. 성능시험배관은 펌프의 토출 측에 설치된 (㉢) 이전에서 분기하여 직선으로 설치하고, (㉣)를 기준으로 전단 직관부에는 (㉢)를 후단 직관부에는 (㉤)를 설치할 것. 이 경우 개폐밸브와 (㉣) 사이의 직관부 거리 및 (㉣)와 (㉤) 사이의 직관부 거리는 해당 (㉣) 제조사의 설치사양에 따르고, 성능시험배관의 호칭지름은 (㉣)의 호칭지름에 따른다.
  2. 유량측정장치는 펌프의 정격토출량의 (㉥) % 이상 측정할 수 있는 성능이 있을 것
○ 가압송수장치의 (㉦) 시 수온의 상승을 방지하기 위하여 체크밸브와 펌프사이에서 분기한 구경 20 mm 이상의 배관에 (㉧)에서 개방되는 릴리프밸브를 설치해야 한다.
○ 관은 (㉨)를 하거나 동결의 우려가 없는 장소에 설치해야 한다. 다만, 보온재를 사용할 경우에는 (㉨) 성능 이상의 것으로 해야 한다.

428 수계소화설비의 급수배관에 설치되어 급수를 차단할 수 있는 개폐밸브에는 그 밸브의 개폐상태를 감시제어반에서 확인할 수 있도록 급수개폐밸브 작동표시 스위치를 기준에 따라 설치해야 한다. 이에 해당하는 기준 3가지를 쓰시오. (3점)

429 수계소화설비 감시제어반의 전용실에 대한 내용이다. 다음 각 물음에 답하시오. (3점)

(1) 감시제어반 전용실은 원칙적으로 어느층에 설치해야 하는가?(1점)

(2) 감시제어반의 전용실을 지상 2층에 설치하거나 지하 1층 외의 지하층에 설치할 수 있는 경우 2가지를 쓰시오.(2점)

430 다음의 용어 정의를 쓰시오.(3점)

주펌프	
충압펌프	
예비펌프	

소방관련법령
150제 문제

화재의 예방 및 안전관리에 관한 법률

001 화재의 예방 및 안전관리에 관한 법률 제24조에 따른 특정소방대상물(소방안전관리대상물은 제외한다)의 관계인과 소방안전관리대상물의 소방안전관리자의 업무 8가지를 쓰시오.(8점)

002 화재의 예방 및 안전관리에 관한 법률 제29조(건설현장 소방안전관리)에 따른 건설현장 소방안전관리대상물의 소방안전관리자의 업무 6가지를 쓰시오.(6점)

003 화재의 예방 및 안전관리에 관한 법률 제31조(소방안전관리자 자격의 정지 및 취소)에 따른 소방청장이 그 자격을 취소하거나 1년 이하의 기간을 정하여 그 자격을 정지시킬 수 있는 경우 5가지를 쓰시오.(5점)

004 화재의 예방 및 안전관리에 관한 법률 제35조(관리의 권원이 분리된 특정소방대상물의 소방안전관리)에 따라 관리의 권원(權原)이 분리되어 있는 특정소방대상물의 경우 그 관리의 권원별 관계인은 대통령령으로 정하는 바에 따라 소방안전관리자를 선임하여야 한다. 이에 해당하는 특정소방대상물 3가지를 쓰시오.(3점)

화재의 예방 및 안전관리에 관한 법률 시행령

005 화재의 예방 및 안전관리에 관한 법률 시행령 제25조(소방안전관리자 및 소방안전관리보조자를 두어야 하는 특정소방대상물)에 따라 소방안전관리자를 선임해야 하는 소방안전관리대상물의 범위를 나타낸 것이다. 표의 빈칸에 알맞은 답을 쓰시오.(7점)(단, 동·식물원, 철강 등 불연성 물품을 저장·취급하는 창고, 위험물 저장 및 처리 시설 중 제조소등과 지하구는 특급 소방안전관리대상물 및 1급 소방안전관리대상물에서 제외한다.)

특급 소방안전관리대상물	1급 소방안전관리대상물 (특급 소방안전관리대상물은 제외)
1) 2) 3)	4) 5) 6) 7)

006 화재의 예방 및 안전관리에 관한 법률 시행령 제25조(소방안전관리자 및 소방안전관리보조자를 두어야 하는 특정소방대상물)에 따라 소방안전관리자를 선임해야 하는 소방안전관리대상물의 범위를 나타낸 것이다. 표의 빈칸에 알맞은 답을 쓰시오.(7점)

2급 소방안전관리대상물 (특급, 1급 소방안전관리대상물은 제외)	3급 소방안전관리대상물 (특급, 1급, 2급 소방안전관리대상물은 제외)
1) 2) 3) 4) 5)	6) 7)

007 화재의 예방 및 안전관리에 관한 법률 시행령 제26조(소방안전관리업무 전담 대상물)에 해당하는 대상물을 쓰시오.(2점)

008 화재의 예방 및 안전관리에 관한 법률 시행령 제27조(소방안전관리대상물의 소방계획서 작성 등)에 따라 소방계획서 작성시 포함되어야 하는 내용이다. 괄호 안의 번호에 알맞은 답을 쓰시오.(5점)

> ○ 소방안전관리대상물의 위치·구조·연면적(「건축법 시행령」 제119조제1항제4호에 따라 산정된 면적을 말한다. 이하 같다)·용도 및 수용인원 등 일반 현황
> ○ (①)
> ○ (②)
> ○ (③)
> ○ 피난층 및 피난시설의 위치와 피난경로의 설정, 화재안전취약자의 피난계획 등을 포함한 피난계획
> ○ 방화구획, 제연구획(除煙區劃), 건축물의 내부 마감재료 및 방염대상물품의 사용 현황과 그 밖의 방화구조 및 설비의 유지·관리계획
> ○ 법 제35조제1항에 따른 관리의 권원이 분리된 특정소방대상물의 소방안전관리에 관한 사항
> ○ (④)
> ○ 법 제37조를 적용받는 소방안전관리대상물의 근무자 및 거주자의 자위소방대 조직과 대원의 임무(화재안전취약자의 피난 보조 임무를 포함한다)에 관한 사항
> ○ 화기 취급 작업에 대한 사전 안전조치 및 감독 등 공사 중 소방안전관리에 관한 사항
> ○ 소화에 관한 사항과 연소 방지에 관한 사항
> ○ 위험물의 저장·취급에 관한 사항(「위험물안전관리법」 제17조에 따라 예방규정을 정하는 제조소등은 제외한다)
> ○ (⑤)
> ○ 화재발생 시 화재경보, 초기소화 및 피난유도 등 초기대응에 관한 사항
> ○ 그 밖에 소방본부장 또는 소방서장이 소방안전관리대상물의 위치·구조·설비 또는 관리 상황 등을 고려하여 소방안전관리에 필요하여 요청하는 사항

009 화재의 예방 및 안전관리에 관한 법률 시행령 제28조(소방안전관리 업무의 대행 대상 및 업무)에 따른 소방안전관리 업무의 대행 대상 3가지와 대행업무 2가지를 구분하여 쓰시오.(5점)
(1) 소방안전관리 업무의 대행 대상 3가지
(2) 대행업무 2가지

010 화재의 예방 및 안전관리에 관한 법률 시행령 제29조(건설현장 소방안전관리대상물)에 해당하는 특정소방대상물을 쓰시오.(4점)

011 화재의 예방 및 안전관리에 관한 법률 시행령 [별표1]보일러 등의 설비 또는 기구 등의 위치·구조 및 관리와 화재예방을 위하여 불을 사용할 때 지켜야 하는 사항 중 불꽃을 사용하는 용접·용단 기구 기준을 쓰시오.(2점) (다만, 「산업안전보건법」 제38조의 적용을 받는 사업장은 제외)

화재의 예방 및 안전관리에 관한 법률 시행규칙

012 다음은 화재의 예방 및 안전관리에 관한 법률 시행규칙 제14조(소방안전관리자의 선임신고 등)제1항에 대한 내용이다. 괄호 안의 번호에 알맞은 답을 쓰시오.(5점)

> 소방안전관리대상물의 관계인은 법 제24조 및 제35조에 따라 소방안전관리자를 다음 각 호의 구분에 따라 해당 호에서 정하는 날부터 (㉠)에 선임해야 한다.
> 1. 신축·증축·개축·재축·대수선 또는 용도변경으로 해당 특정소방대상물의 소방안전관리자를 신규로 선임해야 하는 경우: (㉡)
> 2. 증축 또는 용도변경으로 인하여 특정소방대상물이 영 제25조제1항에 따른 소방안전관리대상물로 된 경우 또는 특정소방대상물의 소방안전관리 등급이 변경된 경우: (㉢)
> 3. 특정소방대상물을 양수하거나「민사집행법」에 따른 경매,「채무자 회생 및 파산에 관한 법률」에 따른 환가(換價),「국세징수법」·「관세법」또는「지방세기본법」에 따른 압류재산의 매각이나 그 밖에 이에 준하는 절차에 따라 관계인의 권리를 취득한 경우: 해당 권리를 취득한 날 또는 관할 소방서장으로부터 소방안전관리자 선임 안내를 받은 날. 다만, 새로 권리를 취득한 관계인이 종전의 특정소방대상물의 관계인이 선임신고한 소방안전관리자를 해임하지 않는 경우는 제외한다.
> 4. 법 제35조에 따른 특정소방대상물의 경우: 관리의 권원이 분리되거나 소방본부장 또는 소방서장이 관리의 권원을 조정한 날
> 5. 소방안전관리자의 해임, 퇴직 등으로 해당 소방안전관리자의 업무가 종료된 경우: (㉣)
> 6. 법 제24조제3항에 따라 소방안전관리업무를 대행하는 자를 감독할 수 있는 사람을 소방안전관리자로 선임한 경우로서 그 업무대행 계약이 해지 또는 종료된 경우: 소방안전관리업무 대행이 끝난 날
> 7. 법 제31조제1항에 따라 소방안전관리자 자격이 정지 또는 취소된 경우: (㉤)

013 다음은 화재의 예방 및 안전관리에 관한 법률 시행규칙 제15조(소방안전관리자 정보의 게시)에 정한 게시사항 4가지를 쓰시오.(4점)

014 다음 각 물음에 답하시오.(10점)
(1) 화재의 예방 및 안전관리에 관한 법률 시행규칙 제34조(피난계획의 수립·시행)에 따른 피난계획에 포함되어야 하는 사항 6가지를 쓰시오.(6점)
(2) 화재의 예방 및 안전관리에 관한 법률 시행규칙 제35조(피난유도 안내정보의 제공)에 따른 피난유도 안내정보 제공방법 4가지를 쓰시오.(4점)

015 [별표 1] 소방안전관리업무 대행인력의 배치기준·자격 및 방법 등 준수사항에 대한 다음 각 물음에 답하시오.(13점)

(1) 다음은 1. 업무대행 인력의 배치기준 가. 소방안전관리등급 및 설치된 소방시설에 따른 대행인력의 배치 등급에 대한 표이다. ( )의 번호에 들어갈 내용을 쓰시오. (8점)

소방안전관리대상물의 등급	설치된 소방시설의 종류	대행인력의 기술등급
1급 또는 2급	(㉠)	(㉡) 이상 1명 이상
	(㉢)	(㉣) 이상 1명 이상
3급	(㉤)	초급점검자 이상 1명 이상

[비고]
1. 소방안전관리대상물의 등급은 영 별표 4에 따른 소방안전관리대상물의 등급을 말한다.
2. 대행인력의 기술등급은 「소방시설공사업법 시행규칙」 별표 4의2에 따른 소방기술자의 자격 등급에 따른다.
3. 연면적 (㉥)제곱미터 미만으로서 (㉦)가 설치된 1급 또는 2급 소방안전관리대상물의 경우에는 초급점검자를 배치할 수 있다. 다만, 스프링클러설비 외에 제연설비 또는 (㉧)가 설치된 경우에는 그렇지 않다
4. 스프링클러설비에는 화재조기진압용 스프링클러설비를 포함하고, 물분무등소화설비에는 호스릴(hose reel)방식은 제외한다.

(2) 아래의 소방안전관리업무 대행 점검표를 작성시에 참고해야 하는 '비고'의 내용 5가지를 쓰시오.(5점)

[표 4] 소방안전관리업무 대행 점검표

건물명		점검일	년 월 일(요일)
주 소			
점검업체명		건물등급	급
설비명	점검결과 세부 내용		
소방시설			
피난시설			
방화시설			
방화구획			
기타			

확인자	관계인 :　　　　　　　(서명)
기술인력	대행인력의 기술등급: 대행인력 :　　　　　　(서명)

소방시설 설치 및 관리에 관한 법률

016 소방시설 설치 및 관리에 관한 법률에 따른 다음 각 물음에 답하시오.(5점)

(1) 화재안전기준에는 성능기준과 기술기준이 있다. 이에 대한 용어의 정의를 쓰시오. (2점)

성능기준	
기술기준	

(2) 소방시설 설치 및 관리에 관한 법률에 따른 주택용소방시설을 설치해야 하는 주택의 종류와 소방시설의 종류를 쓰시오.(3점)

주택의 종류	소방시설의 종류

017 소방시설 설치 및 관리에 관한 법률 제13조(소방시설기준 적용의 특례)에 따른 소방본부장이나 소방서장은 대통령령 또는 화재안전기준이 변경되어 그 기준이 강화되는 경우 기존의 특정소방대상물(건축물의 신축·개축·재축·이전 및 대수선 중인 특정소방대상물을 포함한다)의 소방시설에 대하여는 변경 전의 대통령령 또는 화재안전기준을 적용한다. 다만, 다음 각 호의 어느 하나에 해당하는 소방시설의 경우에는 대통령령 또는 화재안전기준의 변경으로 강화된 기준을 적용할 수 있는데 괄호 안에 들어갈 내용을 쓰시오.(4점)

1. 다음 각 목의 소방시설 중 대통령령 또는 화재안전기준으로 정하는 것
   가. (㉠)
   나. (㉡)
   다. (㉢)
   라. (㉣)
   마. (㉤)
2. 다음 각 목의 특정소방대상물에 설치하는 소방시설 중 대통령령 또는 화재안전기준으로 정하는 것
   가. 「국토의 계획 및 이용에 관한 법률」 제2조제9호에 따른 (㉥)
   나. (㉦)
   다. (㉧)
   라. (㉨)

018 소방시설 설치 및 관리에 관한 법률 제16조(피난시설, 방화구획 및 방화시설의 관리)에 따라 특정소방대상물의 관계인은 「건축법」 제49조에 따른 피난시설, 방화구획 및 방화시설에 대하여 정당한 사유가 없는 한 다음 각 호의 행위를 하여서는 아니 된다. 괄호 안의 번호에 알맞은 답을 쓰시오.(3점)

> 1. (㉠)
> 2. (㉡)
> 3. (㉢)
> 4. 그 밖에 피난시설, 방화구획 및 방화시설을 변경하는 행위

019 소방시설 설치 및 관리에 관한 법률 제22조(소방시설등의 자체점검)에 따른 내용이다. 다음 각 물음에 답하시오.(4점)

(1) 괄호 안에 알맞은 답을 쓰시오.(2점)

> 특정소방대상물의 관계인은 그 대상물에 설치되어 있는 소방시설등이 이 법이나 이 법에 따른 명령 등에 적합하게 설치·관리되고 있는지에 대하여 다음 각 호의 구분에 따른 기간 내에 스스로 점검하거나 제34조에 따른 점검능력 평가를 받은 관리업자 또는 행정안전부령으로 정하는 기술자격자(이하 "관리업자등"이라 한다)로 하여금 정기적으로 점검(이하 "자체점검"이라 한다)하게 하여야 한다. 이 경우 관리업자등이 점검한 경우에는 그 점검 결과를 행정안전부령으로 정하는 바에 따라 관계인에게 제출하여야 한다.
> 1. 해당 특정소방대상물의 소방시설등이 신설된 경우: 「건축법」 제22조에 따라 건축물을 사용할 수 있게 된 날부터 (   )
> 2. 제1호 외의 경우: 행정안전부령으로 정하는 기간

(2) 표준자체점검비란 무엇인지 쓰시오.(2점)

020 다음은 소방시설 설치 및 관리에 관한 법률 제24조(점검기록표 게시 등)에 대한 내용이다. 괄호 안의 번호에 알맞은 답을 쓰시오.(5점)

○ 제23조제3항에 따라 자체점검 결과 보고를 마친 관계인은 (㉠), (㉡), (㉢) 등 자체점검과 관련된 사항을 점검기록표에 기록하여 특정소방대상물의 출입자가 쉽게 볼 수 있는 장소에 게시하여야 한다. 이 경우 점검기록표의 기록 등에 필요한 사항은 행정안전부령으로 정한다.
○ 소방본부장 또는 소방서장은 다음 각 호의 사항을 제48조에 따른 전산시스템 또는 인터넷 홈페이지 등을 통하여 국민에게 공개할 수 있다. 이 경우 공개 절차, 공개 기간 및 공개 방법 등 필요한 사항은 대통령령으로 정한다.
  1. (㉣)
  2. (㉤)
  3. 그 밖에 소방본부장 또는 소방서장이 특정소방대상물을 이용하는 불특정다수인의 안전을 위하여 공개가 필요하다고 인정하는 사항

021 소방시설 설치 및 관리에 관한 법률 제28조(자격의 취소·정지)에 따라 소방청장은 관리사가 위반행위에 해당할 때에는 행정안전부령으로 정하는 바에 따라 그 자격을 취소하거나 1년 이내의 기간을 정하여 그 자격의 정지를 명할 수 있다. 취소사유 4가지와 정지사유 3가지를 구분하여 쓰시오.(7점)

022 다음은 소방시설 설치 및 관리에 관한 법률 제32조(관리업자의 지위승계)에 대한 내용이다. 괄호 안의 번호에 알맞은 답을 쓰시오.(5점)

> ① 다음 각 호의 어느 하나에 해당하는 자는 종전의 관리업자의 지위를 승계한다.
>   1. (㉠)
>   2. (㉡)
>   3. (㉢)
> ② 「민사집행법」에 따른 경매, 「채무자 회생 및 파산에 관한 법률」에 따른 환가, 「국세징수법」, 「관세법」 또는 「지방세징수법」에 따른 압류재산의 매각과 그 밖에 이에 준하는 절차에 따라 (㉣)는 종전의 관리업자의 지위를 승계한다.
> ③ 제1항이나 제2항에 따라 종전의 관리업자의 지위를 승계한 자는 행정안전부령으로 정하는 바에 따라 (㉤)에게 신고하여야 한다.
> ④ 제1항이나 제2항에 따라 지위를 승계한 자의 결격사유에 관하여는 제30조를 준용한다. 다만, 상속인이 제30조 각 호의 어느 하나에 해당하는 경우에는 상속받은 날부터 3개월 동안은 그러하지 아니하다.

023 소방시설 설치 및 관리에 관한 법률 제35조(등록의 취소와 영업정지 등)에 따른 시·도지사는 관리업자가 위반행위를 하는 경우에는 행정안전부령으로 정하는 바에 따라 그 등록을 취소하거나 6개월 이내의 기간을 정하여 이의 시정이나 그 영업의 정지를 명할 수 있다. 등록취소사유 3가지와 영업정지 사유 3가지를 구분하여 답하시오.(6점)

024 다음은 소방시설 설치 및 관리에 관한 법률 제33조(관리업의 운영)에 대한 내용을 나타낸 것이다. 괄호 안의 번호에 알맞은 답을 쓰시오.(4점)

> ① 관리업자는 이 법이나 이 법에 따른 명령 등에 맞게 소방시설등을 점검하거나 관리하여야 한다.
> ② 관리업자는 관리업의 등록증이나 등록수첩을 다른 자에게 빌려주거나 빌려서는 아니 되며, 이를 알선하여서도 아니 된다.
> ③ 관리업자는 다음 각 호의 어느 하나에 해당하는 경우에는 「화재의 예방 및 안전관리에 관한 법률」 제25조에 따라 소방안전관리업무를 대행하게 하거나 제22조제1항에 따라 소방시설등의 점검업무를 수행하게 한 특정소방대상물의 관계인에게 지체 없이 그 사실을 알려야 한다.
>   1. 제32조에 따라 (㉠)
>   2. 제35조제1항에 따라 (㉡)
>   3. (㉢)
> ④ 관리업자는 제22조제1항 및 제2항에 따라 자체점검을 하거나 「화재의 예방 및 안전관리에 관한 법률」 제25조에 따른 소방안전관리업무의 대행을 하는 때에는 행정안전부령으로 정하는 바에 따라 소속 기술인력을 참여시켜야 한다.
> ⑤ 제35조제1항에 따라 등록취소 또는 영업정지 처분을 받은 관리업자는 그 날부터 소방안전관리업무를 대행하거나 소방시설등에 대한 점검을 하여서는 아니 된다. 다만, (㉣)은 할 수 있다.

025 소방시설 설치 및 관리에 관한 법률 제35조(등록의 취소와 영업정지 등)에 따라 시·도지사는 관리업자가 위반행위를 하는 경우에는 행정안전부령으로 정하는 바에 따라 그 등록을 취소하거나 6개월 이내의 기간을 정하여 이의 시정이나 그 영업의 정지를 명할 수 있다. 등록 취소 사유 3가지와 영업의 정지 사유 3가지를 구분하여 쓰시오.(6점)

026 다음은 소방시설 설치 및 관리에 관한 법률에 따른 벌칙의 일부를 나타낸 것이다. 위반 행위에 따른 벌칙을 표의 빈칸 번호에 맞추어 답을 쓰시오.(8점)

위반행위	벌칙
특정소방대상물의 관계인이 소방시설을 설치·관리하는 경우 화재 시 소방시설의 기능과 성능에 지장을 줄 수 있는 폐쇄(잠금을 포함한다. 이하 같다)·차단 등의 행위를 한 자	(1)
특정소방대상물의 관계인이 소방시설을 설치·관리하는 경우 화재 시 소방시설의 기능과 성능에 지장을 줄 수 있는 폐쇄(잠금을 포함한다. 이하 같다)·차단 등의 행위를 하여 사람을 상해에 이르게 한 때	(2)
특정소방대상물의 관계인이 소방시설을 설치·관리하는 경우 화재 시 소방시설의 기능과 성능에 지장을 줄 수 있는 폐쇄(잠금을 포함한다. 이하 같다)·차단 등의 행위를 하여 사람을 사망에 이르게 한 때	(3)
제22조제1항을 위반하여 소방시설등에 대하여 스스로 점검을 하지 아니하거나 관리업자등으로 하여금 정기적으로 점검하게 하지 아니한 자	(4)
제25조제7항을 위반하여 소방시설관리사증을 다른 사람에게 빌려주거나 빌리거나 이를 알선한 자	(5)
제28조에 따라 자격정지처분을 받고 그 자격정지기간 중에 관리사의 업무를 한 자	(6)
제35조제1항에 따라 영업정지처분을 받고 그 영업정지기간 중에 관리업의 업무를 한 자	(7)
제23조제1항 및 제2항을 위반하여 필요한 조치를 하지 아니한 관계인 또는 관계인에게 중대위반사항을 알리지 아니한 관리업자등	(8)
제12조제1항을 위반하여 소방시설을 화재안전기준에 따라 설치·관리하지 아니한 자	(9)
제22조제1항 전단을 위반하여 점검능력 평가를 받지 아니하고 점검을 한 관리업자	(10)
제22조제1항 후단을 위반하여 관계인에게 점검 결과를 제출하지 아니한 관리업자등	(11)
제22조제2항에 따른 점검인력의 배치기준 등 자체점검 시 준수사항을 위반한 자	(12)
제23조제3항을 위반하여 점검 결과를 보고하지 아니하거나 거짓으로 보고한 자	(13)
제24조제1항을 위반하여 점검기록표를 기록하지 아니하거나 특정소방대상물의 출입자가 쉽게 볼 수 있는 장소에 게시하지 아니한 관계인	(14)
제33조제4항을 위반하여 소속 기술인력의 참여 없이 자체점검을 한 관리업자	(15)

소방시설 설치 및 관리에 관한 법률 시행령

027 소방시설 설치 및 관리에 관한 법률 시행령 제2조(정의)에 따른 무창층(無窓層)의 정의를 쓰시오.(5점)

028 소방시설 설치 및 관리에 관한 법률 시행령 제8조(소방시설의 내진설계)에 따른 내진설계를 적용해야 하는 소방시설의 종류를 쓰시오.(3점)

029 다음은 소방시설 설치 및 관리에 관한 법률 시행령 제13조(강화된 소방시설기준의 적용대상)이다. 표의 빈칸에 알맞은 내용을 쓰시오.(8점)

적용대상	소방시설
「국토의 계획 및 이용에 관한 법률」 제2조제9호에 따른 공동구	
전력 및 통신사업용 지하구	
노유자 시설	
의료시설	

030 다음은 소방시설 설치 및 관리에 관한 법률 시행령 제15조(특정소방대상물의 증축 또는 용도변경 시의 소방시설기준 적용의 특례)의 기준을 나타낸 것이다. 괄호 안의 번호에 알맞은 답을 쓰시오.(4점)

> ① 소방본부장 또는 소방서장은 특정소방대상물이 증축되는 경우에는 기존 부분을 포함한 특정소방대상물의 전체에 대하여 증축 당시의 소방시설의 설치에 관한 대통령령 또는 화재안전기준을 적용해야 한다. 다만, 다음 각 호의 어느 하나에 해당하는 경우에는 기존 부분에 대해서는 증축 당시의 소방시설의 설치에 관한 대통령령 또는 화재안전기준을 적용하지 않는다.
> 1. (㉠)
> 2. (㉡)
> 3. 자동차 생산공장 등 화재 위험이 낮은 특정소방대상물 내부에 연면적 33제곱미터 이하의 직원 휴게실을 증축하는 경우
> 4. 자동차 생산공장 등 화재 위험이 낮은 특정소방대상물에 캐노피(기둥으로 받치거나 매달아 놓은 덮개를 말하며, 3면 이상에 벽이 없는 구조의 것을 말한다)를 설치하는 경우
> ② 법 제13조제3항에 따라 소방본부장 또는 소방서장은 특정소방대상물이 용도변경되는 경우에는 용도변경되는 부분에 대해서만 용도변경 당시의 소방시설의 설치에 관한 대통령령 또는 화재안전기준을 적용한다. 다만, 다음 각 호의 어느 하나에 해당하는 경우에는 특정소방대상물 전체에 대하여 용도변경 전에 해당 특정소방대상물에 적용되던 소방시설의 설치에 관한 대통령령 또는 화재안전기준을 적용한다.
> 1. (㉢)
> 2. (㉣)

031 소방시설 설치 및 관리에 관한 법률 시행령 제30조에 따른 방염성능기준 이상의 실내장식물 등을 설치해야 하는 특정소방대상물 기준 10가지를 쓰시오.(10점)

032 다음은 소방시설 설치 및 관리에 관한 법률 시행령 제31조에서 정한 방염대상물품 중 제조 또는 가공 공정에서 방염처리를 한 물품을 나타낸 것이다. 괄호 안의 번호에 알맞은 답을 쓰시오.(8점)

  가. (㉠)
  나. (㉡)
  다. (㉢)
  라. 전시용 합판·목재 또는 섬유판, 무대용 합판·목재 또는 섬유판(합판·목재류의 경우 불가피하게 설치 현장에서 방염처리한 것을 포함한다)
  마. 암막·무대막(「영화 및 비디오물의 진흥에 관한 법률」 제2조제10호에 따른 (㉣)에 설치하는 스크린과 「다중이용업소의 안전관리에 관한 특별법 시행령」 제2조제7호의4에 따른 (㉤)에 설치하는 스크린을 포함한다)
  바. 섬유류 또는 합성수지류 등을 원료로 하여 제작된 소파·의자(「다중이용업소의 안전관리에 관한 특별법 시행령」 제2조제1호나목 및 같은 조 제6호에 따른 (㉥ 단란주점영업), (㉦) 및 (㉧)의 영업장에 설치하는 것으로 한정한다)

033 다음은 소방시설 설치 및 관리에 관한 법률 시행령 제31조에서 정한 방염대상물품 중 건축물 내부의 천장이나 벽에 부착하거나 설치하는 방염처리를 한 물품을 나타낸 것이다. 괄호 안의 번호에 알맞은 답을 쓰시오.(다만, 가구류(옷장, 찬장, 식탁, 식탁용 의자, 사무용 책상, 사무용 의자, 계산대, 그 밖에 이와 비슷한 것을 말한다. 이하 이 조에서 같다)와 너비 10센티미터 이하인 반자돌림대 등과 「건축법」 제52조에 따른 내부 마감재료는 제외한다.)(4점)

  가. (㉠)
  나. (㉡)
  다. 공간을 구획하기 위하여 설치하는 간이 칸막이(접이식 등 이동 가능한 벽체나 천장 또는 반자가 실내에 접하는 부분까지 구획하지 않는 벽체를 말한다)
  라. (㉢)
  마. (㉣)

034 다음은 소방시설 설치 및 관리에 관한 법률 시행령 제31조에 따른 방염성능기준을 나타낸 것이다. 괄호 안의 번호에 알맞은 답을 쓰시오.(6점)

> 1. 버너의 불꽃을 제거한 때부터 (㉠)하는 상태가 그칠 때까지 시간은 20초 이내일 것
> 2. 버너의 불꽃을 제거한 때부터 (㉡)하는 상태가 그칠 때까지 시간은 30초 이내일 것
> 3. 탄화(炭化)한 면적은 (㉢) 이내, 탄화한 길이는 (㉣) 이내일 것
> 4. (㉤)는 3회 이상일 것
> 5. 소방청장이 정하여 고시한 방법으로 발연량(發煙量)을 측정하는 경우 (㉥)일 것

035 소방시설 설치 및 관리에 관한 법률 시행령 제32조(시·도지사가 실시하는 방염성능검사)에 따른 항목을 2가지 쓰시오.(2점)

036 소방시설 설치 및 관리에 관한 법률 시행령 제33조(소방시설등의 자체점검 면제 또는 연기)에 따른 연기사유 4가지를 쓰시오.(4점)

037 소방시설 설치 및 관리에 관한 법률 시행령 제34조(소방시설등의 자체점검 결과의 조치 등)에 따른 중대위반사항에 해당하는 경우 4가지를 쓰시오.(4점)

038 소방시설 설치 및 관리에 관한 법률 시행령 제35조(자체점검 결과에 따른 이행계획 완료의 연기)에서 정하고 있는 연기사유 4가지를 쓰시오.(4점)

039 소방시설 설치 및 관리에 관한 법률 시행령 제36조(자체점검 결과 공개)에 대한 내용이다. 괄호 안의 번호에 알맞은 답을 쓰시오. (6점)

① 소방본부장 또는 소방서장은 법 제24조제2항에 따라 자체점검 결과를 공개하는 경우 (㉠) 이상 법 제48조에 따른 전산시스템 또는 인터넷 홈페이지 등을 통해 공개해야 한다.
② 소방본부장 또는 소방서장은 제1항에 따라 자체점검 결과를 공개하려는 경우 (㉡), (㉢) 및 (㉣)을 해당 특정소방대상물의 관계인에게 미리 알려야 한다.
③ 특정소방대상물의 관계인은 제2항에 따라 공개 내용 등을 통보받은 날부터 (㉤)이내에 관할 소방본부장 또는 소방서장에게 이의신청을 할 수 있다.
④ 소방본부장 또는 소방서장은 제3항에 따라 이의신청을 받은 날부터 (㉥)이내에 심사·결정하여 그 결과를 지체 없이 신청인에게 알려야 한다.
⑤ 자체점검 결과의 공개가 제3자의 법익을 침해하는 경우에는 제3자와 관련된 사실을 제외하고 공개해야 한다.

040 다음은 소방시설 설치 및 관리에 관한 법률 시행령 [별표 2] 특정소방대상물(제5조 관련) 중 복합건축물에 대한 내용이다. 괄호 안의 번호에 알맞은 답을 쓰시오. (3점)

가. 하나의 건축물이 제1호부터 제27호까지의 것 중 둘 이상의 용도로 사용되는 것. 다만, 다음의 어느 하나에 해당하는 경우에는 복합건축물로 보지 않는다.
1) 관계 법령에서 주된 용도의 부수시설로서 그 설치를 의무화하고 있는 용도 또는 시설
2) 「주택법」 제35조제1항제3호 및 제4호에 따라 주택 안에 부대시설 또는 복리시설이 설치되는 특정소방대상물
3) 건축물의 주된 용도의 기능에 필수적인 용도로서 다음의 어느 하나에 해당하는 용도
  가) (㉠)
  나) (㉡)
  다) (㉢)
나. 하나의 건축물이 근린생활시설, 판매시설, 업무시설, 숙박시설 또는 위락시설의 용도와 주택의 용도로 함께 사용되는 것

041 괄호 안의 번호에 알맞은 답을 쓰시오.(5점)

> 둘 이상의 특정소방대상물이 다음에 해당되는 구조의 복도 또는 통로(이하 이 표에서 "연결통로"라 한다)로 연결된 경우에는 이를 하나의 특정소방대상물로 본다.
> 가. 내화구조로 된 연결통로가 다음의 어느 하나에 해당되는 경우
>   1) (㉠)
>   2) (㉡) 다만, 벽 높이가 바닥에서 천장까지의 높이의 2분의 1 이상인 경우에는 벽이 있는 구조로 보고, 벽 높이가 바닥에서 천장까지의 높이의 2분의 1 미만인 경우에는 벽이 없는 구조로 본다.
> 나. 내화구조가 아닌 연결통로로 연결된 경우
> 다. (㉢)
> 라. (㉣)
> 마. (㉤)
> 바. 지하구로 연결된 경우

042 괄호 안의 번호에 알맞은 답을 쓰시오.(2점)

> 연결통로 또는 지하구와 특정소방대상물의 양쪽에 다음 각 목의 어느 하나에 해당하는 시설이 적합하게 설치된 경우에는 각각 별개의 특정소방대상물로 본다.
> 가. (㉠)
> 나. (㉡)

043 괄호 안의 번호에 알맞은 답을 쓰시오.(3점)

> 특정소방대상물의 지하층이 지하가와 연결되어 있는 경우 해당 지하층의 부분을 지하가로 본다. 다만, 다음 지하가와 연결되는 지하층에 지하층 또는 지하가에 설치된 (㉠) 또는 (㉡)이 화재 시 경보설비 또는 자동소화설비의 작동과 연동하여 자동으로 닫히는 구조이거나 그 윗부분에 (㉢)가 설치된 경우에는 지하가로 보지 않는다.

044 다음은 소방시설 설치 및 관리에 관한 법률 시행령 [별표 3]에 대한 내용이다. 괄호 안의 번호에 알맞은 답을 쓰시오.(8점)

> 1. 소화설비를 구성하는 제품 또는 기기
>   가. 별표 1 제1호가목의 (㉠)
>   나. 별표 1 제1호나목의 (㉡)
>   다. 소화설비를 구성하는 (㉢)
> 2. 경보설비를 구성하는 제품 또는 기기
>   가. (㉣)
>   나. 경보설비를 구성하는 (㉤)
> 3. 피난구조설비를 구성하는 제품 또는 기기
>   가. 피난사다리, 구조대, 완강기(지지대를 포함한다) 및 간이완강기(지지대를 포함한다)
>   나. (㉥)
>   다. (㉦)
> 4. 소화용으로 사용하는 제품 또는 기기
>   가. 소화약제[별표 1 제1호나목2) 및 3)의 자동소화장치와 같은 호 마목3)부터 9)까지의 소화설비용만 해당한다]
>   나. (㉧)
> 5. 그 밖에 행정안전부령으로 정하는 소방 관련 제품 또는 기기

045 자동소화장치에 대한 물음에 답하시오.(8점)

(1) 다음은 소방시설 설치 및 관리에 관한 법률 시행령 [별표 4] 특정소방대상물의 관계인이 특정소방대상물에 설치·관리해야 하는 소방시설의 종류 중 자동소화장치를 설치해야 하는 특정소방대상물의 기준을 나타낸 것이다. 괄호 안의 번호에 알맞은 답을 쓰시오.(6점)

> 자동소화장치를 설치해야 하는 특정소방대상물은 다음의 어느 하나에 해당하는 특정소방대상물 중 (㉠)로 한다. 이 경우 해당 주방에 자동소화장치를 설치해야 한다.
> 1) 주거용 주방자동소화장치를 설치해야 하는 것: (㉡)

2) 상업용 주방자동소화장치를 설치해야 하는 것
　가) 판매시설 중 「유통산업발전법」 제2조제3호에 해당하는 대규모점포에 입점해 있는 일반음식점
　나) 「식품위생법」 제2조제12호에 따른 집단급식소
3) (ⓒ), (ⓔ), (ⓜ) 또는 (ⓗ)를 설치해야 하는 것: 화재안전기준에서 정하는 장소

(2) 특정소방대상물의 소방시설 설치의 면제 기준 [별표5] 에 따른 자동소화장치의 설치가 면제되는 기준을 쓰시오.(2점)

046 옥내소화전설비에 대한 물음에 답하시오.(7점)

(1) 다음은 소방시설 설치 및 관리에 관한 법률 시행령 [별표 4] 특정소방대상물의 관계인이 특정소방대상물에 설치·관리해야 하는 소방시설의 종류 중 옥내소화전설비를 설치해야 하는 특정소방대상물 기준이다. 괄호 안의 번호에 알맞은 답을 쓰시오.(5점)

옥내소화전설비를 설치해야 하는 특정소방대상물은 다음의 어느 하나에 해당하는 것으로 한다. 다만, 위험물 저장 및 처리 시설 중 가스시설, 지하구 및 업무시설 중 무인변전소(방재실 등에서 스프링클러설비 또는 물분무등소화설비를 원격으로 조정할 수 있는 무인변전소로 한정한다)는 제외한다.
1) 다음의 어느 하나에 해당하는 경우에는 모든 층
　가) 연면적 3천㎡ 이상인 것(지하가 중 터널은 제외한다)
　나) (㉠)
　다) (㉡)
2) 1)에 해당하지 않는 근린생활시설, 판매시설, 운수시설, 의료시설, 노유자 시설, 업무시설, 숙박시설, 위락시설, 공장, 창고시설, 항공기 및 자동차 관련 시설, 교정 및 군사시설 중 국방·군사시설, 방송통신시설, 발전시설, 장례시설 또는 복합건축물로서 다음의 어느 하나에 해당하는 경우에는 모든 층

가) (ⓒ)
나) 지하층·무창층으로서 바닥면적이 300㎡ 이상인 층이 있는 것
다) 층수가 4층 이상인 것 중 바닥면적이 300㎡ 이상인 층이 있는 것
3) 건축물의 (ⓔ)으로서 사용되는 면적이 200㎡ 이상인 경우 해당 부분
4) 지하가 중 터널로서 다음에 해당하는 터널
가) 길이가 (ⓜ)인 터널
나) 예상교통량, 경사도 등 터널의 특성을 고려하여 행정안전부령으로 정하는 터널
5) 1) 및 2)에 해당하지 않는 공장 또는 창고시설로서「화재의 예방 및 안전관리에 관한 법률 시행령」별표 2에서 정하는 수량의 750배 이상의 특수가연물을 저장·취급하는 것

(2) 특정소방대상물의 소방시설 설치의 면제 기준 [별표5] 에 따른 옥내소화전설비의 설치가 면제되는 기준을 쓰시오.(2점)

047 다음은 소방시설 설치 및 관리에 관한 법률 시행령 [별표 4] 특정소방대상물의 관계인이 특정소방대상물에 설치·관리해야 하는 소방시설의 종류 중 스프링클러설비를 설치해야 하는 특정소방대상물(위험물 저장 및 처리 시설 중 가스시설 및 지하구는 제외한다) 기준의 일부를 나타낸 것이다. 괄호 안의 번호에 알맞은 답을 쓰시오.(8점)

1) 층수가 6층 이상인 특정소방대상물의 경우에는 모든 층. 다만, 다음의 어느 하나에 해당하는 경우는 제외한다.
  가) 주택 관련 법령에 따라 기존의 아파트등을 리모델링하는 경우로서 건축물의 연면적 및 층의 높이가 변경되지 않는 경우. 이 경우 해당 아파트등의 사용검사 당시의 소방시설의 설치에 관한 대통령령 또는 화재안전기준을 적용한다.
  나) 스프링클러설비가 없는 기존의 특정소방대상물을 용도변경하는 경우. 다만, 2)부터 6)까지 및 9)부터 12)까지의 규정에 해당하는 특정소방대상물로 용도변경하는 경우에는 해당 규정에 따라 스프링클러설비를 설치한다.
2) 기숙사(교육연구시설·수련시설 내에 있는 학생 수용을 위한 것을 말한다) 또는 복합건축물로서 연면적 5천㎡ 이상인 경우에는 모든 층
3) 문화 및 집회시설(동·식물원은 제외한다), 종교시설(주요구조부가 목조인 것은 제외한다), 운동시설(물놀이형 시설 및 바닥이 불연재료이고 관람석이 없는 운동시설은 제외한다)로서 다음의 어느 하나에 해당하는 경우에는 모든 층

가) (㉠)
나) (㉡)
다) (㉢)
라) 무대부가 다) 외의 층에 있는 경우에는 무대부의 면적이 500㎡ 이상인 것
4) 판매시설, 운수시설 및 창고시설(물류터미널로 한정한다)로서 바닥면적의 합계가 5천㎡ 이상이거나 수용인원이 500명 이상인 경우에는 모든 층
5) 다음의 어느 하나에 해당하는 용도로 사용되는 시설의 바닥면적의 합계가 600㎡ 이상인 것은 모든 층
가) (㉣)
나) (㉤)
다) (㉥)
라) (㉦)
마) (㉧)
바) 숙박시설

048 스프링클러설비에 대한 물음에 답하시오.(10점)

(1) 다음은 소방시설 설치 및 관리에 관한 법률 시행령 [별표 4] 특정소방대상물의 관계인이 특정소방대상물에 설치·관리해야 하는 소방시설의 종류 중 스프링클러설비를 설치해야 하는 특정소방대상물(위험물 저장 및 처리 시설 중 가스시설 및 지하구는 제외한다) 기준의 일부를 나타낸 것이다. 괄호 안의 번호에 알맞은 답을 쓰시오.(6점)

6) 창고시설(물류터미널은 제외한다)로서 바닥면적 합계가 5천㎡ 이상인 경우에는 모든 층
7) 특정소방대상물의 지하층·무창층(축사는 제외한다) 또는 층수가 4층 이상인 층으로서 바닥면적이 1천㎡ 이상인 층이 있는 경우에는 해당 층
8) 랙식 창고(rack warehouse): 랙(물건을 수납할 수 있는 선반이나 이와 비슷한 것을 말한다. 이하 같다)을 갖춘 것으로서 천장 또는 반자(반자가 없는 경우에는 지붕의 옥내에 면하는 부분을 말한다)의 높이가 10m를 초과하고, 랙이 설치된 층의 바닥면적의 합계가 1천5백㎡ 이상인 경우에는 모든 층

9) 공장 또는 창고시설로서 다음의 어느 하나에 해당하는 시설
   가)「화재의 예방 및 안전관리에 관한 법률 시행령」 별표 2에서 정하는 수량의 1천 배 이상의 특수가연물을 저장·취급하는 시설
   나)「원자력안전법 시행령」 제2조제1호에 따른 중·저준위방사성폐기물(이하 "중·저준위방사성폐기물"이라 한다)의 저장시설 중 소화수를 수집·처리하는 설비가 있는 저장시설
10) 지붕 또는 외벽이 불연재료가 아니거나 내화구조가 아닌 공장 또는 창고시설로서 다음의 어느 하나에 해당하는 것
    가) (ㅈ)
    나) (ㅊ)
    다) (ㅋ)
    라) (ㅌ)
    마) (ㅍ)
11) 교정 및 군사시설 중 다음의 어느 하나에 해당하는 경우에는 해당 장소
    가) 보호감호소, 교도소, 구치소 및 그 지소, 보호관찰소, 갱생보호시설, 치료감호시설, 소년원 및 소년분류심사원의 수용거실
    나)「출입국관리법」 제52조제2항에 따른 보호시설(외국인보호소의 경우에는 보호대상자의 생활공간으로 한정한다. 이하 같다)로 사용하는 부분. 다만, 보호시설이 임차건물에 있는 경우는 제외한다.
    다)「경찰관 직무집행법」 제9조에 따른 유치장
12) 지하가(터널은 제외한다)로서 연면적 1천㎡ 이상인 것
13) (ㅎ)
14) 1)부터 13)까지의 특정소방대상물에 부속된 보일러실 또는 연결통로 등

(2) 특정소방대상물의 소방시설 설치의 면제 기준 [별표5]에 따른 스프링클러설비의 설치가 면제되는 기준을 쓰시오.(4점)

049 자동화재탐지설비에 대한 물음에 답하시오.(12점)
   (1) 소방시설 설치 및 관리에 관한 법률 시행령 [별표 4] 특정소방대상물의 관계인이 특정소방대상물에 설치·관리해야 하는 소방시설의 종류 중 자동화재탐지설비를 설치해야 하는 특정소방대상물 기준을 모두 쓰시오.(10점)
   (2) 특정소방대상물의 소방시설 설치의 면제 기준 [별표5] 에 따른 자동화재탐지설비의 설치가 면제되는 기준을 쓰시오.(2점)

050 자동화재속보설비에 대한 물음에 답하시오.(9점)
   (1) 소방시설 설치 및 관리에 관한 법률 시행령 [별표 4] 특정소방대상물의 관계인이 특정소방대상물에 설치·관리해야 하는 소방시설의 종류 중 자동화재속보설비를 설치해야 하는 특정소방대상물 기준을 모두 쓰시오.(다만, 방재실 등 화재 수신기가 설치된 장소에 24시간 화재를 감시할 수 있는 사람이 근무하고 있는 경우는 제외함)(7점)
   (2) 특정소방대상물의 소방시설 설치의 면제 기준 [별표5] 에 따른 자동화재속보설비의 설치가 면제되는 기준을 쓰시오.(2점)

051 소방시설 설치 및 관리에 관한 법률 시행령 [별표 4] 특정소방대상물의 관계인이 특정소방대상물에 설치·관리해야 하는 소방시설의 종류 중 가스누설경보기를 설치해야 하는 특정소방대상물 기준을 모두 쓰시오.(단, 가스시설이 설치된 경우만 해당)(2점)

052 소방시설 설치 및 관리에 관한 법률 시행령 [별표 4] 특정소방대상물의 관계인이 특정소방대상물에 설치·관리해야 하는 소방시설의 종류 중 인명구조기구를 설치해야 하는 특정소방대상물 기준을 모두 쓰시오.(7점)

053 연결송수관설비에 대한 물음에 답하시오.(6점)
(1) 소방시설 설치 및 관리에 관한 법률 시행령 [별표 4] 특정소방대상물의 관계인이 특정소방대상물에 설치·관리해야 하는 소방시설의 종류 중 연결송수관설비를 설치해야 하는 특정소방대상물(위험물 저장 및 처리 시설 중 가스시설 및 지하구는 제외한다) 기준을 쓰시오.(4점)
(2) 특정소방대상물의 소방시설 설치의 면제 기준 [별표5] 에 따른 연결송수관설비의 설치가 면제되는 기준을 쓰시오.(2점)

054 연결살수설비에 대한 물음에 답하시오.(8점)
(1) 소방시설 설치 및 관리에 관한 법률 시행령 [별표 4] 특정소방대상물의 관계인이 특정소방대상물에 설치·관리해야 하는 소방시설의 종류 중 연결살수설비를 설치해야 하는 특정소방대상물(지하구는 제외한다) 기준을 쓰시오.(4점)
(2) 특정소방대상물의 소방시설 설치의 면제 기준 [별표5] 에 따른 연결살수설비의 설치가 면제되는 기준을 쓰시오.(4점)

055 소방시설 설치 및 관리에 관한 법률 시행령 [별표 4] 특정소방대상물의 관계인이 특정소방대상물에 설치·관리해야 하는 소방시설의 종류 중 무선통신보조설비를 설치해야 하는 특정소방대상물(위험물 저장 및 처리 시설 중 가스시설은 제외한다) 기준을 쓰시오.(5점)

056 옥외소화전설비에 대한 다음 각 물음에 답하시오.(5점)
(1) 소방시설 설치 및 관리에 관한 법률 시행령 [별표 4] 특정소방대상물의 관계인이 특정소방대상물에 설치·관리해야 하는 소방시설의 종류 중 옥외소화전설비를 설치해야 하는 특정소방대상물(아파트등, 위험물 저장 및 처리 시설 중 가스시설, 지하구 및 지하가 중 터널은 제외한다) 기준을 쓰시오.(3점)

(2) 특정소방대상물의 소방시설 설치의 면제 기준 [별표5] 에 따른 옥외소화전설비의 설치가 면제되는 기준을 쓰시오.(2점)

057 물분무등소화설비에 대한 다음 각 물음에 답하시오.

(1) 소방시설 설치 및 관리에 관한 법률 시행령 [별표 4] 특정소방대상물의 관계인이 특정소방대상물에 설치·관리해야 하는 소방시설의 종류 중 물분무등소화설비를 설치해야 하는 특정소방대상물 기준(위험물 저장 및 처리 시설 중 가스시설 및 지하구는 제외한다)을 나타낸 것이다. 괄호 안의 번호에 알맞은 답을 쓰시오.(5점)

> 1) 항공기 및 자동차 관련 시설 중 항공기 격납고
> 2) (㉠) 이 경우 연면적 800㎡ 이상인 것만 해당한다.
> 3) (㉡)
> 4) 문화유산 중 「문화유산의 보존 및 활용에 관한 법률」 제23조에 따라 보물 또는 국보로 지정된 목조건축물
> 5) (㉢), 그 밖에 이와 비슷한 것으로서 바닥면적이 300㎡ 이상인 것[하나의 방화구획 내에 둘 이상의 실(室)이 설치되어 있는 경우에는 이를 하나의 실로 보아 바닥면적을 산정한다]. 다만, 내화구조로 된 공정제어실 내에 설치된 주조정실로서 양압시설(외부 오염공기 침투를 차단하고 내부의 나쁜 공기가 자연스럽게 외부로 흐를 수 있도록 한 시설을 말한다)이 설치되고 전기기기에 220볼트 이하인 저전압이 사용되며 종업원이 24시간 상주하는 곳은 제외한다.
> 6) 소화수를 수집·처리하는 설비가 설치되어 있지 않은 중·저준위방사성폐기물의 저장시설. 이 시설에는 (㉣)를 설치해야 한다.
> 7) 지하가 중 예상 교통량, 경사도 등 터널의 특성을 고려하여 행정안전부령으로 정하는 터널. 이 시설에는 물분무소화설비를 설치해야 한다.
> 8) 문화재 중 「문화재보호법」 제2조제3항제1호 또는 제2호에 따른 지정문화재로서 소방청장이 문화재청장과 협의하여 정하는 것

(2) 특정소방대상물의 소방시설 설치의 면제 기준 [별표5] 에 따른 물분무등소화설비의 설치가 면제되는 기준을 쓰시오.(2점)

058 제연설비에 대한 물음에 답하시오.(12점)
(1) 소방시설 설치 및 관리에 관한 법률 시행령 [별표 4] 특정소방대상물의 관계인이 특정소방대상물에 설치·관리해야 하는 소방시설의 종류 중 제연설비를 설치해야 하는 특정소방대상물 기준을 쓰시오.(7점)
(2) 특정소방대상물의 소방시설 설치의 면제 기준 [별표5] 에 따른 연결살수설비의 설치가 면제되는 기준을 쓰시오.(5점)

059 소방시설 설치 및 관리에 관한 법률 시행령 [별표6] 소방시설을 설치하지 않을 수 있는 특정소방대상물 및 소방시설의 범위에 대한 표이다. 표의 빈칸 번호에 알맞은 답을 쓰시오.(6점)

구분	특정소방대상물	설치하지 않을 수 있는 소방시설
화재 위험도가 낮은 특정소방대상물	(1)	(2)
화재안전기준을 적용하기 어려운 특정소방대상물	(3)	(4)
	(5)	(6)

060 소방시설 설치 및 관리에 관한 법률 시행령 [별표6] 소방시설을 설치하지 않을 수 있는 특정소방대상물 및 소방시설의 범위에 대한 표이다. 표의 빈칸 번호에 알맞은 답을 쓰시오.(4점)

구분	특정소방대상물	설치하지 않을 수 있는 소방시설
화재안전기준을 달리 적용해야 하는 특수한 용도 또는 구조를 가진 특정소방대상물	(1)	(2)
「위험물 안전관리법」 제19조에 따른 자체소방대가 설치된 특정소방대상물	(3)	(4)

061 소방시설 설치 및 관리에 관한 법률 시행령 [별표7]에 따른 수용인원의 산정 방법이다. 해당 기준을 쓰시오.(7점)

1. 숙박시설이 있는 특정소방대상물(4점)
   가. 침대가 있는 숙박시설:
   나. 침대가 없는 숙박시설:
2. 제1호 외의 특정소방대상물(3점)
   가. 강의실·교무실·상담실·실습실·휴게실 용도로 쓰는 특정소방대상물:
   나. 강당, 문화 및 집회시설, 운동시설, 종교시설:
   다. 그 밖의 특정소방대상물:

062 소방시설 설치 및 관리에 관한 법률 시행령 [별표 9] 소방시설관리업의 업종별 등록기준 및 영업범위를 나타낸 표이다. 표의 빈칸 번호에 알맞은 답을 쓰시오.(8점)

업종별 \ 기술인력 등	기술인력	영업범위
전문 소방시설관리업	(1)	모든 특정소방대상물
일반 소방시설관리업	(2)	특정소방대상물 중 「화재의 예방 및 안전관리에 관한 법률 시행령」 별표 4에 따른 1급, 2급, 3급 소방안전관리대상물

[비고] 1. "소방 관련 실무경력"이란 「소방시설공사업법」 제28조제3항에 따른 소방기술과 관련된 경력을 말한다.
2. 보조 기술인력의 종류별 자격은 「소방시설공사업법」 제28조제3항에 따라 소방기술과 관련된 자격·학력 및 경력을 가진 사람 중에서 행정안전부령으로 정한다.

063 다음은 소방시설 설치 및 관리에 관한 법률 시행령 [별표 10] 과태료의 부과기준(제52조 관련)에 대한 내용이다. 표의 ( )에 들어갈 내용을 쓰시오.(10점)

위반행위	근거 법조문	과태료 금액 (단위: 만원)		
		1차 위반	2차 위반	3차 이상 위반
법 제16조제1항을 위반하여 피난시설, 방화구획 또는 방화시설을 폐쇄·훼손·변경하는 등의 행위를 한 경우	법 제61조 제1항제3호	(㉠)	200	300
법 제22조제1항 전단을 위반하여 점검능력평가를 받지 않고 점검을 한 경우	법 제61조 제1항제5호	(㉡)		
법 제22조제1항 후단을 위반하여 관계인에게 점검 결과를 제출하지 않은 경우	법 제61조 제1항제6호	(㉢)		
법 제22조제2항에 따른 점검인력의 배치기준 등 자체점검 시 준수사항을 위반한 경우	법 제61조 제1항제7호	(㉣)		
법 제23조제3항을 위반하여 점검 결과를 보고하지 않거나 거짓으로 보고한 경우		—		
1) 지연 보고 기간이 10일 미만인 경우		(㉤)		
2) 지연 보고 기간이 10일 이상 1개월 미만인 경우	법 제61조 제1항제8호	(㉥)		
3) 지연 보고 기간이 1개월 이상이거나 보고하지 않은 경우		(㉦)		
4) 점검 결과를 축소·삭제하는 등 거짓으로 보고한 경우		(㉧)		
법 제33조제4항을 위반하여 소속 기술인력의 참여 없이 자체점검을 한 경우	법 제61조 제1항제13호	(㉨)		
법 제34조제2항에 따른 점검실적을 증명하는 서류 등을 거짓으로 제출한 경우	법 제61조 제1항제14호	(㉩)		

소방시설 설치 및 관리에 관한 법률 시행규칙

064 소방시설 설치 및 관리에 관한 법률 시행규칙에 따른 소방시설등의 자체점검에 대한 다음 각 물음에 답하시오.(4점)

(1) 소방시설등의 자체점검 대가는 「엔지니어링산업 진흥법」 제31조에 따라 산업통상자원부장관이 고시한 엔지니어링사업의 대가 기준 중 무슨 방식으로 산출하는가? (2점)

(2) 다음은 제20조(소방시설등 자체점검의 구분 및 대상 등)의 내용 일부를 나타낸 것이다. 괄호 안에 알맞은 답을 쓰시오.(2점)

> 법 제29조에 따라 소방시설관리업을 등록한 자(이하 "관리업자"라 한다)는 제1항에 따라 자체점검을 실시하는 경우 점검 대상과 점검 인력 배치상황을 점검인력을 배치한 날 이후 자체점검이 끝난 날부터 ( ) 이내에 법 제50조제5항에 따라 관리업자에 대한 점검능력 평가 등에 관한 업무를 위탁받은 법인 또는 단체(이하 "평가기관"이라 한다)에 통보해야 한다.

064-1 소방시설 설치 및 관리에 관한 법률 시행규칙 제9조(성능위주설계 기준)에 대한 내용이다. ( )의 번호에 알맞은 답을 쓰시오.

> 1. 소방자동차 진입(통로) 동선 및 소방관 진입 경로 확보
> 2. 화재·피난 모의실험을 통한 화재위험성 및 피난안전성 검증
> 3. (㉠)
> 4. (㉡)
> 5. (㉢)
> 6. 건축물의 용도별 방화구획의 적정성
> 7. 침수 등 재난상황을 포함한 지하층 안전확보 방안 마련

065 다음은 소방시설 설치 및 관리에 관한 법률 시행규칙 제22조(소방시설등의 자체점검 면제 또는 연기 등)에 대한 기준을 나타낸 것이다. 괄호 안의 번호에 알맞은 답을 쓰시오. (4점)

> ① 법 제22조제6항 및 영 제33조제2항에 따라 자체점검의 면제 또는 연기를 신청하려는 특정소방대상물의 관계인은 자체점검의 실시 만료일 (㉠)까지 별지 제7호서식의 소방시설등의 자체점검 면제 또는 연기신청서(전자문서로 된 신청서를 포함한다)에 자체점검을 실시하기 곤란함을 증명할 수 있는 서류(전자문서를 포함한다)를 첨부하여 (㉡)에게 제출해야 한다.

② 제1항에 따른 자체점검의 면제 또는 연기 신청서를 제출받은 (ⓒ)은 면제 또는 연기의 신청을 받은 날부터 (②)에 자체점검의 면제 또는 연기 여부를 결정하여 별지 제8호서식의 자체점검 면제 또는 연기 신청 결과 통지서를 면제 또는 연기 신청을 한 자에게 통보해야 한다.

066 다음은 소방시설 설치 및 관리에 관한 법률 시행규칙 제23조(소방시설등의 자체점검 결과의 조치 등)에 대한 기준을 나타낸 것이다. 괄호 안의 번호에 알맞은 답을 쓰시오.(11점)

① 관리업자 또는 소방안전관리자로 선임된 소방시설관리사 및 소방기술사(이하 "관리업자 등"이라 한다)는 자체점검을 실시한 경우에는 법 제22조제1항 각 호 외의 부분 후단에 따라 그 점검이 끝난 날부터 (㉠)이내에 별지 제9호서식의 (㉡)(전자문서로 된 보고서를 포함한다)에 소방청장이 정하여 고시하는 소방시설등점검표를 첨부하여 관계인에게 제출해야 한다.
② 제1항에 따른 자체점검 실시결과 보고서를 제출받거나 스스로 자체점검을 실시한 관계인은 법 제23조제3항에 따라 자체점검이 끝난 날부터 (㉢)이내에 별지 제9호서식의 (㉡)(전자문서로 된 보고서를 포함한다)에 다음 각 호의 서류를 첨부하여 소방본부장 또는 소방서장에게 서면이나 소방청장이 지정하는 전산망을 통하여 보고해야 한다.
  1. (㉣)
  2. 별지 제10호서식의 (㉤)
③ 제1항 및 제2항에 따른 자체점검 실시결과의 보고기간에는 공휴일 및 토요일은 산입하지 않는다.
④ 제2항에 따라 소방본부장 또는 소방서장에게 자체점검 실시결과 보고를 마친 관계인은 소방시설등 자체점검 실시결과 보고서(소방시설등점검표를 포함한다)를 점검이 끝난 날부터 (㉥) 자체 보관해야 한다.
⑤ 제2항에 따라 소방시설등의 자체점검 결과 이행계획서를 보고받은 소방본부장 또는 소방서장은 다음 각 호의 구분에 따라 이행계획의 완료 기간을 정하여 관계인에게 통보해야 한다. 다만, 소방시설등에 대한 수리·교체·정비의 규모 또는 절차가 복잡하여 다음 각 호의 기간 내에 이행을 완료하기가 어려운 경우에는 그 기간을 달리 정할 수 있다.
  1. 소방시설등을 구성하고 있는 기계·기구를 수리하거나 정비하는 경우: 보고일부터 (㉦)이내
  2. 소방시설등의 전부 또는 일부를 철거하고 새로 교체하는 경우: 보고일부터 (㉧)이내
⑥ 제5항에 따른 완료기간 내에 이행계획을 완료한 관계인은 이행을 완료한 날부터 (㉨)이내에 별지 제11호서식의 소방시설등의 자체점검 결과 이행완료 보고서(전자문서로 된 보고서를 포함한다)에 다음 각 호의 서류(전자문서를 포함한다)를 첨부하여 소방본부장 또는 소방서장에게 보고해야 한다.
  1. (㉨)
  2. (㉩)

067 다음은 제25조(자체점검 결과의 게시)에 대한 내용이다. 괄호 안의 번호에 알맞은 답을 쓰시오.(2점)

> 소방본부장 또는 소방서장에게 자체점검 결과 보고를 마친 관계인은 법 제24조제1항에 따라 보고한 날부터 (㉠) 이내에 별표 5의 소방시설등 자체점검기록표를 작성하여 특정소방대상물의 출입자가 쉽게 볼 수 있는 장소에 (㉡) 이상 게시해야 한다.

068 다음은 소방시설 설치 및 관리에 관한 법률 시행규칙 제38조(점검능력의 평가)에 대한 내용이다. 괄호 안의 번호에 알맞은 답을 쓰시오.(5점)

> ① 법 제34조제1항에 따른 점검능력 평가의 항목은 다음 각 호와 같고, 점검능력 평가의 세부기준은 별표 7과 같다.
>   1. 실적
>   가. 점검실적(법 제22조제1항에 따른 소방시설등에 대한 자체점검 실적을 말한다). 이 경우 점검실적(제37조제1항제1호나목 및 다목에 따른 점검실적은 제외한다)은 제20조제1항 및 별표 4에 따른 점검인력 배치기준에 적합한 것으로 확인된 것만 인정한다.
>   나. 대행실적(「화재의 예방 및 안전관리에 관한 법률」 제25조제1항에 따라 소방안전관리 업무를 대행하여 수행한 실적을 말한다)
>   2. (㉮)
>   3. 경력
>   4. (㉯)
> ② 평가기관은 제1항에 따른 점검능력 평가 결과를 지체 없이 소방청장 및 시·도지사에게 통보해야 한다.
> ③ 평가기관은 제37조제1항에 따른 점검능력 평가 결과는 매년 (㉰)까지 평가기관의 인터넷 홈페이지를 통하여 공시하고, 같은 조 제3항에 따른 점검능력 평가 결과는 소방청장 및 시·도지사에게 통보한 날부터 (㉱) 이내에 평가기관의 인터넷 홈페이지를 통하여 공시해야 한다.
> ④ 점검능력 평가의 유효기간은 제3항에 따라 점검능력 평가 결과를 공시한 날부터 (㉲)간으로 한다.

069 소방시설 설치 및 관리에 관한 법률 시행규칙 [별표3] "소방시설등 자체점검의 구분 및 대상, 점검자의 자격, 점검 장비, 점검 방법 및 횟수 등 자체점검 시 준수해야할 사항"에서 명시한 소방시설등에 대한 자체점검의 구분 기준을 쓰시오.(6점)

  가. 작동점검 :
  나. 종합점검 :

070 소방시설 설치 및 관리에 관한 법률 시행규칙 [별표3] "소방시설등 자체점검의 구분 및 대상, 점검자의 자격, 점검 장비, 점검 방법 및 횟수 등 자체점검 시 준수해야할 사항"에서 규정한 작동점검의 대상을 쓰시오.(3점)

071 소방시설 설치 및 관리에 관한 법률 시행규칙 [별표3] "소방시설등 자체점검의 구분 및 대상, 점검자의 자격, 점검 장비, 점검 방법 및 횟수 등 자체점검 시 준수해야할 사항"에서 규정한 작동점검은 아래 표의 분류에 따라 점검할 수 있는 기술인력을 쓰시오.(6점)

특정소방대상물	점검가능한 기술인력
1) 영 별표 4 제1호마목의 간이스프링클러설비(주택전용 간이스프링클러설비는 제외한다) 또는 같은 표 제2호다목의 자동화재탐지설비가 설치된 특정소방대상물	
2) 1)에 해당하지 않는 특정소방대상물	

072 소방시설 설치 및 관리에 관한 법률 시행규칙 [별표3] "소방시설등 자체점검의 구분 및 대상, 점검자의 자격, 점검 장비, 점검 방법 및 횟수 등 자체점검 시 준수해야할 사항"에서 규정한 작동점검의 점검시기를 쓰시오.(5점)
(1) 종합점검 대상(1점)
(2) (1)에 해당하지 않는 특정소방대상물(4점)

073 소방시설 설치 및 관리에 관한 법률 시행규칙 [별표3] "소방시설등 자체점검의 구분 및 대상, 점검자의 자격, 점검 장비, 점검 방법 및 횟수 등 자체점검 시 준수해야할 사항"에서 규정한 종합점검을 해야하는 대상을 나타낸 것이다. 밑줄친 부분에 해당하는 답을 쓰시오.(8점)

> ○ 법 제22조제1항제1호에 해당하는 특정소방대상물
> ○ 스프링클러설비가 설치된 특정소방대상물
> ○ 물분무등소화설비[호스릴(hose reel) 방식의 물분무등소화설비만을 설치한 경우는 제외한다]가 설치된 연면적 5,000㎡ 이상인 특정소방대상물(제조소등은 제외한다)
> ○ 「다중이용업소의 안전관리에 관한 특별법 시행령」 제2조제1호나목, 같은 조 제2호(비디오물소극장업은 제외한다)·제6호·제7호·제7호의2 및 제7호의5의 다중이용업의 영업장이 설치된 특정소방대상물로서 연면적이 2,000㎡ 이상인 것
> ○ 제연설비가 설치된 터널
> ○ 「공공기관의 소방안전관리에 관한 규정」 제2조에 따른 공공기관 중 연면적(터널·지하구의 경우 그 길이와 평균 폭을 곱하여 계산된 값을 말한다)이 1,000㎡ 이상인 것으로서 옥내소화전설비 또는 자동화재탐지설비가 설치된 것. 다만, 「소방기본법」 제2조제5호에 따른 소방대가 근무하는 공공기관은 제외한다.

(1) 법 제22조제1항제1호에 해당하는 특정소방대상물(2점)
(2) 제2조제1호나목, 같은 조 제2호(비디오물소극장업은 제외한다)·제6호·제7호·제7호의2 및 제7호의5의 다중이용업의 영업장(6점)

074 소방시설 설치 및 관리에 관한 법률 시행규칙 [별표3] "소방시설등 자체점검의 구분 및 대상, 점검자의 자격, 점검 장비, 점검 방법 및 횟수 등 자체점검 시 준수해야 할 사항"에서 규정한 종합점검을 할 수 있는 기술인력을 쓰시오.(2점)

075 소방시설 설치 및 관리에 관한 법률 시행규칙 [별표3] "소방시설등 자체점검의 구분 및 대상, 점검자의 자격, 점검 장비, 점검 방법 및 횟수 등 자체점검 시 준수해야할 사항"에서 규정한 종합점검의 점검 횟수 및 점검 시기를 쓰시오.(6점)
(1) 종합점검의 점검 횟수(2점)
(2) 종합점검의 점검 시기(4점)

076 소방시설 설치 및 관리에 관한 법률 시행규칙 [별표3] "소방시설등 자체점검의 구분 및 대상, 점검자의 자격, 점검 장비, 점검 방법 및 횟수 등 자체점검 시 준수해야할 사항"에서 규정한 내용이다. 괄호 안의 번호에 알맞은 답을 쓰시오.(5점)

「공공기관의 소방안전관리에 관한 규정」 제2조에 따른 공공기관의 장은 공공기관에 설치된 소방시설등의 유지 · 관리상태를 맨눈 또는 신체감각을 이용하여 점검하는 외관점검을 (㉠)실시(작동점검 또는 종합점검을 실시한 달에는 실시하지 않을 수 있다)하고, 그 점검 결과를 (㉡) 자체 보관해야 한다. 이 경우 외관점검의 점검자는 해당 특정소방대상물의 (㉢), (㉣) 또는 (㉤)로 해야 한다.

077 소방시설 설치 및 관리에 관한 법률 시행규칙 [별표3] "소방시설등 자체점검의 구분 및 대상, 점검자의 자격, 점검 장비, 점검 방법 및 횟수 등 자체점검 시 준수해야할 사항"에서 규정한 공동주택(아파트등으로 한정한다) 세대별 점검방법에 대한 내용이다. 괄호 안의 번호에 알맞은 답을 쓰시오.(6점)

공동주택(아파트등으로 한정한다) 세대별 점검방법은 다음과 같다.
가. 관리자(관리소장, 입주자대표회의 및 소방안전관리자를 포함한다. 이하 같다) 및 입주민(세대 거주자를 말한다)은 (㉠)로 모든 세대에 대하여 점검을 해야 한다.
나. 가목에도 불구하고 (㉡) 등 특수감지기가 설치되어 있는 경우에는 수신기에서 원격 점검할 수 있으며, 점검할 때마다 모든 세대를 점검해야 한다. 다만, 자동화재탐지설비의 선로 단선이 확인되는 때에는 단선이 난 세대 또는 그 경계구역에 대하여 현장점검을 해야 한다.
다. 관리자는 수신기에서 원격 점검이 불가능한 경우 매년 작동점검만 실시하는 공동주택은 1회점검 시 마다 전체 세대수의 (㉢) 이상, 종합점검을 실시하는 공동주택은 1회 점검 시 마다 전체 세대수의 (㉣) 이상 점검하도록 자체점검 계획을 수립·시행해야 한다.
라. 관리자 또는 해당 공동주택을 점검하는 관리업자는 입주민이 세대 내에 설치된 (㉤)을 스스로 점검할 수 있도록 소방청 또는 사단법인 한국소방시설관리협회의 홈페이지에 게시되어 있는 공동주택 세대별 점검 동영상을 입주민이 시청할 수 있도록 안내하고, 점검서식(별지 제36호서식 소방시설 외관점검표를 말한다)을 사전에 배부해야 한다.
마. 입주민은 점검서식에 따라 스스로 점검하거나 관리자 또는 관리업자로 하여금 대신 점검하게 할 수 있다. 입주민이 스스로 점검한 경우에는 그 점검 결과를 관리자에게 제출하고 관리자는 그 결과를 관리업자에게 알려주어야 한다.
바. 관리자는 관리업자로 하여금 세대별 점검을 하고자 하는 경우에는 사전에 점검 일정을 입주민에게 사전에 공지하고 세대별 점검 일자를 파악하여 관리업자에게 알려주어야 한다. 관리업자는 사전 파악된 일정에 따라 세대별 점검을 한 후 관리자에게 점검 현황을 제출해야 한다.
사. 관리자는 관리업자가 점검하기로 한 세대에 대하여 입주민의 사정으로 점검을 하지 못한 경우 입주민이 스스로 점검할 수 있도록 다시 안내해야 한다. 이 경우 입주민이 관리업자로 하여금 다시 점검받기를 원하는 경우 관리업자로 하여금 추가로 점검하게 할 수 있다.
아. 관리자는 세대별 점검현황(입주민 부재 등 불가피한 사유로 점검을 하지 못한 세대 현황을 포함한다)을 작성하여 자체점검이 끝난 날부터 (㉥) 자체 보관해야 한다.

078 소방시설 설치 및 관리에 관한 법률 시행규칙 [별표3] "소방시설등 자체점검의 구분 및 대상, 점검자의 자격, 점검 장비, 점검 방법 및 횟수 등 자체점검 시 준수해야할 사항"에서 규정한 자체점검은 아래의 점검 장비를 이용하여 점검해야 한다. 표의 빈칸의 번호 (1)~(6)에 알맞은 답을 쓰시오.(6점)

소방시설	점검 장비	규격
모든 소방시설	(1)	
소화기구	저울	
옥내소화전설비 옥외소화전설비	소화전밸브압력계	
스프링클러설비 포소화설비	(2)	
(3)	검량계, 기동관누설시험기, 그 밖에 소화약제의 저장량을 측정할 수 있는 점검기구	
자동화재탐지설비 시각경보기	(4)	
누전경보기	누전계	누전전류 측정용
무선통신보조설비	무선기	통화시험용
제연설비	(5)	
통로유도등 비상조명등	(6)	최소눈금이 0.1럭스 이하인 것

079 소방시설 설치 및 관리에 관한 법률 시행규칙 [별표3] "소방시설등 자체점검의 구분 및 대상, 점검자의 자격, 점검 장비, 점검 방법 및 횟수 등 자체점검 시 준수해야할 사항"에서 규정한 "비고"에 대한 내용이다. 괄호 안의 번호에 알맞은 답을 쓰시오.(3점)

> [비고] 1. 신축·증축·개축·재축·이전·용도변경 또는 대수선 등으로 소방시설이 새로 설치된 경우에는 (㉠)에 대하여 실시한다.
> 2. 작동점검 및 종합점검(최초점검은 제외한다)은 (㉡)부터 실시한다.
> 3. 특정소방대상물이 증축·용도변경 또는 대수선 등으로 사용승인일이 달라지는 경우 (㉢)을 기준으로 자체점검을 실시한다.

080 소방시설 설치 및 관리에 관한 법률 시행규칙 [별표5] "소방시설등 자체점검기록표"에 따른 소방시설등 자체점검기록표에 대한 주요 기재 내용 중 대상물명, 주소를 제외한 나머지 사항을 적으시오.(4점)

080-1 소방시설 설치 및 관리에 관한 법률 시행규칙 [별표 4] 소방시설등의 자체점검 시 점검인력의 배치기준(제20조제1항 관련)에서 정한 점검인력 1단위 기준인 (1)~(3)을 쓰시오.(6점)

구분	점검인력 1단위 기준
관리업자가 점검하는 경우	(1)
소방안전관리자로 선임된 소방시설관리사 또는 소방기술사가 점검하는 경우	(2)
관계인이 점검하는 경우	(3)

080-2 소방시설 설치 및 관리에 관한 법률 시행규칙 [별표 4] 소방시설등의 자체점검 시 점검인력의 배치기준(제20조제1항 관련)이다. ( )의 번호에 들어갈 내용을 쓰시오.(9점)

[관리업자가 점검하는 경우 특정소방대상물의 규모 등에 따른 점검인력의 배치기준]

구분	주된 점검인력	보조 점검인력
가. (㉠) 이상 또는 성능위주설계를 한 특정소방대상물	소방시설관리사 경력 (㉡) 이상인 특급점검자 1명 이상	고급점검자 이상의 기술인력 1명 이상 및 (㉢)점검자 이상의 기술인력 1명 이상
나. 「화재의 예방 및 안전관리에 관한 법률 시행령」 별표 4 제1호에 따른 특급 소방안전관리대상물 (가목의 특정소방대상물은 제외한다)	소방시설관리사 경력 (㉣) 이상인 특급점검자 1명 이상	(㉤)점검자 이상의 기술인력 1명 이상 및 초급점검자 이상의 기술인력 1명 이상
다. 「화재의 예방 및 안전관리에 관한 법률 시행령」 별표 4 제2호 및 제3호에 따른 1급 또는 2급 소방안전관리대상물	소방시설관리사 경력 (㉥) 이상인 특급점검자 1명 이상	(㉦)점검자 이상의 기술인력 1명 이상 및 초급점검자 이상의 기술인력 1명 이상
라. 「화재의 예방 및 안전관리에 관한 법률 시행령」 별표 4 제4호에 따른 3급 소방안전관리대상물	(㉧)점검자 1명 이상	초급점검자 이상의 기술인력 (㉨) 이상

[비고] 1. "주된 점검인력"이란 해당 점검 업무 전반을 총괄하는 사람을 말한다.
2. "보조 점검인력"이란 주된 점검인력을 보조하고, 주된 점검인력의 지시를 받아 점검 업무를 수행하는 사람을 말한다.
3. 점검인력의 등급구분(특급점검자, 고급점검자, 중급점검자, 초급점검자)은 「소방시설공사업법 시행규칙」 별표 4의2에서 정하는 기준에 따른다.

080-3 소방시설 설치 및 관리에 관한 법률 시행규칙 [별표 4] 소방시설등의 자체점검 시 점검인력의 배치기준(제20조제1항 관련)에 대한 내용이다. 다음 각 물음에 답하시오.(9점)
(1) 점검인력 1단위가 하루 동안 점검할 수 있는 특정소방대상물의 연면적인 "점검한도 면적"을 구분하여 쓰시오.(2점)
  1) 종합점검:
  2) 작동점검:
(2) 점검인력 1단위가 하루 동안 점검할 수 있는 아파트등의 세대수인 "점검한도 세대수"를 구분하여 쓰시오.(2점)

1) 종합점검:
2) 작동점검:
(3) (　)의 번호에 들어갈 내용을 쓰시오.(5점)

○ 점검인력 1단위에 보조 점검인력을 1명씩 추가할 때마다 종합점검의 경우에는 (㉠), 작동점검의 경우에는 (㉡)씩을 점검한도 면적에 더한다. 다만, 하루에 2개 이상의 특정소방대상물을 배치할 경우 1일 점검한도 면적은 특정소방대상물별로 투입된 점검인력에 따른 점검한도 면적의 (㉢)으로 적용하여 계산한다.
○ 점검인력은 하루에 (㉣)의 특정소방대상물에 한하여 배치할 수 있다. 다만 2개 이상의 특정소방대상물을 (㉤) 이상 연속하여 점검하는 경우에는 배치기한을 초과해서는 안 된다.

080-4 소방시설 설치 및 관리에 관한 법률 시행규칙 [별표 4] 소방시설등의 자체점검 시 점검인력의 배치기준(제20조제1항 관련)에 대한 내용이다. 다음 각 물음에 답하시오.(10점)

(1) (　)의 번호에 들어갈 내용을 쓰시오.(7점)

관리업자 등이 하루 동안 점검한 면적은 실제 점검면적(지하구는 그 길이에 폭의 길이 (㉠) m를 곱하여 계산된 값을 말하며, 터널은 3차로 이하인 경우에는 그 길이에 폭의 길이 (㉡) m를 곱하고, 4차로 이상인 경우에는 그 길이에 폭의 길이 (㉢) m를 곱한 값을 말한다. 다만, 한쪽 측벽에 소방시설이 설치된 4차로 이상인 터널의 경우에는 그 길이와 폭의 길이 (㉣) m를 곱한 값을 말한다. 이하 같다)에 다음의 각 목의 기준을 적용하여 계산한 면적(이하 "점검면적"이라 한다)으로 하되, 점검면적은 점검한도 면적을 초과해서는 안 된다.
가. 실제 점검면적에 다음의 가감계수를 곱한다.

구분	대상용도	가감계수
1류	문화 및 집회시설, 종교시설, (㉤), 의료시설, 노유자시설, 수련시설, (㉥), 위락시설, 창고시설, 교정시설, 발전시설, 지하가, (㉦)	(㉧)
2류	(㉨), 근린생활시설, 운수시설, 교육연구시설, 운동시설, 업무시설, 방송통신시설, 공장, 항공기 및 자동차 관련 시설, 군사시설, 관광휴게시설, 장례시설, (㉩)	(㉪)
3류	위험물 저장 및 처리시설, 문화재, 동물 및 식물 관련 시설, 자원순환 관련 시설, 묘지 관련 시설	(㉫)

나. 점검한 특정소방대상물이 다음의 어느 하나에 해당할 때에는 다음에 따라 계산된 값을 가목에 따라 계산된 값에서 뺀다.

> 1) 영 별표 4 제1호라목에 따라 (ⓔ)가 설치되지 않은 경우: 가목에 따라 계산된 값에 0.1을 곱한 값
> 2) 영 별표 4 제1호바목에 따라 (ⓕ)가 설치되지 않은 경우: 가목에 따라 계산된 값에 0.1을 곱한 값
> 3) 영 별표 4 제5호가목에 따라 제연설비가 설치되지 않은 경우: 가목에 따라 계산된 값에 0.1을 곱한 값
>
> 다. 2개 이상의 특정소방대상물을 하루에 점검하는 경우에는 특정소방대상물 상호간의 좌표 최단거리 5km마다 점검 한도면적에 0.02를 곱한 값을 점검 한도면적에서 뺀다.

(2) ( )의 번호에 들어갈 내용을 쓰시오.(3점)

> ○ 아파트등과 아파트등 외 용도의 건축물을 하루에 점검할 때에는 종합점검의 경우 제7호에 따라 계산된 값에 (㉠), 작동점검의 경우 제7호에 따라 계산된 값에 (㉡)을 곱한 값을 점검대상 연면적으로 보고 제2호 및 제3호를 적용한다.
> ○ 종합점검과 작동점검을 하루에 점검하는 경우에는 작동점검의 점검대상 연면적 또는 점검대상 세대수에 (㉢)을 곱한 값을 종합점검 점검대상 연면적 또는 점검대상 세대수로 본다.

○80-5 소방시설 설치 및 관리에 관한 법률 시행규칙 [별표 4] 소방시설등의 자체점검 시 점검인력의 배치기준(제20조제1항 관련)에 대한 내용이다. ( )의 번호에 들어갈 내용을 쓰시오.(6점)

> 아파트등(공용시설, 부대시설 또는 복리시설은 포함하고, 아파트등이 포함된 복합건축물의 아파트등 외의 부분은 제외한다. 이하 이 표에서 같다)를 점검할 때에는 다음 각 목의 기준에 따른다.
> 가. 점검인력 1단위가 하루 동안 점검할 수 있는 아파트등의 세대수(이하 "점검한도 세대수"라 한다)는 종합점검 및 작동점검에 관계없이 (㉠)세대로 한다.
> 나. 점검인력 1단위에 보조 점검인력을 1명씩 추가할 때마다 (㉡)세대씩을 점검한도 세대수에 더한다.
> 다. 관리업자등이 하루 동안 점검한 세대수는 실제 점검 세대수에 다음의 기준을 적용하여 계산한 세대수(이하 "점검세대수"라 한다)로 하되, 점검세대수는 점검한도 세대수를 초과해서는 안 된다.
> 1) 점검한 아파트등이 다음의 어느 하나에 해당할 때에는 다음에 따라 계산된 값을 실제 점검 세대수에서 뺀다.
> 가) 영 별표 4 제1호라목에 따라 스프링클러설비가 설치되지 않은 경우: 실제 점검 세대수에 (㉢)을 곱한 값

나) 영 별표 4 제1호바목에 따라 물분무등소화설비(호스릴 방식의 물분무등소화설비는 제외한다)가 설치되지 않은 경우: 실제 점검 세대수에 (②)을 곱한 값
다) 영 별표 4 제5호가목에 따라 (⑩)가 설치되지 않은 경우: 실제 점검 세대수에 0.1을 곱한 값
2) 2개 이상의 아파트를 하루에 점검하는 경우에는 아파트 상호간의 좌표 최단거리 5km마다 점검 한도세대수에 (⑪)를 곱한 값을 점검한도 세대수에서 뺀다.

081 소방시설 설치 및 관리에 관한 법률 시행규칙 [별표7] "소방시설관리업자의 점검능력 평가의 세부 기준"에 따른 점검능력평가액 계산식을 쓰시오.(4점)
(1) 기존업체(2점)
(2) 신규업체(신규로 소방시설관리업을 등록한 업체로 등록한 날부터 1년 이내에 점검능력 평가를 신청한 업체)(2점)

082 다음은 소방시설 설치 및 관리에 관한 법률 시행규칙 [별표7] "소방시설관리업자의 점검능력 평가의 세부 기준"에 따른 내용이다. 괄호 안의 번호에 알맞은 답을 쓰시오.(7점)

실적평가액 = ((③) + (ⓒ)) × 50/100
점검실적액(발주자가 공급하는 자제비를 제외한다) 및 대행실적액은 해당 업체의 수급금액 중 하수급금액은 포함하고 하도급금액은 제외한다.
1) 종합점검과 작동점검 또는 소방안전관리업무 대행을 일괄하여 수급한 경우에는 그 일괄수급금액에 (ⓒ)를 곱하여 계산된 금액을 종합점검 실적액으로, (②)를 곱하여 계산된 금액을 작동점검 또는 소방안전관리업무 대행 실적액으로 본다. 다만, 다른 입증자료가 있는 경우에는 그 자료에 따라 배분한다.
2) 작동점검과 소방안전관리업무 대행을 일괄하여 수급한 경우에는 그 일괄수급금액에 (⑩)를 곱하여 계산된 금액을 각각 작동점검 및 소방안전관리업무 대행 실적액으로 본다. 다만, 다른 입증자료가 있는 경우에는 그 자료에 따라 배분한다.
3) 종합점검, 작동점검 및 소방안전관리업무 대행을 일괄하여 수급한 경우에는 그 일괄수급금액에 (⑪)을 곱하여 계산된 금액을 종합점검 실적액으로, 각각 (⑦)을 곱하여 계산된 금액을 각각 작동점검 및 소방안전관리업무 대행 실적액으로 본다. 다만, 다른 입증자료가 있는 경우에는 그 자료에 따라 배분한다.

083 다음은 소방시설 설치 및 관리에 관한 법률 시행규칙 [별표7] "소방시설관리업자의 점검능력 평가의 세부 기준"에 따른 보유 기술인력의 등급별 가중치를 나타낸 것이다. 표의 빈칸에 알맞은 답을 쓰시오.(6점)

보유기술 인력	주된 기술인력		보조 기술인력			
	관리사 (경력 5년이상)	관리사	특급 점검자	고급 점검자	중급 점검자	초급 점검자
가중치	(㉠)	(㉡)	(㉢)	(㉣)	(㉤)	(㉥)

083-1 다음은 소방시설 설치 및 관리에 관한 법률 시행규칙 [별지 제9호서식] [ ] 작동점검, 종합점검([ ]최초점검, [ ]그 밖의 종합점검) 소방시설등 자체점검 실시결과 보고서 일부를 나타낸 것이다. ( )의 번호에 들어갈 내용을 쓰시오.(5점)

구분	첨부서류
소방시설관리업자 또는 소방안전관리자가 관계인에게 제출	소방청장이 정하여 고시하는 (㉠)
관계인이 소방본부장 또는 소방서장에게 제출	1. (㉡) 1부 2. 별지 제10호서식의 (㉢)
유의 사항	
「소방시설 설치 및 관리에 관한 법률」 제58조제1호 및 제61조제1항제8호	1. 특정소방대상물의 관계인이 소방시설등에 대한 자체점검을 하지 않거나 관리업자 등으로 하여금 정기적으로 점검하게 하지 않은 경우 (㉣)의 벌금에 처합니다. 2. 특정소방대상물의 관계인이 소방시설등의 점검 결과를 보고하지 않거나 거짓으로 보고한 경우 (㉤)의 과태료를 부과합니다.

083-2 다음은 소방시설 설치 및 관리에 관한 법률 시행규칙 [별지 제36호서식] 소방시설 외관점검표(세대 점검용)를 나타낸 것이다. ( )의 번호에 들어갈 내용을 쓰시오.(8점)

점 검 항 목		
소화설비	소화기	손쉽게 사용할 수 있는 장소에 설치 여부
		용기 변형·손상·부식 여부
		(㉠)
		(㉡)
		수동식 분말소화기 내용연수(10년) 적정 여부
	자동확산소화기	설치상태 및 외형의 변형·손상·부식 여부
		(㉢)
	주거용주방자동소화장치	소화약제용기 지시압력계의 정상 여부
		(㉣)
	스프링클러	헤드 변형·손상·부식 유무
경보설비	자동화재탐지설비	(㉤)
	가스누설경보기	전원표시등 정상 점등 여부
피난설비	완강기	(㉥)
		완강기 외형의 변형·손상·부식 여부
		설치 여부 및 장애물로 인한 피난 지장 여부
	피난구용내림식 사다리	(㉦)
		설치 여부 및 장애물로 인한 피난 지장 여부
기타설비	대피공간	(㉧)
		적치물(쌓아놓은 물건)로 인한 피난 장애 여부
	경량칸막이	정보를 포함한 표지 부착 여부
		적치물(쌓아놓은 물건)로 인한 피난 장애 여부

다중이용업소의 안전관리에 관한 특별법

084 다음은 다중이용업소의 안전관리에 관한 특별법 제10조(다중이용업의 실내장식물)에 대한 내용이다. 괄호안의 번호에 알맞은 답을 쓰시오.(5점)

① 다중이용업소에 설치하거나 교체하는 실내장식물(반자돌림대 등의 너비가 10센티미터 이하인 것은 제외한다)은 (㉠) 또는 (㉡)로 설치하여야 한다.
② 제1항에도 불구하고 합판 또는 목재로 실내장식물을 설치하는 경우로서 그 면적이 영업장 천장과 벽을 합한 면적의 (㉢)(스프링클러설비 또는 간이스프링클러설비가 설치된 경우에는 (㉣)) 이하인 부분은 「소방시설 설치 및 관리에 관한 법률」 제20조제3항에 따른 (㉤) 이상의 것으로 설치할 수 있다.

085 괄호 안의 번호에 알맞은 답을 쓰시오.(4점)

다중이용업소의 안전관리에 관한 특별법 제10조의2(영업장의 내부구획) 제1항에 따라서 다중이용업소의 영업장 내부를 구획하고자 할 때에는 (㉠)로 구획하여야 한다. 이 경우 다음 각 호의 어느 하나에 해당하는 다중이용업소의 영업장은 천장(반자속)까지 구획하여야 한다.
1. (㉡) 및 (㉢) 영업
2. (㉣)업

086 다중이용업소의 안전관리에 관한 특별법 제15조(다중이용업소에 대한 화재위험평가 등)에 따라 화재위험평가를 할 수 있는 지역 또는 건축물 3가지를 쓰시오.(3점)

다중이용업소의 안전관리에 관한 특별법 시행령

087 다중이용업소의 안전관리에 관한 특별법 시행령에 정한 안전시설등(제2조의2 관련)을 나타낸 표이다. 괄호 안 ㉠~㉪에 들어갈 내용을 쓰시오.(8점)

```
1. 소방시설
   가. 소화설비
      1) 소화기 또는 자동확산소화기
      2) ( ㉠ )
   나. 경보설비
      1) ( ㉡ ) 또는 ( ㉢ )
      2) 가스누설경보기
   다. 피난설비
      1) 피난기구
         가) 미끄럼대
         나) 피난사다리
         다) 구조대
         라) ( ㉣ )
         마) 다수인 피난장비
         바) ( ㉤ )
      2) ( ㉥ )
      3) 유도등, 유도표지 또는 비상조명등
      4) 휴대용비상조명등
2. ( ㉦ )
3. 영업장 내부 피난통로
4. 그 밖의 안전시설
   가. ( ㉨ )
   나. 누전차단기
   다. 창문
```

088 다중이용업소에 설치·유지하여야 하는 안전시설등(제9조 관련)에 관한 기준에서 간이스프링클러설비(캐비닛형 간이스프링클러설비를 포함한다)를 설치해야 하는 영업장을 모두 쓰시오.(5점)

089 다중이용업소에 설치·유지하여야 하는 안전시설등(제9조 관련)에 관한 기준에서 비상구를 설치하지 않을 수 있는 영업장 기준을 쓰시오.(4점)

다중이용업소의 안전관리에 관한 특별법 시행규칙

090 다중이용업소의 안전관리에 관한 특별법 시행규칙 [별표 2]에 따른 비상벨설비 또는 자동화재탐지설비의 설치·유지 기준 3가지를 쓰시오. (3점)

091 다중이용업소의 안전관리에 관한 특별법 시행규칙 [별표 2]에 따른 주된 출입구 및 비상구 공통기준의 일부를 나타낸 것이다. 괄호 안의 번호에 알맞은 답을 쓰시오. (5점)

1) 설치 위치:
   비상구는 영업장(2개 이상의 층이 있는 경우에는 각각의 층별 영업장을 말한다. 이하 이 표에서 같다) 주된 출입구의 (㉠)에 설치하되, 주된 출입구 중심선으로부터의 (㉡)가 영업장의 가장 긴 대각선 길이, 가로 또는 세로 길이 중 가장 긴 길이의 (㉢) 이상 떨어진 위치에 설치할 것. 다만, 건물구조로 인하여 주된 출입구의 (㉠)에 설치할 수 없는 경우에는 주된 출입구 중심선으로부터의 (㉡)가 영업장의 가장 긴 대각선 길이, 가로 또는 세로 길이 중 가장 긴 길이의 (㉢) 이상 떨어진 위치에 설치할 수 있다.

2) 비상구등 규격:
   가로 (㉣) 이상, 세로 (㉤) 이상(문틀을 제외한 가로길이 및 세로길이를 말한다)으로 할 것

092 다중이용업소의 안전관리에 관한 특별법 시행규칙 [별표 2]에 따른 주된 출입구 및 비상구 공통기준의 일부를 나타낸 것이다. 괄호 안의 번호에 알맞은 답을 쓰시오.

가) 문이 열리는 방향: 피난방향으로 열리는 구조로 할 것
나) 문의 재질: 주요 구조부(영업장의 벽, 천장 및 바닥을 말한다. 이하 이 표에서 같다)가 내화구조(耐火構造)인 경우 비상구등의 문은 방화문(防火門)으로 설치할 것. 다만, 다음의 어느 하나에 해당하는 경우에는 불연재료로 설치할 수 있다.
   (1) (㉠)
   (2) (㉡)
   (3) 비상구등의 문이 「건축법 시행령」 제35조에 따른 (㉢)의 설치 기준에 따라 설치해야 하는 문이 아니거나 같은 영 제46조에 따라 설치되는 (㉣)이 아닌 곳에 위치한 경우
다) 주된 출입구의 문이 나)(3)에 해당하고, 다음의 기준을 모두 충족하는 경우에는 주된 출입구의 문을 자동문[미서기(슬라이딩)문을 말한다]으로 설치할 수 있다.
   (1) (㉤)하여 개방되는 구조
   (2) 정전 시 자동으로 개방되는 구조
   (3) 정전 시 수동으로 개방되는 구조

093 다중이용업소의 안전관리에 관한 특별법 시행규칙 [별표 2]에 따른 복층구조(複層構造) 영업장(2개 이상의 층에 내부계단 또는 통로가 각각 설치되어 하나의 층의 내부에서 다른 층의 내부로 출입할 수 있도록 되어 있는 구조의 영업장을 말한다)의 기준을 나타낸 것이다. 괄호 안에 알맞은 내용을 쓰시오.(4점)

> 1) (㉠)
> 2) (㉡)
> 3) 비상구등의 문의 재질은 가목4)나)의 기준을 따를 것
> 4) 영업장의 위치 및 구조가 다음의 어느 하나에 해당하는 경우에는 1)에도 불구하고 그 영업장으로 사용하는 어느 하나의 층에 비상구를 설치할 것
> 가) (㉢)
> 나) (㉣)

094 다중이용업소의 안전관리에 관한 특별법 시행규칙 [별표 2]에 따른 2층 이상 4층 이하에 위치하는 영업장의 발코니 또는 부속실과 연결되는 비상구를 설치하는 경우의 기준 일부를 나타낸 것이다. 밑줄친 곳의 번호에 들어갈 내용을 쓰시오.(4점)

> 피난 시에 유효한 발코니[㉠ 인 것을 말한다.] 또는 부속실(㉡ 인 것을 말한다.)을 설치하고, 그 장소에 적합한 피난기구를 설치할 것

095 다음 물음에 답하시오.(6점)
 (1) 괄호 안에 알맞은 답을 쓰시오.(2점)

> 부속실을 설치하는 경우 부속실 입구의 문과 건물 외부로 나가는 문의 규격은 가목2)에 따른 비상구등의 규격으로 할 것. 다만, (㉠) 이상의 난간이 있는 경우에는 (㉡) 등을 설치하고 건축물 외부로 나가는 문의 규격과 재질을 가로 (㉢) 이상, 세로 (㉣) 이상의 창호로 설치할 수 있다.

 (2) 2층 이상 4층 이하에 위치하는 영업장의 발코니 또는 부속실과 연결되는 비상구를 설치하는 경우의 기준 중 추락 등의 방지를 위하여 갖추어야 하는 사항 2가지를 쓰시오.(4점)

096 다중이용업소의 안전관리에 관한 특별법 시행규칙 [별표 2]에 따른 영업장 내부 피난통로의 설치·유지 기준을 쓰시오.(2점)

097 다중이용업소의 안전관리에 관한 특별법 시행규칙 [별표 2]에 따른 영상음향차단장치의 설치·유지 기준을 모두 쓰시오.(4점)

098 안전시설등 세부점검표 점검사항 중 소화기 또는 자동확산소화기의 외관점검 2가지와 피난설비 작동기능점검 및 외관점검 4가지를 쓰시오.(6점)
　　(1) 소화기 또는 자동확산소화기의 외관점검 2가지(2점)
　　(2) 피난설비 작동기능점검 및 외관점검 4가지(4점)

099 안전시설등 세부점검표 점검사항 중 간이스프링클러설비 작동기능점검 2가지, 영상음향차단장치 작동기능점검 1가지와 경보설비 작동기능점검 3가지를 쓰시오.(6점)
　　(1) 간이스프링클러설비 작동기능점검 2가지(2점)
　　(2) 경보설비 작동기능점검 3가지(3점)
　　(3) 영상음향차단장치 작동기능점검 1가지(1점)

100 안전시설등 세부점검표 점검사항 중 다음의 구분에 따른 세부 내용을 쓰시오.(6점)
　　(1) 비상구 관리상태 확인 2가지(2점)
　　(2) 영업장 내부 피난통로 관리상태 확인 1가지(1점)
　　(3) 실내장식물·내부구획 재료 교체 여부 확인 3가지(3점)

건축물의 피난·방화구조 등의 기준에 관한 규칙
(건축물 방화구조규칙)

101 건축물의 피난·방화구조 등의 기준에 관한 규칙에 대한 다음 각 물음에 답하시오.(10점)

(1) ( )에 들어갈 알맞은 내용을 쓰시오.(5점)

> 제18조의2(소방관 진입창의 기준)
> 1. (㉠)인 층(직접 지상으로 통하는 출입구가 있는 층은 제외한다)에 각각 1개소 이상 설치할 것. 이 경우 소방관이 진입할 수 있는 창의 가운데에서 벽면 끝까지의 수평거리가 (㉡)미터 이상인 경우에는 (㉡)미터 이내마다 소방관이 진입할 수 있는 창을 추가로 설치해야 한다.
> 2. 소방차 진입로 또는 소방차 진입이 가능한 공터에 면할 것
> 3. 창문의 가운데에 지름 (㉢)센티미터 이상의 역삼각형을 야간에도 알아볼 수 있도록 빛 반사 등으로 붉은색으로 표시할 것
> 4. 창문의 한쪽 모서리에 타격지점을 지름 (㉣)센티미터 이상의 원형으로 표시할 것
> 5. 창문 유리의 크기는 폭 (㉤)센티미터 이상, 높이 (㉥)미터 이상으로 하고, 실내 바닥면으로부터 창의 아랫부분까지의 높이는 (㉦)센티미터[난간이 설치된 노대등(영 제40조 제1항에 따른 노대등을 말한다)에 불가피하게 소방관 진입창을 설치하는 경우에는 120센티미터] 이내로 할 것
> 6. 다음 각 목의 어느 하나에 해당하는 유리를 사용할 것
>   가. 플로트판유리로서 그 두께가 (㉧)밀리미터 이하인 것
>   나. 강화유리 또는 배강도유리로서 그 두께가 (㉨)밀리미터 이하인 것
>   다. 가목 또는 나목에 해당하는 유리로 구성된 이중 유리
>   라. 가목 또는 나목에 해당하는 유리로 구성된 삼중 유리. 이 경우 각각의 유리에 비산방지필름을 부착하는 경우에는 그 필름 두께를 (㉩)마이크로미터 이하로 해야 한다.

(2) 제14조(방화구획의 설치기준)제1항에 따른 방화구획 적합기준 4가지를 쓰시오. (5점)

102 다음은 건축물의 피난·방화구조 등의 기준에 관한 규칙 제14조(방화구획의 설치기준) 의 일부를 나타낸 것이다. 다음 각 물음에 답하시오.(10점)

(1) ( )의 번호에 알맞은 답을 쓰시오.(8점)

> 1. 영 제46조에 따른 방화구획으로 사용하는 60분+ 방화문 또는 60분 방화문은 언제나 닫힌 상태를 유지하거나 화재로 인한 (㉠)을 감지하여 자동적으로 닫히는 구조로 할 것. 다만, (㉠)을 감지하여 자동적으로 닫히는 구조로 할 수 없는 경우에는 (㉡)를 감지하여 자동적으로 닫히는 구조로 할 수 있다.

2. 다음 각 목에 해당하는 경우 그 부분을 별표 1 제1호에 따른 내화시간(내화채움성능이 인정된 구조로 메워지는 구성 부재에 적용되는 내화시간을 말한다) 이상 견딜 수 있는 내화채움성능이 인정된 구조로 메울 것
   가. (ⓒ) 또는 그 밖의 관이나 전선 등이 방화구획을 관통하여 관통부가 생기는 경우
   나. 방화구획의 (ⓔ)에 접합부가 생기는 경우
   다. 방화구획과 (ⓜ)에 접합부가 생기는 경우
   라. 방화구획에 그 밖의 틈이 생기는 경우
3. 환기·난방 또는 냉방시설의 풍도가 방화구획을 관통하는 경우에는 그 관통부분 또는 이에 근접한 부분에 다음 각 목의 기준에 적합한 댐퍼를 설치할 것. 다만, 반도체공장건축물로서 방화구획을 관통하는 풍도의 주위에 (ⓗ)를 설치하는 경우에는 그렇지 않다.
   가. 화재로 인한 (ⓐ)을 감지하여 자동적으로 닫히는 구조로 할 것. 다만, 주방 등 연기가 항상 발생하는 부분에는 (ⓞ)를 감지하여 자동적으로 닫히는 구조로 할 수 있다.
   나. 국토교통부장관이 정하여 고시하는 비차열(非遮熱) 성능 및 방연성능 등의 기준에 적합할 것

(2) ( )에 들어갈 내용을 쓰시오.(2점)

건축법 제49조제2항 단서에 따라 건축법시행령 제46조제7항에 따른 창고시설[대규모 창고시설 등 대통령령으로 정하는 용도 및 규모의 건축물"이란 건축법 시행령 제46조 제2항 제2호에 해당하여 제1항을 적용하지 않거나 완화하여 적용하는 부분이 포함된 창고시설] 중 같은 조 제2항제2호에 해당하여 같은 조 제1항을 적용하지 않거나 완화하여 적용하는 부분에는 다음 각 호의 구분에 따른 설비를 추가로 설치해야 한다.
1. 개구부의 경우: 「소방시설 설치 및 관리에 관한 법률」 제12조제1항에 따른 화재안전기준(이하 이 조에서 "화재안전기준"이라 한다)을 충족하는 설비로서 (㉠)
2. 개구부 외의 부분의 경우: 화재안전기준을 충족하는 설비로서 (㉡)

103 다음 각 물음에 답하시오.(8점)
(1) 건축물의 피난·방화구조 등의 기준에 관한 규칙 제14조(방화구획의 설치기준)에 따른 자동방화셔터의 요건 5가지를 쓰시오.(5점)
(2) ( )에 들어갈 알맞은 내용을 쓰시오.(3점)

제21조(방화벽의 구조)
1. (㉠)로서 홀로 설 수 있는 구조일 것
2. 방화벽의 양쪽 끝과 윗쪽 끝을 건축물의 외벽면 및 지붕면으로부터 (㉡)미터 이상 튀어나오게 할 것
3. 방화벽에 설치하는 출입문의 너비 및 높이는 각각 (㉢)미터 이하로 하고, 해당 출입문에는 60분+ 방화문 또는 60분 방화문을 설치할 것

104 건축물의 피난·방화구조 등의 기준에 관한 규칙에 따른 하향식 피난구(덮개, 사다리, 승강식피난기 및 경보시스템을 포함한다)의 구조 적합 설치기준 6가지를 쓰시오.(6점)

105 건축물의 피난·방화구조 등의 기준에 관한 규칙에 따른 피난용승강기 전용 예비전원 설치기준 4가지를 쓰시오.(4점)

기타법령

106 다음은 건축물의 설비기준 등에 관한 규칙 제14조(배연설비)에 대한 내용이다. 괄호 안의 번호에 알맞은 답을 쓰시오.(9점)

> 법 제49조제2항에 따라 배연설비를 설치하여야 하는 건축물에는 다음 각 호의 기준에 적합하게 배연설비를 설치해야 한다. 다만, 피난층인 경우에는 그렇지 않다.
> 1. 영 제46조제1항에 따라 건축물이 방화구획으로 구획된 경우에는 그 구획마다 1개소 이상의 배연창을 설치하되, 배연창의 상변과 천장 또는 반자로부터 수직거리가 (㉠) 이내일 것. 다만, 반자높이가 바닥으로부터 (㉡) 이상인 경우에는 배연창의 하변이 바닥으로부터 (㉢) 이상의 위치에 놓이도록 설치하여야 한다.
> 2. 배연창의 유효면적은 별표 2의 산정기준에 의하여 산정된 면적이 (㉣) 이상으로서 그 면적의 합계가 당해 건축물의 바닥면적(영 제46조제1항 또는 제3항의 규정에 의하여 방화구획이 설치된 경우에는 그 구획된 부분의 바닥면적을 말한다)의 (㉤) 이상일 것. 이 경우 바닥면적의 산정에 있어서 거실바닥면적의 (㉥) 이상으로 환기창을 설치한 거실의 면적은 이에 산입하지 아니한다.
> 3. 배연구는 (㉦) 또는 (㉧)에 의하여 자동으로 열 수 있는 구조로 하되, 손으로도 열고 닫을 수 있도록 할 것
> 4. 배연구는 (㉨)에 의하여 열 수 있도록 할 것
> 5. 기계식 배연설비를 하는 경우에는 제1호 내지 제4호의 규정에 불구하고 소방관계법령의 규정에 적합하도록 할 것

107 다음은 건축물의 설비기준 등에 관한 규칙 제14조(배연설비)에 대한 내용이다. 괄호 안의 번호에 알맞은 답을 쓰시오.(4점)

> 특별피난계단 및 영 제90조제3항의 규정에 의한 비상용승강기의 승강장에 설치하는 배연설비의 구조는 다음 각호의 기준에 적합하여야 한다.
> 1. 배연구 및 배연풍도는 (㉠)로 하고, 화재가 발생한 경우 원활하게 배연시킬 수 있는 규모로서 외기 또는 평상시에 사용하지 아니하는 굴뚝에 연결할 것
> 2. 배연구에 설치하는 (㉡) 또는 (㉢)는 손으로도 열고 닫을 수 있도록 할 것
> 3. 배연구는 평상시에는 닫힌 상태를 유지하고, 연 경우에는 배연에 의한 기류로 인하여 닫히지 아니하도록 할 것

4. 배연구가 외기에 접하지 아니하는 경우에는 배연기를 설치할 것
5. 배연기는 배연구의 열림에 따라 자동적으로 작동하고, 충분한 공기배출 또는 가압능력이 있을 것
6. 배연기에는 (㉣)을 설치할 것
7. 공기유입방식을 급기가압방식 또는 급·배기방식으로 하는 경우에는 제1호 내지 제6호의 규정에 불구하고 소방관계법령의 규정에 적합하게 할 것

108 다음은 건축법 시행령 제46조(방화구획 등의 설치)에 따른 내용의 일부분이다. 괄호 안의 번호에 알맞은 답을 쓰시오.(4점)

법 제49조제2항 본문에 따라 주요구조부가 내화구조 또는 불연재료로 된 건축물로서 연면적이 (㉠)를 넘는 것은 국토교통부령으로 정하는 기준에 따라 다음 각 호의 구조물로 구획(이하 "방화구획"이라 한다)을 해야 한다. 다만, 「원자력안전법」 제2조제8호 및 제10호에 따른 원자로 및 관계시설은 같은 법에서 정하는 바에 따른다.
1. (㉡)
2. 제64조제1항제1호·제2호에 따른 (㉢) 또는 (㉣)(국토교통부령으로 정하는 기준에 적합한 것을 말한다. 이하 같다)

109 다음은 건축법 시행령에 따른 방화구획을 적용하지 않거나 그 사용에 지장이 없는 범위에서 방화구획을 완화하여 적용할 수 있는 기준을 나타낸 것이다. 괄호 안의 번호에 알맞은 답을 쓰시오.(8점)

1. (㉠), 종교시설, 운동시설 또는 장례시설의 용도로 쓰는 거실로서 시선 및 활동공간의 확보를 위하여 불가피한 부분
2. (㉡). 다만, 지하층인 경우에는 지하층의 외벽 한쪽 면(지하층의 바닥면에서 지상층 바닥 아래면까지의 외벽 면적 중 4분의 1 이상이 되는 면을 말한다) 전체가 건물 밖으로 개방되어 보행과 자동차의 진입·출입이 가능한 경우로 한정한다.
3. 계단실·복도 또는 승강기의 승강장 및 승강로서 그 건축물의 다른 부분과 방화구획으로 구획된 부분. 다만, (㉢)은 제외한다.
4. 건축물의 최상층 또는 피난층으로서 (㉣) 등의 용도로 쓰는 부분으로서 그 용도로 사용하기 위하여 불가피한 부분
5. (㉤)의 세대별 층간 바닥 부분

> 6. 주요구조부가 (ⓑ)로 된 주차장
> 7. 단독주택, (ⓐ) 또는 국방·군사시설(집회, 체육, 창고 등의 용도로 사용되는 시설만 해당한다)로 쓰는 건축물
> 8. 건축물의 1층과 2층의 일부를 동일한 용도로 사용하며 그 건축물의 다른 부분과 방화구획으로 구획된 부분(바닥면적의 합계가 (ⓞ) 이하인 경우로 한정한다)

110 건축법 시행령에 따른 대피공간에 대한 각 물음에 답하시오.(7점)
 (1) 공동주택 중 아파트 발코니(발코니의 외부에 접하는 경우를 포함한다)에 인접 세대와 공동으로 또는 각 세대별로 대피공간을 설치해야 하는 경우를 쓰시오.(1점)
 (2) 인접 세대와 공동으로 설치하는 대피공간은 어떤 위치에 우선 설치되어야 하는지 쓰시오.(1점)
 (3) 대피공간이 갖추어야 할 요건 5가지를 쓰시오.(5점)

111 건축법 시행령에 따라 아파트의 4층 이상인 층에서 발코니에 대피공간을 설치하지 않을 수 있는 경우 4가지를 쓰시오.(5점)

112 건축법 시행령에 따른 요양병원, 정신병원, 노인요양시설, 장애인 거주시설 및 장애인 의료재활시설의 피난층 외의 층에 설치해야 하는 시설 3가지를 쓰시오.(3점)

113 건축법 시행령 제64조(방화문의 구분)에 따른 방화문의 구분 3가지를 쓰시오.(3점)

114 괄호 안의 번호에 알맞은 답을 쓰시오.(8점)

> 소방시설 자체점검사항 등에 관한 고시 제3조(점검인력 배치상황 신고사항 수정)에 따라 관리업자 또는 평가기관은 배치신고 시 오기로 인한 수정사항이 발생한 경우 다음 각 호의 기준에 따라 수정이력이 남도록 전산망을 통해 수정하여야 한다.
> 1. 공통기준
>   가. 배치신고 기간 내에는 (㉠)가 직접 수정하여야 한다. 다만, (㉡)이 배치기준 적합여부 확인 결과 부적합인 경우에는 제2호에 따라 수정한다.
>   나. 배치신고 기간을 초과한 경우에는 제2호에 따라 수정한다.
> 2. 관할 소방서의 담당자 승인 후에 평가기관이 수정할 수 있는 사항은 다음과 같다.
>   가. (㉢)
>   나. (㉣)
>   다. (㉤)
>   라. 건축물대장에 기재된 내용으로 확인할 수 없는 사항
>   1) (㉥)
>   2) (㉦)
>   3) (㉧)
> 3. 평가기관은 제2호에도 불구하고 건축물대장 또는 제출된 서류 등에 기재된 내용으로 확인이 가능한 경우에는 수정할 수 있다.

115 소방시설 자체점검사항 등에 관한 고시 제8조(자체점검대상 등 표본조사)제1항에 따라 소방청장, 소방본부장 또는 소방서장은 부실점검을 방지하고 점검품질을 향상시키기 위하여 특정소방대상물에 대해 표본조사를 실시해야 한다. 이에 해당하는 대상 4가지를 쓰시오.(4점)

116 초고층 및 지하연계 복합건축물 재난관리에 관한 특별법에 따른 "지하연계 복합건축물"에 대한 용어 정의를 쓰시오.(4점)

117 초고층 및 지하연계 복합건축물 재난관리에 관한 특별법 시행령 제14조(피난안전구역 설치기준 등)에 따라 피난안전구역에 설치되는 소방시설을 모두 쓰시오.(4점)

118 초고층 및 지하연계 복합건축물 재난관리에 관한 특별법 시행규칙 제7조(종합방재실의 설치기준)에 대한 물음에 답하시오.(6점)
(1) 종합방재실의 개수는?(단, 100층 미만임)(1점)
(2) 종합방재실의 위치에 대한 기준 5가지를 쓰시오.(5점)

119 괄호 안에 알맞은 답을 쓰시오.(3점)

○ 종합방재실의 구조 및 면적
  가. 다른 부분과 방화구획(防火區劃)으로 설치할 것. 다만, 다른 제어실 등의 감시를 위하여 두께 7밀리미터 이상의 망입(網入)유리(두께 16.3밀리미터 이상의 접합유리 또는 두께 28밀리미터 이상의 복층유리를 포함한다)로 된 (㉠) 미만의 붙박이창을 설치할 수 있다.
  나. 제2항에 따른 인력의 대기 및 휴식 등을 위하여 종합방재실과 방화구획된 부속실(附屬室)을 설치할 것
  다. 면적은 (㉡) 이상으로 할 것
  라. 재난 및 안전관리, 방범 및 보안, 테러 예방을 위하여 필요한 시설·장비의 설치와 근무인력의 재난 및 안전관리 활동, 재난 발생 시 소방대원의 지휘 활동에 지장이 없도록 설치할 것
  마. 출입문에는 출입 제한 및 통제 장치를 갖출 것

○ 초고층 건축물등의 관리주체는 종합방재실에 재난 및 안전관리에 필요한 인력을 (㉢) 이상 상주(常住)하도록 하여야 한다.

형식승인, 성능인증

120 다음은 소화약제의 형식승인 및 제품검사의 기술기준의 내용이다. 괄호 안의 번호에 알맞은 답을 쓰시오.(3점)

> 칼륨의 중탄산염이 주성분인 소화약제는 (㉠)색으로 인산염 등이 주성분인 소화약제는 (㉡)색(또는 (㉢)색)으로 각각 착색하여야 하며 이를 혼합하지 아니하여야 한다.

121 감지기의 형식승인 및 제품검사의 기술기준 제3조(감지기의 구분)에 따른 감지기는 구조 및 기능에 따라 열감지기는 각 호와 같이 구분한다. 괄호 안의 번호에 알맞은 답을 쓰시오.(4점)

> 가. "(㉠)"이란 주위온도가 일정 상승율 이상이 되는 경우에 작동하는 것으로서 일국소에서의 열 효과에 의하여 작동되는 것을 말한다.
> 나. "(㉡)"이란 주위온도가 일정 상승율 이상이 되는 경우에 작동하는 것으로서 넓은 범위 내에서의 열 효과의 누적에 의하여 작동되는 것을 말한다.
> 다. "(㉢)"이란 일국소의 주위온도가 일정한 온도 이상이 되는 경우에 작동하는 것으로서 외관이 전선과 같이 선형으로 되어 있는 것을 말한다.
> 라. "(㉣)"이란 일국소의 주위온도가 일정한 온도 이상이 되는 경우에 작동하는 것으로서 외관이 전선과 같이 선형으로 되어 있지 않은 것을 말한다.
> 마. "보상식스포트형"이란 가목와 라목 성능을 겸한 것으로서 가목의 성능 또는 라목의 성능 중 어느 한 기능이 작동되면 작동신호를 발하는 것을 말한다.

122 감지기의 형식승인 및 제품검사의 기술기준 제3조(감지기의 구분)에 따른 감지기는 구조 및 기능에 따라 연기감지기는 각 호와 같이 구분한다. 괄호 안의 번호에 알맞은 답을 쓰시오.(3점)

> 가. "(㉠)"이란 주위의 공기가 일정한 농도의 연기를 포함하게 되는 경우에 작동하는 것으로서 일국소의 연기에 의하여 이온전류가 변화하여 작동하는 것을 말한다.
> 나. "(㉡)"이란 주위의 공기가 일정한 농도의 연기를 포함하게 되는 경우에 작동하는 것으로서 일국소의 연기에 의하여 광전소자에 접하는 광량의 변화로 작동하는 것을 말한다.

다. "광전식분리형"이란 발광부와 수광부로 구성된 구조로 발광부와 수광부 사이의 공간에 일정한 농도의 연기를 포함하게 되는 경우에 작동하는 것을 말한다.
라. "(ⓒ)"이란 감지기 내부에 장착된 공기흡입장치로 감지하고자 하는 위치의 공기를 흡입하고 흡입된 공기에 일정한 농도의 연기가 포함된 경우 작동하는 것을 말한다.

123 감지기의 형식승인 및 제품검사의 기술기준 제4조(감지기의 형식)에 대한 내용이다. 괄호 안의 번호에 알맞은 답을 쓰시오.(5점)

감지기 형식은 방수형 유무에 따라 방수형 및 비방수형으로, 내식성 유무에 따라 (㉠), 내알카리형 및 보통형으로, 재용성 유무에 따라 재용형 및 비재용형으로, 연기의 축적에 따라 (㉡) 및 비축적형으로, 방폭구조 여부에 따라 방폭형 및 비방폭형으로, 화재신호의 발신방법에 따라 단신호식, (㉢) 또는 아날로그식, 화재신호 전달방법에 따라 무선식, 유선식으로, 화재알림설비 적용 여부에 따라 화재알림형, (㉣)으로 (㉤) 보정 기능 유무에 따라 보정식, 비보정식으로, 식별신호 발신 유무에 따라 주소형, 비주소형으로 구분한다. 또한 불꽃감지기는 설치장소에 따라 옥내형, 옥내·옥외형, 도로형으로 구분한다.

124 감지기의 형식승인 및 제품검사의 기술기준 제4조(감지기의 형식)에 대한 내용이다. 괄호 안의 번호에 알맞은 답을 쓰시오.(7점)

감지기의 형식별 특성은 다음 각 호와 같다.
○ "(㉠)"이란 1개의 감지기 내에서 다음 각 목과 같다.
　가. 각 서로 다른 종별 또는 감도 등의 기능을 갖춘 것으로서 일정시간 간격을 두고 각각 다른 2개 이상의 화재신호를 발하는 감지기를 말한다.
　나. 동일 종별 또는 감도를 갖는 2개이상의 센서를 통해 감지하여 화재신호를 각각 발신하는 감지기를 말한다.
○ "방폭형"이란 폭발성가스가 용기내부에서 폭발하였을 때 용기가 그 압력에 견디거나 또는 외부의 폭발성가스에 인화될 우려가 없도록 만들어진 형태의 감지기를 말한다.
○ "방수형"이란 그 구조가 방수구조로 되어 있는 감지기를 말한다.
○ "재용형"이란 다시 사용할 수 있는 성능을 가진 감지기를 말한다.
○ "(㉡)"이란 일정농도·온도 이상의 연기 또는 온도가 일정 시간(공칭축적시간) 연속하는 것을 전기적으로 검출함으로써 작동하는 감지기(다만, 단순히 작동시간만을 지연시키는 것은 제외한다)를 말한다.

○ "(ⓒ)"이란 주위의 온도 또는 연기의 양의 변화에 따른 화재정보신호값을 출력하는 방식의 감지기를 말한다.
○ "(ⓔ)"이란 단독경보형감지기가 작동할 때 화재를 경보하며 유·무선으로 주위의 다른 감지기에 신호를 발신하고 신호를 수신한 감지기도 화재를 경보하며 다른 감지기에 신호를 발신하는 방식의 것을 말한다.
○ "(ⓜ)"이란 전파에 의해 신호를 송수신하는 방식의 것을 말한다.
○ "(ⓑ)"이란 일정농도 이상의 연기가 일정시간 이상 연속하는 것을 전기적으로 검출하여 작동 감도를 자동적으로 보정하는 방식의 감지기를 말한다.
○ "(ⓐ)"이란 감지기의 식별정보가 있어 감지기의 작동 시 설치지점의 감지기 식별신호를 발신하는 것을 말한다.

125 감지기의 형식승인 및 제품검사의 기술기준 제5조(구조 및 기능)에 대한 내용이다. 괄호 안의 번호에 알맞은 답을 쓰시오. (4점)

차동식분포형감지기로서 공기관식 또는 이와 유사한 것은 다음에 적합하여야 한다.
가. 리크(Leak)저항 및 (㉠)를 쉽게 시험 할 수 있어야 한다.
나. 공기관의 누출 및 폐쇄여부를 쉽게 시험할 수 있고, 시험 후 시험장치를 정위치에 쉽게 복귀할 수 있는 적당한 방법이 강구되어야 한다.
다. 공기관은 하나의 길이(이음매가 없는 것)가 (㉡) m 이상의 것으로 안지름 및 관의 두께가 일정하고 홈, 갈라짐 및 변형이 없어야 하며 부식되지 않아야 한다.
라. 공기관의 두께는 (㉢) ㎜ 이상, 바깥지름은 (㉣) ㎜ 이상이어야 한다.

126 감지기의 형식승인 및 제품검사의 기술기준 제11조(주위온도시험)에 대한 내용이다. 괄호 안의 번호에 알맞은 답을 쓰시오.(4점)

감지기는 다음 각 호에 따라 시험할 경우 기능에 이상이 생기지 아니하여야 한다.
1. 정온식 성능이 있는 감지기는 (㉠) ℃에서 공칭작동온도(2 이상 공칭작동온도를 갖는 것에 있어서는 가장 낮은 공칭작동온도, 이하 제25조에서 같다)보다 (20 ± 2) ℃ 낮은 온도까지의 주위온도시험.
2. 아날로그식으로 정온식감지기는 (㉡) ℃에서 공칭감지온도 범위의 상한값보다 (20 ± 2) ℃ 낮은 온도까지의 주위온도시험.
3. 불꽃감지기는 (㉢) ℃에서 (50 ± 2) ℃까지의 주위온도시험
4. 그 밖의 감지기는 –(10 ± 2) ℃에서 (㉣) ℃까지의 주위온도시험

127 감지기의 형식승인 및 제품검사의 기술기준 제16조(정온식감지기의 공칭작동온도의 구분, 감도시험 및 화재정보신호) 내용의 일부이다. 괄호 안의 번호에 알맞은 답을 쓰시오.(3점)

> ① 정온식감지기(축적형에 한한다)의 축적시간은 (㉠) 이상 (㉡) 이하로 하고 공칭축적시간은 (㉢) 이상 60초의 범위에서 10초 간격으로 한다.
> ② 정온식감지기(아날로그식 제외)의 공칭작동온도는 (㉣) ℃에서 (㉤) ℃까지의 범위로 하되, 60 ℃에서 80 ℃인 것은 (㉥) ℃ 간격으로, 80 ℃ 이상인 것은 (㉦) ℃ 간격으로 하여야 하며 감도는 그 종별 및 공칭축적시간에 의하여 다음 각 호의 시험에 적합하여야 한다.

128 감지기의 형식승인 및 제품검사의 기술기준 제18조(이온화식감지기의 공칭축적시간의 구분, 화재정보신호 및 감도시험) 내용의 일부이다. 괄호 안의 번호에 알맞은 답을 쓰시오.(3점)

> 이온화식감지기(축적형에 한한다)의 축적시간은 (㉠)초 이상 (㉡)초 이하로 하고 공칭축적시간은 10초 이상 60초의 범위에서 (㉢)초 간격으로 한다.

129 감지기의 형식승인 및 제품검사의 기술기준 제19조(광전식감지기의 공칭축적시간의 구분, 공칭감시거리, 화재정보신호 및 감도시험) 내용의 일부이다. 괄호 안의 번호에 알맞은 답을 쓰시오.(5점)

> ○ 아날로그식 분리형광전식감지기는 다음 각 호의 시험에 적합하여야 한다.
>   1. 공칭감시거리는 5 m 이상 (㉠) m 이하로 하여 (㉡) m 간격으로 한다.
>   2. 송광부와 수광부 사이에 감광필터를 설치할 때 공칭감지농도범위(설계치)의 최저농도값에 해당하는 감광율에서 최고농도값에 해당하는 감광율에 도달할 때까지 공칭감시거리의 최대값까지 분당 (㉢)퍼센트 이하로 일정하게 분할한 감광필터를 직선상승하도록 설치할 경우 각 감광필터값의 변화에 대응하는 화재정보신호를 발신하여야 한다.
>   3. 공칭감지농도범위의 임의의 농도에서 제4항제1호에 준하는 시험을 실시하는 경우 (㉣)초 이내에 작동하여야 한다.
> ○ 공기흡입형광전식감지기의 공기흡입장치는 공기배관망에 설치된 가장 먼 샘플링지점에서 감지부분까지 (㉤)초 이내에 연기를 이송할 수 있어야 한다.

130 감지기의 형식승인 및 제품검사의 기술기준 제35조(절연저항시험) 기준을 쓰시오.(2점)

131 감지기의 형식승인 및 제품검사의 기술기준 제36조(절연내력시험) 기준을 쓰시오.(2점)

132 감지기의 형식승인 및 제품검사의 기술기준에 대한 다음 각 물음에 답하시오.(6점)
(1) 제37조(표시) 내용에 대한 일부이다. (　) 안의 번호에 알맞은 답을 쓰시오.(3점)

> 정온식기능을 가진 감지기에는 공칭작동온도, 보상식감지기에는 정온점, 정온식감지선형 감지기에는 외피에 다음의 구분에 의한 공칭작동온도의 색상을 표시한다.
> 가. 공칭작동온도가 80 ℃ 미만인 것은 (㉠)
> 나. 공칭작동온도가 80 ℃ 이상 120 ℃ 미만인 것은 (㉡)
> 다. 공칭작동온도가 120 ℃ 이상인 것은 (㉢)

(2) (　)에 들어갈 내용을 쓰시오.(3점)

> 스포트형인 감지기의 표시등은 다음 각 목의 색상계열이어야 하며 점등 또는 점멸방식으로 표시하여야 한다.
> 가. 작동표시장치의 표시등 : (㉠)
> 나. 전원표시등(해당되는 경우에 한함) : (㉡)
> 다. 고장표시등(보정식에 한함) : (㉢)

133 수신기의 형식승인 및 제품검사의 기술기준 제3조(구조 및 일반기능) 내용의 일부분이다. 괄호 안의 번호에 알맞은 답을 쓰시오.(5점)

> 화재알림형 수신기는 소방관서에는 음성 등으로, 관계인에게는 문자로 전달할 수 있는 속보기능을 갖추어야 하며, 다음 각 목에 적합하여야 한다.
> 가. 음성 등으로 속보하는 경우는 다음과 같아야 한다.

(1) (㉠)초 이내에 소방관서에 자동적으로 신호를 발하여 통보하되, (㉡)회 이상 속보할 수 있어야 하고, 다이얼링 후 소방관서와 전화접속이 이루어지지 않는 경우에는 최초 다이얼링을 포함하여 10회이상 반복적으로 접속을 위한 다이얼링이 이루어져야 한다. 이 경우 매회 다이얼링 완료 후 호출은 (㉢)초 이상 지속되어야 한다.
(2) (1)에 의한 속보는 당해 소방대상물의 위치, (㉣), 화재발생 및 화재알림형 수신기에 의한 신고임을 포함한 내용을 음성으로 통보하여야 하며, 음성속보방식 외에 데이터 또는 코드전송방식 등을 이용한 속보기능을 부가로 설치 할 수 있다. 이 경우 데이터 및 코드전송방식은「자동화재속보설비의 속보기의 성능인증 및 제품검사의 기술기준」별표1에 따라 소방관서 등에 구축된 접수시스템에 적합하여야 한다.

나. 문자로 속보하는 경우는 다음과 같아야 한다.
(1) 관계인에게 문자로 (㉤)초 이내에 화재예비경보발생, 화재축적경보발생, 화재발생 중 해당하는 내용을 통보할 것. 이 경우 속보내용은 소방대상물의 위치, 화재알림형 수신기에 의한 신고임을 포함하여야 한다.

134 수신기의 형식승인 및 제품검사의 기술기준 제17조의2(기록장치)에 따른 수신기(화재알림형 수신기는 제외한다)의 기록장치에 대한 내용이다. 괄호 안의 번호에 알맞은 답을 쓰시오.(4점)

1. 기록장치는 999개 이상의 데이터를 저장할 수 있어야 하며, 용량이 넘을 경우 가장 오래된 데이터부터 자동으로 삭제한다.
2. 수신기는 임의로 데이터의 수정이나 삭제를 방지할 수 있는 기능이 있어야 한다.
3. 저장된 데이터는 수신기에서 확인할 수 있어야 하며, 복사 및 출력도 가능하여야 한다.
4. 수신기의 기록장치에 저장하여야 하는 데이터는 다음 각 목과 같다. 이 경우 데이터의 발생시각을 표시하여야 한다.
   가. (㉠)
   나. (㉡)
   다. (㉢)
   라. 수신기에서 제어하는 설비로의 출력신호와 수신기에 설비의 작동 확인표시가 있는 경우 확인신호
   마. (㉣)
   바. 가스누설신호(단, 가스누설신호표시가 있는 경우에 한함)
   사. 제15조의2제2항에 해당하는 신호(무선식 감지기 · 무선식 중계기 · 무선식 발신기 · 무선식 경종 · 무선식 시각경보장치와 연결되는 경우에 한함)
   아. 제15조의2제3항에 의한 확인신호, 제15조의2제4항에 의한 통신점검신호 및 재확인신호를 수신하지 못한 내역(무선식 감지기 · 무선식 중계기 · 무선식 발신기 · 무선식 경종 · 무선식 시각경보장치와 연결되는 경우에 한함)

135. 수신기의 형식승인 및 제품검사의 기술기준에 대한 다음 각 물음에 답하시오.(9점)

(1) 다음의 용어 정의를 쓰시오.(5점)

구분	용어 정의
축적형	㉠
아날로그식	㉡
주소형	㉢
단선단락 자동감시형	㉣
보정식	㉤

(2) 제17조의3(화재알림형 수신기 기록장치)에 따른 화재알림형 수신기의 기록장치의 기준을 나타낸 것이다. ( )의 번호에 알맞은 답을 쓰시오.(4점)

> 1. 1년 이상으로 데이터를 보존할 수 있는 저장용량이어야 한다.
> 2. 저장용량이 초과할 경우 가장 오래된 데이터부터 자동으로 삭제한다.
> 3. 제17조의2제2호, 제3호에 적합하여야 한다.
> 4. 수신기의 기록장치에 저장하여야 하는 데이터는 다음 각 목과 같다. 이 경우 데이터의 발생시각을 표시하여야 한다.
>   가. 제17조의2제4호가목부터 아목
>   나. 제12조3제7항제4호·제5호의 (㉠)·축적경보에 의한 신호(아날로그식 축적형인 수신기에 한함)
>   다. 「감지기의 형식승인 및 제품검사의 기술기준」제2조제9호에 의한 (㉡)
>   라. 제12조의3에 의한 (㉢)
>   마. (㉣)

136. 완강기의 형식승인 및 제품검사의 기술기준에 따른 완강기 및 간이완강기의 구성은 다음과 같다. 괄호 안의 번호에 알맞은 답을 쓰시오.(3점)

> (㉠)·속도조절기의 연결부·(㉡)·(㉢) 및 벨트로 구성되어야 한다.

137. 가스관선택밸브의 형식승인 및 제품검사의 기술기준 제4조(구조 등) 기준의 일부이다. 괄호 안의 번호에 알맞은 답을 쓰시오.(2점)

> 선택밸브는 자동개방을 위하여 (㉠), (㉡), 모터식 작동장치 중 하나를 설치할 수 있다. 다만, 작동장치의 고장시에 선택밸브를 수동으로 작동시킬 수 있는 방법이 강구되어야 한다.

138 누전경보기의 형식승인 및 제품검사의 기술기준의 일부이다. 괄호 안의 번호에 알맞은 답을 쓰시오.(2점)

> ○ 제7조(공칭작동전류치)
> ① 누전경보기의 공칭작동전류치(누전경보기를 작동시키기 위하여 필요한 누설전류의 값으로서 제조자에 의하여 표시된 값을 말한다. 이하 같다)는 (㉠) mA 이하이어야 한다.
> ② 제1항의 규정은 감도조정장치를 가지고 있는 누전경보기에 있어서도 그 조정범위의 최소치에 대하여 이를 적용한다.
> ○ 제8조(감도조정장치)
> 감도조정장치를 갖는 누전경보기에 있어서 감도조정장치의 조정범위는 최대치가 (㉡) A 이어야 한다.

139 누전경보기의 형식승인 및 제품검사의 기술기준 제25조(누전표시)의 내용이다. 괄호 안의 번호에 알맞은 답을 쓰시오.(3점)

> 수신부는 변류기로부터 송신된 신호를 수신하는 경우 (㉠)표시 및 (㉡)신호에 의하여 누전을 자동적으로 표시할 수 있어야 하며, 이 경우 차단기구가 있는 것은 차단후에도 누전되고 있음을 (㉢)표시로 계속 표시되는 것이어야 한다.

140 소공간용 소화용구의 형식승인 및 제품검사의 기술기준 제5조(소화시험)에 대한 내용이다. 괄호 안의 번호에 알맞은 답을 쓰시오.(2점)

> 소화용구는 별표 1에 따른 소화시험을 실시하는 경우 다음 각 호에 적합하여야 한다.
> 1. A급 소화시험(목재 소화시험)
>   예비연소 종료 후 (㉠)초 이내에 소화되고 잔염이 없어야 하며, 재발화되지 아니할 것
> 2. B급 소화시험(유류 소화시험)
>   예비연소 종료 후 (㉡)초 이내에 소화되고 재발화되지 아니할 것

141 스프링클러헤드의 형식승인 및 제품검사의 기술기준 제2조(용어정의)에 따른 반응시간지수(response time index: RTI)에 대하여 산출식을 쓰고 설명하시오.(3점)

142 스프링클러헤드의 형식승인 및 제품검사의 기술기준 제13조(감도시험)에 따라 헤드는 표시온도 구분에 따라 반응시간지수를 표준반응, 특수반응, 조기반응으로 구분한다. 괄호 안의 번호에 알맞은 답을 쓰시오.(3점)

> 1. 표준반응의 반응시간지수는 (㉠)이어야 한다.
> 2. 특수반응의 반응시간지수는 (㉡)이어야 한다.
> 3. 조기반응의 반응시간지수는 (㉢)이어야 한다.

143 스프링클러헤드의 형식승인 및 제품검사의 기술기준 제12조의6(표시)에서 규정한 표시온도에 따른 다음표의 색표시(폐쇄형헤드에 한한다)를 나타낸 표이다. 괄호 안의 번호에 알맞은 답을 쓰시오.(7점)

유리벌브형		퓨지블링크형	
표시온도(℃)	액체의 색별	표시온도(℃)	프레임의 색별
57℃	①	77℃ 미만	⑧
68℃	②	78℃~120℃	⑨
79℃	③	121℃~162℃	⑩
93℃	④	163℃~203℃	⑪
141℃	⑤	204℃~259℃	⑫
182℃	⑥	260℃~319℃	⑬
227℃이상	⑦	320℃ 이상	⑭

144 비상문자동개폐장치의 성능인증 및 제품검사의 기술기준에 대한 다음 물음에 답하시오.(5점)

(1) 비상문자동개폐장치의 정의를 쓰시오.(1점)
(2) 괄호 안의 번호에 알맞은 답을 쓰시오.(4점)

> 제4조(작동시험) 자동개폐장치는 (㉠)초 이내에 개폐부가 개방되어야 하며, 외부수동조작신호에 의한 복귀신호나 인위적 조작 없이는 개방상태를 유지하여야 하고 개방된 경우 개방상태를 확인할 수 있어야 한다. 이 경우 시험방법은 다음 각 호를 따른다.
> 1. 제어함과 수신기의 출력부((㉡) 또는 전용신호선)를 연결하고 제어함에 주전원을 공급할 것
> 2. 수신기의 화재신호 및 자동개폐장치의 비상장치로 작동시킬 것

3. 이때 수신기에서 제어함으로 송신하는 화재신호 전압은 (ⓒ) 볼트와 맥류 24 볼트를 각각 사용할 것
3의2. 수신기의 화재신호가 무전압접점신호(무전압접점신호로 자동개폐장치의 개폐부가 개방되는 것에 한한다. 이하 같다)로 작동하는 경우에는 무전압접점신호를 송신하는 수신기를 사용 할 것
4. 자동개폐장치가 화재신호를 수신하거나 비상장치를 조작한 후부터 개폐부가 개방될 때까지의 시간을 초 단위까지 측정할 것
5. (ⓔ)초 이후 개폐부의 개방상태를 쉽게 확인할 수 있는지 관찰할 것

145 소화설비용헤드의 성능인증 및 제품검사의 기술기준에 대한 내용이다. 괄호 안의 번호에 알맞은 답을 쓰시오.(5점)

- "(㉠)"이란 유수와 유수의 충돌에 의해 미세한 물방울을 만드는 물분무헤드를 말한다.
- "(㉡)"이란 소구경의 오리피스로부터 고압으로 분사하여 미세한 물방울을 만드는 물분무헤드를 말한다.
- "(㉢)"이란 선회류에 의해 확산방출 하든가 선회류와 직선류의 충돌에 의해 확산 방출하여 미세한 물방울로 만드는 물분무헤드를 말한다.
- "(㉣)"이란 수류를 살수판에 충돌하여 미세한 물방울을 만드는 물분무헤드를 말한다.
- "(㉤)"이란 수류를 슬리트에 의해 방출하여 수막상의 분무를 만드는 물분무헤드를 말한다.

146 자동폐쇄장치의 성능인증 및 제품검사의 기술기준 제5조(기능시험)에 대한 내용이다. 괄호 안의 번호에 알맞은 답을 쓰시오.(2점)

출입문용은 다음 각 호에 적합하여야 한다.
1. 최대크기의 문이 닫힐 때 필요한 힘은 제조업체가 제시한 폐쇄력 설계값 이내 이어야 한다.
2. 설치된 문이 완전히 닫히는 시간은 (㉠)초 이내이어야 한다.
3. 정지상태(문이 개방되어 유지되는 상태)를 수동으로 해제하는데 필요한 힘은 (㉡) 뉴턴 이하이어야 한다.

147 자동폐쇄장치의 성능인증 및 제품검사의 기술기준 제5조(기능시험)에 대한 내용이다. 괄호 안의 번호에 알맞은 답을 쓰시오.(4점)

> 창문용은 다음 각 호에 적합하여야 한다.
> 1. 문을 열 때 필요한 힘은 (㉠) 뉴턴 이하이어야 한다.
> 2. 설치된 문이 완전히 닫히는 시간은 (㉡)초 이내이어야 한다.
> 3. 개폐저항값은 신청자가 제시하는 설계값 이내이어야 한다.
> 4. 정지상태(문이 개방되어 유지되는 상태)를 수동으로 해제하는데 소요되는 힘은 (㉢) 뉴턴 이하이어야 한다.
> 5. 작동신호가 유지되거나 전원이 차단되어 문이 닫힌 후에도 수동으로 열 수 있는 구조인 경우 문을 열 때 필요한 힘은 (㉣) 뉴턴 이상 이어야 한다.

148 자동화재속보설비의 속보기의 성능인증 및 제품검사의 기술기준 제5조의2(무선식감지기와 접속되는 문화재용 속보기의 기능) 기준의 일부이다. 괄호 안의 번호에 알맞은 답을 쓰시오.(3점)

> 무선식감지기와 접속되는 문화재용 속보기는 다음 각 호에 적합한 기록장치를 설치하여야 한다.
> 1. 기록장치는 999개 이상의 데이터를 저장할 수 있어야 하며, 용량이 초과할 경우 가장 오래된 데이터부터 자동으로 삭제한다.
> 2. 문화재용 속보기는 임의로 데이터의 수정이나 삭제를 방지할 수 있는 기능이 있어야 한다.
> 3. 저장된 데이터는 문화재용 속보기에서 확인할 수 있어야 하며, 복사 및 출력도 가능하여야 한다.
> 4. 수신기의 기록장치에 저장하여야 하는 데이터는 다음 각 목과 같다. 이 경우 데이터의 발생시각을 표시하여야 한다.
>   가. (㉠)
>   나. 제1항제1호에 해당하는 신호
>   다. 제1항제2호에 의한 확인신호를 수신하지 못한 감지기 내역
>   라. 제3조제7호에 해당하는 (㉡)
>   마. 제5조제1호에 해당하는 (㉢)

149 성능인증의 대상이 되는 소방용품의 품목에 관한 고시 제2조(성능인증의 대상이 되는 소방용품의 품목)에 대한 내용이다. 괄호 안의 번호에 알맞은 답을 쓰시오.(5점)

1. 분기배관
2. 포소화약제혼합장치
3. 가스계소화설비 설계프로그램
4. 시각경보장치
5. 자동차압급기댐퍼
6. 자동폐쇄장치
7. 가압수조식가압송수장치
8. 피난유도선
9. 방염제품
10. 다수인피난장비
11. 캐비닛형 간이스프링클러설비
12. 승강식피난기
13. 미분무헤드
14. 방열복
15. 상업용주방자동소화장치
16. 압축공기포헤드
17. 압축공기포혼합장치
18. 플랩댐퍼
19. 비상문자동개폐장치
20. (㉠)
21. 휴대용비상조명등
22. 소방전원공급장치
23. 호스릴이산화탄소소화장치
24. (㉡)
25. (㉢)
26. 소방용 수격흡수기
27. 소방용 행가
28. 간이형수신기
29. (㉣)
30. 간이소화장치
31. 유량측정장치
32. (㉤)
33. 송수구

150 다음 각 물음에 답하시오.(9점)

(1) 기동용수압개폐장치의 형식승인 및 제품검사의 기술기준에 따른 기동용수압개폐장치에는 압력챔버, 부르동관식 기동용압력스위치 및 전자식 기동용압력스위치가 있다. 표에 알맞은 구성요소를 쓰시오.(6점)

구분	구성요소
압력챔버	
부르동관식 기동용압력스위치	
전자식 기동용압력스위치	

(2) 소방용품의 품질관리 등에 관한 규칙 제2조의2(소방용품의 성능확인 절차 및 방법 등)에 대한 내용이다. 괄호 안의 번호에 알맞은 답을 쓰시오.(3점)

> ○ 소방용품의 성능확인 검사는 소방용품의 내용연수등이 경과한 날의 다음 달부터 (㉠)년 이내에 받아야 한다.
> ○ 성능확인 검사에 합격한 소방용품은 내용연수등이 경과한 날의 다음 달부터 다음 각 호의 기간 동안 사용할 수 있다.
>   1. 내용연수 경과 후 10년 미만: (㉡)년
>   2. 내용연수 경과 후 10년 이상: (㉢)년

FINAL 적중 화재안전기준 및 소방관련법령 580제

화재안전기준(NFSC)
430제 답안

화재안전기준 답안 — 소화기구 및 자동소화장치

001 ① 소화약제 방출구는 환기구의 청소부분과 분리되어 있어야 하며, 형식승인 받은 유효설치 높이 및 방호면적에 따라 설치할 것
② 감지부는 형식승인 받은 유효한 높이 및 위치에 설치할 것
③ 차단장치(전기 또는 가스)는 상시 확인 및 점검이 가능하도록 설치할 것
④ 가스용 주방자동소화장치를 사용하는 경우 탐지부는 수신부와 분리하여 설치하되, 공기와 비교한 가연성가스의 무거운 정도를 고려하여 적합한 위치에 설치할 것
⑤ 수신부는 주위의 열기류 또는 습기 등과 주위온도에 영향을 받지 않고 사용자가 상시 볼 수 있는 장소에 설치할 것

002 ① 소화약제 방출구는 환기구(주방에서 발생하는 열기류 등을 밖으로 배출하는 장치를 말한다. 이하 같다)의 청소부분과 분리되어 있어야 하며, 형식승인 받은 유효설치 높이 및 방호면적에 따라 설치할 것
② 감지부는 형식승인 받은 유효한 높이 및 위치에 설치할 것
③ 차단장치(전기 또는 가스)는 상시 확인 및 점검이 가능하도록 설치할 것
④ 가스용 주방자동소화장치를 사용하는 경우 탐지부는 수신부와 분리하여 설치하되, 공기보다 가벼운 가스를 사용하는 경우에는 천장 면으로부터 30㎝ 이하의 위치에 설치하고, 공기보다 무거운 가스를 사용하는 장소에는 바닥 면으로부터 30㎝ 이하의 위치에 설치할 것
⑤ 수신부는 주위의 열기류 또는 습기 등과 주위온도에 영향을 받지 않고 사용자가 상시 볼 수 있는 장소에 설치할 것

※ 소화기구 및 자동소화장치의 화재안전기술기준에 따른 상업용 주방자동소화장치 설치기준 5가지도 똑같습니다.

003 ① 소화장치는 조리기구의 종류별로 성능인증 받은 설계 매뉴얼에 적합하게 설치할 것
② 감지부는 성능인증 받는 유효높이 및 위치에 설치할 것
③ 차단장치(전기 또는 가스)는 상시 확인 및 점검이 가능하도록 설치할 것

④ 후드에 설치되는 분사헤드는 후드의 가장 긴 변의 길이까지 방출될 수 있도록 소화약제의 방출 방향 및 거리를 고려하여 설치할 것
⑤ 덕트에 방출되는 분사헤드는 성능인증 받는 길이 이내로 설치할 것

004 ㉠ 화재감지기
㉡ 교차회로
㉢ 방호체적

005 (1) ① 할론소화약제
② 할로겐화합물 및 불활성기체소화약제
③ 인산염류소화약제
④ 고체에어로졸화합물
(2) ① 산알칼리소화약제
② 강화액소화약제
③ 포소화약제
④ 물·침윤소화약제

> **보충설명** 1. 소화기구 및 자동소화장치의 화재안전기술기준(NFTC 101)
>
> **1.7.1.7** "일반화재(A급 화재)"란 나무, 섬유, 종이, 고무, 플라스틱류와 같은 일반 가연물이 타고 나서 재가 남는 화재를 말한다. 일반화재에 대한 소화기의 적응 화재별 표시는 'A'로 표시한다.
> **1.7.1.8** "유류화재(B급 화재)"란 인화성 액체, 가연성 액체, 석유 그리스, 타르, 오일, 유성도료, 솔벤트, 래커, 알코올 및 인화성 가스와 같은 유류가 타고 나서 재가 남지 않는 화재를 말한다. 유류화재에 대한 소화기의 적응 화재별 표시는 'B'로 표시한다.
> **1.7.1.9** "전기화재(C급 화재)"란 전류가 흐르고 있는 전기기기, 배선과 관련된 화재를 말한다. 전기화재에 대한 소화기의 적응 화재별 표시는 'C'로 표시한다.
> **1.7.1.10** "주방화재(K급 화재)"란 주방에서 동식물유를 취급하는 조리기구에서 일어나는 화재를 말한다. 주방화재에 대한 소화기의 적응 화재별 표시는 'K'로 표시한다.
> **1.7.1.11** "금속화재(D급화재)"란 마그네슘 합금 등 가연성 금속에서 일어나는 화재를 말한다. 금속화재에 대한 소화기의 적응 화재별 표시는 'D'로 표시한다. 〈신설 2024.7.25.〉

보충설명 2. 소화약제별 적응성〈개정 2024.7.25.〉

소화약제 구분 적응대상	가스			분말		액체				기타			
	이산화탄소 소화약제	할론 소화약제	할로겐화합물 및 불활성기체 소화약제	인산염류 소화약제	중탄산염류 소화약제	산알칼리 소화약제	강화액 소화약제	포 소화약제	물·침윤 소화약제	고체에어로졸 화합물	마른모래	팽창질석·팽창진주암	그 밖의 것
일반화재 (A급 화재)	-	○	○	○	-	○	○	○	○	○	○	○	-
유류화재 (B급 화재)	○	○	○	○	○	○	○	○	○	○	○	○	-
전기화재 (C급 화재)	○	○	○	○	○	*	*	*	*	○	-	-	*
주방화재 (K급 화재)	-	-	-	*	-	-	*	*	*	-	-	-	*
금속화재 (D급 화재)	-	-	-	-	*	-	-	-	-	-	○	○	*

[비고] "*"의 소화약제별 적응성은「소방시설 설치 및 관리에 관한 법률」제37조에 의한 형식승인 및 제품검사의 기술기준에 따라 화재 종류별 적응성에 적합한 것으로 인정되는 경우에 한한다.

006 ㉠ 물분무등소화설비   ㉡ 상업용 주방자동소화장치   ㉢ 노유자시설
㉣ 장례식장   ㉤ 25   ㉥ 주방화재용   ㉦ 10

화재안전기준 답안 옥내소화전설비

007 ① 점검에 편리한 곳에 설치할 것
② 동결방지조치를 하거나 동결의 우려가 없는 장소에 설치할 것
③ 수조에는 수위계, 고정식 사다리, 청소용 배수밸브(또는 배수관), 표지 및 실내 조명 등 수조의 유지관리에 필요한 설비를 설치할 것

008 ㉠ 고가수조를 가압송수장치로 설치한 경우
　　㉡ 건축물의 높이가 지표면으로부터 10 m 이하인 경우
　　㉢ 주펌프와 동등 이상의 성능이 있는 별도의 펌프로서 내연기관의 기동과 연동하여 작동되거나 비상전원을 연결하여 설치한 경우
　　㉣ 가압수조를 가압송수장치로 설치한 경우

> **보충설명** 2.2.1.9의 단서에 해당하는 경우
>
> **2.2.1.9** 기동장치로는 기동용수압개폐장치 또는 이와 동등 이상의 성능이 있는 것을 설치할 것. 다만, 학교·공장·창고시설(2.1.2에 따라 옥상수조를 설치한 대상은 제외한다)로서 동결의 우려가 있는 장소에 있어서는 기동스위치에 보호판을 부착하여 옥내소화전함 내에 설치할 수 있다.

009 ① 지하층만 있는 건축물
　　② 고가수조를 가압송수장치로 설치한 경우
　　③ 수원이 건축물의 최상층에 설치된 방수구보다 높은 위치에 설치된 경우
　　④ 건축물의 높이가 지표면으로부터 10 m 이하인 경우
　　⑤ 가압수조를 가압송수장치로 설치한 경우

010 (1) 배관 내 사용압력이 1.2메가파스칼 미만일 경우
　　　가. 배관용 탄소 강관(KS D 3507)
　　　나. 이음매 없는 구리 및 구리합금관(KS D 5301). 다만, 습식의 배관에 한한다.
　　　다. 배관용 스테인리스 강관(KS D 3576) 또는 일반 배관용 스테인리스 강관(KS D 3595)
　　　라. 덕타일 주철관(KS D 4311)
　　(2) 배관 내 사용압력이 1.2메가파스칼 이상일 경우
　　　가. 압력 배관용 탄소 강관(KS D 3562)
　　　나. 배관용 아크 용접 탄소강 강관(KS D 3583)

011 ① 공기 고임이 생기지 않는 구조로 하고 여과장치를 설치할 것
　　② 수조가 펌프보다 낮게 설치된 경우에는 각 펌프(충압펌프를 포함한다)마다 수조로부터 별도로 설치할 것

012 ① 송수구는 송수 및 그 밖의 소화작업에 지장을 주지 않도록 설치할 것
② 송수구로부터 주배관에 이르는 연결배관에는 개폐밸브를 설치하지 않을 것
③ 지면으로부터 높이가 0.5미터 이상 1미터 이하의 위치에 설치할 것
④ 구경 65밀리미터의 쌍구형 또는 단구형으로 할 것
⑤ 송수구의 가까운 부분에 자동배수밸브(또는 직경 5밀리미터의 배수공) 및 체크밸브를 설치할 것
⑥ 송수구에는 이물질을 막기 위한 마개를 씌울 것

013 ① 소방차가 쉽게 접근할 수 있고 잘 보이는 장소에 설치하고, 화재층으로부터 지면으로 떨어지는 유리창 등이 송수 및 그 밖의 소화작업에 지장을 주지 않는 장소에 설치할 것
② 송수구로부터 옥내소화전설비의 주배관에 이르는 연결배관에는 개폐밸브를 설치하지 않을 것. 다만, 스프링클러설비·물분무소화설비·포소화설비·또는 연결송수관설비의 배관과 겸용하는 경우에는 그렇지 않다.
③ 지면으로부터 높이가 0.5 m 이상 1 m 이하의 위치에 설치할 것
④ 송수구는 구경 65 ㎜의 쌍구형 또는 단구형으로 할 것
⑤ 송수구의 부근에는 자동배수밸브(또는 직경 5 ㎜의 배수공) 및 체크밸브를 다음의 기준에 따라 설치할 것. 이 경우 자동배수밸브는 배관 안의 물이 잘 빠질 수 있는 위치에 설치하되, 배수로 인하여 다른 물건이나 장소에 피해를 주지 않아야 한다.
⑥ 송수구에는 이물질을 막기 위한 마개를 씌울 것

014 ① 특정소방대상물의 층마다 설치하되, 해당 특정소방대상물의 각 부분으로부터 하나의 옥내소화전방수구까지의 수평거리가 25미터 이하가 되도록 할 것
② 바닥으로부터의 높이가 1.5미터 이하가 되도록 할 것
③ 호스는 구경 40밀리미터(호스릴옥내소화전설비의 경우에는 25밀리미터) 이상인 것으로서 특정소방대상물의 각 부분에 물이 유효하게 뿌려질 수 있는 길이로 설치할 것
④ 호스릴옥내소화전설비의 경우 그 노즐에는 노즐을 쉽게 개폐할 수 있는 장치를 부착할 것

015 ① 특정소방대상물의 층마다 설치하되, 해당 특정소방대상물의 각 부분으로부터 하나의 옥내소화전 방수구까지의 수평거리가 25 m(호스릴옥내소화전설비를 포함

한다) 이하가 되도록 할 것. 다만, 복층형 구조의 공동주택의 경우에는 세대의 출입구가 설치된 층에만 설치할 수 있다.
② 바닥으로부터의 높이가 1.5 m 이하가 되도록 할 것
③ 호스는 구경 40 mm(호스릴옥내소화전설비의 경우에는 25 mm) 이상의 것으로서 특정소방대상물의 각 부분에 물이 유효하게 뿌려질 수 있는 길이로 설치할 것
④ 호스릴옥내소화전설비의 경우 그 노즐에는 노즐을 쉽게 개폐할 수 있는 장치를 부착할 것

016 ㉠ 감시제어반 ㉡ 동력제어반 ㉢ 가압송수장치
㉣ 물올림수조 ㉤ 방화구획 ㉥ 피난층
㉦ 지하 1층 ㉧ 비상조명등 ㉨ 급·배기설비
㉩ 소방대원

017 ㉠ 표시등
㉡ 음향경보기능
㉢ 자동 및 수동
㉣ 상용전원 및 비상전원
㉤ 수조 또는 물올림수조
㉥ 기동용수압개폐장치의 압력스위치회로
㉦ 수조 또는 물올림수조의 저수위감시회로
㉧ 개폐밸브의 폐쇄상태 확인회로

018 (1) ① 층수가 7층 이상으로서 연면적이 2,000제곱미터 이상인 것
② 제①호에 해당하지 않는 특정소방대상물로서 지하층의 바닥면적의 합계가 3,000제곱미터 이상인 것
(2) ① 점검에 편리하고 화재 또는 침수 등의 재해로 인한 피해를 받을 우려가 없는 곳에 설치할 것
② 옥내소화전설비를 유효하게 20분 이상 작동할 수 있어야 할 것
③ 상용전원으로부터 전력의 공급이 중단된 때에는 자동으로 비상전원으로부터 전력을 공급받을 수 있도록 할 것
④ 비상전원(내연기관의 기동 및 제어용 축전기를 제외한다)의 설치장소는 다른 장소와 방화구획 할 것
⑤ 비상전원을 실내에 설치하는 때에는 그 실내에 비상조명등을 설치할 것

> **보충설명** 비상전원 설치제외
>
> 2 이상의 변전소에서 전력을 동시에 공급받을 수 있거나 하나의 변전소로부터 전력의 공급이 중단되는 때에는 자동으로 다른 변전소로부터 전원을 공급받을 수 있도록 상용전원을 설치한 경우와 가압수조방식에는 비상전원을 설치하지 않을 수 있다.

019 ㉠ 비상전원으로부터 동력제어반 및 가압송수장치에 이르는 전원회로의 배선
㉡ 상용전원으로부터 동력제어반에 이르는 배선, 그 밖의 옥내소화전설비의 감시·조작 또는 표시등회로의 배선

020 불연재료로 된 특정소방대상물 또는 그 부분으로서 옥내소화전설비 작동 시 소화효과를 기대할 수 없는 장소이거나 2차 피해가 예상되는 장소 또는 화재발생 위험이 적은 장소에는 옥내소화전 방수구를 설치하지 않을 수 있다.

021 (1) 금속관·2종 금속제 가요전선관 또는 합성수지관에 수납하여 내화구조로 된 벽 또는 바닥 등에 벽 또는 바닥의 표면으로부터 25 ㎜ 이상의 깊이로 매설해야 한다. 다만, 다음의 기준에 적합하게 설치하는 경우에는 그렇지 않다.
　가. 배선을 내화성능을 갖는 배선전용실 또는 배선용 샤프트·피트·덕트 등에 설치하는 경우
　나. 배선전용실 또는 배선용 샤프트·피트·덕트 등에 다른 설비의 배선이 있는 경우에는 이로부터 15 ㎝ 이상 떨어지게 하거나 소화설비의 배선과 이웃하는 다른 설비의 배선 사이에 배선지름(배선의 지름이 다른 경우에는 가장 큰 것을 기준으로 한다)의 1.5배 이상의 높이의 불연성 격벽을 설치하는 경우
(2) 케이블공사의 방법에 따라 설치해야 한다.

022 KS C IEC 60331-1과 2(온도 830℃ / 가열시간 120분) 표준 이상을 충족하고 난연성능 확보를 위해 KS C IEC 60332-3-24 성능 이상을 충족할 것

023 금속관·금속제 가요전선관·금속덕트 또는 케이블(불연성덕트에 설치하는 경우에 한한다) 공사방법에 따라야 한다. 다만, 다음의 기준에 적합하게 설치하는 경우에는 그렇지 않다.
　가. 배선을 내화성능을 갖는 배선전용실 또는 배선용 샤프트·피트·덕트 등에 설치하는 경우

나. 배선전용실 또는 배선용 샤프트·피트·덕트 등에 다른 설비의 배선이 있는 경우에는 이로부터 15㎝ 이상 떨어지게 하거나 소화설비의 배선과 이웃하는 다른 설비의 배선 사이에 배선지름(배선의 지름이 다른 경우에는 가장 큰 것을 기준으로 한다)의 1.5배 이상의 높이의 불연성 격벽을 설치하는 경우

화재안전기준 답안 — 스프링클러설비

024 ㉠ 공장
㉡ 특수가연물을 저장·취급하는 것
㉢ 30
㉣ 근린생활시설·판매시설·운수시설 또는 복합건축물
㉤ 판매시설 또는 복합건축물(판매시설이 설치되는 복합건축물을 말한다)
㉥ 30
㉦ 20
㉧ 지하층을 제외한 층수가 11층 이상인 소방대상물·지하가 또는 지하역사
㉨ 30
㉩ 많은

025 ① 점검에 편리한 곳에 설치할 것
② 동결방지조치를 하거나 동결의 우려가 없는 장소에 설치할 것
③ 수조에는 수위계, 고정식 사다리, 청소용 배수밸브(또는 배수관), 표지 및 실내 조명 등 수조의 유지관리에 필요한 설비를 설치할 것

026 ① 점검에 편리한 곳에 설치할 것
② 동결방지조치를 하거나 동결의 우려가 없는 장소에 설치할 것
③ 수조의 외측에 수위계를 설치할 것. 다만, 구조상 불가피한 경우에는 수조의 맨홀 등을 통하여 수조 안의 물의 양을 쉽게 확인할 수 있도록 해야 한다.
④ 수조의 상단이 바닥보다 높은 때에는 수조의 외측에 고정식 사다리를 설치할 것
⑤ 수조가 실내에 설치된 때에는 그 실내에 조명설비를 설치할 것

⑥ 수조의 밑 부분에는 청소용 배수밸브 또는 배수관을 설치할 것
⑦ 수조 외측의 보기 쉬운 곳에 "스프링클러소화설비용 수조"라고 표시한 표지를 할 것. 이 경우 그 수조를 다른 설비와 겸용하는 때에는 그 겸용되는 설비의 이름을 표시한 표지를 함께 해야 한다.
⑧ 소화설비용 펌프의 흡수배관 또는 소화설비의 수직배관과 수조의 접속부분에는 "스프링클러소화설비용 배관"이라고 표시한 표지를 할 것. 다만, 수조와 가까운 장소에 소화설비용 펌프가 설치되고 해당 펌프에 2.2.1.16에 따른 표지를 설치한 때에는 그렇지 않다.

027 ① 스프링클러설비용 펌프의 풋밸브 또는 흡수배관의 흡수구(수직회전축펌프의 흡수구를 포함한다. 이하 같다)를 다른 설비(소화용 설비 외의 것을 말한다. 이하 같다)의 풋밸브 또는 흡수구보다 낮은 위치에 설치한 때
② 고가수조로부터 스프링클러설비의 수직배관에 물을 공급하는 급수구를 다른 설비의 급수구보다 낮은 위치에 설치한 때

028 ① 하나의 방호구역의 바닥면적은 3,000제곱미터를 초과하지 않을 것
② 하나의 방호구역에는 한 개 이상의 유수검지장치를 설치하되, 화재 시 접근이 쉽고 점검하기 편리한 장소에 설치할 것
③ 하나의 방호구역은 두 개 층에 미치지 않도록 할 것
④ 유수검지장치를 실내에 설치하거나 보호용 철망 등으로 구획하여 바닥으로부터 0.8미터 이상 1.5미터 이하의 위치에 설치하되, 그 실 등에는 개구부가 가로 0.5미터 이상 세로 1미터 이상의 출입문을 설치하고 그 출입문 상단에 "유수검지장치실"이라고 표시한 표지를 설치할 것
⑤ 스프링클러헤드에 공급되는 물은 유수검지장치를 지나도록 할 것
⑥ 자연낙차에 따른 압력수가 흐르는 배관 상에 설치된 유수검지장치는 화재 시 물의 흐름을 검지할 수 있는 최소한의 압력이 얻어질 수 있도록 수조의 하단으로부터 낙차를 두어 설치할 것
⑦ 조기반응형 스프링클러헤드를 설치하는 경우에는 습식유수검지장치를 설치할 것

029 ① 유수검지장치를 실내에 설치하거나 보호용 철망 등으로 구획하여 바닥으로부터 0.8 m 이상 1.5 m 이하의 위치에 설치하되, 그 실 등에는 가로 0.5 m 이상 세로 1 m 이상의 개구부로서 그 개구부에는 출입문을 설치하고 그 출입문 상단에 "유수검지장치실" 이라고 표시한 표지를 설치할 것. 다만, 유수검지장치를 기계실(공조

용기계실을 포함한다)안에 설치하는 경우에는 별도의 실 또는 보호용 철망을 설치하지 않고 기계실 출입문 상단에 "유수검지장치실"이라고 표시한 표지를 설치할 수 있다.
② 스프링클러헤드에 공급되는 물은 유수검지장치를 지나도록 할 것. 다만, 송수구를 통하여 공급되는 물은 그렇지 않다.
③ 자연낙차에 따른 압력수가 흐르는 배관 상에 설치된 유수검지장치는 화재 시 물의 흐름을 검지할 수 있는 최소한의 압력이 얻어질 수 있도록 수조의 하단으로부터 낙차를 두어 설치할 것
④ 조기반응형 스프링클러헤드를 설치하는 경우에는 습식유수검지장치 또는 부압식 스프링클러설비를 설치할 것

030 ㉠ 3,000　　　　　　　　　　㉡ 3,700
　　　㉢ 유수검지장치　　　　　　　㉣ 10개
　　　㉤ 가로 0.5 m 이상 세로 1 m 이상
　　　㉥ 송수구　　　　　　　　　　㉦ 자연낙차
　　　㉧ 습식유수검지장치　　　　　㉨ 부압식 스프링클러설비

031 ① 하나의 방호구역의 바닥면적은 3,000 ㎡를 초과하지 않을 것. 다만, 폐쇄형스프링클러설비에 격자형배관방식(2 이상의 수평주행배관 사이를 가지배관으로 연결하는 방식을 말한다)을 채택하는 때에는 3,700 ㎡ 범위 내에서 펌프용량, 배관의 구경 등을 수리학적으로 계산한 결과 헤드의 방수압 및 방수량이 방호구역 범위 내에서 소화목적을 달성하는데 충분하도록 해야 한다.
② 하나의 방호구역에는 1개 이상의 유수검지장치를 설치하되, 화재 시 접근이 쉽고 점검하기 편리한 장소에 설치할 것
③ 하나의 방호구역은 2개 층에 미치지 않도록 할 것. 다만, 1개 층에 설치되는 스프링클러헤드의 수가 10개 이하인 경우와 복층형구조의 공동주택에는 3개 층 이내로 할 수 있다.

032 ① 하나의 방수구역은 두 개 층에 미치지 않을 것
② 방수구역마다 일제개방밸브를 설치할 것
③ 하나의 방수구역을 담당하는 헤드의 개수는 50개 이하로 할 것. 다만, 두 개 이상의 방수구역으로 나눌 경우에는 하나의 방수구역을 담당하는 헤드의 개수는 25개 이

상으로 해야 한다.

④ 일제개방밸브의 설치위치는 제6조제4호의 기준에 따르고, 표지는 "일제개방밸브실"이라고 표시할 것

033 ㉠ 담당구역 내의 화재감지기의 동작에 따라 개방 및 작동될 것
㉡ 화재감지회로는 교차회로방식으로 할 것
㉢ 준비작동식유수검지장치 또는 일제개방밸브의 인근에서 수동기동에 따라서도 개방 및 작동될 수 있게 할 것

034 ① 배관을 지하에 매설하는 경우
② 다른 부분과 내화구조로 구획된 덕트 또는 피트의 내부에 설치하는 경우
③ 천장(상층이 있는 경우에는 상층바닥의 하단을 포함한다. 이하 같다)과 반자를 불연재료 또는 준불연재료로 설치하고 소화배관 내부에 항상 소화수가 채워진 상태로 설치하는 경우

035 ㉠ 3,000　　　　　　　　　　㉡ 폐쇄형스프링클러헤드
㉢ 100　　　　　　　　　　　㉣ 100
㉤ 반자 아래의 헤드와 반자속의 헤드　㉥ 개방형스프링클러헤드
㉦ 30　　　　　　　　　　　　㉧ 30

036

급수관의 구경 구분	25	32	40	50	65	80	90	100	125	150
가	2	3	5	10	30	60	80	100	160	161 이상
나	2	4	7	15	30	60	65	100	160	161 이상
다	1	2	5	8	15	27	40	55	90	91 이상

037 ① 공기 고임이 생기지 않는 구조로 하고 여과장치를 설치할 것
② 수조가 펌프보다 낮게 설치된 경우에는 각 펌프(충압펌프를 포함한다)마다 수조로부터 별도로 설치할 것

038 ① 성능시험배관은 펌프의 토출 측에 설치된 개폐밸브 이전에서 분기하여 직선으로 설치하고, 유량측정장치를 기준으로 전단 직관부에는 개폐밸브를 후단 직관부에는 유량조절밸브를 설치할 것. 이 경우 개폐밸브와 유량측정장치 사이의 직관부 거리 및 유량측정장치와 유량조절밸브 사이의 직관부 거리는 해당 유량측정장치 제조사의 설치사양에 따르고, 성능시험배관의 호칭지름은 유량측정장치의 호칭지름에 따른다.
② 유량측정장치는 펌프의 정격토출량의 175 % 이상 측정할 수 있는 성능이 있을 것

039 ① 동절기에 상시 난방이 되는 곳이거나 그 밖에 동결의 우려가 없는 곳
② 스프링클러설비의 동결을 방지할 수 있는 구조 또는 장치가 된 것

040 ㉠ 습식유수검지장치 　　㉡ 건식유수검지장치
　　㉢ 부압식스프링클러설비 　㉣ 습식스프링클러설비
　　㉤ 부압식스프링클러설비 　㉥ 건식스프링클러설비
　　㉦ 2,840 　　　　　　　　㉧ 1분
　　㉨ 25 　　　　　　　　　　㉩ 개폐밸브
　　㉪ 물받이 통 　　　　　　㉫ 배수관

041 ① 2층 이상의 층에서 발화한 때에는 발화층 및 그 직상 4개층에 경보를 발할 것
② 1층에서 발화한 때에는 발화층・그 직상 4개층 및 지하층에 경보를 발할 것
③ 지하층에서 발화한 때에는 발화층・그 직상층 및 기타의 지하층에 경보를 발할 것

042 ① 정격전압의 80 % 전압에서 음향을 발할 수 있는 것으로 할 것
② 음향의 크기는 부착된 음향장치의 중심으로부터 1 m 떨어진 위치에서 90 dB 이상이 되는 것으로 할 것

043 ① 공동주택・노유자시설의 거실
② 오피스텔・숙박시설의 침실
③ 병원・의원의 입원실

044 ① 스프링클러헤드는 살수 및 감열에 장애가 없도록 설치할 것
② 연소할 우려가 있는 개구부에는 그 상하좌우에 2.5미터 간격으로(개구부의 폭이 2.5미터 이하인 경우에는 그 중앙에) 스프링클러헤드를 설치하되, 스프링클러헤드와 개구부의 내측 면으로부터 직선거리는 15센티미터 이하가 되도록 할 것
③ 습식스프링클러설비 및 부압식스프링클러설비 외의 설비에는 상향식스프링클러헤드를 설치할 것
④ 측벽형스프링클러헤드를 설치하는 경우 긴 변의 한쪽 벽에 일렬로 설치(폭이 4.5미터 이상 9미터 이하인 실에 있어서는 긴변의 양쪽에 각각 일렬로 설치하되 마주 보는 스프링클러헤드가 나란히꼴이 되도록 설치)하고 3.6미터 이내마다 설치할 것
⑤ 상부에 설치된 헤드의 방출수에 따라 감열부가 영향을 받을 우려가 있는 헤드에는 방출수를 차단할 수 있는 유효한 차폐판을 설치할 것

045 ㉠ 4　　　　　　　　　　　　㉡ 121
㉢ 39 ℃ 미만　　　　　　　　㉣ 79 ℃ 미만
㉤ 39 ℃ 이상 64 ℃ 미만　　　㉥ 79 ℃ 이상 121 ℃ 미만
㉦ 64 ℃ 이상 106 ℃ 미만　　 ㉧ 121 ℃ 이상 162 ℃ 미만
㉨ 106 ℃ 이상　　　　　　　　㉩ 162 ℃ 이상

046 (1) 습식스프링클러설비 및 부압식스프링클러설비
(2) ① 드라이펜던트스프링클러헤드를 사용하는 경우
② 스프링클러헤드의 설치장소가 동파의 우려가 없는 곳인 경우
③ 개방형스프링클러헤드를 사용하는 경우

047 ㉠ 55　　　　　　　　　　　㉡ 2분의 1
㉢ 55　　　　　　　　　　　㉣ 0.75 m 미만
㉤ 0.75 m 이상 1 m 미만　　 ㉥ 1 m 이상 1.5 m 미만
㉦ 0.3 m 미만일 것

048 1. 다음의 어느 하나에 해당하지 않는 특정소방대상물에 설치되는 경우
① 지하층을 제외한 층수가 7층 이상으로서 연면적이 2,000 ㎡ 이상인 것

② ①에 해당하지 않는 특정소방대상물로서 지하층의 바닥면적 합계가 3,000 ㎡ 이상인 것
2. 내연기관에 따른 가압송수장치를 사용하는 경우
3. 고가수조에 따른 가압송수장치를 사용하는 경우
4. 가압수조에 따른 가압송수장치를 사용하는 경우

049 ① 각 펌프의 작동여부를 확인할 수 있는 표시등 및 음향경보기능이 있어야 할 것
② 각 펌프를 자동 및 수동으로 작동시키거나 중단시킬 수 있어야 할 것
③ 비상전원을 설치한 경우에는 상용전원 및 비상전원의 공급여부를 확인할 수 있어야 할 것
④ 수조 또는 물올림수조가 저수위로 될 때 표시등 및 음향으로 경보할 것
⑤ 예비전원이 확보되고 예비전원의 적합여부를 시험할 수 있어야 할 것

050 ㉠ 기동용수압개폐장치의 압력스위치회로
㉡ 수조 또는 물올림수조의 저수위감시회로
㉢ 유수검지장치 또는 일제개방 밸브의 압력스위치회로
㉣ 일제개방밸브를 사용하는 설비의 화재감지기회로

051 ① 스프링클러설비를 설치해야 할 특정소방대상물에 있어서 스프링클러설비 작동 시 소화효과를 기대할 수 없는 장소이거나 2차 피해가 예상되는 장소 또는 화재 발생 위험이 적은 장소에는 스프링클러헤드를 설치하지 않을 수 있다.
② 제10조제7항제2호의 연소할 우려가 있는 개구부에 드렌처설비를 적합하게 설치한 경우에는 해당 개구부에 한하여 스프링클러헤드를 설치하지 않을 수 있다.

052 ① 드렌처헤드는 개구부 위 측에 2.5 m 이내마다 1개를 설치할 것
② 제어밸브(일제개방밸브·개폐표시형밸브 및 수동조작부를 합한 것을 말한다. 이하 같다)는 특정소방대상물 층마다에 바닥 면으로부터 0.8 m 이상 1.5 m 이하의 위치에 설치할 것
③ 수원의 수량은 드렌처헤드가 가장 많이 설치된 제어밸브의 드렌처헤드의 설치개수에 1.6 ㎥를 곱하여 얻은 수치 이상이 되도록 할 것
④ 드렌처설비는 드렌처헤드가 가장 많이 설치된 제어밸브에 설치된 드렌처헤드를 동시에 사용하는 경우에 각각의 헤드선단에 방수압력이 0.1 ㎫ 이상, 방수량이 80

L/min 이상이 되도록 할 것
⑤ 수원에 연결하는 가압송수장치는 점검이 쉽고 화재 등의 재해로 인한 피해우려가 없는 장소에 설치할 것

053 (1) 유수검지장치의 발신이나 기동용수압개폐장치에 의하여 작동되거나 또는 이 두 가지의 혼용에 따라 작동될 수 있도록 할 것
(2) 화재감지기의 화재감지나 기동용수압개폐장치에 따라 작동되거나 또는 이 두 가지의 혼용에 따라 작동할 수 있도록 할 것

054 ① 스프링클러설비의 배관 또는 헤드에 누설경보용 물 또는 압축공기가 채워지거나 부압식스프링클러설비의 경우
② 화재감지기를 「자동화재탐지설비 및 시각경보장치의 화재안전기술기준(NFTC 203)」의 2.4.1 단서의 각 감지기로 설치한 때

> **보충설명** 「자동화재탐지설비 및 시각경보장치의 화재안전기술기준(NFTC 203)」의 2.4.1 단서의 각 감지기
>
> (1) 불꽃감지기   (2) 정온식감지선형감지기
> (3) 분포형감지기   (4) 복합형감지기
> (5) 광전식분리형감지기   (6) 아날로그방식의 감지기
> (7) 다신호방식의 감지기   (8) 축적방식의 감지기

055 ① 소방차가 쉽게 접근할 수 있고 잘 보이는 장소에 설치하고, 화재층으로부터 지면으로 떨어지는 유리창 등이 송수 및 그 밖의 소화작업에 지장을 주지 않는 장소에 설치할 것
② 송수구로부터 스프링클러설비의 주배관에 이르는 연결배관에 개폐밸브를 설치한 때에는 그 개폐상태를 쉽게 확인 및 조작할 수 있는 옥외 또는 기계실 등의 장소에 설치할 것
③ 송수구는 구경 65 mm의 쌍구형으로 할 것
④ 송수구에는 그 가까운 곳의 보기 쉬운 곳에 송수압력범위를 표시한 표지를 할 것
⑤ 폐쇄형스프링클러헤드를 사용하는 스프링클러설비의 송수구는 하나의 층의 바닥면적이 3,000 ㎡를 넘을 때마다 1개 이상(5개를 넘을 경우에는 5개로 한다)을 설치할 것
⑥ 지면으로부터 높이가 0.5 m 이상 1 m 이하의 위치에 설치할 것

⑦ 송수구의 부근에는 자동배수밸브(또는 직경 5 ㎜의 배수공) 및 체크밸브를 설치할 것. 이 경우 자동배수밸브는 배관안의 물이 잘 빠질 수 있는 위치에 설치하되, 배수로 인하여 다른 물건이나 장소에 피해를 주지 않아야 한다.
⑧ 송수구에는 이물질을 막기 위한 마개를 씌울 것

056 ㉠ 천장과 반자 사이의 거리가 2 m 미만인 부분
㉡ 천장과 반자 사이의 벽이 불연재료이고 천장과 반자사이의 거리가 2 m 이상으로서 그 사이에 가연물이 존재하지 않는 부분
㉢ 천장과 반자사이의 거리가 1 m 미만인 부분
㉣ 천장과 반자사이의 거리가 0.5 m 미만인 부분

057 ㉠ 펄프공장의 작업장 · 음료수공장의 세정 또는 충전하는 작업장 그 밖의 이와 비슷한 장소
㉡ 가연성 물질이 존재하지 않는 「건축물의 에너지절약설계기준」에 따른 방풍실

058 ㉠ 비상용승강기의 승강장   ㉡ 통신기기실
㉢ 변전실   ㉣ 응급처치실

화재안전기준 답안 — 간이스프링클러설비

059

확관형 분기배관	배관의 측면에 조그만 구멍을 뚫고 소성가공으로 확관시켜 배관 용접이음자리를 만들거나 배관 용접이음자리에 배관이음쇠를 용접 이음한 배관을 말한다.
비확관형 분기배관	배관의 측면에 분기호칭내경 이상의 구멍을 뚫고 배관이음쇠를 용접 이음한 배관을 말한다.

060 ① 점검에 편리한 곳에 설치할 것
② 동결방지조치를 하거나 동결의 우려가 없는 장소에 설치할 것

③ 수조에는 수위계, 고정식 사다리, 청소용 배수밸브(또는 배수관), 표지 및 실내조명 등 수조의 유지관리에 필요한 설비를 설치할 것

061 ① 전동기 또는 내연기관에 따른 펌프를 이용하는 가압송수장치
② 고가수조의 자연낙차를 이용한 가압송수장치
③ 압력수조를 이용한 가압송수장치
④ 가압수조를 이용한 가압송수장치
⑤ 캐비닛형 간이스프링클러설비를 사용

062 습식유수검지장치의 발신이나 화재감지기의 화재감지 또는 기동용수압개폐장치에 따라 작동될 수 있도록 해야 한다.

063 ㉠ 하나의 방호구역의 바닥면적은 1,000제곱미터를 초과하지 않을 것
㉡ 하나의 방호구역에는 1개 이상의 유수검지장치를 설치하되, 화재 시 접근이 쉽고 점검하기 편리한 장소에 설치할 것
㉢ 하나의 방호구역은 2개 층에 미치지 않도록 할 것
㉣ 간이헤드에 공급되는 물은 유수검지장치를 지나도록 할 것
㉤ 자연낙차에 따른 압력수가 흐르는 배관 상에 설치된 유수검지장치는 화재 시 물의 흐름을 검지할 수 있는 최소한의 압력이 얻어질 수 있도록 수조의 하단으로부터 낙차를 두어 설치할 것

064 물분무등소화설비를 설치해야 하는 특정소방대상물(위험물 저장 및 처리 시설 중 가스시설 및 지하구는 제외한다)

065 ① 공기 고임이 생기지 않는 구조로 하고 여과장치를 설치할 것
② 수조가 펌프보다 낮게 설치된 경우에는 각 펌프(충압펌프를 포함한다)마다 수조로부터 별도로 설치할 것

066 ① 수도용계량기, 급수차단장치, 개폐표시형밸브, 체크밸브, 압력계, 유수검지장치(압력스위치 등 유수검지장치와 동등 이상의 기능과 성능이 있는 것을 포함한다. 이하 같다), 2개의 시험밸브의 순으로 설치할 것

② 간이스프링클러설비 이외의 배관에는 화재 시 배관을 차단할 수 있는 급수차단장치를 설치할 것

067 수원, 연성계 또는 진공계(수원이 펌프보다 높은 경우를 제외한다. 이하 같다), 펌프 또는 압력수조, 압력계, 체크밸브, 성능시험배관, 개폐표시형밸브, 유수검지장치, 시험밸브의 순으로 설치할 것

068 수원, 가압수조, 압력계, 체크밸브, 성능시험배관, 개폐표시형밸브, 유수검지장치, 2개의 시험밸브의 순으로 설치할 것

069 수원, 연성계 또는 진공계(수원이 펌프보다 높은 경우를 제외한다. 이하 같다), 펌프 또는 압력수조, 압력계, 체크밸브, 개폐표시형밸브, 2개의 시험밸브의 순으로 설치할 것. 다만, 소화용수의 공급은 상수도와 직결된 바이패스관 또는 펌프에서 공급받아야 한다.

070 ㉠ 폐쇄형간이헤드 ㉡ 공칭작동온도 ㉢ 2.3 ㉣ 수리계산 ㉤ 상향식, 하향식 ㉥ 수평거리 ㉦ 차폐판

071 ㉠ 38 ㉡ 57 ㉢ 77 ㉣ 39 ㉤ 79 ㉥ 25 ㉦ 102 ㉧ 102 ㉨ 152 ㉩ 플러쉬

071-1 ㉠ 수도용 역류방지밸브 ㉡ 세대별 개폐밸브 ㉢ 소방용 합성수지배관 ㉣ 유수검지장치 ㉤ 음향장치

> **보충설명** 간이스프링클러설비의 화재안전기술기준

2.11 주택전용 간이스프링클러설비
2.11.1 주택전용 간이스프링클러설비는 다음 기준에 따라 설치한다. 다만, 본 공고에 따른 주택전용 간이스프링클러설비가 아닌 간이스프링클러설비를 설치하는 경우에는 그렇지 않다.
2.11.1.1 상수도에 직접 연결하는 방식으로 수도용 계량기 이후에서 분기하여 수도용 역류방지밸브, 개폐표시형밸브, 세대별 개폐밸브 및 간이헤드의 순으로 설치할 것. 이 경우 개폐표시형밸브와 세대별 개폐밸브는 그 설치위치를 쉽게 식별할 수 있는 표시를 해야 한다.

2.11.1.2 방수압력과 방수량은 2.2.1에 따를 것
2.11.1.3 배관은 2.5에 따라 설치할 것. 다만, **세대 내 배관**은 2.5.2에 따른 **소방용 합성수지배관**으로 설치할 수 있다.
2.11.1.4 간이헤드와 송수구는 2.6 및 2.8에 따라 설치할 것
2.11.1.5 주택전용 간이스프링클러설비에는 **가압송수장치, 유수검지장치, 제어반, 음향장치, 기동장치 및 비상전원**은 적용하지 않을 수 있다.

화재안전기준 답안 — 화재조기진압용 스프링클러설비

072 화재조기진압용 스프링클러설비를 설치할 장소의 구조는 화재조기진압용 스프링클러헤드가 화재를 조기에 감지하여 개방되는데 적합하고, 선반 등의 형태는 하부로 물이 침투되는 구조로 해야 한다.

073 ① 해당 층의 높이가 13.7 m 이하일 것. 다만, 2층 이상일 경우에는 해당 층의 바닥을 내화구조로 하고 다른 부분과 방화구획 할 것
② 천장의 기울기가 1,000분의 168을 초과하지 않아야 하고, 이를 초과하는 경우에는 반자를 지면과 수평으로 설치할 것
③ 천장은 평평해야 하며 철재나 목재트러스 구조인 경우, 철재나 목재의 돌출 부분이 102 ㎜를 초과하지 않을 것
④ 보로 사용되는 목재·콘크리트 및 철재 사이의 간격이 0.9 m 이상 2.3 m 이하일 것. 다만, 보의 간격이 2.3 m 이상인 경우에는 화재조기진압용 스프링클러헤드의 동작을 원활히 하기 위해 보로 구획된 부분의 천장 및 반자의 넓이가 28 ㎡를 초과하지 않을 것
⑤ 창고 내의 선반 등의 형태는 하부로 물이 침투되는 구조로 할 것

074 ① 하나의 방호구역의 바닥면적은 3,000제곱미터를 초과하지 않을 것
② 하나의 방호구역에는 한개 이상의 유수검지장치를 설치하되, 화재 시 접근이 쉽고 점검하기 편리한 장소에 설치할 것
③ 하나의 방호구역은 두개 층에 미치지 않도록 할 것
④ 유수검지장치를 실내에 설치하거나 보호용 철망 등으로 구획하여 바닥으로부터

0.8미터 이상 1.5미터 이하의 위치에 설치하되, 그 실 등에는 개구부가 가로 0.5미터 이상 세로 1미터 이상의 출입문을 설치하고 그 출입문 상단에 "유수검지장치실"이라고 표시한 표지를 설치할 것

⑤ 화재조기진압용 스프링클러헤드에 공급되는 물은 유수검지장치를 지나도록 할 것

⑥ 자연낙차에 따른 압력수가 흐르는 배관 상에 설치된 유수검지장치는 소화수의 방수 시 물의 흐름을 검지할 수 있는 최소한의 압력이 얻어질 수 있도록 수조의 하단으로부터 낙차를 두어 설치할 것

075 ① 토너먼트(tournament) 배관방식이 아닐 것.
② 가지배관 사이의 거리는 2.4 m 이상 3.7 m 이하로 할 것. 다만, 천장의 높이가 9.1 m 이상 13.7 m 이하인 경우에는 2.4 m 이상 3.1 m 이하로 한다.

076 ① 유수검지장치 2차 측 배관에 연결하여 설치할 것
② 시험장치 배관의 구경은 32 ㎜ 이상으로 하고, 그 끝에 개폐밸브 및 개방형헤드 또는 화재조기진압용스프링클러헤드와 동등한 방수성능을 가진 오리피스를 설치할 것. 이 경우 개방형헤드는 반사판 및 프레임을 제거한 오리피스만으로 설치할 수 있다.
③ 시험배관의 끝에는 물받이 통 및 배수관을 설치하여 시험 중 방사된 물이 바닥에 흘러내리지 않도록 할 것. 다만, 목욕실·화장실 또는 그 밖의 곳으로서 배수처리가 쉬운 장소에 시험배관을 설치한 경우에는 그렇지 않다.

077 ㉠ 6.0   ㉡ 9.3
㉢ 2.4 m 이상 3.7 m 이하   ㉣ 9.1 m 이상 13.7 m 이하
㉤ 914   ㉥ 125   ㉦ 101
㉧ 178   ㉨ 2분의 1   ㉩ 102
㉪ 74   ㉫ 38

078 저장물품 사이의 간격은 모든 방향에서 152밀리미터 이상의 간격을 유지해야 한다.

079 화재조기진압용 스프링클러설비의 환기구는 공기의 유동으로 인하여 헤드의 작동온도에 영향을 주지 않는 구조 및 위치에 설치해야 한다.

080 ① 공기의 유동으로 인하여 헤드의 작동온도에 영향을 주지 않는 구조 및 위치일 것
② 화재감지기와 연동하여 동작하는 자동식 환기장치를 설치하지 않을 것. 다만, 자동식 환기장치를 설치할 경우에는 최소작동온도가 180 ℃ 이상일 것

081 제4류 위험물 또는 타이어, 두루마리 종이 및 섬유류, 섬유제품 등 연소 시 화염의 확산 속도가 빠르고 방사된 물이 하부까지에 도달하지 못하는 것에 해당하는 물품의 경우에는 화재조기진압용 스프링클러를 설치해서는 안 된다.

082 다음의 기준에 해당하는 물품의 경우에는 화재조기진압용 스프링클러를 설치해서는 안 된다. 다만, 물품에 대한 화재시험등 공인기관의 시험을 받은 것은 제외한다.
① 제4류 위험물
② 타이어, 두루마리 종이 및 섬유류, 섬유제품 등 연소 시 화염의 속도가 빠르고 방사된 물이 하부까지에 도달하지 못하는 것

083 ① 송수구는 송수 및 그 밖의 소화작업에 지장을 주지 않도록 설치할 것
② 송수구로부터 주배관에 이르는 연결배관에는 개폐밸브를 설치하지 않을 것
③ 구경 65밀리미터의 쌍구형으로 할 것
④ 송수구에는 그 가까운 곳의 보기 쉬운 곳에 송수압력범위를 표시한 표지를 할 것
⑤ 송수구는 하나의 층의 바닥면적이 3,000제곱미터를 넘을 때마다 1개(5개를 넘을 경우에는 5개로 한다) 이상을 설치할 것
⑥ 지면으로부터 높이가 0.5미터 이상 1미터 이하의 위치에 설치할 것
⑦ 송수구의 가까운 부분에 자동배수밸브(또는 직경 5밀리미터의 배수공) 및 체크밸브를 설치할 것
⑧ 송수구에는 이물질을 막기 위한 마개를 씌울 것

084 ① 비상전원으로부터 동력제어반 및 가압송수장치에 이르는 전원회로배선은 내화배선으로 할 것
② 상용전원으로부터 동력제어반에 이르는 배선, 그 밖의 화재조기진압용 스프링클러설비의 감시·조작 또는 표시등회로의 배선은 내화배선 또는 내열배선으로 할 것

화재안전기준 답안 물분무소화설비

085 ① 송수구는 송수 및 그 밖의 소화작업에 지장을 주지 않도록 설치할 것
② 송수구로부터 주배관에 이르는 연결배관에는 개폐밸브를 설치하지 않을 것
③ 구경 65밀리미터의 쌍구형으로 할 것
④ 송수구에는 그 가까운 곳의 보기 쉬운 곳에 송수압력범위를 표시한 표지를 할 것
⑤ 송수구는 하나의 층의 바닥면적이 3,000제곱미터를 넘을 때마다 1개 이상(5개를 넘을 경우에는 5개로 한다)을 설치할 것
⑥ 지면으로부터 높이가 0.5미터 이상 1미터 이하의 위치에 설치할 것
⑦ 송수구의 가까운 부분에 자동배수밸브(또는 직경 5밀리미터의 배수공) 및 체크밸브를 설치할 것
⑧ 송수구에는 이물질을 막기 위한 마개를 씌울 것

086 ① 물분무소화설비의 수동식기동장치는 직접 조작 또는 원격조작에 따라 각각의 가압송수장치 및 수동식 개방밸브 또는 가압송수장치 및 자동개방밸브를 개방할 수 있도록 설치해야 한다.
② 자동식 기동장치는 화재감지기의 작동 또는 폐쇄형스프링클러헤드의 개방과 연동하여 경보를 발하고, 가압송수장치 및 자동개방밸브를 기동할 수 있는 것으로 해야 한다.

087 (1) ① 직접조작 또는 원격조작에 따라 각각의 가압송수장치 및 수동식 개방밸브 또는 가압송수장치 및 자동개방밸브를 개방할 수 있도록 설치할 것
② 기동장치의 가까운 곳의 보기 쉬운 곳에 "기동장치"라고 표시한 표지를 할 것
(2) 자동식기동장치는 화재감지기의 작동 또는 폐쇄형스프링클러헤드의 개방과 연동하여 경보를 발하고, 가압송수장치 및 자동개방밸브를 기동할 수 있는 것으로 해야 한다. 다만, 자동화재탐지설비의 수신기가 설치되어 있고, 수신기가 설치되어 있는 장소에 상시 사람이 근무하고 있으며, 화재 시 물분무소화설비를 즉시 작동시킬 수 있는 경우에는 그렇지 않다.

088 (1) ① 제어밸브는 바닥으로부터 0.8미터 이상 1.5미터 이하의 위치에 설치할 것
② 제어밸브의 가까운 곳의 보기 쉬운 곳에 "제어밸브"라고 표시한 표지를 할 것
(2) ㉠ 자동 개방밸브 ㉡ 수동식 개방밸브 ㉢ 밸브의 작동

089 (1) ① 제어밸브는 바닥으로부터 0.8 m 이상 1.5 m 이하의 위치에 설치할 것
② 제어밸브의 가까운 곳의 보기 쉬운 곳에 "제어밸브"라고 표시한 표지를 할 것
(2) ① 자동개방밸브의 기동조작부 및 수동식개방밸브는 화재시 용이하게 접근할 수 있는 곳의 바닥으로부터 0.8 m 이상 1.5 m 이하의 위치에 설치할 것
② 자동개방밸브 및 수동식개방밸브의 2차 측 배관 부분에는 해당 방수구역 외에 밸브의 작동을 시험할 수 있는 장치를 설치할 것. 다만, 방수구역에서 직접 방수시험을 할 수 있는 경우에는 그렇지 않다.

090 ① 물에 심하게 반응하는 물질 또는 물과 반응하여 위험한 물질을 생성하는 물질을 저장 또는 취급하는 장소
② 고온의 물질 및 증류범위가 넓어 끓어 넘치는 위험이 있는 물질을 저장 또는 취급하는 장소
③ 운전시에 표면의 온도가 260 ℃ 이상으로 되는 등 직접 분무를 하는 경우 그 부분에 손상을 입힐 우려가 있는 기계장치 등이 있는 장소

091 ① 물분무헤드는 표준방사량으로 해당 방호대상물의 화재를 유효하게 소화하는데 필요한 수를 적정한 위치에 설치해야 한다.
② 고압의 전기기기가 있는 장소는 전기의 절연을 위하여 전기기기와 물분무헤드 사이에 전기기기의 전압(kV)에 따라 안전이격거리를 두어야 한다.

092 물분무소화설비를 설치하는 차고 또는 주차장에는 배수구, 기름분리장치 등 배수설비를 해야 한다.

093 ① 점검에 편리하고 화재 및 침수 등의 재해로 인한 피해를 받을 우려가 없는 곳에 설치할 것
② 물분무소화설비를 유효하게 20분 이상 작동할 수 있도록 할 것
③ 상용전원으로부터 전력의 공급이 중단된 때에는 자동으로 비상전원으로부터 전력을 공급받을 수 있도록 할 것
④ 비상전원(내연기관의 기동 및 제어용 축전기를 제외한다)의 설치장소는 다른 장소와 방화구획 할 것
⑤ 비상전원을 실내에 설치하는 때에는 그 실내에 비상조명등을 설치할 것

화재안전기준 답안 — 미분무소화설비

094 ① 하나의 방호구역의 바닥면적은 펌프용량, 배관의 구경 등을 수리학적으로 계산한 결과 헤드의 방수압 및 방수량이 방호구역 범위 내에서 소화목적을 달성할 수 있도록 산정할 것
② 하나의 방호구역은 두 개 층에 미치지 않도록 할 것

095 ① 하나의 방수구역은 두 개 층에 미치지 않도록 할 것
② 하나의 방수구역을 담당하는 헤드의 개수는 최대 설계개수 이하로 할 것. 다만, 둘 이상의 방수구역으로 나눌 경우에는 하나의 방수구역을 담당하는 헤드의 개수는 최대설계 개수의 2분의 1 이상으로 할 것
③ 터널, 지하가 등에 설치할 경우 동시에 방수되어야 하는 방수구역은 화재가 발생된 방수구역 및 접한 방수구역으로 할 것

096 ① 전용수조로 하고, 점검에 편리한 곳에 설치할 것
② 동결방지조치를 하거나 동결의 우려가 없는 장소에 설치할 것
③ 수조의 외측에 수위계를 설치할 것. 다만, 구조상 불가피한 경우에는 수조의 맨홀 등을 통하여 수조 안의 물의 양을 쉽게 확인할 수 있도록 해야 한다.
④ 수조의 상단이 바닥보다 높은 때에는 수조의 외측에 고정식 사다리를 설치할 것
⑤ 수조가 실내에 설치된 때에는 그 실내에 조명설비를 설치할 것
⑥ 수조의 밑 부분에는 청소용 배수밸브 또는 배수관을 설치할 것
⑦ 수조 외측의 보기 쉬운 곳에 "미분무소화설비용 수조"라고 표시한 표지를 할 것
⑧ 소화설비용 펌프의 흡수배관 또는 소화설비의 수직배관과 수조의 접속부분에는 "미분무소화설비용 배관"이라고 표시한 표지를 할 것. 다만, 수조와 가까운 장소에 소화설비용 펌프가 설치되고 해당 펌프에 2.4.3.7에 따른 표지를 설치한 때에는 그렇지 않다.

097 ① 성능시험배관은 펌프의 토출 측에 설치된 개폐밸브 이전에서 분기하여 직선으로 설치하고, 유량측정장치를 기준으로 전단 직관부에는 개폐밸브를 후단 직관부에는 유량조절밸브를 설치할 것. 이 경우 개폐밸브와 유량측정장치 사이의 직관부 거리 및 유량측정장치와 유량조절밸브 사이의 직관부 거리는 해당 유량측정장치 제

조사의 설치사양에 따르고, 성능시험배관의 호칭지름은 유량측정장치의 호칭지름에 따른다.
② 유입구에는 개폐밸브를 둘 것
③ 유량측정장치는 펌프의 정격토출량의 175 % 이상 측정할 수 있는 성능이 있을 것
④ 가압송수장치의 체절운전 시 수온의 상승을 방지하기 위하여 체크밸브와 펌프사이에서 분기한 구경 20 ㎜ 이상의 배관에 체절압력 미만에서 개방되는 릴리프밸브를 설치할 것

098 ① 가압송수장치에서 가장 먼 가지배관의 끝으로부터 연결하여 설치할 것
② 시험장치 배관의 구경은 가압장치에서 가장 먼 가지배관의 구경과 동일한 구경으로 하고, 그 끝에 개방형헤드를 설치할 것. 이 경우 개방형헤드는 동일 형태의 오리피스만으로 설치할 수 있다.
③ 시험배관의 끝에는 물받이 통 및 배수관을 설치하여 시험 중 방사된 물이 바닥에 흘러내리지 아니하도록 할 것. 다만, 목욕실·화장실 또는 그 밖의 곳으로서 배수처리가 쉬운 장소에 시험배관을 설치한 경우에는 그렇지 않다.

099 ① 차고 또는 주차장 외의 장소에 설치하되 방호대상물의 각 부분으로부터 하나의 호스 접결구까지의 수평거리가 25 m 이하가 되도록 할 것
② 소화약제 저장용기의 개방밸브는 호스의 설치장소에서 수동으로 개폐할 수 있는 것으로 할 것
③ 소화약제 저장용기의 가장 가까운 곳의 보기 쉬운 곳에 표시등을 설치하고, "호스릴 미분무소화설비"라고 표시한 표지를 할 것
④ 그 밖의 사항은 「옥내소화전설비의 화재안전기술기준(NFTC 102)」 2.4(함 및 방수구 등)에 적합할 것

100 ① 각 펌프의 작동여부를 확인할 수 있는 표시등 및 음향경보기능이 있어야 할 것
② 각 펌프를 자동 및 수동으로 작동시키거나 중단시킬 수 있어야 할 것
③ 비상전원을 설치한 경우에는 상용전원 및 비상전원의 공급여부를 확인할 수 있어야 할 것
④ 수조가 저수위로 될 때 표시등 및 음향으로 경보할 것
⑤ 예비전원이 확보되고 예비전원의 적합여부를 시험할 수 있어야 할 것

101 ① 비상전원을 설치한 경우에는 비상전원으로부터 동력제어반 및 가압송수장치에 이르는 전원회로의 배선은 내화배선으로 할 것. 다만, 자가발전설비와 동력제어반이 동일한 실에 설치된 경우에는 자가발전기로부터 그 제어반에 이르는 전원회로의 배선은 그렇지 않다.
② 상용전원으로부터 동력제어반에 이르는 배선, 그 밖의 미분무소화설비의 감시·조작 또는 표시등회로의 배선은 내화배선 또는 내열배선으로 할 것. 다만, 감시제어반 또는 동력제어반 안의 감시·조작 또는 표시등회로의 배선은 그렇지 않다.

102 ① 단자에는 "미분무 소화설비단자"라고 표시한 표지를 부착할 것
② 소화설비용 전기배선의 양단에는 다른 배선과 식별이 용이하도록 표시할 것

103 ① 미분무소화설비의 청소·유지 및 관리 등은 건축물의 모든 부분을 완성한 시점부터 최소 연 1회 이상 실시하여 그 성능 등을 확인해야 한다.
② 미분무소화설비의 배관 등의 청소는 배관의 수리계산 시 설계된 최대방출량으로 방출하여 배관 내 이물질이 제거될 수 있는 충분한 시간 동안 실시해야 한다.
③ 미분무소화설비의 성능시험은 제8조에서 정한 기준에 따라 실시한다.

화재안전기준 답안 · 포소화설비

104 ① 「화재의 예방 및 안전관리에 관한 법률 시행령」 별표 2의 특수가연물을 저장·취급하는 공장 또는 창고: 포워터스프링클러설비·포헤드설비 또는 고정포방출설비, 압축공기포소화설비
② 차고 또는 주차장: 포워터스프링클러설비·포헤드설비 또는 고정포방출설비, 압축공기포소화설비
③ 항공기격납고: 포워터스프링클러설비·포헤드설비 또는 고정포방출설비, 압축공기포소화설비
④ 발전기실, 엔진펌프실, 변압기, 전기케이블실, 유압설비: 바닥면적의 합계가 300제곱미터 미만의 장소에는 고정식 압축공기포소화설비를 설치할 수 있다.

105 ① 임펠러는 청동 또는 스테인리스 등 부식에 강한 재질을 사용할 것
② 펌프축은 스테인리스 등 부식에 강한 재질을 사용할 것

106 ① 배관을 지하에 매설하는 경우
② 다른 부분과 내화구조로 구획된 덕트 또는 피트의 내부에 설치하는 경우
③ 천장(상층이 있는 경우에는 상층바닥의 하단을 포함한다. 이하 같다)과 반자를 불연재료 또는 준불연 재료로 설치하고 소화배관 내부에 항상 소화수가 채워진 상태로 설치하는 경우

107 ① 성능시험배관은 펌프의 토출 측에 설치된 개폐밸브 이전에서 분기하여 직선으로 설치하고, 유량측정장치를 기준으로 전단 직관부에는 개폐밸브를 후단 직관부에는 유량조절밸브를 설치할 것. 이 경우 개폐밸브와 유량측정장치 사이의 직관부 거리 및 유량측정장치와 유량조절밸브 사이의 직관부 거리는 해당 유량측정장치 제조사의 설치사양에 따르고, 성능시험배관의 호칭지름은 유량측정장치의 호칭지름에 따른다.
② 유량측정장치는 펌프의 정격토출량의 175 % 이상 측정할 수 있는 성능이 있을 것

108 ① 송수구는 송수 및 그 밖의 소화작업에 지장을 주지 않도록 설치할 것
② 송수구로부터 주배관에 이르는 연결배관에는 개폐밸브를 설치하지 않을 것
③ 구경 65밀리미터의 쌍구형으로 할 것
④ 송수구에는 그 가까운 곳의 보기 쉬운 곳에 송수압력범위를 표시한 표지를 할 것
⑤ 포소화설비의 송수구는 하나의 층의 바닥면적이 3,000제곱미터를 넘을 때마다 1개 이상을 설치할 것(5개를 넘을 경우에는 5개로 한다)
⑥ 지면으로부터 높이가 0.5미터 이상 1미터 이하의 위치에 설치할 것
⑦ 송수구의 가까운 부분에 자동배수밸브(또는 직경 5밀리미터의 배수공) 및 체크밸브를 설치할 것
⑧ 송수구에는 이물질을 막기 위한 마개를 씌울 것

109 ① 화재 등의 재해로 인한 피해를 받을 우려가 없는 장소에 설치할 것
② 기온의 변동으로 포의 발생에 장애를 주지 않는 장소에 설치할 것
③ 포 소화약제가 변질될 우려가 없고 점검에 편리한 장소에 설치할 것

④ 가압송수장치 또는 포 소화약제 혼합장치의 기동에 따라 압력이 가해지는 것 또는 상시 가압된 상태로 사용되는 것은 압력계를 설치할 것
⑤ 포 소화약제 저장량의 확인이 쉽도록 액면계 또는 계량봉 등을 설치할 것
⑥ 저장탱크에는 압력계, 액면계(또는 계량봉) 또는 글라스게이지 등 점검 및 유지관리에 필요한 설비를 설치할 것

110 포 소화약제의 혼합장치는 포 소화약제의 사용농도에 적합한 수용액으로 혼합할 수 있도록 펌프 프로포셔너방식, 프레셔 프로포셔너방식, 라인 프로포셔너방식, 프레셔 사이드 프로포셔너방식, 압축공기포 믹싱챔버방식 등으로 하며, 법 제40조에 따라 제품검사에 합격한 것으로 설치해야 한다.

111 ① 자동 개방밸브는 화재감지장치의 작동에 따라 자동으로 개방되는 것으로 할 것
② 수동식 개방밸브는 화재 시 쉽게 접근할 수 있는 곳에 설치할 것

112 ① 펌프 프로포셔너방식
② 프레셔 프로포셔너방식
③ 라인 프로포셔너방식
④ 프레셔 사이드 프로포셔너방식
⑤ 압축공기포 믹싱챔버방식

113 (1) 직접조작 또는 원격조작에 따라 가압송수장치·수동식개방밸브 및 소화약제 혼합장치를 기동할 수 있는 것으로 하고, 방사구역 및 특정소방대상물에 따라 적합하게 설치해야 한다.
(2) 자동화재탐지설비의 감지기의 작동 또는 폐쇄형스프링클러헤드의 개방과 연동하여 가압송수장치·일제개방밸브 및 포 소화약제 혼합장치를 기동시킬 수 있도록 하되, 동결의 우려가 있는 장소의 포소화설비의 자동식 기동장치는 자동화재탐지설비와 연동되도록 해야 한다.
(3) 자동경보장치에는 방사구역마다 일제개방밸브와 그 일제개방밸브의 작동여부를 발신하는 발신부를 설치하고, 수신기는 상시 사람이 근무하고 있는 장소에 설치해야 한다.

114 ① 특정소방대상물의 어느 층에 있어서도 그 층에 설치된 호스릴포방수구 또는 포소화전방수구(호스릴포방수구 또는 포소화전방수구가 5개 이상 설치된 경우에는 5개)를 동시에 사용할 경우 각 이동식 포노즐 선단의 포수용액 방사압력이 0.35메가파스칼 이상이고 분당 300리터 이상(1개층의 바닥면적이 200제곱미터 이하인 경우에는 분당 230리터 이상)의 포수용액을 수평거리 15미터 이상으로 방사할 수 있도록 할 것
② 저발포의 포소화약제를 사용할 수 있는 것으로 할 것
③ 호스릴 또는 호스를 호스릴포방수구 또는 포소화전방수구로 분리하여 비치하는 때에는 그로부터 3미터 이내의 거리에 호스릴함 또는 호스함을 설치할 것
④ 호스릴함 또는 호스함은 바닥으로부터 높이 1.5미터 이하의 위치에 설치하고 그 표면에는 "포호스릴함(또는 포소화전함)"이라고 표시한 표지와 적색의 위치표시등을 설치할 것
⑤ 방호대상물의 각 부분으로부터 하나의 호스릴포방수구까지의 수평거리는 15미터 이하(포소화전방수구의 경우에는 25미터 이하)가 되도록 하고 호스릴 또는 호스의 길이는 방호대상물의 각 부분에 포가 유효하게 뿌려질 수 있도록 할 것

115 ① 비상전원으로부터 동력제어반 및 가압송수장치에 이르는 전원회로배선은 내화배선으로 할 것
② 상용전원으로부터 동력제어반에 이르는 배선, 그 밖의 포소화설비의 감시·조작 또는 표시등회로의 배선은 내화배선 또는 내열배선으로 할 것

화재안전기준 답안 — 이산화탄소소화설비

116

설계농도	방호대상물 또는 방호구역의 소화약제 저장량을 산출하기 위한 농도로서 소화농도에 안전율을 고려하여 설정한 농도를 말한다.
소화농도	규정된 실험 조건의 화재를 소화하는데 필요한 소화약제의 농도(형식승인대상의 소화약제는 형식승인된 소화농도)를 말한다.

117 ㉠ 75   ㉡ 아세틸렌(Acetylene)
㉢ 64   ㉣ 산화에틸렌(Ethylene Oxide)
㉤ 49   ㉥ 에탄(Ethane)
㉦ 이소부탄(Iso Butane)   ㉧ 34

118 ① 방호구역 외의 장소에 설치할 것. 다만, 방호구역 내에 설치할 경우에는 피난 및 조작이 용이하도록 피난구 부근에 설치해야 한다.
② 온도가 40 ℃ 이하이고, 온도변화가 작은 곳에 설치할 것
③ 직사광선 및 빗물이 침투할 우려가 없는 곳에 설치할 것
④ 방화문으로 구획된 실에 설치할 것
⑤ 용기의 설치장소에는 해당 용기가 설치된 곳임을 표시하는 표지를 할 것
⑥ 용기 간의 간격은 점검에 지장이 없도록 3 ㎝ 이상의 간격을 유지할 것
⑦ 저장용기와 집합관을 연결하는 연결배관에는 체크밸브를 설치할 것. 다만, 저장용기가 하나의 방호구역만을 담당하는 경우에는 그렇지 않다.

119 ① 저장용기의 충전비는 고압식은 1.5 이상 1.9 이하, 저압식은 1.1 이상 1.4 이하로 할 것
② 저압식 저장용기에는 내압시험압력의 0.64배부터 0.8배의 압력에서 작동하는 안전밸브와 내압시험압력의 0.8배부터 내압시험압력에서 작동하는 봉판을 설치할 것
③ 저압식 저장용기에는 액면계 및 압력계와 2.3 ㎫ 이상 1.9 ㎫ 이하의 압력에서 작동하는 압력경보장치를 설치할 것
④ 저압식 저장용기에는 용기 내부의 온도가 섭씨 영하 18℃ 이하에서 2.1 ㎫의 압력을 유지할 수 있는 자동냉동장치를 설치할 것
⑤ 저장용기는 고압식은 25 ㎫ 이상, 저압식은 3.5 ㎫ 이상의 내압시험압력에 합격한 것으로 할 것

120 ㉠ 전기식   ㉡ 가스압력식
㉢ 기계식   ㉣ 선택밸브
㉤ 개폐밸브   ㉥ 안전장치
㉦ 용전식

> **보충설명**
>
> **2.1.3** 이산화탄소 소화약제 저장용기의 개방밸브는 전기식·가스압력식 또는 기계식에 따라 자동으로 개방되고 수동으로도 개방되는 것으로서 안전장치가 부착된 것으로 해야 한다.
> **2.1.4** 이산화탄소 소화약제 저장용기와 선택밸브 또는 개폐밸브 사이에는 배관의 최소사용설계압력과 최대허용압력 사이의 압력에서 작동하는 안전장치를 설치해야 하며, 안전장치를 통하여 나온 소화가스는 전용의 배관 등을 통하여 건축물 외부로 배출될 수 있도록 해야 한다. 이 경우 안전장치로 용전식을 사용해서는 안 된다. 〈개정 2024.8.1.〉

121 ① 이산화탄소소화설비의 수동식 기동장치는 다음 각 호의 기준에 따라 설치해야 한다.
    1. 수동식 기동장치는 오조작을 방지하기 위한 보호장치가 있는 것으로 설치할 것
    2. 수동식 기동장치는 전역방출방식은 방호구역마다, 국소방출방식은 방호대상물마다 조작, 피난 및 유지관리가 용이한 장소에 설치할 것
    3. 수동식 기동장치의 부근에는 소화약제의 방출을 지연시킬 수 있는 방출지연스위치를 설치할 것
② 이산화탄소소화설비의 자동식 기동장치는 자동화재탐지설비의 감지기의 작동과 연동하는 것으로서 수동으로도 기동할 수 있는 구조로 설치해야 한다.
③ 이산화탄소소화설비가 설치된 부분의 출입구 등의 보기 쉬운 곳에 소화약제의 방출을 표시하는 표시등을 설치해야 한다.

122 (1)

정의	자동복귀형 스위치로서 수동식 기동장치의 타이머를 순간 정지시키는 기능의 스위치를 말한다.
기능	소화약제의 방출을 지연
설치위치	수동식 기동장치의 부근

(2) ① 전역방출방식은 방호구역마다, 국소방출방식은 방호대상물마다 설치할 것
    ② 해당 방호구역의 출입구 부근 등 조작을 하는 자가 쉽게 피난할 수 있는 장소에 설치할 것
    ③ 기동장치의 조작부는 바닥으로부터 0.8 m 이상 1.5 m 이하의 위치에 설치하고, 보호판 등에 따른 보호장치를 설치할 것
    ④ 기동장치 인근의 보기 쉬운 곳에 "이산화탄소소화설비 수동식 기동장치"라는 표지를 할 것
    ⑤ 전기를 사용하는 기동장치에는 전원표시등을 설치할 것
    ⑥ 기동장치의 방출용스위치는 음향경보장치와 연동하여 조작될 수 있는 것으로

할 것
⑦ 기동장치에는 보호장치를 설치해야 하며, 보호장치를 개방하는 경우 기동장치에 설치된 부저 또는 벨 등에 의하여 경고음을 발할 것
⑧ 기동장치를 옥외에 설치하는 경우 빗물 또는 외부 충격의 영향을 받지 아니하도록 설치할 것

123 ㉠ 7   ㉡ 2   ㉢ 25   ㉣ 0.8
㉤ 5   ㉥ 6.0   ㉦ 압력게이지   ㉧ 기계식

124 ① 기동용가스용기 및 해당 용기에 사용하는 밸브는 25 MPa 이상의 압력에 견딜 수 있는 것으로 할 것
② 기동용가스용기에는 내압시험압력의 0.8 배부터 내압시험압력 이하에서 작동하는 안전장치를 설치할 것
③ 기동용가스용기의 체적은 5 L 이상으로 하고, 해당 용기에 저장하는 질소 등의 비활성기체는 6.0 MPa 이상(21℃ 기준)의 압력으로 충전할 것
④ 질소 등의 비활성기체 기동용가스용기에는 충전 여부를 확인할 수 있는 압력게이지를 설치할 것

125 ① 제어반은 수동기동장치 또는 화재감지기에서의 신호를 수신하여 음향경보장치의 작동, 소화약제의 방출 또는 지연 등 기타의 제어기능을 가진 것으로 하고, 제어반에는 전원표시등을 설치할 것
② 화재표시반은 제어반에서의 신호를 수신하여 작동하는 기능을 가진 것으로 설치할 것
③ 제어반 및 화재표시반은 화재 및 침수 등의 재해로 인한 피해를 받을 우려가 없고 점검에 편리한 장소에 설치할 것

126 ① 배관은 전용으로 할 것
② 강관을 사용하는 경우의 배관은 압력 배관용 탄소 강관(KS D 3562) 중 스케줄 80 (저압식은 스케줄 40) 이상의 것 또는 이와 동등 이상의 강도를 가진 것으로 아연도금 등으로 방식 처리된 것을 사용할 것
③ 동관을 사용하는 경우의 배관은 이음매 없는 구리 및 구리합금관(KS D 5301)으로서 고압식은 16.5메가파스칼 이상, 저압식은 3.75메가파스칼 이상의 압력에 견딜

수 있는 것을 사용할 것

④ 고압식의 1차측(개폐밸브 또는 선택밸브 이전) 배관부속의 최소사용설계압력은 9.5메가파스칼로 하고, 고압식의 2차측과 저압식의 배관부속의 최소사용설계압력은 4.5메가파스칼로 할 것 〈개정 2024. 7. 10.〉

> **보충설명** 이산화탄소소화설비의 화재안전기술기준(NFTC 106)
>
> 2.5.1 이산화탄소소화설비의 배관은 다음의 기준에 따라 설치해야 한다.
> 2.5.1.1 배관은 전용으로 할 것
> 2.5.1.2 강관을 사용하는 경우의 배관은 압력배관용탄소강관(KS D 3562) 중 스케줄 80(저압식은 스케줄 40) 이상의 것 또는 이와 동등 이상의 강도를 가진 것으로 아연도금 등으로 방식 처리된 것을 사용할 것. 다만, 배관의 호칭구경이 20 ㎜ 이하인 경우에는 스케줄 40 이상인 것을 사용할 수 있다.
> 2.5.1.3 동관을 사용하는 경우의 배관은 이음이 없는 동 및 동합금관(KS D 5301)으로서 고압식은 16.5 MPa 이상, 저압식은 3.75 MPa 이상의 압력에 견딜 수 있는 것을 사용할 것
> 2.5.1.4 고압식의 1차측(개폐밸브 또는 선택밸브 이전) 배관부속의 최소사용설계압력은 9.5 MPa로 하고, 고압식의 2차측과 저압식의 배관부속의 최소사용설계압력은 4.5 MPa로 할 것 〈개정 2024.8.1.〉
> 2.5.2 배관의 구경은 이산화탄소 소화약제의 소요량이 다음의 기준에 따른 시간 내에 방출될 수 있는 것으로 해야 한다.
> 2.5.2.1 전역방출방식에 있어서 가연성액체 또는 가연성가스 등 표면화재 방호대상물의 경우에는 1분
> 2.5.2.2 전역방출방식에 있어서 종이, 목재, 석탄, 섬유류, 합성수지류 등 심부화재 방호대상물의 경우에는 7분. 이 경우 설계농도가 2분 이내에 30 %에 도달해야 한다.
> 2.5.2.3 국소방출방식의 경우에는 30초
> 2.5.3 소화약제의 저장용기와 선택밸브 사이의 집합배관에는 수동잠금밸브를 설치하되 선택밸브 직전에 설치할 것. 다만, 선택밸브가 없는 설비의 경우에는 저장용기실 내에 설치하되 조작 및 점검이 쉬운 위치에 설치해야 한다.

127 ㉠ 1분
㉡ 7분. 이 경우 설계농도가 2분 이내에 30퍼센트에 도달해야 한다.
㉢ 30초

128 (1)

조치	부식방지조치
표시	오리피스의 크기, 제조일자, 제조업체

(2) 방호구역에 소화약제의 방출 시간이 충족되도록 설치할 것
(3) 제조업체에서 정한 값으로 할 것
(4) 분사헤드가 연결되는 배관구경 면적의 70 % 이하가 되도록 할 것

129 ① 방재실·제어실 등 사람이 상시 근무하는 장소
② 니트로셀룰로스·셀룰로이드제품 등 자기연소성물질을 저장·취급하는 장소
③ 나트륨·칼륨·칼슘 등 활성금속물질을 저장·취급하는 장소
④ 전시장 등의 관람을 위하여 다수인이 출입·통행하는 통로 및 전시실 등

130 전역방출방식의 이산화탄소소화설비를 설치한 특정소방대상물 또는 그 부분에 대하여 환기장치 등을 설치한 것은 소화약제가 방출되기 전에 해당 환기장치 등이 정지될 수 있도록 하고, 개구부 및 통기구가 있어 소화약제의 유출에 따라 소화효과를 감소시킬 우려가 있는 것은 소화약제가 방출되기 전에 당해 개구부 및 통기구를 폐쇄할 수 있도록 자동폐쇄장치를 설치해야 한다.

131 ① 환기장치 등을 설치한 것은 소화약제가 방출되기 전에 해당 환기장치 등이 정지될 수 있도록 할 것
② 개구부가 있거나 천장으로부터 1 m 이상의 아래 부분 또는 바닥으로부터 해당 층의 높이의 3분의 2 이내의 부분에 통기구가 있어 소화약제의 유출에 따라 소화효과를 감소시킬 우려가 있는 것은 소화약제가 방출되기 전에 해당 개구부 및 통기구를 폐쇄할 수 있도록 할 것
③ 자동폐쇄장치는 방호구역 또는 방호대상물이 있는 구획의 밖에서 복구할 수 있는 구조로 하고, 그 위치를 표시하는 표지를 할 것

132 지하층, 무창층 및 밀폐된 거실 등에 이산화탄소소화설비를 설치한 경우에는 방출된 소화약제를 배출하기 위한 배출설비를 갖추어야 한다.

133 이산화탄소소화설비의 방호구역에는 소화약제 방출시 발생하는 과(부)압으로 인한 구조물 등의 손상을 방지하기 위해 과압배출구를 설치해야 한다. 다만, 과(부)압이 발생해도 구조물 등에 손상이 생길 우려가 없음을 시험 또는 공학적인 자료로 입증하는 경우 설치하지 않을 수 있다.

> **보충설명** 이산화탄소소화설비의 화재안전기술기준(NFTC 106)
>
> **2.14 과압배출구**
> **2.14.1** 이산화탄소소화설비의 방호구역에는 소화약제 방출시 발생하는 과(부)압으로 인한 구조물 등의 손상을 방지하기 위해 2.14.1.1부터 2.14.1.4까지의 내용을 검토하여 과압배출구를 설치해야 한다. 다만, 과(부)압이 발생해도 구조물 등에 손상이 생길 우려가 없음을 시험 또는 공학적인 자료로 입증하는 경우 설치하지 않을 수 있다. 〈개정 2024.8.1.〉
> **2.14.1.1** 방호구역 누설면적 〈신설 2024.8.1.〉
> **2.14.1.2** 방호구역의 최대허용압력 〈신설 2024.8.1.〉
> **2.14.1.3** 소화약제 방출시의 최고압력 〈신설 2024.8.1.〉
> **2.14.1.4** 소화농도 유지시간 〈신설 2024.8.1.〉

134 ① 이산화탄소소화설비가 설치된 장소에는 시각경보장치, 위험경고표지 등의 안전시설을 설치해야 한다.
② 방호구역 내에 이산화탄소 소화약제가 방출되는 경우 후각을 통해 이를 인지할 수 있도록 부취발생기를 다음 각 호의 어느 하나에 해당하는 방식으로 설치해야 한다.
　1. 부취발생기를 소화약제 저장용기실 내의 소화배관에 설치하여 소화약제의 방출에 따라 부취제가 혼합되도록 하는 방식
　2. 방호구역 내에 부취발생기를 설치하여 소화약제 방출 전에 부취제가 방출되도록 하는 방식

> **보충설명** 이산화탄소소화설비의 화재안전기술기준 〈시행 2024.8.1.〉
>
> **2.16 안전시설 등**
> **2.16.1** 이산화탄소소화설비가 설치된 장소에는 다음의 기준에 따른 안전시설을 설치해야 한다.
> **2.16.1.1** 소화약제 방출 시 방호구역 내와 부근에 가스 방출 시 영향을 미칠 수 있는 장소에 시각경보장치를 설치하여 소화약제가 방출되었음을 알도록 할 것
> **2.16.1.2** 방호구역의 출입구 부근 잘 보이는 장소에 약제방출에 따른 위험경고표지를 부착할 것
> **2.16.2** 방호구역 내에 이산화탄소 소화약제가 방출되는 경우 후각을 통해 이를 인지할 수 있도록 부취발생기를 다음의 어느 하나에 해당하는 방식으로 설치해야 한다. 〈신설 2024.8.1.〉
> **2.16.2.1** 부취발생기를 소화약제 저장용기실 내의 소화배관에 설치하여 소화약제의 방출에 따라 부취제가 혼합되도록 하는 방식 〈신설 2024.8.1.〉
> **2.16.2.1.1** 소화약제 저장용기실 내의 소화배관에 설치할 것 〈신설 2024.8.1.〉
> **2.16.2.1.2** 점검 및 관리가 쉬운 위치에 설치할 것 〈신설 2024.8.1.〉
> **2.16.2.1.3** 방호구역별로 선택밸브 직후 2차측 배관에 설치할 것. 다만, 선택밸브가 없는 경우에는 집합배관에 설치할 수 있다. 〈신설 2024.8.1.〉
> **2.16.2.2** 방호구역 내에 부취발생기를 설치하여 이산화탄소소화설비의 기동에 따라 소화약제 방출 전에 부취제가 방출되도록 하는 방식 〈신설 2024.8.1.〉

135 ① 소화약제 방출 시 방호구역 내와 부근에 가스 방출 시 영향을 미칠 수 있는 장소에 시각경보장치를 설치하여 소화약제가 방출되었음을 알도록 할 것
② 방호구역의 출입구 부근 잘 보이는 장소에 약제방출에 따른 위험경고표지를 부착할 것

화재안전기준 답안 | 할론소화설비

136 ① 축압식 저장용기의 압력은 온도 20℃에서 할론 1211을 저장하는 것은 1.1 MPa 또는 2.5 MPa, 할론 1301을 저장하는 것은 2.5 MPa 또는 4.2 MPa이 되도록 질소가스로 축압할 것
② 저장용기의 충전비는 할론 2402를 저장하는 것 중 가압식 저장용기는 0.51 이상 0.67 미만, 축압식 저장용기는 0.67 이상 2.75 이하, 할론 1211은 0.7 이상 1.4 이하, 할론 1301은 0.9 이상 1.6 이하로 할 것
③ 동일 집합관에 접속되는 저장용기의 소화약제 충전량은 동일 충전비의 것으로 할 것

137 ① 기동용가스용기 및 해당 용기에 사용하는 밸브는 25 MPa 이상의 압력에 견딜 수 있는 것으로 할 것
② 기동용가스용기에는 내압시험압력의 0.8배부터 내압시험압력 이하에서 작동하는 안전장치를 설치할 것
③ 기동용가스용기의 체적은 5 L 이상으로 하고, 해당 용기에 저장하는 질소 등의 비활성기체는 6.0 MPa 이상(21℃ 기준)의 압력으로 충전할 것. 다만, 기동용가스용기의 체적을 1 L 이상으로 하고, 해당 용기에 저장하는 이산화탄소의 양은 0.6 kg 이상으로 하며, 충전비는 1.5 이상 1.9 이하의 기동용가스용기로 할 수 있다.

138 ① 제어반은 수동기동장치 또는 화재감지기에서의 신호를 수신하여 음향경보장치의 작동, 소화약제의 방출 또는 지연 등 기타의 제어기능을 가진 것으로 하고, 제어반에는 전원표시등을 설치할 것
② 화재표시반은 제어반에서의 신호를 수신하여 작동하는 기능을 가진 것으로 설치할 것

③ 제어반 및 화재표시반은 화재 및 침수 등의 재해로 인한 피해를 받을 우려가 없고 점검에 편리한 장소에 설치할 것

139 ① 배관은 전용으로 할 것
② 강관을 사용하는 경우의 배관은 압력 배관용 탄소 강관(KS D 3562) 중 스케줄 80 (저압식은 스케줄 40) 이상의 것 또는 이와 동등 이상의 강도를 가진 것으로 아연 도금 등으로 방식 처리된 것을 사용할 것
③ 동관을 사용하는 경우의 배관은 이음이 없는 구리 및 구리합금관(KS D 5301)으로 서 고압식은 16.5메가파스칼 이상, 저압식은 3.75메가파스칼 이상의 압력에 견딜 수 있는 것을 사용할 것
④ 배관부속 및 밸브류는 강관 또는 동관과 동등 이상의 강도 및 내식성이 있는 것으 로 할 것

140 ㉠ 0.1   ㉡ 0.2   ㉢ 0.9   ㉣ 10초

141 ㉠ 차고 또는 주차의 용도
㉡ 지상 1층 및 피난층
㉢ 15
㉣ 전기설비가 설치되어 있는 부분
㉤ 5분의 1 미만

142 ① 방호대상물의 각 부분으로부터 하나의 호스접결구까지의 수평거리는 20미터 이하 가 되도록 할 것
② 소화약제의 저장용기의 개방밸브는 호스릴의 설치장소에서 수동으로 개폐할 수 있 는 것으로 할 것
③ 소화약제의 저장용기는 호스릴을 설치하는 장소마다 설치할 것
④ 노즐은 섭씨 20도에서 하나의 노즐마다 분당 45킬로그램(할론 1211은 40킬로그 램, 할론 1301은 35킬로그램) 이상의 소화약제를 방사할 수 있는 것으로 할 것
⑤ 소화약제 저장용기의 가장 가까운 곳의 보기 쉬운 곳에 표시등을 설치하고, 호스릴 방식의 할론소화설비가 있다는 뜻을 표시한 표지를 할 것

143 ① 분사헤드에는 부식방지조치를 해야 하며 오리피스의 크기, 제조일자, 제조업체가 표시되도록 할 것

② 분사헤드의 개수는 방호구역에 소화약제의 방출 시간이 충족되도록 설치할 것

③ 분사헤드의 방출률 및 방출압력은 제조업체에서 정한 값으로 할 것

④ 분사헤드의 오리피스의 면적은 분사헤드가 연결되는 배관구경 면적의 70% 이하가 되도록 할 것

화재안전기준 **답안** 할로겐화합물 및 불활성기체 소화설비

144

설계농도	방호대상물 또는 방호구역의 소화약제 저장량을 산출하기 위한 농도로서 소화농도에 안전율을 고려하여 설정한 농도를 말한다.
소화농도	규정된 실험 조건의 화재를 소화하는 데 필요한 소화약제의 농도(형식승인대상의 소화약제는 형식승인된 소화농도)를 말한다.
최대허용 설계농도	사람이 상주하는 곳에 적용하는 소화약제의 설계농도로서, 인체의 안전에 영향을 미치지 않는 농도를 말한다.

145 ㉠ C_4F_{10} ㉡ HCFC-22($CHClF_2$) : 82%

㉢ $CHClFCF_3$ ㉣ CHF_2CF_3

㉤ CF_3CHFCF_3 ㉥ CHF_3

㉦ $CF_3CH_2CF_3$ ㉧ CF_3I

㉨ $CF_3CF_2C(O)CF(CF_3)_2$

146 ㉠ Ar ㉡ N_2

㉢ N_2 : 52%, Ar : 40%, CO_2: 8% ㉣ N_2 : 50%, Ar : 50%

147 할로겐화합물 및 불활성기체소화설비는 사람이 상주하는 곳으로 최대허용 설계농도를 초과하는 장소 또는 소화성능이 인정되지 않는 위험물을 저장 · 보관 · 사용하는 장소 등에는 설치할 수 없다.

148 ① 사람이 상주하는 곳으로써 2.4.2의 최대허용 설계농도를 초과하는 장소
② 「위험물안전관리법 시행령」 별표 1의 제3류위험물 및 제5류위험물을 저장·보관·사용하는 장소. 다만, 소화성능이 인정되는 위험물은 제외한다.

149 ① 저장용기의 충전밀도 및 충전압력은 할로겐화합물 및 불활성기체소화약제의 종류에 따라 적용할 것
② 동일 집합관에 접속되는 저장용기는 동일한 내용적을 가진 것으로 충전량 및 충전압력이 같도록 할 것
③ 저장용기의 약제량 손실이 5퍼센트를 초과하거나 압력손실이 10퍼센트를 초과할 경우에는 재충전하거나 저장용기를 교체할 것. 다만, 불활성기체 소화약제 저장용기의 경우에는 압력손실이 5퍼센트를 초과할 경우 재충전하거나 저장용기를 교체해야 한다.

150 하나의 방호구역을 담당하는 저장용기의 소화약제의 체적 합계보다 소화약제의 방출 시 방출경로가 되는 배관(집합관을 포함한다)의 내용적의 비율이 할로겐화합물 및 불활성기체소화약제 제조업체(이하 "제조업체"라 한다)의 설계기준에서 정한 값 이상일 경우에는 해당 방호구역에 대한 설비는 별도 독립방식으로 해야 한다.

151 ① 방호구역 외의 장소에 설치할 것. 다만, 방호구역 내에 설치할 경우에는 피난 및 조작이 용이하도록 피난구 부근에 설치해야 한다.
② 온도가 55 ℃ 이하이고, 온도 변화가 작은 곳에 설치할 것
③ 직사광선 및 빗물이 침투할 우려가 없는 곳에 설치할 것
④ 저장용기를 방호구역외에 설치한 경우에는 방화문으로 구획된 실에 설치할 것
⑤ 용기의 설치장소에는 해당 용기가 설치된 곳임을 표시하는 표지를 할 것
⑥ 용기 간의 간격은 점검에 지장이 없도록 3 ㎝ 이상의 간격을 유지할 것
⑦ 저장용기와 집합관을 연결하는 연결배관에는 체크밸브를 설치할 것. 다만, 저장용기가 하나의 방호구역만을 담당하는 경우에는 그렇지 않다.

152 ㉠ 5 ㉡ 10 ㉢ 5

> **보충설명** 할로겐화합물 및 불활성기체소화설비의 화재안전기술기준
>
> 2.3.4 할로겐화합물 및 불활성기체소화약제 저장용기와 선택밸브 또는 개폐밸브 사이에는 배관의 최소사용설계압력과 최대허용압력 사이의 압력에서 작동하는 안전장치를 설치해야 하며, 안전장치를 통하여 나온 소화가스는 전용의 배관 등을 통하여 건축물 외부로 배출될 수 있도록 해야 한다. 이 경우 안전장치로 용전식을 사용해서는 안된다.

153 (1) 사람이 상주하는 곳에 적용하는 소화약제의 설계농도로서, 인체의 안전에 영향을 미치지 않는 농도를 말한다.

(2) ㉠ FC-3-1-10 ㉡ 10 ㉢ HFC-125
   ㉣ 10.5 ㉤ FK-5-1-12 ㉥ IG-541

> **보충설명** 할로겐화합물 및 불활성기체소화설비의 화재안전기술기준
>
> 2.4.1.3 체적에 따른 소화약제의 설계농도(%)는 상온에서 제조업체의 설계기준에 따라 인증받은 소화농도(%)에 표 2.4.1.3에 따른 안전계수를 곱한 값 이상〈신설 2024.8.1.〉
>
> 표 2.4.1.3 A · B · C급 화재별 안전계수
>
> | 설계농도 | 소화농도 | 안전계수 |
> |---|---|---|
> | A급 | A급 | 1.2 |
> | B급 | B급 | 1.3 |
> | C급 | C급 | 1.35 |

154 ① 할로겐화합물 및 불활성기체소화설비의 수동식 기동장치는 다음 각 호의 기준에 따라 설치해야 한다. 〈개정 2024. 7. 10.〉

　1. 수동식 기동장치는 오조작을 방지하기 위한 보호장치가 있는 것으로 설치할 것
　2. 수동식 기동장치는 방호구역마다 조작, 피난 및 유지관리가 용이한 장소에 설치할 것
　3. 수동식 기동장치의 부근에는 소화약제의 방출을 지연시킬 수 있는 방출지연스위치를 설치할 것

② 할로겐화합물 및 불활성기체소화설비의 자동식 기동장치는 자동화재탐지설비의 감지기의 작동과 연동하는 것으로서 수동식 기동장치를 함께 설치해야 한다.

③ 할로겐화합물 및 불활성기체소화설비가 설치된 부분의 출입구 등의 보기 쉬운 곳에 소화약제의 방출을 표시하는 표시등을 설치해야 한다.

155 ① 방호구역마다 설치할 것
② 해당 방호구역의 출입구 부근 등 조작을 하는 자가 쉽게 피난할 수 있는 장소에 설치할 것
③ 기동장치의 조작부는 바닥으로부터 0.8 m 이상 1.5 m 이하의 위치에 설치하고, 보호판 등에 따른 보호장치를 설치할 것
④ 기동장치 인근의 보기 쉬운 곳에 "할로겐화합물 및 불활성기체소화설비 수동식 기동장치"라는 표지를 할 것
⑤ 전기를 사용하는 기동장치에는 전원표시등을 설치할 것
⑥ 기동장치의 방출용스위치는 음향경보장치와 연동하여 조작될 수 있는 것으로 할 것
⑦ 50 N 이하의 힘을 가하여 기동할 수 있는 구조로 할 것
⑧ 기동장치에는 보호장치를 설치해야 하며, 보호장치를 개방하는 경우 기동장치에 설치된 부저 또는 벨 등에 의하여 경고음을 발할 것
⑨ 기동장치를 옥외에 설치하는 경우 빗물 또는 외부 충격의 영향을 받지 아니하도록 설치할 것

156 (1) ① 전기식 기동장치
② 가스압력식 기동장치
③ 기계식 기동장치
(2) 전기식 기동장치로서 7병 이상의 저장용기를 동시에 개방하는 설비는 2병 이상의 저장용기에 전자 개방밸브를 부착할 것
(3) ① 기동용가스용기 및 해당 용기에 사용하는 밸브는 25 MPa 이상의 압력에 견딜 수 있는 것으로 할 것
② 기동용가스용기에는 내압시험압력의 0.8배부터 내압시험압력 이하에서 작동하는 안전장치를 설치할 것
③ 기동용가스용기의 체적은 5 L 이상으로 하고, 해당 용기에 저장하는 질소 등의 비활성기체는 6.0 MPa 이상(21 ℃ 기준)의 압력으로 충전할 것. 다만, 기동용가스용기의 체적을 1 L 이상으로 하고, 해당 용기에 저장하는 이산화탄소의 양은 0.6 kg 이상으로 하며, 충전비는 1.5 이상 1.9 이하의 기동용가스용기로 할 수 있다.
④ 질소 등의 비활성기체 기동용가스용기에는 충전 여부를 확인할 수 있는 압력게이지를 설치할 것

157 ① 제어반은 수동기동장치 또는 감지기에서의 신호를 수신하여 음향경보장치의 작동, 소화약제의 방출 또는 지연 등 기타의 제어기능을 가진 것으로 하고, 제어반에는 전원표시등을 설치할 것
② 화재표시반은 제어반에서의 신호를 수신하여 작동하는 기능을 가진 것으로 설치할 것
③ 제어반 및 화재표시반은 화재 또는 침수 등의 재해로 인한 피해를 받을 우려가 없고 점검에 편리한 장소에 설치할 것

158 ㉠ 나사접합 ㉡ 용접접합 ㉢ 압축접합 ㉣ 플랜지접합
㉤ 10초 ㉥ 2분 ㉦ 1분 ㉧ 95

159 ㉠ 0.2 ㉡ 3.7 ㉢ 3.7
㉣ 부식방지 ㉤ 오리피스의 크기
㉥ 제조일자 ㉦ 제조업체
㉧ 제조업체에서 정한 값 ㉨ 70

160 ① 수동식 기동장치를 설치한 것은 그 기동장치의 조작과정에서, 자동식 기동장치를 설치한 것은 화재감지기와 연동하여 자동으로 경보를 발하는 것으로 할 것
② 소화약제의 방출 개시 후 1분 이상 경보를 계속할 수 있는 것으로 할 것
③ 방호구역 또는 방호대상물이 있는 구획 안에 있는 자에게 유효하게 경보할 수 있는 것으로 할 것

161 ① 증폭기 재생장치는 화재 시 연소의 우려가 없고, 유지관리가 쉬운 장소에 설치할 것
② 방호구역 또는 방호대상물이 있는 구획의 각 부분으로부터 하나의 확성기까지의 수평거리는 25미터 이하가 되도록 할 것
③ 제어반의 복구스위치를 조작하여도 경보를 계속 발할 수 있는 것으로 할 것

162 ① 환기장치 등을 설치한 것은 소화약제가 방출되기 전에 해당 환기장치 등이 정지될 수 있도록 할 것

② 개구부가 있거나 천장으로부터 1 m 이상의 아랫부분 또는 바닥으로부터 해당 층의 높이의 3분의 2 이내의 부분에 통기구가 있어 소화약제의 유출에 따라 소화효과를 감소시킬 우려가 있는 것은 소화약제가 방출되기 전에 해당 개구부 및 통기구를 폐쇄할 수 있도록 할 것
③ 자동폐쇄장치는 방호구역 또는 방호대상물이 있는 구획의 밖에서 복구할 수 있는 구조로 하고, 그 위치를 표시하는 표지를 할 것

163 (1) 자가발전설비, 축전지설비 또는 전기저장장치
(2) ① 점검에 편리하고 화재 및 침수 등의 재해로 인한 피해를 받을 우려가 없는 곳에 설치할 것
② 할로겐화합물 및 불활성기체소화설비를 유효하게 20분 이상 작동할 수 있어야 할 것
③ 상용전원으로부터 전력의 공급이 중단된 때에는 자동으로 비상전원으로부터 전력을 공급받을 수 있도록 할 것
④ 비상전원의 설치장소는 다른 장소와 방화구획 할 것
⑤ 비상전원을 실내에 설치하는 때에는 그 실내에 비상조명등을 설치할 것

164 할로겐화합물 및 불활성기체소화설비의 방호구역에는 소화약제 방출시 발생하는 과(부)압으로 인한 구조물 등의 손상을 방지하기 위해 과압배출구를 설치해야 한다. 다만, 과(부)압이 발생해도 구조물 등에 손상이 생길 우려가 없음을 시험 또는 공학적인 자료로 입증하는 경우 설치하지 않을 수 있다.

> **보충설명** 할로겐화합물 및 불활성기체소화설비의 화재안전기술기준
>
> **2.14 과압배출구**
> **2.14.1** 할로겐화합물 및 불활성기체소화설비의 방호구역에는 소화약제 방출시 발생하는 과(부)압으로 인한 구조물 등의 손상을 방지하기 위해 2.14.1.1부터 2.14.1.4까지의 내용을 검토하여 과압배출구를 설치해야 한다. 다만, 과(부)압이 발생해도 구조물 등에 손상이 생길 우려가 없음을 시험 또는 공학적인 자료로 입증하는 경우 설치하지 않을 수 있다.
> 〈개정 2024.8.1.〉
> **2.14.1.1** 방호구역 누설면적 〈신설 2024.8.1.〉
> **2.14.1.2** 방호구역의 최대허용압력 〈신설 2024.8.1.〉
> **2.14.1.3** 소화약제 방출시의 최고압력 〈신설 2024.8.1.〉
> **2.14.1.4** 소화농도 유지시간 〈신설 2024.8.1.〉

화재안전기준 답안 | 분말소화설비

165 ① 저장용기의 내용적은 소화약제 1킬로그램당 1리터(제1종 분말은 0.8리터, 제4종 분말은 1.25리터)로 한다.
② 저장용기에는 가압식은 최고사용압력의 1.8배 이하, 축압식은 용기의 내압시험압력의 0.8배 이하의 압력에서 작동하는 안전밸브를 설치할 것
③ 가압식 저장용기에는 저장용기의 내부압력이 설정압력으로 되었을 때 주밸브를 개방하는 정압작동장치를 설치할 것
④ 저장용기의 충전비는 0.8 이상으로 할 것
⑤ 저장용기 및 배관에는 잔류 소화약제를 처리할 수 있는 청소장치를 설치할 것
⑥ 축압식 저장용기에는 사용압력 범위를 표시한 지시압력계를 설치할 것

166 ㉠ 제1종 분말(탄산수소나트륨을 주성분으로 한 분말)
㉡ 제3종 분말(인산염을 주성분으로 한 분말)
㉢ 1.0 L   ㉣ 1.25 L
㉤ 최고사용압력   ㉥ 내압시험압력
㉦ 정압작동장치   ㉧ 0.8
㉨ 청소장치   ㉩ 지시압력계

167 (1) ㉠ 3병   ㉡ 전자개방밸브   ㉢ 2.5메가파스칼   ㉣ 압력조정기
(2) ① 가압용가스 또는 축압용가스는 질소가스 또는 이산화탄소로 할 것
② 가압용가스를 질소가스로 사용하는 것의 질소가스는 소화약제 1킬로그램마다 40리터(섭씨 35도에서 1기압의 압력상태로 환산한 것) 이상, 이산화탄소를 사용하는 것의 이산화탄소는 소화약제 1킬로그램에 대하여 20그램에 배관의 청소에 필요한 양을 가산한 양 이상으로 할 것
③ 축압용가스에 질소가스를 사용하는 것의 질소가스는 소화약제 1킬로그램에 대하여 10리터(섭씨 35도에서 1기압의 압력상태로 환산한 것) 이상, 이산화탄소를 사용하는 것의 이산화탄소는 소화약제 1킬로그램에 대하여 20그램에 배관의 청소에 필요한 양을 가산한 양 이상으로 할 것
④ 배관의 청소에 필요한 가스는 별도의 용기에 저장할 것

168 ㉠ 지상 1층 및 피난층에 있는 부분으로서 지상에서 수동 또는 원격조작에 따라 개방할 수 있는 개구부의 유효면적의 합계가 바닥면적의 15퍼센트 이상이 되는 부분
㉡ 전기설비가 설치되어 있는 부분 또는 다량의 화기를 사용하는 부분(해당 설비의 주위 5미터 이내의 부분을 포함한다)의 바닥면적이 해당 설비가 설치되어 있는 구획의 바닥면적의 5분의 1 미만이 되는 부분

169 ① 방호대상물의 각 부분으로부터 하나의 호스접결구까지의 수평거리가 15미터 이하가 되도록 할 것
② 소화약제의 저장용기의 개방밸브는 호스릴의 설치장소에서 수동으로 개폐할 수 있는 것으로 할 것
③ 소화약제의 저장용기는 호스릴을 설치하는 장소마다 설치할 것
④ 호스릴방식의 분말소화설비는 하나의 노즐마다 분당 27킬로그램 (제1종 분말은 45킬로그램, 제4종 분말은 18킬로그램) 이상의 소화약제를 방사할 수 있는 것으로 할 것
⑤ 저장용기에는 그 가까운 곳의 보기 쉬운 곳에 적색의 표시등을 설치하고, 호스릴방식의 분말소화설비가 있다는 뜻을 표시한 표지를 할 것

화재안전기준 답안 — 옥외소화전설비

170 ① 배관을 지하에 매설하는 경우
② 다른 부분과 내화구조로 구획된 덕트 또는 피트의 내부에 설치하는 경우
③ 천장(상층이 있는 경우에는 상층바닥의 하단을 포함한다. 이하 같다)과 반자를 불연재료 또는 준불연재료로 설치하고 소화배관 내부에 항상 소화수가 채워진 상태로 설치하는 경우

171 ① 옥외소화전이 10개 이하 설치된 때에는 옥외소화전마다 5 m 이내의 장소에 1개 이상의 소화전함을 설치해야 한다.
② 옥외소화전이 11개 이상 30개 이하 설치된 때에는 11개 이상의 소화전함을 각각 분산하여 설치해야 한다.

③ 옥외소화전이 31개 이상 설치된 때에는 옥외소화전 3개마다 1개 이상의 소화전함을 설치해야 한다.

172 1. 다음의 어느 하나에 해당하지 않는 특정소방대상물에 설치되는 옥외소화전설비
　　① 지하층을 제외한 층수가 7층 이상으로서 연면적 2,000 ㎡ 이상인 것
　　② ①에 해당하지 않는 특정소방대상물로서 지하층의 바닥면적의 합계가 3,000 ㎡ 이상인 것. 다만, 차고·주차장 또는 보일러실·기계실·전기실 등 이와 유사한 장소의 면적은 제외한다.
2. 내연기관에 따른 가압송수장치를 사용하는 경우
3. 고가수조에 따른 가압송수장치를 사용하는 경우
4. 가압수조에 따른 가압송수장치를 사용하는 경우

173 ① 비상전원을 설치한 경우에는 비상전원으로부터 동력제어반 및 가압송수장치에 이르는 전원회로배선은 내화배선으로 할 것
② 상용전원으로부터 동력제어반에 이르는 배선, 그 밖의 옥외소화전설비의 감시·조작 또는 표시등회로의 배선은 내화배선 또는 내열배선으로 할 것

화재안전기준 답안　고체에어로졸소화설비

174 ㉠ 설계밀도 이상의 고체에어로졸을 방호구역 전체에 균일하게 방출하는 설비로서 분산(Dispersed)방식이 아닌 압축(Condensed)방식을 말한다.
㉡ 과산화물질, 가연성물질 등의 혼합물로서 화재를 소화하는 비전도성의 미세입자인 에어로졸을 만드는 고체화합물을 말한다.
㉢ 고체에어로졸화합물의 연소과정에 의해 생성된 직경 10 마이크로미터 이하의 고체 입자와 기체 상태의 물질로 구성된 혼합물을 말한다.

175 ㉠ 방호공간 내 규정된 시험조건의 화재를 소화하는데 필요한 단위체적(㎥)당 고체에어로졸화합물의 질량(g)을 말한다.
㉡ 소화설계를 위하여 필요한 것으로 소화밀도에 안전계수를 곱하여 얻어지는 값을 말한다.

176 ① 고체에어로졸은 전기 전도성이 없을 것
② 약제 방출 후 해당 화재의 재발화 방지를 위하여 최소 10분간 소화밀도를 유지할 것
③ 고체에어로졸소화설비에 사용되는 주요 구성품은 소방청장이 정하여 고시한 「고체에어로졸자동소화장치의 형식승인 및 제품검사의 기술기준」에 적합한 것일 것
④ 고체에어로졸소화설비는 비상주장소에 한하여 설치할 것. 다만, 고체에어로졸소화설비 약제의 성분이 인체에 무해함을 국내·외 국가 공인시험기관에서 인증받고, 과학적으로 입증된 최대허용설계밀도를 초과하지 않는 양으로 설계하는 경우 상주장소에 설치할 수 있다.
⑤ 고체에어로졸소화설비의 소화성능이 발휘될 수 있도록 방호구역 내부의 밀폐성을 확보할 것
⑥ 방호구역 출입구 인근에 고체에어로졸 방출 시 주의사항에 관한 내용의 표지를 설치할 것
⑦ 이 기준에서 규정하지 않은 사항은 형식승인 받은 제조업체의 설계 매뉴얼에 따를 것

177 ① 니트로셀룰로오스, 화약 등의 산화성 물질
② 리튬, 나트륨, 칼륨, 마그네슘, 티타늄, 지르코늄, 우라늄 및 플루토늄과 같은 자기반응성 금속
③ 금속 수소화물
④ 유기 과산화수소, 히드라진 등 자동 열분해를 하는 화학물질
⑤ 가연성 증기 또는 분진 등 폭발성 물질이 대기에 존재할 가능성이 있는 장소

178 고체에어로졸소화설비는 산화성 물질, 자기반응성 금속, 금속 수소화물 또는 자동 열분해를 하는 화학물질 등을 포함한 화재와 폭발성 물질이 대기에 존재할 가능성이 있는 장소 등에는 사용할 수 없다.

179 ① 밀폐성이 보장된 방호구역 내에 설치하거나, 밀폐성능을 인정할 수 있는 별도의 조치를 취할 것
② 천장이나 벽면 상부에 설치하되 고체에어로졸 화합물이 균일하게 방출되도록 설치할 것
③ 직사광선 및 빗물이 침투할 우려가 없는 곳에 설치할 것

④ 고체에어로졸발생기는 인체 또는 가연물과의 최소 열 안전이격거리를 준수하여 설치할 것
⑤ 하나의 방호구역에는 동일 제품군 및 동일한 크기의 고체에어로졸발생기를 설치할 것
⑥ 방호구역의 높이는 형식승인 받은 고체에어로졸발생기의 최대 설치높이 이하로 할 것

180 ㉠ 75　　㉡ 200

181 ① 고체에어로졸소화설비는 화재감지기 및 수동식 기동장치의 작동과 연동하여 기계적 또는 전기적 방식으로 작동해야 한다.
② 고체에어로졸소화설비 기동 시에는 1분 이내에 고체에어로졸 설계밀도의 95퍼센트 이상을 방호구역에 균일하게 방출해야 한다.
③ 고체에어로졸소화설비에는 수동식 기동장치를 제어반마다 설치하되, 조작, 피난 및 유지관리가 용이한 장소에 설치해야 한다.
④ 고체에어로졸의 방출을 지연시키기 위해 방출지연스위치를 설치해야 한다.

182 ① 제어반마다 설치할 것
② 방호구역의 출입구마다 설치하되 출입구 인근에 사람이 쉽게 조작할 수 있는 위치에 설치할 것
③ 기동장치의 조작부는 바닥으로부터 0.8 m 이상 1.5 m 이하의 위치에 설치할 것
④ 기동장치의 조작부에 보호판 등의 보호장치를 부착할 것
⑤ 기동장치 인근의 보기 쉬운 곳에 "고체에어로졸소화설비 수동식 기동장치"라고 표시한 표지를 부착할 것
⑥ 전기를 사용하는 기동장치에는 전원표시등을 설치할 것
⑦ 방출용 스위치의 작동을 명시하는 표시등을 설치할 것
⑧ 50 N 이하의 힘으로 방출용 스위치를 기동할 수 있도록 할 것

183 ① 수동으로 작동하는 방식으로 설치하되 누르고 있는 동안만 지연되도록 할 것
② 방호구역의 출입구마다 설치하되 피난이 용이한 출입구 인근에 사람이 쉽게 조작할 수 있는 위치에 설치할 것
③ 방출지연스위치 작동 시에는 음향경보를 발할 것

④ 방출지연스위치 작동 중 수동식 기동장치가 작동되면 수동식 기동장치의 기능이 우선될 것

184
1. 전원표시등을 설치할 것
2. 화재, 진동 및 충격에 따른 영향과 부식의 우려가 없고 점검에 편리한 장소에 설치할 것
3. 제어반에는 해당 회로도 및 취급설명서를 비치할 것
4. 고체에어로졸소화설비의 작동방식(자동 또는 수동)을 선택할 수 있는 장치를 설치할 것
5. 수동식 기동장치 또는 화재감지기에서 신호를 수신할 경우 다음의 기능을 수행할 것
   ① 음향경보장치의 작동
   ② 고체에어로졸의 방출
   ③ 기타 제어기능 작동

185 고체에어로졸소화설비의 화재감지기는 광전식 공기흡입형 감지기, 아날로그 방식의 광전식 스포트형 감지기 또는 고체에어로졸소화설비에 적응성이 있다고 인정된 감지기를 설치해야 한다.

186
① 광전식 공기흡입형 감지기
② 아날로그 방식의 광전식 스포트형 감지기
③ 중앙소방기술심의위원회의 심의를 통해 고체에어로졸소화설비에 적응성이 있다고 인정된 감지기

187
① 방호구역 내의 개구부와 통기구는 고체에어로졸이 방출되기 전에 폐쇄되도록 할 것
② 방호구역 내의 환기장치는 고체에어로졸이 방출되기 전에 정지되도록 할 것
③ 자동폐쇄장치의 복구장치는 제어반 또는 그 직근에 설치하고, 해당 장치를 표시하는 표지를 부착할 것

188 고체에어로졸소화설비가 설치된 방호구역은 고체에어로졸소화설비가 기동할 경우 자동적으로 폐쇄되어야 한다.

189 ① 점검에 편리하고 화재 및 침수 등의 재해로 인한 피해를 받을 우려가 없는 곳에 설치할 것
② 고체에어로졸소화설비에 최소 20분 이상 유효하게 전원을 공급할 것
③ 상용전원으로부터 전력의 공급이 중단된 때에는 자동으로 비상전원으로부터 전력을 공급받을 수 있도록 할 것
④ 비상전원의 설치장소는 다른 장소와 방화구획 할 것
⑤ 비상전원을 실내에 설치하는 때에는 그 실내에 비상조명등을 설치할 것

190 고체에어로졸소화설비가 설치된 방호구역에는 소화약제 방출 시 과압으로 인한 구조물 등의 손상을 방지하기 위하여 과압배출구를 설치해야 한다.

191 ① 단자에는 "고체에어로졸소화설비단자"라고 표시한 표지를 부착할 것
② 소화설비용 전기배선의 양단에는 다른 배선과 식별이 용이하도록 표시할 것

화재안전기준 답안 　비상경보설비 및 단독경보형감지기

192 ① 상용전원은 전기가 정상적으로 공급되는 축전지설비, 전기저장장치(외부 전기에너지를 저장해 두었다가 필요한 때 전기를 공급하는 장치) 또는 교류전압의 옥내간선으로 하고, 전원까지의 배선은 전용으로 할 것
② 개폐기에는 "비상벨설비 또는 자동식사이렌설비용"이라고 표시한 표지를 할 것

193 ㉠ 60분
㉡ 10분
㉢ 축전지설비(수신기에 내장하는 경우를 포함한다)
㉣ 전기저장장치(외부 전기에너지를 저장해 두었다가 필요한 때 전기를 공급하는 장치)
㉤ 무선식 설비
㉥ 배선 상호간
㉦ 직류 250 V
㉧ 0.1 MΩ

194 (1) 부식성가스 또는 습기 등으로 인하여 부식의 우려가 없는 장소에 설치해야 한다.
　　(2) ㉠ 수평거리　　㉡ 80퍼센트　　㉢ 90데시벨

195 ① 조작이 쉬운 장소에 설치하고, 조작스위치는 바닥으로부터 0.8미터 이상 1.5미터 이하의 높이에 설치할 것
② 특정소방대상물의 층마다 설치하되, 해당 특정소방대상물의 각 부분으로부터 하나의 발신기까지의 수평거리가 25미터 이하가 되도록 할 것. 다만, 복도 또는 별도로 구획된 실로서 보행거리가 40미터 이상일 경우에는 추가로 설치하여야 한다.
③ 발신기의 위치표시등은 함의 상부에 설치하되, 그 불빛은 부착 면으로부터 15도 이상의 범위 안에서 부착지점으로부터 10미터 이내의 어느 곳에서도 쉽게 식별할 수 있는 적색등으로 할 것

196 ㉠ 축전지설비　　㉡ 전기저장장치
㉢ 교류전압의 옥내 간선　　㉣ 감시상태
㉤ 축전지설비　　㉥ 전기저장장치

197 ① 각 실(이웃하는 실내의 바닥면적이 각각 30제곱미터 미만이고 벽체의 상부의 전부 또는 일부가 개방되어 이웃하는 실내와 공기가 상호유통되는 경우에는 이를 1개의 실로 본다)마다 설치하되, 바닥면적이 150제곱미터를 초과하는 경우에는 150제곱미터마다 1개 이상 설치할 것
② 최상층의 계단실의 천장(외기가 상통하는 계단실의 경우를 제외한다)에 설치할 것
③ 건전지 주전원으로 사용하는 단독경보형감지기는 정상적인 작동상태를 유지할 수 있도록 주기적으로 건전지를 교환할 것
④ 상용전원을 주전원으로 사용하는 단독경보형감지기의 2차전지는 법 제40조에 따라 제품검사에 합격한 것을 사용할 것

화재안전기준 답안 — 비상방송설비

198 ㉠ 3 W ㉡ 1 W ㉢ 수평거리 ㉣ 3선식
　　㉤ 조작스위치 ㉥ 층 또는 구역 ㉦ 증폭기 및 조작부

199 ㉠ 발화층 및 그 직상 4개층
　　㉡ 발화층·그 직상 4개층 및 지하층
　　㉢ 발화층·그 직상층 및 기타의 지하층에 경보
　　㉣ 10초

200 ① 정격전압의 80 % 전압에서 음향을 발할 수 있는 것을 할 것
　　② 자동화재탐지설비의 작동과 연동하여 작동할 수 있는 것으로 할 것

201 ① 화재로 인하여 하나의 층의 확성기 또는 배선이 단락 또는 단선되어도 다른 층의 화재통보에 지장이 없도록 할 것
　　② 전원회로의 배선은 내화배선으로 하고, 그 밖의 배선은 내화배선 또는 내열배선으로 할 것. 이 경우 내화배선과 내열배선은 「옥내소화전설비의 화재안전성능기준(NFPC 102)」 제10조제2항에 따라 설치할 것
　　③ 전원회로의 전로와 대지 사이 및 배선상호간의 절연저항은 「전기사업법」 제67조에 따른 기술기준이 정하는 바에 따르고, 부속회로의 전로와 대지 사이 및 배선 상호간의 절연저항은 1경계구역마다 직류 250볼트의 절연저항측정기를 사용하여 측정한 절연저항이 0.1메가옴 이상이 되도록 할 것
　　④ 비상방송설비의 배선은 다른 전선과 별도의 관·덕트(절연효력이 있는 것으로 구획한 때에는 그 구획된 부분은 별개의 덕트로 본다) 몰드 또는 풀박스등에 설치할 것. 다만, 60볼트 미만의 약전류회로에 사용하는 전선으로서 각각의 전압이 같을 때에는 그러하지 아니하다.

202 ① 비상방송설비의 상용전원은 전기가 정상적으로 공급되는 축전지설비, 전기저장장치 또는 교류전압의 옥내 간선으로 하고, 전원까지의 배선은 전용으로 해야 한다.
　　② 비상방송설비에는 그 설비에 대한 감시상태를 60분간 지속한 후 유효하게 10분 이상 경보할 수 있는 비상전원으로서 축전지설비 또는 전기저장장치를 설치해야 한다.

화재안전기준 답안 — 자동화재탐지설비 및 시각경보장치

203 ① "유선식"은 화재신호 등을 배선으로 송·수신하는 방식
② "무선식"은 화재신호 등을 전파에 의해 송·수신하는 방식
③ "유·무선식"은 유선식과 무선식을 겸용으로 사용하는 방식

204 ① 하나의 경계구역이 둘 이상의 건축물에 미치지 아니하도록 할 것
② 하나의 경계구역이 둘 이상의 층에 미치지 아니하도록 할 것
③ 하나의 경계구역의 면적은 600제곱미터 이하로 하고 한변의 길이는 50미터 이하로 할 것

205 ㉠ 5미터 ㉡ 45미터 ㉢ 차고·주차장·창고 ㉣ 5미터
㉤ 스프링클러설비 ㉥ 물분무등소화설비 ㉦ 제연설비

206 ① 수위실 등 상시 사람이 근무하는 장소에 설치할 것
② 수신기가 설치된 장소에는 경계구역 일람도를 비치할 것
③ 수신기의 음향기구는 그 음량 및 음색이 다른 기기의 소음 등과 명확히 구별될 수 있는 것으로 할 것
④ 수신기는 감지기·중계기 또는 발신기가 작동하는 경계구역을 표시할 수 있는 것으로 할 것
⑤ 화재·가스 전기등에 대한 종합방재반을 설치한 경우에는 해당 조작반에 수신기의 작동과 연동하여 감지기·중계기 또는 발신기가 작동하는 경계구역을 표시할 수 있는 것으로 할 것
⑥ 하나의 경계구역은 하나의 표시등 또는 하나의 문자로 표시되도록 할 것
⑦ 수신기의 조작 스위치는 바닥으로부터의 높이가 0.8미터 이상 1.5미터 이하인 장소에 설치할 것
⑧ 하나의 특정소방대상물에 둘 이상의 수신기를 설치하는 경우에는 수신기를 상호간 연동하여 화재발생 상황을 각 수신기마다 확인할 수 있도록 할 것
⑨ 화재로 인하여 하나의 층의 지구음향장치 배선이 단락되어도 다른 층의 화재통보에 지장이 없도록 각 층 배선 상에 유효한 조치를 할 것

207 ㉠ 정온식(스포트형, 감지선형)
㉡ 이온화식 또는 광전식(스포트형, 분리형, 공기흡입형)
㉢ 정온식(스포트형, 감지선형) 특종 또는 1종
㉣ 이온화식 1종 또는 2종
㉤ 광전식(스포트형, 분리형, 공기흡입형) 1종 또는 2종

208 ㉠ 차동식 분포형
㉡ 광전식(스포트형, 분리형, 공기흡입형) 1종 또는 2종
㉢ 광전식(스포트형, 분리형, 공기흡입형) 1종
㉣ 광전식(분리형, 공기흡입형)중 아날로그방식
㉤ 5 %/m

209 ① 계단 · 경사로 및 에스컬레이터 경사로
② 복도(30 m 미만의 것을 제외한다)
③ 엘리베이터 승강로(권상기실이 있는 경우에는 권상기실) · 린넨슈트 · 파이프 피트 및 덕트 기타 이와 유사한 장소
④ 천장 또는 반자의 높이가 15 m 이상 20 m 미만의 장소
⑤ 다음의 어느 하나에 해당하는 특정소방대상물의 취침 · 숙박 · 입원 등 이와 유사한 용도로 사용되는 거실
 (1) 공동주택 · 오피스텔 · 숙박시설 · 노유자시설 · 수련시설
 (2) 교육연구시설 중 합숙소
 (3) 의료시설, 근린생활시설 중 입원실이 있는 의원 · 조산원
 (4) 교정 및 군사시설
 (5) 근린생활시설 중 고시원

210 ㉠ 150　　㉡ 75　　㉢ 30　　㉣ 15
㉤ 출입구의 가까운　　㉥ 배기구　　㉦ 0.6

211 ① 교차회로방식에 사용되는 감지기
② 급속한 연소 확대가 우려되는 장소에 사용되는 감지기
③ 축적기능이 있는 수신기에 연결하여 사용하는 감지기

212 ㉠ 1.5　㉡ 20　㉢ 주방·보일러실
　　㉣ 20　㉤ 45

213

부착 높이 및 특정소방대상물의 구분		감지기의 종류(단위: ㎡)						
		차동식스포트형		보상식스포트형		정온식스포트형		
		1종	2종	1종	2종	특종	1종	2종
4m 미만	주요구조부가 내화구조로 된 특정소방대상물 또는 그 부분	90	70	90	70	70	60	20
	기타 구조의 특정소방대상물 또는 그 부분	50	40	50	40	40	30	15
4m 이상 8m 미만	주요구조부가 내화구조로 된 특정소방대상물 또는 그 부분	45	35	45	35	35	30	-
	기타 구조의 특정소방대상물 또는 그 부분	30	25	30	25	25	15	-

214 ① 공기관의 노출부분은 감지구역마다 20미터 이상이 되도록 할 것
② 공기관과 감지구역의 각 변과의 수평거리는 1.5미터 이하가 되도록 하고, 공기관 상호간의 거리는 6미터(주요구조부를 내화구조로 한 특정소방대상물 또는 그 부분에 있어서는 9미터) 이하가 되도록 할 것
③ 공기관은 도중에서 분기하지 아니하도록 할 것
④ 하나의 검출부분에 접속하는 공기관의 길이는 100미터 이하로 할 것
⑤ 검출부는 5도 이상 경사되지 아니하도록 부착할 것
⑥ 검출부는 바닥으로부터 0.8미터 이상 1.5미터 이하의 위치에 설치할 것

215 ① 보조선이나 고정금구를 사용하여 감지선이 늘어지지 않도록 설치할 것
② 단자부와 마감 고정금구와의 설치간격은 10센티미터 이내로 설치할 것
③ 감지선형 감지기의 굴곡반경은 5센티미터 이상으로 할 것
④ 감지기와 감지구역의 각부분과의 수평거리가 내화구조의 경우 1종 4.5미터 이하, 2종 3미터 이하로 할 것. 기타 구조의 경우 1종 3미터 이하, 2종 1미터 이하로 할 것
⑤ 케이블트레이에 감지기를 설치하는 경우에는 케이블트레이 받침대에 마감금구를 사용하여 설치할 것

⑥ 지하구나 창고의 천장 등에 지지물이 적당하지 않는 장소에서는 보조선을 설치하고 그 보조선에 설치할 것
⑦ 분전반 내부에 설치하는 경우 접착제를 이용하여 돌기를 바닥에 고정시키고 그 곳에 감지기를 설치할 것
⑧ 그 밖의 설치방법은 형식승인 내용에 따르며 형식승인 사항이 아닌 것은 제조사의 시방(示方)에 따라 설치할 것

216 ① 공칭감시거리 및 공칭시야각은 형식승인 내용에 따를 것
② 감지기는 공칭감시거리와 공칭시야각을 기준으로 감시구역이 모두 포용될 수 있도록 설치할 것
③ 감지기는 화재감지를 유효하게 감지할 수 있는 모서리 또는 벽 등에 설치할 것
④ 감지기를 천장에 설치하는 경우에는 감지기는 바닥을 향하여 설치할 것
⑤ 수분이 많이 발생할 우려가 있는 장소에는 방수형으로 설치할 것
⑥ 그 밖의 설치기준은 형식승인 내용에 따르며 형식승인 사항이 아닌 것은 제조사의 시방에 따라 설치할 것

217 ① 불꽃감지기 ② 정온식감지선형감지기
③ 분포형감지기 ④ 복합형감지기
⑤ 광전식분리형감지기 ⑥ 아날로그방식의 감지기
⑦ 다신호방식의 감지기 ⑧ 축적방식의 감지기

218 1. 먼지 또는 미분 등이 다량으로 체류하는 장소
2. 수증기가 다량으로 머무는 장소
3. 부식성가스가 발생할 우려가 있는 장소
4. 주방, 기타 평상시에 연기가 체류하는 장소
5. 현저하게 고온으로 되는 장소
6. 배기가스가 다량으로 체류하는 장소
7. 연기가 다량으로 유입할 우려가 있는 장소
8. 물방울이 발생하는 장소
9. 불을 사용하는 설비로서 불꽃이 노출되는 장소

219 1. 흡연에 의해 연기가 체류하며 환기가 되지 않는 장소
2. 취침시설로 사용하는 장소
3. 연기 이외의 미분이 떠다니는 장소
4. 바람에 영향을 받기 쉬운 장소
5. 연기가 멀리 이동해서 감지기에 도달하는 장소
6. 훈소화재의 우려가 있는 장소
7. 넓은 공간으로 천장이 높아 열 및 연기가 확산하는 장소

220 ① 차동식분포형감지기 또는 보상식스포트형감지기는 급격한 온도변화가 없는 장소에 한하여 사용할 것
② 차동식분포형감지기를 설치하는 경우에는 검출부에 수증기가 침입하지 않도록 조치할 것

221 ① 주방, 조리실 등 습도가 많은 장소에는 방수형 감지기를 설치할 것
② 불꽃감지기는 UV/IR형을 설치할 것

222 ① 불꽃감지기에 따라 감시가 곤란한 장소는 적응성이 있는 열감지기를 설치할 것
② 열아날로그식스포트형감지기는 화재표시 설정이 60 ℃ 이하가 바람직하다.

223 ① 고체연료 등 가연물이 수납되어 있는 음식물배급실, 주방전실에 설치하는 정온식감지기는 특종으로 설치할 것
② 주방 주변의 복도 및 통로, 식당 등에는 정온식감지기를 설치하지 않을 것
③ 제①호 및 제②호의 장소에 열아날로그식스포트형감지기를 설치하는 경우에는 화재표시 설정을 60 ℃ 이하로 할 것

224 ① 보상식스포트형감지기, 정온식감지기 또는 열아날로그식 스포트형감지기를 설치하는 경우에는 방수형으로 설치할 것
② 보상식스포트형감지기는 급격한 온도변화가 없는 장소에 한하여 설치할 것
③ 불꽃감지기를 설치하는 경우에는 방수형으로 설치할 것

225 ① 복도·통로·청각장애인용 객실 및 공용으로 사용하는 거실(로비, 회의실, 강의실, 식당, 휴게실, 오락실, 대기실, 체력단련실, 접객실, 안내실, 전시실, 기타 이와 유사한 장소를 말한다)에 설치하며, 각 부분으로부터 유효하게 경보를 발할 수 있는 위치에 설치할 것
② 공연장·집회장·관람장 또는 이와 유사한 장소에 설치하는 경우에는 시선이 집중되는 무대부 부분 등에 설치할 것
③ 설치높이는 바닥으로부터 2미터 이상 2.5미터 이하의 장소에 설치할 것 다만, 천장의 높이가 2미터 이하인 경우에는 천장으로부터 0.15미터 이내의 장소에 설치해야 한다.
④ 시각경보장치의 광원은 전용의 축전지설비 또는 전기저장장치(외부 전기에너지를 저장해 두었다가 필요한 때 전기를 공급하는 장치)에 의하여 점등되도록 할 것. 다만, 시각경보기에 작동전원을 공급할 수 있도록 형식승인을 얻은 수신기를 설치한 경우에는 그렇지 않다.

226 ① 자동화재탐지설비의 상용전원은 전기가 정상적으로 공급되는 축전지설비, 전기저장장치 또는 교류전압의 옥내 간선으로 하고, 전원까지의 배선은 전용으로 해야 한다.
② 자동화재탐지설비에는 그 설비에 대한 감시상태를 60분간 지속한 후 유효하게 10분 이상 경보할 수 있는 비상전원으로서 축전지설비 또는 전기저장장치를 설치해야 한다.

227 ㉠ 내화배선   ㉡ 아날로그방식   ㉢ R형수신기용
㉣ 전자파의 방해   ㉤ 종단저항   ㉥ 송배선식
㉦ 250볼트   ㉧ 0.1메가옴   ㉨ 60볼트
㉩ 7개   ㉪ 50옴   ㉫ 80퍼센트

228 ㉠ 아날로그식   ㉡ 다신호식   ㉢ R형수신기
㉣ 실드선   ㉤ 내열성능   ㉥ 내화배선 또는 내열배선

229 ① 점검 및 관리가 쉬운 장소에 설치할 것
② 전용함을 설치하는 경우 그 설치 높이는 바닥으로부터 1.5 m 이내로 할 것

③ 감지기 회로의 끝부분에 설치하며, 종단감지기에 설치할 경우에는 구별이 쉽도록 해당 감지기의 기판 및 감지기 외부 등에 별도의 표시를 할 것

화재안전기준 답안 — 자동화재속보설비

230 ① 자동화재탐지설비와 연동으로 작동하여 자동적으로 화재신호를 소방관서에 전달되는 것으로 할 것
② 속보기는 소방관서에 통신망으로 통보하도록 하며, 데이터 또는 코드전송방식을 부가적으로 설치할 수 있다.
③ 문화재에 설치하는 자동화재속보설비는 제①호의 기준에도 불구하고 속보기에 감지기를 직접 연결하는 방식(자동화재탐지설비 한 개의 경계구역에 한한다)으로 할 수 있다.
④ 속보기는 소방청장이 정하여 고시한「자동화재속보설비의 속보기의 성능인증 및 제품검사의 기술기준」에 적합한 것으로 설치할 것

화재안전기준 답안 — 누전경보기

231 ① 경계전로의 정격전류가 60암페어를 초과하는 전로에 있어서는 1급 누전경보기를, 60암페어 이하의 전로에 있어서는 1급 또는 2급 누전경보기를 설치할 것
② 변류기는 특정소방대상물의 형태, 인입선의 시설방법 등에 따라 옥외 인입선의 제1지점의 부하측 또는 제2종 접지선 측의 점검이 쉬운 위치에 설치할 것
③ 변류기를 옥외의 전로에 설치하는 경우에는 옥외형으로 설치할 것

232 ① 누전경보기의 수신부는 옥내의 점검에 편리한 장소에 설치하되, 가연성의 증기·먼지 등이 체류할 우려가 있는 장소의 전기회로에는 해당 부분의 전기회로를 차단할 수 있는 차단기구를 가진 수신부를 설치해야 한다. 이 경우 차단기구의 부분은 해당 장소 외의 안전한 장소에 설치해야 한다.

② 누전경보기의 수신부는 화재, 부식, 폭발의 위험성이 없고, 습도, 온도, 대전류 또는 고주파 등에 의한 영향을 받지 않는 장소에 설치해야 한다.
③ 음향장치는 수위실 등 상시 사람이 근무하는 장소에 설치해야 하며, 그 음량 및 음색은 다른 기기의 소음 등과 명확히 구별할 수 있는 것으로 해야 한다.

233 (1) 누전경보기의 수신부는 옥내의 점검에 편리한 장소에 설치하되, 가연성의 증기·먼지 등이 체류할 우려가 있는 장소의 전기회로에는 해당 부분의 전기회로를 차단할 수 있는 차단기구를 가진 수신부를 설치해야 한다. 이 경우 차단기구의 부분은 해당 장소 외의 안전한 장소에 설치해야 한다.
(2) ① 가연성의 증기·먼지·가스 등이나 부식성의 증기·가스 등이 다량으로 체류하는 장소
② 화약류를 제조하거나 저장 또는 취급하는 장소
③ 습도가 높은 장소
④ 온도의 변화가 급격한 장소
⑤ 대전류회로·고주파 발생회로 등에 따른 영향을 받을 우려가 있는 장소

234 ① 전원은 분전반으로부터 전용회로로 하고, 각 극에 개폐기 및 15암페어 이하의 과전류차단기(배선용 차단기에 있어서는 20암페어 이하의 것으로 각 극을 개폐할 수 있는 것)를 설치 할 것
② 전원을 분기할 때에는 다른 차단기에 따라 전원이 차단되지 아니하도록 할 것
③ 전원의 개폐기에는 누전경보기용임을 표시한 표지를 할 것

화재안전기준 답안 — 가스누설경보기

235 ① 가스연소기 주위의 경보기의 상태 확인 및 유지 관리에 용이한 위치에 설치할 것
② 가스누설 음향의 음량과 음색이 다른 기기의 소음 등과 명확히 구별될 것
③ 가스누설 음향은 수신부로부터 1미터 떨어진 위치에서 음압이 70데시벨 이상일 것
④ 수신부의 조작 스위치는 바닥으로부터의 높이가 0.8미터 이상 1.5미터 이하인 장소에 설치할 것

⑤ 수신부가 설치된 장소에는 관계자 등에게 신속히 연락할 수 있도록 비상연락 번호를 기재한 표를 비치할 것

236 ① 탐지부는 가스연소기의 중심으로부터 직선거리 8미터(공기보다 무거운 가스를 사용하는 경우에는 4미터) 이내에 1개 이상 설치하여야 한다.
② 탐지부는 천정으로부터 탐지부 하단까지의 거리가 0.3미터 이하가 되도록 설치한다. 다만, 공기보다 무거운 가스를 사용하는 경우에는 바닥면으로부터 탐지부 상단까지의 거리는 0.3미터 이하로 한다.

237 ① 가스연소기 주위의 경보기의 상태 확인 및 유지 관리에 용이한 위치에 설치할 것
② 가스누설 음향의 음량과 음색이 다른 기기의 소음 등과 명확히 구별될 것
③ 가스누설 음향장치는 수신부로부터 1미터 떨어진 위치에서 음압이 70데시벨 이상일 것
④ 단독형 경보기는 가스연소기의 중심으로부터 직선거리 8미터(공기보다 무거운 가스를 사용하는 경우에는 4미터) 이내에 1개 이상 설치해야 한다.
⑤ 단독형 경보기는 천장으로부터 경보기 하단까지의 거리가 0.3미터 이하가 되도록 설치한다. 다만, 공기보다 무거운 가스를 사용하는 경우에는 바닥면으로부터 단독형 경보기 상단까지의 거리는 0.3미터 이하로 한다.
⑥ 경보기가 설치된 장소에는 관계자 등에게 신속히 연락할 수 있도록 비상연락 번호를 기재한 표를 비치할 것

238 ① 가스누설 음향의 음량과 음색이 다른 기기의 소음 등과 명확히 구별될 것
② 가스누설 음향장치는 수신부로부터 1미터 떨어진 위치에서 음압이 70데시벨 이상일 것
③ 단독형 경보기는 천장으로부터 경보기 하단까지의 거리가 0.3미터 이하가 되도록 설치한다.
④ 경보기가 설치된 장소에는 관계자 등에게 신속히 연락할 수 있도록 비상연락 번호를 기재한 표를 비치할 것

239 분리형 경보기의 탐지부 및 단독형 경보기는 외부의 기류가 통하는 곳, 연소기의 폐가스에 접촉하기 쉬운 곳 등 누설가스를 유효하게 탐지하기 어려운 장소 이외의 장소에 설치해야 한다.

240 경보기는 건전지 또는 교류전압의 옥내간선을 사용하여 상시 전원이 공급되도록 해야 한다.

241 ① 출입구 부근 등으로서 외부의 기류가 통하는 곳
② 환기구 등 공기가 들어오는 곳으로부터 1.5 m 이내인 곳
③ 연소기의 폐가스에 접촉하기 쉬운 곳
④ 가구·보·설비 등에 가려져 누설가스의 유통이 원활하지 못한 곳
⑤ 수증기 또는 기름 섞인 연기 등이 직접 접촉될 우려가 있는 곳

화재안전기준 답안 — 화재알림설비

242 (1) 화재 시 발생하는 열, 연기, 불꽃을 자동적으로 감지하는 기능 중 두 가지 이상의 성능을 가진 열·연기 또는 열·연기·불꽃 복합형 감지기로서 화재알림형 수신기에 주위의 온도 또는 연기의 양의 변화에 따라 각각 다른 전류 또는 전압 등(이하 "화재정보값"이라 한다)의 출력을 발하고, 불꽃을 감지하는 경우 화재신호를 발신하며, 자체 내장된 음향장치에 의하여 경보하는 것을 말한다.
(2) 발신기, 표시등, 지구음향장치(경종 또는 사이렌 등)를 내장한 것으로 화재발생 상황을 경보하는 장치를 말한다.

243 ① "유선식"은 화재정보·신호 등을 배선으로 송·수신하는 방식
② "무선식"은 화재정보·신호 등을 전파에 의해 송·수신하는 방식
③ "유·무선식"은 유선식과 무선식을 겸용으로 사용하는 방식

244 ① 화재알림형 감지기, 발신기 등의 작동 및 설치지점을 확인할 수 있는 것으로 설치할 것
② 해당 특정소방대상물에 가스누설탐지설비가 설치된 경우에는 가스누설탐지설비로부터 가스누설신호를 수신하여 가스누설경보를 할 수 있는 것으로 설치할 것
③ 화재알림형 감지기, 발신기 등에서 발신되는 화재정보·신호 등을 자동으로 저장할 수 있는 용량의 것으로 설치할 것

④ 화재알림형 수신기에 내장된 속보기능은 화재신호를 자동적으로 통신망을 통하여 소방관서에는 음성 등의 방법으로 통보하고, 관계인에게는 문자로 전달할 수 있는 것으로 설치할 것

> **보충설명** 화재알림설비의 화재안전기술기준 2.1 화재알림형 수신기
>
> 2.1.1 화재알림형 수신기는 다음의 기준에 적합한 것으로 설치하여야 한다.
> 2.1.1.1 화재알림형 감지기, 발신기 등의 작동 및 설치지점을 확인할 수 있는 것으로 설치할 것
> 2.1.1.2 해당 특정소방대상물에 가스누설탐지설비가 설치된 경우에는 가스누설탐지설비로부터 가스누설신호를 수신하여 가스누설경보를 할 수 있는 것으로 설치할 것. 다만, 가스누설탐지설비의 수신부를 별도로 설치한 경우에는 제외한다.
> 2.1.1.3 화재알림형 감지기, 발신기 등에서 발신되는 화재정보·신호 등을 자동으로 1년 이상 저장할 수 있는 용량의 것으로 설치할 것. 이 경우 저장된 데이터는 수신기에서 확인할 수 있어야 하며, 복사 및 출력도 가능하여야 한다.
> 2.1.1.4 화재알림형 수신기에 내장된 속보기능은 화재신호를 자동적으로 통신망을 통하여 소방관서에는 음성 등의 방법으로 통보하고, 관계인에게는 문자로 전달할 수 있는 것으로 설치할 것

245 ① 상시 사람이 근무하는 장소에 설치할 것
② 화재알림형 수신기가 설치된 장소에는 화재알림설비 일람도를 비치할 것
③ 화재알림형 수신기의 내부 또는 그 직근에 주음향장치를 설치할 것
④ 화재알림형 수신기의 음향기구는 그 음압 및 음색이 다른 기기의 소음 등과 명확히 구별될 수 있는 것으로 할 것
⑤ 화재알림형 수신기의 조작 스위치는 바닥으로부터의 높이가 0.8미터 이상 1.5미터 이하인 장소에 설치할 것
⑥ 하나의 특정소방대상물에 둘 이상의 화재알림형 수신기를 설치하는 경우에는 화재알림형 수신기를 상호 간 연동하여 화재발생 상황을 각 화재알림형 수신기마다 확인할 수 있도록 할 것
⑦ 화재로 인하여 하나의 층의 화재알림형 비상경보장치 또는 배선이 단락되어도 다른 층의 화재통보에 지장이 없도록 각 층 배선 상에 유효한 조치를 할 것

> **보충설명** 화재알림설비의 화재안전기술기준 2.1 화재알림형 수신기
>
> 2.1.2 화재알림형 수신기는 다음의 기준에 따라 설치하여야 한다.
> 2.1.2.1 상시 사람이 근무하는 장소에 설치할 것. 다만, 사람이 상시 근무하는 장소가 없는 경우에는 관계인이 쉽게 접근할 수 있고 관리가 용이한 장소로서 화재 및 침수 등의 재해로 인한 피해를 받을 우려가 없는 곳에 설치하여야 한다.

2.1.2.2 화재알림형 수신기가 설치된 장소에는 화재알림설비 일람도를 비치할 것
2.1.2.3 화재알림형 수신기의 내부 또는 그 직근에 주음향장치를 설치할 것
2.1.2.4 화재알림형 수신기의 음향기구는 그 음압 및 음색이 다른 기기의 소음 등과 명확히 구별될 수 있는 것으로 할 것
2.1.2.5 화재알림형 수신기의 조작 스위치는 바닥으로부터의 높이가 0.8 m 이상 1.5 m 이하인 장소에 설치할 것
2.1.2.6 하나의 특정소방대상물에 2 이상의 화재알림형 수신기를 설치하는 경우에는 화재알림형 수신기를 상호 간 연동하여 화재발생 상황을 각 화재알림형 수신기마다 확인할 수 있도록 할 것
2.1.2.7 화재로 인하여 하나의 층의 화재알림형 비상경보장치 또는 배선이 단락되어도 다른 층의 화재통보에 지장이 없도록 각 층 배선 상에 유효한 조치를 할 것. 다만, 무선식의 경우 제외한다.

246 ① 화재알림형 수신기와 화재알림형 감지기 사이에 설치할 것
② 조작 및 점검에 편리하고 화재 및 침수 등의 재해로 인한 피해를 받을 우려가 없는 장소에 설치할 것
③ 화재알림형 수신기에 따라 감시되지 않는 배선을 통하여 전력을 공급받는 것에 있어서는 전원입력측의 배선에 과전류 차단기를 설치하고 해당 전원의 정전이 즉시 화재알림형 수신기에 표시되는 것으로 하며, 상용전원 및 예비전원의 시험을 할 수 있도록 할 것

보충설명 화재알림설비의 화재안전기술기준 2.2 화재알림형 중계기

2.2.1 화재알림형 중계기를 설치할 경우 다음의 기준에 따라 설치하여야 한다.
2.2.1.1 화재알림형 수신기와 화재알림형 감지기 사이에 설치할 것
2.2.1.2 조작 및 점검에 편리하고 화재 및 침수 등의 재해로 인한 피해를 받을 우려가 없는 장소에 설치할 것. 다만, 외기에 개방되어 있는 장소에 설치하는 경우 빗물·먼지 등으로부터 화재알림형 중계기를 보호할 수 있는 구조로 설치하여야 한다.
2.2.1.3 화재알림형 수신기에 따라 감시되지 않는 배선을 통하여 전력을 공급받는 것에 있어서는 전원입력측의 배선에 과전류 차단기를 설치하고 해당 전원의 정전이 즉시 화재알림형 수신기에 표시되는 것으로 하며, 상용전원 및 예비전원의 시험을 할 수 있도록 할 것

247 ① 화재알림형 감지기는 열을 감지하는 경우 공칭감지온도범위, 연기를 감지하는 경우 공칭감지농도범위, 불꽃을 감지하는 경우 공칭감시거리 및 공칭시야각 등에 따라 적합한 장소에 설치해야 한다.

② 무선식의 경우 화재를 유효하게 검출하기 위해 해당 특정소방대상물에 음영구역이 없도록 설치해야 한다.
③ 동작된 감지기는 자체 내장된 음향장치에 의하여 경보를 발해야 하며, 음압은 부착된 화재알림형 감지기의 중심으로부터 1미터 떨어진 위치에서 85데시벨 이상으로 해야 한다.

> **보충설명** 화재알림설비의 화재안전기술기준 2.3 화재알림형 감지기
>
> 2.3.1 화재알림형 감지기 중 열을 감지하는 경우 공칭감지온도범위, 연기를 감지하는 경우 공칭감지농도범위, 불꽃을 감지하는 경우 공칭감시거리 및 공칭시야각 등에 따라 적합한 장소에 설치하여야 한다. 다만, 이 기준에서 정하지 않는 설치방법에 대하여는 형식승인 사항이나 제조사의 시방서에 따라 설치할 수 있다.
> 2.3.2 무선식의 경우 화재를 유효하게 검출할 수 있도록 해당 특정소방대상물에 음영구역이 없도록 설치하여야 한다.
> 2.3.3 동작된 감지기는 자체 내장된 음향장치에 의하여 경보를 발하여야 하며, 음압은 부착된 화재알림형 감지기의 중심으로부터 1m 떨어진 위치에서 85dB 이상 되어야 한다.

248 화재알림형 수신기 또는 화재알림형 감지기는 자동보정기능이 있는 것으로 설치해야 한다.

> **보충설명** 화재알림설비의 화재안전기술기준 2.4 비화재보방지
>
> 2.4.1 화재알림설비는 화재알림형 수신기 또는 화재알림형 감지기에 자동보정기능이 있는 것으로 설치하여야 한다. 다만, 자동보정기능이 있는 화재알림형 수신기에 연결하여 사용하는 화재알림형 감지기는 자동보정기능이 없는 것으로 설치한다.

249 ㉠ 전통시장   ㉡ 11층(공동주택의 경우에는 16층)
㉢ 25미터   ㉣ 조작이 쉬운   ㉤ 10미터

> **보충설명** 화재알림설비 화재안전기술기준 2.5 화재알림형 비상경보장치
>
> 2.5.1 화재알림형 비상경보장치는 다음의 기준에 따라 설치하여야 한다. 다만, 전통시장의 경우 공용부분에 한하여 설치할 수 있다.
> 2.5.1.1 층수가 11층(공동주택의 경우에는 16층) 이상의 특정소방대상물은 발화층에 따라 경보하는 층을 달리하여 경보를 발할 수 있도록 할 것. 다만, 그 외 특정소방대상물은 전층경보방식으로 경보를 발할 수 있도록 설치하여야 한다.
> 2.5.1.1.1 2층 이상의 층에서 발화한 때에는 발화층 및 그 직상 4개 층에 경보를 발할 것
> 2.5.1.1.2 1층에서 발화한 때에는 발화층·그 직상 4개 층 및 지하층에 경보를 발할 것

2.5.1.1.3 지하층에서 발화한 때에는 발화층·그 직상층 및 기타의 지하층에 경보를 발할 것

2.5.1.2 화재알림형 비상경보장치는 특정소방대상물의 층마다 설치하되, 해당 특정소방대상물의 각 부분으로부터 하나의 화재알림형 비상경보장치까지의 수평거리가 25 m 이하(다만, 복도 또는 별도로 구획된 실로서 보행거리 40 m 이상일 경우에는 추가로 설치하여야 한다)가 되도록하고, 해당 층의 각 부분에 유효하게 경보를 발할 수 있도록 설치할 것. 다만, 「비상방송설비의 화재안전기술기준(NFTC 202)」에 적합한 방송설비를 화재알림형 감지기와 연동하여 작동하도록 설치한 경우에는 비상경보장치를 설치하지 아니하고, 발신기만 설치할 수 있다.

2.5.1.3 2.5.1.2에도 불구하고 2.5.1.2의 기준을 초과하는 경우로서 기둥 또는 벽이 설치되지 아니한 대형공간의 경우 화재알림형 비상경보장치는 설치대상 장소 중 가장 가까운 장소의 벽 또는 기둥 등에 설치할 것

2.5.1.4 화재알림형 비상경보장치는 조작이 쉬운 장소에 설치하고, 발신기의 스위치는 바닥으로부터 0.8 m 이상 1.5 m 이하의 높이에 설치할 것

2.5.1.5 화재알림형 비상경보장치의 위치를 표시하는 표시등은 함의 상부에 설치하되, 그 불빛은 부착면으로부터 15° 이상의 범위 안에서 부착지점으로부터 10 m 이내의 어느 곳에서도 쉽게 식별할 수 있는 적색등으로 설치할 것

250 ① 정격전압의 80퍼센트의 전압에서 음압을 발할 수 있는 것으로 할 것
② 음압은 부착된 화재알림형 비상경보장치의 중심으로부터 1미터 떨어진 위치에서 90데시벨 이상이 되는 것으로 할 것
③ 화재알림형 감지기 및 발신기의 작동과 연동하여 작동할 수 있는 것으로 할 것

> **보충설명** 화재알림설비의 화재안전기술기준
>
> 2.5.2 화재알림형 비상경보장치는 다음의 기준에 따른 구조 및 성능의 것으로 하여야 한다.
> 2.5.2.1 정격전압의 80 % 전압에서 음압을 발할 수 있는 것으로 할 것. 다만, 건전지를 주전원으로 사용하는 화재알림형 비상경보장치는 그렇지 않다.
> 2.5.2.2 음압은 부착된 화재알림형 비상경보장치의 중심으로부터 1 m 떨어진 위치에서 90 dB 이상이 되는 것으로 할 것
> 2.5.2.3 화재알림형 감지기 및 발신기의 작동과 연동하여 작동할 수 있는 것으로 할 것

화재안전기준 답안 — 피난기구

251

설치장소별 \ 층별	1층	2층	3층	4층 이상 10층 이하
노유자시설	·미끄럼대 ·구조대 ·피난교 ·다수인피난장비 ·승강식 피난기	·미끄럼대 ·구조대 ·피난교 ·다수인피난장비 ·승강식 피난기	·미끄럼대 ·구조대 ·피난교 ·다수인피난장비 ·승강식 피난기	·구조대 ·피난교 ·다수인피난장비 ·승강식 피난기
「다중이용업소의 안전관리에 관한 특별법 시행령」제2조에 따른 다중이용업소로서 영업장의 위치가 4층 이하인 다중이용업소		·미끄럼대 ·피난사다리 ·구조대 ·완강기 ·다수인피난장비 ·승강식 피난기	·미끄럼대 ·피난사다리 ·구조대 ·완강기 ·다수인피난장비 ·승강식 피난기	·미끄럼대 ·피난사다리 ·구조대 ·완강기 ·다수인피난장비 ·승강식 피난기

252 4층 이상의 층에 설치된 노유자시설 중 장애인 관련 시설로서 주된 사용자 중 스스로 피난이 불가한 자가 있는 경우에는 층마다 구조대를 1개 이상 추가로 설치할 것

253 (1) 3층
　　·미끄럼대 ·구조대 ·피난교 ·피난용트랩·다수인피난장비·승강식 피난기
　(2) 4층 이상 10층 이하
　　·구조대 ·피난교 ·피난용트랩·다수인피난장비·승강식 피난기

254 ㉠ 완강기 또는 둘 이상의 간이완강기
　　㉡ 장애인 관련 시설
　　㉢ 구조대

255 ① 피난기구는 계단·피난구 기타 피난시설로부터 적당한 거리에 있는 안전한 구조로 된 피난 또는 소화 활동상 유효한 개구부(가로 0.5미터 이상, 세로 1미터 이상의 것을 말한다.)에 고정하여 설치하거나 필요한 때에 신속하고 유효하게 설치할 수 있는 상태에 둘 것
② 피난기구를 설치하는 개구부는 서로 동일직선상이 아닌 위치에 있을 것

③ 피난기구는 특정소방대상물의 기둥·바닥 및 보 등 구조상 견고한 부분에 볼트조임·매입 및 용접 등의 방법으로 견고하게 부착할 것
④ 4층 이상의 층에 피난사다리(하향식 피난구용 내림식사다리는 제외한다)를 설치하는 경우에는 금속성 고정사다리를 설치하고, 당해 고정사다리에는 쉽게 피난할 수 있는 구조의 노대를 설치할 것
⑤ 완강기는 강하 시 로프가 건축물 또는 구조물 등과 접촉하여 손상되지 않도록 하고, 로프의 길이는 부착위치에서 지면 또는 기타 피난상 유효한 착지 면까지의 길이로 할 것
⑥ 미끄럼대는 안전한 강하속도를 유지하도록 하고, 전락방지를 위한 안전조치를 할 것
⑦ 구조대의 길이는 피난 상 지장이 없고 안정한 강하속도를 유지할 수 있는 길이로 할 것

256 영 별표 5 제14호 피난구조설비의 설치면제 요건의 규정에 따라 피난 상 지장이 없다고 인정되는 특정소방대상물 또는 그 부분에는 피난기구를 설치하지 않을 수 있다. 다만, 제4조제2항제2호에 따라 숙박시설(휴양콘도미니엄을 제외한다)에 설치되는 완강기 및 간이완강기의 경우에는 그렇지 않다.

257 ㉠ 주요구조부가 내화구조　　㉡ 불연재료·준불연재료 또는 난연재료
　　㉢ 직접 복도로 쉽게　　㉣ 피난계단 또는 특별피난계단
　　㉤ 2 이상의 방향으로 각각 다른 계단

258 ㉠ 1,500　　㉡ 창 또는 출입구
　　㉢ 소방사다리차　　㉣ 피난층 또는 지상

259 ① 피난기구를 설치해야 할 특정소방대상물 중 주요구조부가 내화구조이고, 피난계단 또는 특별피난계단이 둘 이상 설치되어 있는 층에는 제5조제2항에 따른 피난기구의 일부를 감소할 수 있다.
② 피난기구를 설치해야 할 특정소방대상물 중 주요구조부가 내화구조이고 건널 복도가 설치되어 있는 층에는 제5조제2항에 따른 피난기구의 일부를 감소할 수 있다.
③ 피난기구를 설치해야 할 특정소방대상물 중 피난에 유효한 노대가 설치된 거실의 바닥면적은 제5조제2항에 따른 피난기구의 설치개수 산정을 위한 바닥면적에서 이를 제외한다.

259-1 ㉠ 피난층
㉡ 2제곱미터(2세대 이상일 경우에는 3제곱미터)
㉢ 60센티미터
㉣ 연결 금속구
㉤ 60분+ 방화문 또는 60분 방화문
㉥ 수평거리
㉦ 비상조명등
㉧ 위치표시
㉨ 피난기구 사용설명서
㉩ 주의사항 표지판
㉪ 표시등 및 경보장치
㉫ 승강식 피난기

화재안전기준 답안 　인명구조기구

260 ㉠ 지하층을 포함하는 층수가 7층 이상인 관광호텔
㉡ 지하층을 포함하는 층수가 5층 이상인 병원
㉢ 문화 및 집회시설 중 수용인원 100명 이상의 영화상영관
㉣ 판매시설 중 대규모 점포
㉤ 운수시설 중 지하역사
㉥ 지하가 중 지하상가
㉦ 출입구 외부 인근에 1개 이상의 공기호흡기

261 (1) 지하층을 포함하는 층수가 7층 이상인 관광호텔 및 5층 이상인 병원
(2) 문화 및 집회시설 중 수용인원 100명 이상의 영화상영관,
　　판매시설 중 대규모 점포, 운수시설 중 지하역사, 지하가 중 지하상가
(3) 물분무등소화설비 중 이산화탄소소화설비를 설치해야 하는 특정소방대상물

화재안전기준 답안 | 유도등 및 유도표지

262 ㉠ 운동시설　　　　　　　㉡ 운수시설
　　㉢ 지하층·무창층 또는 층수가 11층 이상
　　㉣ 노유자시설　　　　　　㉤ 복합건축물

263 ① 옥내로부터 직접 지상으로 통하는 출입구 및 그 부속실의 출입구
　　② 직통계단·직통계단의 계단실 및 그 부속실의 출입구
　　③ 제①호와 제②호에 따른 출입구에 이르는 복도 또는 통로로 통하는 출입구
　　④ 안전구획된 거실로 통하는 출입구

264 ① 복도에 설치하되 제5조제1항제1호 또는 제2호에 따라 피난구유도등이 설치된 출입구의 맞은편 복도에는 입체형으로 설치하거나, 바닥에 설치할 것
　　② 구부러진 모퉁이 및 ①목에 따라 설치된 통로유도등을 기점으로 보행거리 20미터마다 설치할 것
　　③ 바닥으로부터 높이 1미터 이하의 위치에 설치할 것. 다만, 지하층 또는 무창층의 용도가 도매시장·소매시장·여객자동차터미널·지하역사 또는 지하상가인 경우에는 복도·통로 중앙부분의 바닥에 설치하여야 한다.
　　④ 바닥에 설치하는 통로유도등은 하중에 따라 파괴되지 않는 강도의 것으로 할 것

265 ① 거실의 통로에 설치할 것. 다만, 거실의 통로가 벽체 등으로 구획된 경우에는 복도통로유도등을 설치하여야 한다.
　　② 복도구부러진 모퉁이 및 보행거리 20미터 마다 설치할 것
　　③ 복도바닥으로부터 높이 1.5미터 이상의 위치에 설치할 것. 다만, 거실통로에 기둥이 설치된 경우에는 기둥부분의 바닥으로부터 높이 1.5미터 이하의 위치에 설치할 수 있다.

266 ㉠ 유도등의 인입선과 옥내배선은 직접 연결할 것
　　㉡ 유도등은 전기회로에 점멸기를 설치하지 않고 항상 점등상태를 유지할 것
　　㉢ 3선식 배선은 내화배선 또는 내열배선으로 사용할 것

267 ㉠ 축전지설비 ㉡ 전기저장장치
㉢ 교류전압의 옥내 간선 ㉣ 20분
㉤ 11층 ㉥ 60분
㉦ 3선식 ㉧ 화재신호 및 수동조작

268 ① 구획된 각 실로부터 주출입구 또는 비상구까지 설치할 것
② 바닥으로부터 높이 50센티미터 이하의 위치 또는 바닥 면에 설치할 것
③ 피난유도 표시부는 50센티미터 이내의 간격으로 연속되도록 설치
④ 부착대에 의하여 견고하게 설치할 것
⑤ 외광 또는 조명장치에 의하여 상시 조명이 제공되거나 비상조명등에 의한 조명이 제공되도록 설치할 것

269 ① 구획된 각 실로부터 주출입구 또는 비상구까지 설치할 것
② 피난유도 표시부는 바닥으로부터 높이 1미터 이하의 위치 또는 바닥 면에 설치할 것
③ 피난유도 표시부는 50센티미터 이내의 간격으로 연속되도록 설치하되 실내장식물 등으로 설치가 곤란할 경우 1미터 이내로 설치할 것
④ 수신기로부터의 화재신호 및 수동조작에 의하여 광원이 점등되도록 설치할 것
⑤ 비상전원이 상시 충전상태를 유지하도록 설치할 것
⑥ 바닥에 설치되는 피난유도 표시부는 매립하는 방식을 사용할 것
⑦ 피난유도 제어부는 조작 및 관리가 용이하도록 바닥으로부터 0.8미터 이상 1.5미터 이하의 높이에 설치할 것

270 ① 바닥면적이 1,000제곱미터 미만인 층으로서 옥내로부터 직접 지상으로 통하는 출입구 또는 거실 각 부분으로부터 쉽게 도달할 수 있는 출입구 등의 경우에는 피난구유도등을 설치하지 않을 수 있다.
② 구부러지지 아니한 복도 또는 통로로서 그 길이가 30미터 미만인 복도 또는 통로 등의 경우에는 통로유도등을 설치하지 않을 수 있다.
③ 주간에만 사용하는 장소로서 채광이 충분한 객석 등의 경우에는 객석유도등을 설치하지 않을 수 있다.
④ 유도등이 제5조와 제6조에 따라 적합하게 설치된 출입구·복도·계단 및 통로 등의 경우에는 유도표지를 설치하지 않을 수 있다.

271 (1) 평상시에는 유도등을 소등 상태로 유도등의 비상전원을 충전하고, 화재 등 비상시 점등 신호를 받아 유도등을 자동으로 점등되도록 하는 방식의 배선을 말한다.
　　(2) 내화배선 또는 내열배선으로 할 것
　　(3) ① 자동화재탐지설비의 감지기 또는 발신기가 작동되는 때
　　　　② 비상경보설비의 발신기가 작동되는 때
　　　　③ 상용전원이 정전되거나 전원선이 단선되는 때
　　　　④ 방재업무를 통제하는 곳 또는 전기실의 배전반에서 수동으로 점등하는 때
　　　　⑤ 자동소화설비가 작동되는 때

272 ㉠ 축전지
　　　㉡ 지하층을 제외한 층수가 11층 이상의 층
　　　㉢ 지하층 또는 무창층으로서 용도가 도매시장·소매시장·여객자동차터미널·지하역사 또는 지하상가

273 ① 바닥면적이 1,000 ㎡ 미만인 층으로서 옥내로부터 직접 지상으로 통하는 출입구(외부의 식별이 용이한 경우에 한한다)
　　② 대각선 길이가 15 m 이내인 구획된 실의 출입구
　　③ 거실 각 부분으로부터 하나의 출입구에 이르는 보행거리가 20 m 이하이고 비상조명등과 유도표지가 설치된 거실의 출입구
　　④ 출입구가 3개소 이상 있는 거실로서 그 거실 각 부분으로부터 하나의 출입구에 이르는 보행거리가 30 m 이하인 경우에는 주된 출입구 2개소 외의 출입구(유도표지가 부착된 출입구를 말한다). 다만, 공연장·집회장·관람장·전시장·판매시설·운수시설·숙박시설·노유자시설·의료시설·장례식장의 경우에는 그렇지 않다.

274 ① 구부러지지 아니한 복도 또는 통로로서 길이가 30 m 미만인 복도 또는 통로
　　② ①에 해당하지 않는 복도 또는 통로로서 보행거리가 20 m 미만이고 그 복도 또는 통로와 연결된 출입구 또는 그 부속실의 출입구에 피난구유도등이 설치된 복도 또는 통로

275 ① 주간에만 사용하는 장소로서 채광이 충분한 객석

② 거실 등의 각 부분으로부터 하나의 거실출입구에 이르는 보행거리가 20 m 이하인 객석의 통로로서 그 통로에 통로유도등이 설치된 객석

화재안전기준 답안 — 비상조명등

276 ① 특정소방대상물의 각 거실과 그로부터 지상에 이르는 복도·계단 및 그 밖의 통로에 설치할 것
② 조도는 비상조명등이 설치된 장소의 각 부분의 바닥에서 1 lx 이상이 되도록 할 것
③ 예비전원을 내장하는 비상조명등에는 평상시 점등 여부를 확인할 수 있는 점검스위치를 설치하고 해당 조명등을 유효하게 작동시킬 수 있는 용량의 축전지와 예비전원 충전장치를 내장할 것

277 ① 거실의 각 부분으로부터 하나의 출입구에 이르는 보행거리가 15미터 이내인 부분 또는 의원·경기장·공동주택·의료시설·학교의 거실 등의 경우에는 비상조명등을 설치하지 않을 수 있다.
② 지상 1층 또는 피난층으로서 복도나 통로 또는 창문 등의 개구부를 통하여 피난이 용이한 경우와 숙박시설로서 복도에 비상조명등을 설치한 경우에는 휴대용비상조명등을 설치하지 않을 수 있다.

278 (1) ① 거실의 각 부분으로부터 하나의 출입구에 이르는 보행거리가 15 m 이내인 부분
② 의원·경기장·공동주택·의료시설·학교의 거실
(2) 지상 1층 또는 피난층으로서 복도나 통로 또는 창문 등의 개구부를 통하여 피난이 용이한 경우 숙박시설로서 복도에 비상조명등을 설치한 경우에는 휴대용비상조명등을 설치하지 않을 수 있다.

279 ㉠ 숙박시설　　㉡ 영화상영관
㉢ 지하역사　　㉣ 난연성능
㉤ 20분

화재안전기준 답안 — 상수도소화용수설비

280
① 호칭지름 75 mm 이상의 수도배관에 호칭지름 100 mm 이상의 소화전을 접속할 것
② 소화전은 소방자동차 등의 진입이 쉬운 도로변 또는 공지에 설치할 것
③ 소화전은 특정소방대상물의 수평투영면의 각 부분으로부터 140 m 이하가 되도록 설치할 것
④ 지상식 소화전의 호스접결구는 지면으로부터 높이가 0.5 m 이상 1 m 이하가 되도록 설치할 것

화재안전기준 답안 — 소화수조 및 저수조

281
(1) 흡수관투입구는 그 한변이 0.6미터 이상이거나 직경이 0.6미터 이상인 것으로 하고, 소요수량이 80세제곱미터 미만인 것은 1개 이상, 80세제곱미터 이상인 것은 2개 이상을 설치해야 하며, "흡수관투입구"라고 표시한 표지를 할 것
(2) ① 채수구는 2개(소요수량이 40세제곱미터 미만인 것은 1개, 100세제곱미터 이상인 것은 3개)를 설치한다.
② 채수구는 소방용호스 또는 소방용흡수관에 사용하는 구경 65밀리미터 이상의 나사식 결합금속구를 설치할 것
③ 채수구는 지면으로부터의 높이가 0.5미터 이상 1미터 이하의 위치에 설치하고 "채수구"라고 표시한 표지를 할 것

282 ㉠ 4.5　㉡ 2,200　㉢ 1,100　㉣ 3,300　㉤ 0.15

283
① 쉽게 접근할 수 있고 점검하기에 충분한 공간이 있는 장소로서 화재 및 침수 등의 재해로 인한 피해를 받을 우려가 없는 곳에 설치할 것
② 동결방지조치를 하거나 동결의 우려가 없는 장소에 설치할 것
③ 펌프는 전용으로 할 것

④ 펌프의 토출측에는 압력계를 설치하고, 흡입측에는 연성계 또는 진공계를 설치할 것
⑤ 가압송수장치에는 정격부하운전 시 펌프의 성능을 시험하기 위한 배관과 체절운전 시 수온의 상승을 방지하기 위한 순환배관을 설치할 것
⑥ 기동장치로는 보호판을 부착한 기동스위치를 채수구 직근에 설치할 것
⑦ 수원의 수위가 펌프보다 낮은 위치에 있는 가압송수장치에는 물올림장치를 설치할 것
⑧ 내연기관을 사용하는 경우에는 다음 각 목의 기준에 적합한 것으로 할 것
　가. 내연기관의 기동은 채수구의 위치에서 원격조작으로 가능하고 기동을 명시하는 적색등을 설치할 것
　나. 제어반에 따라 내연기관의 기동이 가능하고 상시 충전되어 있는 축전지설비를 갖출 것
⑨ 가압송수장치는 부식 등으로 인한 펌프의 고착을 방지할 수 있도록 청동 또는 스테인리스 등 부식에 강한 재질을 사용할 것

화재안전기준 답안 — 제연설비

284

제연구역	제연경계(제연경계가 면한 천장 또는 반자를 포함한다)에 의해 구획된 건물 내의 공간을 말한다.
제연경계	연기를 예상제연구역 내에 가두거나 이동을 억제하기 위한 보 또는 제연경계벽 등을 말한다.
댐퍼	풍도 내부의 연기 또는 공기의 흐름을 조절하기 위해 설치하는 장치를 말한다.
풍량조절댐퍼	송풍기(또는 공기조화기) 토출측에 설치하여 유입풍도로 공급되는 공기의 유량을 조절하는 장치를 말한다.

285
① 하나의 제연구역의 면적은 1,000제곱미터 이내로 할 것
② 거실과 통로(복도를 포함한다. 이하 같다)는 각각 제연구획 할 것
③ 통로상의 제연구역은 보행중심선의 길이가 60미터를 초과하지 않을 것
④ 하나의 제연구역은 직경 60미터 원내에 들어갈 수 있을 것
⑤ 하나의 제연구역은 둘 이상의 층에 미치지 않도록 할 것. 다만, 층의 구분이 불분명한 부분은 그 부분을 다른 부분과 별도로 제연구획 해야 한다.

286 ① 재질은 내화재료, 불연재료 또는 제연경계벽으로 성능을 인정받은 것으로서 화재 시 쉽게 변형·파괴되지 아니하고 연기가 누설되지 않는 기밀성 있는 재료로 할 것
② 제연경계는 제연경계의 폭이 0.6미터 이상이고, 수직거리는 2미터 이내일 것
③ 제연경계벽은 배연 시 기류에 따라 그 하단이 쉽게 흔들리지 않고, 가동식의 경우에는 급속히 하강하여 인명에 위해를 주지 않는 구조일 것

> **보충설명** 제연설비의 화재안전기술기준(NFTC 501)
>
> 2.1.2 제연구역의 구획은 보·제연경계벽(이하 "제연경계"라 한다) 및 벽(화재 시 자동으로 구획되는 가동벽·방화셔터·방화문을 포함한다. 이하 같다)으로 하되, 다음의 기준에 적합해야 한다.
> 2.1.2.1 재질은 내화재료, 불연재료 또는 제연경계벽으로 성능을 인정받은 것으로서 화재 시 쉽게 변형·파괴되지 아니하고 연기가 누설되지 않는 기밀성 있는 재료로 할 것
> 2.1.2.2 제연경계는 제연경계의 폭이 0.6 m 이상이고, 수직거리는 2 m 이내이어야 한다. 다만, 구조상 불가피한 경우는 2 m를 초과할 수 있다.
> 2.1.2.3 제연경계벽은 배연 시 기류에 따라 그 하단이 쉽게 흔들리지 않고, 가동식의 경우에는 급속히 하강하여 인명에 위해를 주지 않는 구조일 것

287 ① 예상제연구역에 대하여는 화재 시 연기배출(이하 "배출"이라 한다)과 동시에 공기유입이 될 수 있게 하고, 배출구역이 거실일 경우에는 통로에 동시에 공기가 유입될 수 있도록 해야 한다.
② ①에도 불구하고 통로와 인접하고 있는 거실의 바닥면적이 50 ㎡ 미만으로 구획(제연경계에 따른 구획은 제외한다. 다만, 거실과 통로와의 구획은 그렇지 않다)되고 그 거실에 통로가 인접하여 있는 경우에는 화재 시 그 거실에서 직접 배출하지 아니하고 인접한 통로의 배출로 갈음할 수 있다. 다만, 그 거실이 다른 거실의 피난을 위한 경유거실인 경우에는 그 거실에서 직접 배출해야 한다.
③ 통로의 주요구조부가 내화구조이며 마감이 불연재료 또는 난연재료로 처리되고 통로 내부에 가연성 물질이 없는 경우에 그 통로는 예상제연구역으로 간주하지 않을 수 있다. 다만, 화재 시 연기의 유입이 우려되는 통로는 그렇지 않다.

288 (1) ① 예상제연구역이 벽으로 구획되어있는 경우의 배출구는 천장 또는 반자와 바닥 사이의 중간 윗부분에 설치할 것
② 예상제연구역 중 어느 한 부분이 제연경계로 구획되어있는 경우에는 천장·반자 또는 이에 가까운 벽의 부분에 설치할 것. 다만, 배출구를 벽에 설치하는 경

우에는 배출구의 하단이 해당 예상제연구역에서 제연경계의 폭이 가장 짧은 제연경계의 하단보다 높이 되도록 하여야 한다.
(2) ① 예상제연구역이 벽으로 구획되어 있는 경우의 배출구는 천장·반자 또는 이에 가까운 벽의 부분에 설치할 것. 다만, 배출구를 벽에 설치한 경우에는 배출구의 하단과 바닥간의 최단거리가 2미터 이상이어야 한다.
② 예상제연구역 중 어느 한 부분이 제연경계로 구획되어 있을 경우에는 천장·반자 또는 이에 가까운 벽의 부분(제연경계를 포함한다)에 설치할 것. 다만, 배출구를 벽 또는 제연경계에 설치하는 경우에는 배출구의 하단이 해당 예상제연구역에서 제연경계의 폭이 가장 짧은 제연경계의 하단보다 높이 되도록 설치하여야 한다.

289 (1) ① 예상제연구역이 벽으로 구획되어 있는 경우의 배출구는 천장 또는 반자와 바닥 사이의 중간 윗부분에 설치할 것
② 예상제연구역 중 어느 한부분이 제연경계로 구획되어 있는 경우에는 천장·반자 또는 이에 가까운 벽의 부분에 설치할 것. 다만, 배출구를 벽에 설치하는 경우에는 배출구의 하단이 해당 예상제연구역에서 제연경계의 폭이 가장 짧은 제연경계의 하단보다 높이 되도록 해야 한다.
(2) ① 예상제연구역이 벽으로 구획되어 있는 경우의 배출구는 천장·반자 또는 이에 가까운 벽의 부분에 설치할 것. 다만, 배출구를 벽에 설치한 경우에는 배출구의 하단과 바닥간의 최단거리가 2 m 이상이어야 한다.
② 예상제연구역 중 어느 한부분이 제연경계로 구획되어 있을 경우에는 천장·반자 또는 이에 가까운 벽의 부분(제연경계를 포함한다)에 설치할 것. 다만, 배출구를 벽 또는 제연경계에 설치하는 경우에는 배출구의 하단이 해당 예상제연구역에서 제연경계의 폭이 가장 짧은 제연경계의 하단보다 높이 되도록 설치해야 한다.

290 예상제연구역에 대한 공기유입은 유입풍도를 경유한 강제유입 또는 자연유입방식으로 하거나, 인접한 제연구역 또는 통로에 유입되는 공기(가압의 결과를 일으키는 경우를 포함한다. 이하 같다)가 해당구역으로 유입되는 방식으로 할 수 있다.

291 (1) ① 점검에 편리하고 화재 및 침수 등의 재해로 인한 피해를 받을 우려가 없는 곳에 설치할 것
② 제연설비를 유효하게 20분 이상 작동할 수 있도록 할 것

③ 상용전원으로부터 전력의 공급이 중단된 때에는 자동으로 비상전원으로부터 전력을 공급받을 수 있도록 할 것
④ 비상전원의 설치장소는 다른 장소와 방화구획 할 것
⑤ 비상전원을 실내에 설치하는 때에는 그 실내에 비상조명등을 설치할 것

(2) ㉠ 화재감지기　　㉡ 수동기동장치　　㉢ 제어반

(3) ㉠ 해당 제연구역의 구획을 위한 제연경계벽 및 벽의 작동
　　㉡ 해당 제연구역의 공기유입 및 연기배출 관련 댐퍼의 작동
　　㉢ 공기유입송풍기 및 배출송풍기의 작동

> **보충설명** 제연설비의 화재안전기술기준(NFTC 501)
>
> **2.9 제연설비의 전원 및 기동**
>
> **2.9.1** 비상전원은 자가발전설비, 축전지설비 또는 전기저장장치(외부 전기에너지를 저장해 두었다가 필요한 때 전기를 공급하는 장치)로서 다음의 기준에 따라 설치해야 한다. 다만, 2 이상의 변전소(「전기사업법」 제67조 및 「전기설비기술기준」 제3조제2호에 따른 변전소를 말한다)에서 전력을 동시에 공급받을 수 있거나 하나의 변전소로부터 전력의 공급이 중단되는 때에는 자동으로 다른 변전소로부터 전원을 공급받을 수 있도록 상용전원을 설치한 경우에는 그렇지 않다.
>
> **2.9.1.1** 점검에 편리하고 화재 및 침수 등의 재해로 인한 피해를 받을 우려가 없는 곳에 설치할 것
>
> **2.9.1.2** 제연설비를 유효하게 20분 이상 작동할 수 있도록 할 것
>
> **2.9.1.3** 상용전원으로부터 전력의 공급이 중단된 때에는 자동으로 비상전원으로부터 전력을 공급받을 수 있도록 할 것
>
> **2.9.1.4** 비상전원의 설치장소는 다른 장소와 방화구획 할 것. 이 경우 그 장소에는 비상전원의 공급에 필요한 기구나 설비 외의 것(열병합발전설비에 필요한 기구나 설비는 제외한다)을 두어서는 아니 된다.
>
> **2.9.1.5** 비상전원을 실내에 설치하는 때에는 그 실내에 비상조명등을 설치할 것
>
> **2.9.2** 제연설비의 작동은 해당 제연구역에 설치된 화재감지기와 연동되어야 하며, 예상제연구역(또는 인접장소)마다 설치된 수동기동장치 및 제어반에서 수동으로 기동이 가능하도록 해야 한다. 〈개정 2024.10.1.〉
>
> **2.9.3** 2.9.2에 따른 제연설비의 작동에는 다음의 사항이 포함되어야 하며, 예상제연구역(또는 인접장소)마다 설치되는 수동기동장치는 바닥으로부터 0.8 m 이상 1.5 m 이하의 높이에 문 개방 등으로 인한 위치 확인에 장애가 없고 접근이 쉬운 위치에 설치해야 한다.
>
> **2.9.3.1** 해당 제연구역의 구획을 위한 제연경계벽 및 벽의 작동
> **2.9.3.2** 해당 제연구역의 공기유입 및 연기배출 관련 댐퍼의 작동
> **2.9.3.3** 공기유입송풍기 및 배출송풍기의 작동

292 제연설비를 설치해야 할 특정소방대상물 중 화장실·목욕실·주차장·발코니를 설치한 숙박시설(가족호텔 및 휴양콘도미니엄에 한 한다)의 객실과 사람이 상주하지 않는 기계실·전기실·공조실·50제곱미터 미만의 창고 등으로 사용되는 부분에 대하여는 배출구와 공기유입구의 설치 및 배출량 산정에서 이를 제외할 수 있다.

292-1 (1) 제연설비의 성능과 관련된 건물의 모든 부분(건축설비를 포함한다)이 완성되는 시점
   (2) 1. 송풍기 풍량 및 송풍기 모터의 전류, 전압을 측정할 것
       2. 제연설비 시험시에는 제연구역에 설치된 화재감지기(수동기동장치를 포함한다)를 동작시켜 해당 제연설비가 정상적으로 작동되는지 확인할 것
       3. 제연구역의 공기유입량 및 유입풍속, 배출량은 모든 유입구 및 배출구에서 측정할 것
       4. 제연구역의 출입문, 방화셔터, 공기조화설비 등이 제연설비와 연동된 상태에서 측정할 것
   (3) ㉠ 60퍼센트   ㉡ 60퍼센트
       ㉢ 설계배출량   ㉣ 공기유입량

> **보충설명** 제연설비의 화재안전기술기준(NFTC 501)
>
> **2.10 성능확인** 〈신설 2024.10.1.〉
> **2.10.1** 제연설비는 설계목적에 적합한지 검토하고 제연설비의 성능과 관련된 건물의 모든 부분(건축설비를 포함한다)이 완성되는 시점에 맞추어 시험 · 측정 및 조정(이하 "시험 등"이라 한다)을 해야 한다.
> **2.10.2** 제연설비의 시험 등은 다음 각 호의 기준에 따라 실시해야 한다.
> **2.10.2.1** 송풍기 풍량 및 송풍기 모터의 전류, 전압을 측정할 것
> **2.10.2.2** 제연설비 시험시에는 제연구역에 설치된 화재감지기(수동기동장치를 포함한다)를 동작시켜 해당 제연설비가 정상적으로 작동되는지 확인할 것
> **2.10.2.3** 제연구역의 공기유입량 및 유입풍속, 배출량은 모든 유입구 및 배출구에서 측정할 것
> **2.10.2.4** 제연구역의 출입문, 방화셔터, 공기조화설비 등이 제연설비와 연동된 상태에서 측정할 것
> **2.10.3** 제연설비 시험 등의 평가는 이 기준에서 정하는 성능 및 다음의 기준에 따른다.
> **2.10.3.1** 배출구별 배출량은 배출구별 설계 배출량의 60 % 이상이어야 하며, 제연구역별 배출구의 배출량 합계는 2.3에 따른 설계배출량 이상일 것
> **2.10.3.2** 유입구별 공기유입량은 유입구별 설계 유입량의 60 % 이상이어야 하며, 제연구역별 유입구의 공기유입량 합계는 2.5.7에 따른 설계유입량을 충족할 것

2.10.3.3 제연구역의 구획이 설계조건과 동일한 조건에서 2.10.3.1에 따라 측정한 배출량이 설계배출량 이상인 경우에는 2.10.3.2에 따라 측정한 공기유입량이 설계유입량에 일부 미달되더라도 적합한 성능으로 볼 것

292-2 ① 제연설비의 풍도에 댐퍼를 설치하는 경우 댐퍼를 확인, 정비할 수 있는 점검구를 풍도에 설치할 것. 이 경우 댐퍼가 반자 내부에 설치되는 때에는 댐퍼 직근의 반자에도 점검구(지름 60 cm 이상의 원이 내접할 수 있는 크기)를 설치하고 제연설비용 점검구임을 표시해야 한다.
② 제연설비 댐퍼의 설정된 개방 및 폐쇄 상태를 제어반에서 상시 확인할 수 있도록 할 것
③ 제연설비가 영 별표 5 제17호 가목 1)에 따라 공기조화설비와 겸용으로 설치되는 경우 풍량조절댐퍼는 각 설비별 기능에 따른 작동 시 각각의 풍량을 충족하는 개구율로 자동 조절될 수 있는 기능이 있어야 할 것

보충설명 영 별표 5 제17호 가목 1)

가. 제연설비를 설치해야 하는 특정소방대상물[별표 4 제5호가목6)은 제외한다]에 다음의 어느 하나에 해당하는 설비를 설치한 경우에는 설치가 면제된다.
　　1) 공기조화설비를 화재안전기준의 제연설비기준에 적합하게 설치하고 공기조화설비가 화재 시 제연설비기능으로 자동전환되는 구조로 설치되어 있는 경우

화재안전기준 답안 ― 특별피난계단의 계단실 및 부속실 제연설비

293

방연풍속	옥내로부터 제연구역 내로 연기의 유입을 유효하게 방지할 수 있는 풍속을 말한다.
급기량	제연구역에 공급해야 할 공기의 양을 말한다.
누설량	틈새를 통하여 제연구역으로부터 흘러나가는 공기량을 말한다.
보충량	방연풍속을 유지하기 위하여 제연구역에 보충해야 할 공기량을 말한다.

294

플랩댐퍼	제연구역의 압력이 설정압력범위를 초과하는 경우 제연구역의 압력을 배출하여 설정압력 범위를 유지하게 하는 과압방지장치를 말한다.
유입공기	제연구역으로부터 옥내로 유입하는 공기로서 차압에 따라 누설하는 것과 출입문의 개방에 따라 유입하는 것 등을 말한다.
자동차압 급기댐퍼	제연구역과 옥내 사이의 차압을 압력센서 등으로 감지하여 제연구역에 공급되는 풍량의 조절로 제연구역의 차압 유지를 자동으로 제어할 수 있는 댐퍼를 말한다.
자동폐쇄장치	제연구역의 출입문 등에 설치하는 것으로서 화재 시 화재감지기의 작동과 연동하여 출입문을 자동적으로 닫히게 하는 장치를 말한다.
과압방지장치	제연구역의 압력이 설정압력을 초과하는 경우 자동으로 압력을 조절하여 과압을 방지하는 장치를 말한다.

295

① 제연구역에 옥외의 신선한 공기를 공급하여 제연구역의 기압을 제연구역 이외의 옥내(이하 "옥내"라 한다)보다 높게 하되 일정한 기압의 차이(이하 "차압"이라 한다)를 유지하게 함으로써 옥내로부터 제연구역 내로 연기가 침투하지 못하도록 할 것
② 피난을 위하여 제연구역의 출입문이 일시적으로 개방되는 경우 방연풍속을 유지하도록 옥외의 공기를 제연구역 내로 보충 공급하도록 할 것
③ 출입문이 닫히는 경우 제연구역의 과압을 방지할 수 있는 유효한 조치를 하여 차압을 유지할 것

296

① 계단실 및 그 부속실을 동시에 제연하는 것
② 부속실을 단독으로 제연하는 것
③ 계단실을 단독으로 제연하는 것

296-1

㉠ 40 ㉡ 스프링클러설비
㉢ 110 ㉣ 70퍼센트 ㉤ 5

297

제 연 구 역		방연풍속
계단실 및 그 부속실을 동시에 제연하는 것 또는 계단실만 단독으로 제연하는 것		0.5㎧ 이상
부속실만 단독으로 제연하는 것	부속실에 면하는 옥내가 거실인 경우	0.7㎧ 이상
	부속실이 면하는 옥내가 복도로서 그 구조가 방화구조(내화시간이 30분 이상인 구조를 포함한다)인 것	0.5㎧ 이상

298 ① 부속실만을 제연하는 경우 동일 수직선상의 모든 부속실은 하나의 전용수직풍도를 통해 동시에 급기할 것
② 계단실 및 부속실을 동시에 제연하는 경우 계단실에 대하여는 그 부속실의 수직풍도를 통해 급기할 수 있다.
③ 계단실만을 제연하는 경우에는 전용수직풍도를 설치하거나 계단실에 급기풍도 또는 급기송풍기를 직접 연결하여 급기하는 방식으로 할 것
④ 하나의 수직풍도마다 전용의 송풍기로 급기할 것
⑤ 비상용승강기 또는 피난용승강기의 승강장을 제연하는 경우에는 해당 승강기의 승강로를 급기풍도로 사용할 수 있다.

299 (1) 화재 층의 제연구역과 면하는 옥내로부터 옥외로 배출되도록 해야 한다. 다만, 직통계단식 공동주택의 경우에는 그렇지 않다.
(2) 1. 수직풍도에 따른 배출 : 옥상으로 직통하는 전용의 배출용 수직풍도를 설치하여 배출하는 것으로서 다음의 어느 하나에 해당하는 것
① 자연배출식: 굴뚝효과에 따라 배출하는 것
② 기계배출식: 수직풍도의 상부에 전용의 배출용 송풍기를 설치하여 강제로 배출하는 것. 다만, 지하층만을 제연하는 경우 배출용 송풍기의 설치위치는 배출된 공기로 인하여 피난 및 소화활동에 지장을 주지 않는 곳에 설치할 수 있다.
2. 배출구에 따른 배출: 건물의 옥내와 면하는 외벽마다 옥외와 통하는 배출구를 설치하여 배출하는 것
3. 제연설비에 따른 배출: 거실제연설비가 설치되어 있고 당해 옥내로부터 옥외로 배출해야 하는 유입공기의 양을 거실제연설비의 배출량에 합하여 배출하는 경우 유입 공기의 배출은 당해 거실제연설비에 따른 배출로 갈음할 수 있다.

299-1 (1) 급기송풍기의 송풍능력은 송풍기가 담당하는 제연구역에 대한 급기량의 1.15배 이상으로 하고, 송풍기는 다른 장소와 방화구획 되고 접근과 점검이 용이하도록 설치하며, 화재감지기의 동작에 따라 작동하도록 해야 한다.
(2) 외기취입구는 옥외의 연기 또는 공해물질 등으로 오염된 공기, 빗물과 이물질 등이 유입되지 않는 구조 및 위치에 설치해야 한다.

300 ① 제연구역의 출입문(창문을 포함한다)은 언제나 닫힌 상태를 유지하거나 자동폐쇄장치에 의해 자동으로 닫히는 구조로 하고, 제연구역의 출입문 등에 자동폐쇄장치를 사용하는 경우에는「자동폐쇄장치의 성능인증 및 제품검사의 기술기준」에 적합한 것으로 설치해야 한다.
② 옥내의 출입문(제10조의 기준에 따른 방화구조의 복도가 있는 경우로서 복도와 거실 사이의 출입문에 한한다)은 언제나 닫힌 상태를 유지하거나 자동폐쇄장치에 의해 자동으로 닫히는 구조로 해야 한다.

301 (1) ① 제연구역의 출입문(창문을 포함한다)은 언제나 닫힌 상태를 유지하거나 자동폐쇄장치에 의해 자동으로 닫히는 구조로 할 것. 다만, 아파트인 경우 제연구역과 계단실 사이의 출입문은 자동폐쇄장치에 의하여 자동으로 닫히는 구조로 해야 한다.
② 제연구역의 출입문에 설치하는 자동폐쇄장치는 제연구역의 기압에도 불구하고 출입문을 용이하게 닫을 수 있는 충분한 폐쇄력이 있을 것
③ 제연구역의 출입문 등에 자동폐쇄장치를 사용하는 경우에는「자동폐쇄장치의 성능인증 및 제품검사의 기술기준」에 적합한 것으로 설치할 것
(2) ① 출입문은 언제나 닫힌 상태를 유지하거나 자동폐쇄장치에 의해 자동으로 닫히는 구조로 할 것
② 거실 쪽으로 열리는 구조의 출입문에 자동폐쇄장치를 설치하는 경우에는 출입문의 개방 시 유입공기의 압력에도 불구하고 출입문을 용이하게 닫을 수 있는 충분한 폐쇄력이 있는 것으로 할 것

302 ① 전 층의 제연구역에 설치된 급기댐퍼의 개방
② 당해 층의 배출댐퍼 또는 개폐기의 개방
③ 급기송풍기 및 유입공기의 배출용 송풍기의 작동
④ 개방·고정된 모든 출입문(제연구역과 옥내 사이의 출입문에 한한다)의 개폐장치의 작동

303 ① 제어반에는 제어반의 기능을 1시간 이상 유지할 수 있는 용량의 비상용 축전지를 내장할 것
② 제어반은 제연설비와 그 부속설비(급기용 댐퍼, 배출댐퍼 및 개폐기, 급기 및 유입공기의 배출용 송풍기, 제연구역의 출입문, 수동기동장치, 급기구 개구율의 자동조절장치 및 예비전원을 말한다)를 감시·제어 및 시험할 수 있는 기능을 갖출 것

304 ① 급기용 댐퍼의 개폐에 대한 감시 및 원격조작기능
② 배출댐퍼 또는 개폐기의 작동여부에 대한 감시 및 원격조작기능
③ 급기송풍기와 유입공기의 배출용 송풍기(설치한경우에 한한다)의 작동여부에 대한 감시 및 원격조작기능
④ 제연구역의 출입문의 일시적인 고정개방 및 해정에 대한 감시 및 원격조작기능
⑤ 수동기동장치의 작동여부에 대한 감시 기능
⑥ 급기구 개구율의 자동조절장치(설치하는 경우에 한한다)의 작동여부에 대한 감시 기능. 다만, 급기구에 차압표시계를 고정 부착한 자동차압급기댐퍼를 설치하고 당해 제어반에도 차압표시계를 설치한 경우에는 그렇지 않다.
⑦ 감시선로의 단선에 대한 감시 기능
⑧ 예비전원이 확보되고 예비전원의 적합여부를 시험할 수 있어야 할 것

305 1. 제연구역의 모든 출입문 등의 크기와 열리는 방향이 설계 시와 동일한지 여부를 확인하고, 동일하지 아니한 경우 급기량과 보충량 등을 다시 산출하여 조정가능여부 또는 재설계·개수의 여부를 결정할 것
2. 〈삭제 2024. 4. 1.〉
3. 제연구역의 출입문 및 복도와 거실(옥내가 복도와 거실로 되어 있는 경우에 한한다) 사이의 출입문마다 제연설비가 작동하고 있지 아니한 상태에서 그 폐쇄력을 측정할 것
4. 층별로 화재감지기(수동기동장치를 포함한다)를 동작시켜 제연설비가 작동하는지 여부를 확인할 것. 다만, 둘 이상의 특정소방대상물이 지하에 설치된 주차장으로 연결되어 있는 경우에는 특정소방대상물의 화재감지기 및 주차장에서 하나의 특정소방대상물의 제연구역으로 들어가는 입구에 설치된 제연용 연기감지기의 작동에 따라 해당 특정소방대상물의 수직풍도에 연결된 모든 제연구역의 댐퍼가 개방되도록 하거나 해당 특정소방대상물을 포함한 둘 이상의 특정소방대상물의 모든 제연구역의 댐퍼가 개방되도록 하고 비상전원을 작동시켜 급기 및 배기용 송풍기의 성능이 정상인지 확인할 것.〈개정 2024. 4. 1.〉
5. 4의 기준에 따라 제연설비가 작동하는 경우 다음의 기준에 따른 시험 등을 실시할 것
   ① 부속실과 면하는 옥내 및 계단실의 출입문을 동시에 개방할 경우, 유입공기의 풍속이 2.7의 규정에 따른 방연풍속에 적합한지 여부를 확인하고, 적합하지 아니한 경우에는 급기구의 개구율과 송풍기의 풍량조절댐퍼 등을 조정하여 적합하게 할 것. 이 경우 유입공기의 풍속은 출입문의 개방에 따른 개구부를 대칭

적으로 균등 분할하는 10 이상의 지점에서 측정하는 풍속의 평균치로 할 것
② ①에 따른 시험 등의 과정에서 출입문을 개방하지 않은 제연구역의 실제 차압이 2.3.3의 기준에 적합한지 여부를 출입문 등에 차압측정공을 설치하고 이를 통하여 차압측정기구로 실측하여 확인·조정할 것
③ 제연구역의 출입문이 모두 닫혀 있는 상태에서 제연설비를 가동시킨 후 출입문의 개방에 필요한 힘을 측정하여 2.3.2의 규정에 따른 개방력에 적합한지 여부를 확인하고, 적합하지 아니한 경우에는 급기구의 개구율 조정 및 플랩댐퍼(설치하는 경우에 한한다)와 풍량조절용댐퍼 등의 조정에 따라 적합하도록 조치할 것. 이때 제연구역의 출입문과 면하는 옥내에 거실제연설비가 설치된 경우에는 이 기준에 따른 제연설비와 해당 거실제연설비를 동시에 작동시킨 상태에서 출입문의 개방력을 측정할 것.〈개정 2024. 7. 1.〉
④ ①에 따른 시험 등의 과정에서 부속실의 개방된 출입문이 자동으로 완전히 닫히는지 여부를 확인하고, 닫힌 상태를 유지할 수 있도록 조정할 것

306 ① 점검에 편리하고 화재 및 침수 등의 재해로 인한 피해를 받을 우려가 없는 곳에 설치할 것
② 제연설비를 유효하게 20분 이상 작동할 수 있도록 할 것
③ 상용전원으로부터 전력의 공급이 중단된 때에는 자동으로 비상전원으로부터 전력을 공급받을 수 있도록 할 것
④ 비상전원의 설치장소는 다른 장소와 방화구획 할 것
⑤ 비상전원을 실내에 설치하는 때에는 그 실내에 비상조명등을 설치할 것

화재안전기준 답안 — 연결송수관설비

307 ㉠ 송수구·자동배수밸브·체크밸브
㉡ 송수구·자동배수밸브·체크밸브·자동배수밸브

308 ① 주배관은 구경 100밀리미터 이상의 전용배관으로 할 것. 다만, 주배관의 구경이 100밀리미터 이상인 옥내소화전설비의 배관과는 겸용할 수 있다.
〈개정 2024. 5. 10.〉

② 지면으로부터의 높이가 31미터 이상인 특정소방대상물 또는 지상 11층 이상인 특정소방대상물에 있어서는 습식설비로 할 것

309 ① 연결송수관설비의 방수구는 그 특정소방대상물의 층마다 설치할 것
② 방수구는 계단(아파트 또는 바닥면적이 1,000제곱미터 미만인 층에 있어서는 한 개의 계단을 말하며, 바닥면적이 1,000제곱미터 이상인 층에 있어서는 두 개의 계단을 말한다)으로부터 5미터 이내에 설치하되, 그 방수구로부터 그 층의 각 부분까지의 거리가 다음 각 목의 기준을 초과하는 경우에는 그 기준 이하가 되도록 방수구를 추가하여 설치할 것
　가. 지하가(터널은 제외한다) 또는 지하층의 바닥면적의 합계가 3,000제곱미터 이상인 것은 수평거리 25미터
　나. 가목에 해당하지 않는 것은 수평거리 50미터
③ 11층 이상의 부분에 설치하는 방수구는 쌍구형으로 할 것
④ 방수구의 호스접결구는 바닥으로부터 높이 0.5미터 이상 1미터 이하의 위치에 설치할 것
⑤ 방수구는 연결송수관설비의 전용방수구 또는 옥내소화전방수구로서 구경 65밀리미터의 것으로 설치할 것
⑥ 방수구에는 방수구의 위치를 표시하는 표시등 또는 축광식표지를 설치할 것
⑦ 방수구는 개폐기능을 가진 것으로 설치해야 하며, 평상 시 닫힌 상태를 유지할 것

310 1. 아파트의 1층 및 2층
2. 소방차의 접근이 가능하고 소방대원이 소방차로부터 각 부분에 쉽게 도달할 수 있는 피난층
3. 송수구가 부설된 옥내소화전을 설치한 특정소방대상물(집회장·관람장·백화점·도매시장·소매시장·판매시설·공장·창고시설 또는 지하가를 제외한다)로서 다음의 어느 하나에 해당하는 층
　① 지하층을 제외한 층수가 4층 이하이고 연면적이 6,000㎡ 미만인 특정소방대상물의 지상층
　② 지하층의 층수가 2 이하인 특정소방대상물의 지하층

311 ① 아파트의 용도로 사용되는 층
② 스프링클러설비가 유효하게 설치되어 있고 방수구가 2개소 이상 설치된 층

312 ① 방수기구함은 피난층과 가장 가까운 층을 기준으로 3개 층마다 설치하되, 그 층의 방수구마다 보행거리 5미터 이내에 설치할 것
② 방수기구함에는 방수구에 연결하였을 때 그 방수구가 담당하는 구역의 각 부분에 유효하게 물이 뿌려질 수 있는 개수 이상의 길이 15미터의 호스와 방사형 관창 2개 이상(단구형 방수구의 경우에는 1개)을 비치할 것
③ 방수기구함에는 "방수기구함"이라고 표시한 축광식 표지를 할 것

313 ① 송수구로부터 5미터 이내의 보기 쉬운 장소에 바닥으로부터 높이 0.8미터 이상 1.5미터 이하로 설치할 것
② 1.5밀리미터 이상의 강판함에 수납하여 설치하고 "연결송수관설비 수동스위치"라고 표시한 표지를 부착할 것. 이 경우 문짝은 불연재료로 설치할 수 있다.
③ 「전기사업법」 제67조에 따른 기술기준에 따라 접지하고 빗물 등이 들어가지 않는 구조로 할 것

313-1 ㉠ 140퍼센트 ㉡ 150퍼센트
㉢ 150퍼센트 ㉣ 5
㉤ 배수설비 ㉥ 0.35 메가파스칼

> **보충설명** 연결송수관설비의 화재안전성능기준 제8조(가압송수장치 등)
>
> 지표면에서 최상층 방수구의 높이가 70미터 이상의 특정소방대상물에는 다음 각 호의 기준에 따라 연결송수관설비의 가압송수장치를 설치해야 한다.
> 1. 쉽게 접근할 수 있고 점검하기에 충분한 공간이 있는 장소로서 화재 및 침수 등의 재해로 인한 피해를 받을 우려가 없는 곳에 설치할 것
> 2. 동결방지조치를 하거나 동결의 우려가 없는 장소에 설치할 것
> 3. 펌프는 전용으로 할 것
> 4. 펌프의 토출측에는 압력계를 설치하고, 흡입측에는 연성계 또는 진공계를 설치할 것
> 5. 펌프의 성능은 체절운전 시 정격토출압력의 140퍼센트를 초과하지 않고, 정격토출량의 150퍼센트로 운전 시 정격토출압력의 65퍼센트 이상이 되어야 하며, 펌프의 성능을 시험할 수 있는 성능시험배관을 설치할 것
> 5의2. 펌프의 성능시험을 위한 전용의 수조를 설치할 것
> 5의3. 수조의 유효수량은 펌프 정격토출량의 150퍼센트로 5분 이상 시험할 수 있는 양 이상이 되도록 할 것
> 5의4. 펌프의 성능시험 시 방수되는 물로 침수피해가 발생하지 않도록 배수설비가 되어 있을 것

11. 수원의 수위가 펌프보다 낮은 위치에 있는 가압송수장치에는 물올림장치를 설치할 것
12. 기동용수압개폐장치를 기동장치로 사용할 경우에는 충압펌프를 설치할 것
13. 내연기관을 사용하는 경우에는 제어반에 따라 내연기관의 자동기동 및 수동기동이 가능하고 기동장치의 기동을 명시하는 적색등을 설치해야 하며 상시 충전되어 있는 축전지설비와 펌프를 20분 이상 운전할 수 있는 용량의 연료를 갖출 것
14. 가압송수장치에는 "연결송수관펌프"라고 표시한 표지를 할 것
15. 가압송수장치가 기동이 된 경우에는 자동으로 정지되지 않도록 할 것
16. 가압송수장치는 부식 등으로 인한 펌프의 고착을 방지할 수 있도록 부식에 강한 재질을 사용할 것

6. 가압송수장치에는 체절운전시 수온의 상승을 방지하기 위한 순환배관을 설치할 것
7. 펌프의 토출량은 분당 2,400리터(계단식 아파트의 경우에는 분당 1,200리터) 이상이 되는 것으로 할 것. 다만, 해당 층에 설치된 방수구가 3개를 초과(방수구가 5개 이상인 경우에는 5개)하는 것에 있어서는 1개마다 분당 800리터(계단식 아파트의 경우에는 분당 400리터)를 가산한 양이 되는 것으로 할 것
8. 펌프의 양정은 최상층에 설치된 노즐선단의 압력이 0.35 메가파스칼 이상의 압력이 되도록 할 것
9. 가압송수장치는 방수구가 개방될 때 자동으로 기동되거나 수동스위치의 조작에 따라 기동되도록 할 것. 이 경우 수동스위치는 두 개 이상을 설치하되, 그중 한 개는 다음 각 목의 기준에 따라 송수구의 부근에 설치해야 한다.
   가. 송수구로부터 5미터 이내의 보기 쉬운 장소에 바닥으로부터 높이 0.8미터 이상 1.5미터 이하로 설치할 것
   나. 1.5밀리미터 이상의 강판함에 수납하여 설치하고 "연결송수관설비 수동스위치"라고 표시한 표지를 부착할 것. 이 경우 문짝은 불연재료로 설치할 수 있다.
   다. 「전기사업법」제67조에 따른 기술기준에 따라 접지하고 빗물 등이 들어가지 않는 구조로 할 것
10. 기동장치로는 기동용수압개폐장치 또는 이와 동등 이상의 성능이 있는 것으로 설치할 것

화재안전기준 답안   연결살수설비

314 ① 화재 시 연소의 우려가 없는 장소로서 조작 및 점검이 쉬운 위치에 설치할 것
② 선택밸브의 부근에는 송수구역 일람표를 설치할 것

315 ① 폐쇄형헤드를 사용하는 설비의 경우에는 송수구·자동배수밸브·체크밸브의 순서로 설치할 것
② 개방형헤드를 사용하는 설비의 경우에는 송수구·자동배수밸브의 순서로 설치할 것
③ 자동배수밸브는 배관 안의 물이 잘 빠질 수 있는 위치에 설치하되, 배수로 인하여 다른 물건 또는 장소에 피해를 주지 않을 것

316 (1) 주배관은 다음 각 목의 어느 하나에 해당하는 배관 또는 수조에 접속해야 한다. 이 경우 접속부분에는 체크밸브를 설치하되 점검하기 쉽게 해야 한다.
① 옥내소화전설비의 주배관(옥내소화전설비가 설치된 경우에 한정한다)
② 수도배관(연결살수설비가 설치된 건축물 안에 설치된 수도배관 중 구경이 가장 큰 배관을 말한다)
③ 옥상에 설치된 수조(다른 설비의 수조를 포함한다)
(2) ① 송수구에서 가장 먼 거리에 위치한 가지배관의 끝으로부터 연결하여 설치할 것
② 시험장치 배관의 구경은 25밀리미터 이상으로 하고, 그 끝에는 물받이 통 및 배수관을 설치하여 시험 중 방사된 물이 바닥으로 흘러내리지 않도록 할 것

317 ㉠ 32　　㉡ 40　　㉢ 80

318 ① 천장 또는 반자의 실내에 면하는 부분에 설치할 것
② 천장 또는 반자의 각 부분으로부터 하나의 살수헤드까지의 수평거리가 연결살수설비 전용헤드의 경우에는 3.7 m 이하, 스프링클러헤드의 경우는 2.3 m 이하로 할 것. 다만, 살수헤드의 부착면과 바닥과의 높이가 2.1 m 이하인 부분은 살수헤드의 살수분포에 따른 거리로 할 수 있다.

319 연결살수설비를 설치해야 할 특정소방대상물 또는 그 부분으로서 연결살수설비 작동 시 소화효과를 기대할 수 없는 장소이거나 2차 피해가 예상되는 장소 또는 화재발생 위험이 적은 장소에는 연결살수설비의 헤드를 설치하지 않을 수 있다.

화재안전기준 답안 — 비상콘센트설비

320 ① 상용전원회로의 배선은 저압수전인 경우에는 인입개폐기의 직후에서, 고압수전 또는 특고압수전인 경우에는 전력용변압기 2차 측의 주차단기 1차 측 또는 2차 측에서 분기하여 전용배선으로 할 것

② 지하층을 제외한 층수가 7층 이상으로서 연면적이 2,000 ㎡ 이상이거나 지하층의 바닥면적의 합계가 3,000 ㎡ 이상인 특정소방대상물의 비상콘센트설비에는 자가발전설비, 비상전원수전설비, 축전지설비 또는 전기저장장치(외부 전기에너지를 저장해 두었다가 필요한 때 전기를 공급하는 장치를 말한다)를 비상전원으로 설치할 것. 다만, 2 이상의 변전소에서 전력을 동시에 공급받을 수 있거나 하나의 변전소로부터 전력의 공급이 중단되는 때에는 자동으로 다른 변전소로부터 전력을 공급받을 수 있도록 상용전원을 설치한 경우에는 비상전원을 설치하지 않을 수 있다.

321 ① 상용전원회로의 배선은 전용배선으로 하고, 상용전원의 상시공급에 지장이 없도록 할 것

② 지하층을 제외한 층수가 7층 이상으로서 연면적이 2,000 제곱미터 이상이거나 지하층의 바닥면적의 합계가 3,000 제곱미터 이상인 특정소방대상물의 비상콘센트설비에는 자가발전설비, 비상전원수전설비, 축전지설비 또는 전기저장장치를 비상전원으로 설치할 것

322 ㉠ 1,000   ㉡ 5   ㉢ 1,000
      ㉣ 5   ㉤ 3,000   ㉥ 50

323 ① 절연저항은 전원부와 외함 사이를 500볼트 절연저항계로 측정할 때 20메가옴 이상일 것

② 절연내력은 전원부와 외함 사이에 정격전압이 150볼트 이하인 경우에는 1,000볼트의 실효전압을, 정격전압이 150볼트 초과인 경우에는 그 정격전압에 2를 곱하여 1,000을 더한 실효전압을 가하는 시험에서 1분 이상 견디는 것으로 할 것

> **보충설명** 비상콘센트설비의 화재안전기술기준
>
> **2.1.6** 비상콘센트설비의 전원부와 외함 사이의 절연저항 및 절연내력은 다음의 기준에 적합해야 한다.
> **2.1.6.1** 절연저항은 전원부와 외함 사이를 500 V 절연저항계로 측정할 때 20 MΩ 이상일 것
> **2.1.6.2** 절연내력은 전원부와 외함 사이에 정격전압이 150 V 이하인 경우에는 1,000 V의 실효전압을, 정격전압이 150 V 초과인 경우에는 그 정격전압에 2를 곱하여 1,000을 더한 실효전압을 가하는 시험에서 1분 이상 견디는 것으로 할 것

324 ① 보호함에는 쉽게 개폐할 수 있는 문을 설치할 것
② 보호함 표면에 "비상콘센트"라고 표시한 표지를 할 것
③ 보호함 상부에 적색의 표시등을 설치할 것. 다만, 비상콘센트의 보호함을 옥내소화전함 등과 접속하여 설치하는 경우에는 옥내소화전함 등의 표시등과 겸용할 수 있다.

324-1 ㉠ 단상교류 220볼트
㉡ 1.5킬로볼트암페어
㉢ 분기배선용 차단기
㉣ 비상콘센트(비상콘센트가 3개 이상인 경우에는 3개)
㉤ 접지형2극 플러그접속기(KS C 8305)
㉥ 플러그접속기의 칼받이의 접지극

화재안전기준 답안 — 무선통신보조설비

325

누설동축케이블	동축케이블의 외부도체에 가느다란 홈을 만들어서 전파가 외부로 새어나 갈 수 있도록 한 케이블을 말한다.
분배기	신호의 전송로가 분기되는 장소에 설치하는 것으로 임피던스 매칭(Matching)과 신호 균등분배를 위해 사용하는 장치를 말한다.
분파기	서로 다른 주파수의 합성된 신호를 분리하기 위해서 사용하는 장치를 말한다.
혼합기	둘 이상의 입력신호를 원하는 비율로 조합한 출력이 발생하도록 하는 장치를 말한다.
증폭기	전압·전류의 진폭을 늘려 감도 등을 개선하는 장치를 말한다.

326 지하층으로서 특정소방대상물의 바닥부분 2면 이상이 지표면과 동일하거나 지표면으로부터의 깊이가 1미터 이하인 경우에는 해당 층에 한해 무선통신보조설비를 설치하지 아니할 수 있다.

327 ① 건축물, 지하가, 터널 또는 공동구의 출입구 및 출입구 인근에서 통신이 가능한 장소에 설치할 것
② 다른 용도로 사용되는 안테나로 인한 통신장애가 발생하지 않도록 설치할 것
③ 옥외안테나는 견고하게 파손의 우려가 없는 곳에 설치하고 그 가까운 곳의 보기 쉬운 곳에 "무선통신보조설비 안테나"라는 표시와 함께 통신 가능거리를 표시한 표지를 설치할 것
④ 수신기가 설치된 장소 등 사람이 상시 근무하는 장소에는 옥외 안테나의 위치가 모두 표시된 옥외안테나 위치표시도를 비치할 것

328 ① 먼지·습기 및 부식 등에 따라 기능에 이상을 가져오지 않도록 할 것
② 임피던스는 50옴의 것으로 할 것
③ 점검에 편리하고 화재 등의 재해로 인한 피해의 우려가 없는 장소에 설치할 것

329 ① 상용전원은 전기가 정상적으로 공급되는 축전지설비, 전기저장장치 또는 교류전압의 옥내 간선으로 하고, 전원까지의 배선은 전용으로 하며, 증폭기 전면에는 전원의 정상 여부를 표시할 수 있는 장치를 설치할 것
② 증폭기에는 비상전원이 부착된 것으로 하고 해당 비상전원 용량은 무선통신보조설비를 유효하게 30분 이상 작동시킬 수 있는 것으로 할 것
③ 증폭기 및 무선중계기를 설치하는 경우에는 「전파법」 제58조의2에 따른 적합성평가를 받은 제품으로 설치하고 임의로 변경하지 않도록 할 것
④ 디지털 방식의 무전기를 사용하는데 지장이 없도록 설치할 것

화재안전기준 답안 — 소방시설용 비상전원수전설비

330
① 방화구획형
② 옥외개방형
③ 큐비클(Cubicle)형
④ 전용배전반(1·2종)
⑤ 전용분전반(1·2종)
⑥ 공용분전반(1·2종)

331
① 인입선은 특정소방대상물에 화재가 발생할 경우에도 화재로 인한 손상을 받지 않도록 설치해야 한다.
② 인입구 배선은 내화배선으로 해야 한다.

332 (1) ① 10 ② 15 ③ 금속관 ④ 금속제 가요전선관 ⑤ 불연재료
(2) ① 내부의 온도가 상승하지 않도록 환기장치를 할 것
② 자연환기구의 개구부 면적의 합계는 외함의 한 면에 대하여 해당 면적의 3분의 1 이하로 할 것. 이 경우 하나의 통기구의 크기는 직경 10밀리미터 이상의 둥근 막대가 들어가서는 아니 된다.
③ 자연환기구에 따라 충분히 환기할 수 없는 경우에는 환기설비를 설치할 것
④ 환기구에는 금속망, 방화댐퍼 등으로 방화조치를 하고, 옥외에 설치하는 것은 빗물 등이 들어가지 않도록 할 것

화재안전기준 답안 — 도로터널

333
① 소화기의 능력단위(「소화기구의 화재안전기준(NFSC 101)」제3조제6호에 따른 수치를 말한다. 이하 같다)는 A급 화재는 3단위 이상, B급 화재는 5단위 이상 및 C급 화재에 적응성이 있는 것으로 할 것
② 소화기의 총중량은 사용 및 운반이 편리성을 고려하여 7킬로그램 이하로 할 것

③ 소화기는 주행차로의 우측 측벽에 50미터 이내의 간격으로 두 개 이상을 설치하며, 편도 2차선 이상의 양방향 터널과 4차로 이상의 일방향 터널의 경우에는 양쪽 측벽에 각각 50미터 이내의 간격으로 엇갈리게 두 개 이상을 설치할 것
④ 바닥면(차로 또는 보행로를 말한다. 이하 같다)으로부터 1.5미터 이하의 높이에 설치할 것
⑤ 소화기구함의 상부에 "소화기"라고 조명식 또는 반사식의 표지판을 부착하여 사용자가 쉽게 인지할 수 있도록 할 것

334 ① 물분무헤드는 도로면 1제곱미터에 분당 6리터 이상의 수량을 균일하게 방수할 수 있도록 할 것
② 물분무설비는 하나의 방수구역은 25미터 이상으로 하며, 3개 방수구역을 동시에 40분 이상 방수할 수 있는 수량을 확보 할 것
③ 물분무설비의 비상전원은 40분 이상 기능을 유지할 수 있도록 할 것

335 ① 발신기는 주행차로 한쪽 측벽에 50 m 이내의 간격으로 설치하며, 편도 2차선 이상의 양방향터널이나 4차로 이상의 일방향터널의 경우에는 양쪽의 측벽에 각각 50 m 이내의 간격으로 엇갈리게 설치하고, 발신기가 설치된 바닥면으로부터 0.8m 이상 1.5 m 이하의 높이에 설치할 것
② 음향장치는 발신기 설치위치와 동일하게 설치할 것. 다만, 「비상방송설비의 화재안전기술기준(NFTC 202)」에 적합하게 설치된 방송설비를 비상경보설비와 연동하여 작동하도록 설치한 경우에는 비상경보설비의 지구음향장치를 설치하지 않을 수 있다.
③ 음향장치의 음량은 부착된 음향장치의 중심으로부터 1 m 떨어진 위치에서 90 dB 이상이 되도록 하고, 음향장치는 터널 내부 전체에 동시에 경보를 발하도록 할 것
④ 시각경보기는 주행차로 한쪽 측벽에 50 m 이내의 간격으로 비상경보설비의 상부 직근에 설치하고, 설치된 전체 시각경보기는 동기방식에 의해 작동될 수 있도록 할 것

336 ① 터널에는 차동식분포형감지기, 정온식감지선형감지기(아날로그식에 한한다) 또는 중앙기술심의위원회의 심의를 거쳐 터널화재에 적응성이 있다고 인정된 감지기를 설치해야 한다.
② 하나의 경계구역의 길이는 100미터 이하로 해야 한다.

337 ① 상시 조명이 소등된 상태에서 비상조명등이 점등되는 경우 터널 안의 차도 및 보도의 바닥면의 조도는 10럭스 이상, 그 외 모든 지점의 조도는 1럭스 이상이 될 수 있도록 설치할 것
② 비상조명등은 상용전원이 차단되는 경우 자동으로 비상전원으로 60분 이상 점등되도록 설치할 것
③ 비상조명등에 내장된 예비전원이나 축전지설비는 상용전원의 공급에 의하여 상시 충전상태를 유지할 수 있도록 설치할 것

338 ① 설계화재강도 20메가와트를 기준으로 하고, 이 때 연기발생률은 초당 80세제곱미터로 하며, 배출량은 발생된 연기와 혼합된 공기를 충분히 배출할 수 있는 용량 이상을 확보할 것
② 제①호에도 불구하고 화재강도가 설계화재강도 보다 높을 것으로 예상될 경우 위험도분석을 통하여 설계화재강도를 설정하도록 할 것

339 ① 종류환기방식의 경우 제트팬의 소손을 고려하여 예비용 제트팬을 설치하도록 할 것
② 횡류환기방식(또는 반횡류환기방식) 및 대배기구 방식의 배연용 팬은 덕트의 길이에 따라서 노출온도가 달라질 수 있으므로 수치해석 등을 통해서 내열온도 등을 검토한 후에 적용하도록 할 것
③ 대배기구의 개폐용 전동모터는 정전 등 전원이 차단되는 경우에도 조작상태를 유지할 수 있도록 할 것
④ 화재에 노출이 우려되는 제연설비와 전원공급선 및 제트팬 사이의 전원공급장치 등은 섭씨 250도의 온도에서 60분 이상 운전상태를 유지할 수 있도록 할 것

340 ① 화재감지기가 동작되는 경우
② 발신기의 스위치 조작 또는 자동소화설비의 기동장치를 동작시키는 경우
③ 화재수신기 또는 감시제어반의 수동조작스위치를 동작시키는 경우

341 ① 방수압력은 0.35메가파스칼 이상, 방수량은 분당 400리터 이상을 유지할 수 있도록 할 것
② 방수구는 50미터 이내의 간격으로 옥내소화전함에 병설하거나 독립적으로 터널출입구 부근과 피난연결통로에 설치할 것

③ 방수기구함은 50미터 이내의 간격으로 옥내소화전함 안에 설치하거나 독립적으로 설치하고, 하나의 방수기구함에는 65밀리미터 방수노즐 1개와 15미터 이상의 호스 3본을 설치하도록 할 것

342 ① 무선통신보조설비의 옥외안테나는 방재실 인근과 터널의 입구 및 출구, 피난연결통로 등에 설치해야 한다.
② 라디오 재방송설비가 설치되는 터널의 경우에는 무선통신보조설비와 겸용으로 설치할 수 있다.

343 ① 비상콘센트설비의 전원회로는 단상교류 220볼트인 것으로서 그 공급용량은 1.5킬로볼트암페어 이상인 것으로 할 것
② 전원회로는 주배전반에서 전용회로로 할 것
③ 콘센트마다 배선용 차단기(KS C 8321)를 설치해야 하며, 충전부가 노출되지 않도록 할 것
④ 주행차로의 우측 측벽에 50미터 이내의 간격으로 바닥으로부터 0.8미터 이상 1.5미터 이하의 높이에 설치할 것

화재안전기준 답안 　고층건축물

344 ㉠ 발화층 및 그 직상 4개 층
㉡ 발화층·그 직상 4개 층 및 지하층
㉢ 발화층·그 직상층 및 기타의 지하층

345 ① 감지기는 아날로그방식의 감지기로서 감지기의 작동 및 설치지점을 수신기에서 확인할 수 있는 것으로 설치해야 한다.
② 자동화재탐지설비의 음향장치는 발화층에 따라 경보하는 층을 달리하여 경보를 발할 수 있도록 해야 한다.
③ 50층 이상인 건축물에 설치하는 수신기, 중계기 및 감지기 사이의 통신·신호배선은 이중배선을 설치하도록 하고 단선 시에도 고장표시가 되며 정상 작동할 수 있는

성능을 갖도록 설비를 해야 한다.
④ 자동화재탐지설비에는 그 설비에 대한 감시상태를 60분간 지속한 후 유효하게 30분 이상 경보할 수 있는 축전지설비 또는 전기저장장치를 설치해야 한다.

346 ㉠ 50
㉡ 스프링클러설비
㉢ 10

347 ① 피난안전구역이 설치된 층의 계단실 출입구에서 피난안전구역의 주 출입구 또는 비상구까지 설치할 것
② 계단실에 설치하는 경우 계단 및 계단참에 설치할 것
③ 피난유도 표시부의 너비는 최소 25밀리미터 이상으로 설치할 것
④ 광원점등방식(전류에 의하여 빛을 내는 방식)으로 설치하되, 60분 이상 유효하게 작동할 것

348 ① 초고층 건축물에 설치된 피난안전구역에 설치하는 휴대용비상조명등의 수량은 피난안전구역 위층의 재실자수(「건축물의 피난·방화구조 등의 기준에 관한 규칙」 별표 1의2에 따라 산정된 재실자 수를 말한다)의 10분의 1 이상에 해당하는 수량을 비치할 것
② 지하연계 복합건축물에 설치된 피난안전구역에 설치하는 휴대용비상조명등의 수량은 피난안전구역이 설치된 층의 수용인원(영 별표 7에 따라 산정된 수용인원을 말한다)의 10분의 1 이상으로 할 것
③ 건전지 및 충전식 건전지의 용량은 40분(피난안전구역이 50층 이상에 설치되어 있을 경우 60분) 이상 유효하게 사용할 수 있는 것으로 할 것

349 ① 방열복, 인공소생기를 각 두 개 이상 비치할 것
② 45분 이상 사용할 수 있는 성능의 공기호흡기(보조마스크를 포함한다)를 두 개 이상 비치할 것. 다만, 피난안전구역이 50층 이상에 설치되어 있을 경우에는 동일한 성능의 예비용기를 10개 이상 비치할 것
③ 화재 시 쉽게 반출할 수 있는 곳에 비치할 것
④ 인명구조기구가 설치된 장소의 보기 쉬운 곳에 "인명구조기구"라는 표지판 등을 설치할 것

350 (1) 피난안전구역과 비 제연구역간의 차압은 50 Pa(옥내에 스프링클러설비가 설치된 경우에는 12.5 Pa) 이상으로 해야 한다. 다만 피난안전구역의 한쪽 면 이상이 외기에 개방된 구조의 경우에는 설치하지 않을 수 있다.
(2) 피난안전구역의 비상조명등은 상시 조명이 소등된 상태에서 그 비상조명등이 점등되는 경우 각 부분의 바닥에서 조도는 10 lx 이상이 될 수 있도록 설치할 것

351 ㉠ 초고층 건축물   ㉡ 지하연계 복합건축물
㉢ 40분   ㉣ 50층   ㉤ 2개
㉥ 45분   ㉦ 50층   ㉧ 10개

352 ① 연결송수관설비의 배관은 전용으로 한다. 다만, 주배관의 구경이 100 ㎜ 이상인 옥내소화전설비와 겸용할 수 있다.
② 내연기관의 연료량은 펌프를 40분(50층 이상인 건축물의 경우에는 60분) 이상 운전할 수 있는 용량일 것
③ 연결송수관설비의 비상전원은 자가발전설비, 축전지설비(내연기관에 따른 펌프를 사용하는 경우에는 내연기관의 기동 및 제어용 축전지를 말한다), 전기저장장치로서 연결송수관설비를 유효하게 40분 이상 작동할 수 있어야 할 것. 다만, 50층 이상인 건축물의 경우에는 60분 이상 작동할 수 있어야 한다.

353 (1) 감지기는 아날로그방식의 감지기로서 감지기의 작동 및 설치지점을 수신기에서 확인할 수 있는 것으로 설치해야 한다. 다만, 공동주택의 경우에는 감지기별로 작동 및 설치지점을 수신기에서 확인할 수 있는 아날로그방식 외의 감지기로 설치할 수 있다.

(2)

발화 층	경보 층
2층 이상의 층에서 발화한 때	발화층 및 그 직상 4개 층에 경보
1층에서 발화한 때	발화층·그 직상 4개 층 및 지하층에 경보
지하층에서 발화한 때	발화층·그 직상층 및 기타의 지하층에 경보

(3) ① 수신기와 수신기 사이의 통신배선
② 수신기와 중계기 사이의 신호배선
③ 수신기와 감지기 사이의 신호배선

(4) ㉠ 60분   ㉡ 30분   ㉢ 축전지   ㉣ 전기저장장치

화재안전기준 답안 — 지하구

354 ① 소화기의 능력단위(「소화기구 및 자동소화장치의 화재안전성능기준(NFPC 101)」 제3조제6호에 따른 수치를 말한다. 이하 같다)는 A급 화재는 개당 3단위 이상, B급 화재는 개당 5단위 이상 및 C급 화재에 적응성이 있는 것으로 할 것
② 소화기 한 대의 총중량은 사용 및 운반의 편리성을 고려하여 7킬로그램 이하로 할 것
③ 소화기는 사람이 출입할 수 있는 출입구(환기구, 작업구를 포함한다) 부근에 5개 이상 설치할 것
④ 소화기는 바닥면으로부터 1.5미터 이하의 높이에 설치할 것
⑤ 소화기의 상부에 "소화기"라고 표시한 조명식 또는 반사식의 표지판을 부착하여 사용자가 쉽게 알 수 있도록 할 것

355 ㉠ 300
㉡ 가스
㉢ 고체에어로졸
㉣ 소공간용 소화용구
㉤ 가스·분말·고체에어로졸

356 ① 「자동화재탐지설비 및 시각경보장치의 화재안전성능기준(NFPC 203)」 제7조제1항 각 호의 감지기 중 먼지·습기 등의 영향을 받지 않고 발화지점(1미터 단위)과 온도를 확인할 수 있는 것을 설치할 것.
② 지하구 천장의 중심부에 설치하되 감지기와 천장 중심부 하단과의 수직거리는 30센티미터 이내로 할 것. 다만, 형식승인 내용에 설치방법이 규정되어 있거나, 중앙기술심의위원회의 심의를 거쳐 제조사 시방서에 따른 설치방법이 지하구 화재에 적합하다고 인정되는 경우에는 형식승인 내용 또는 심의결과에 의한 제조사 시방서에 따라 설치할 수 있다.
③ 발화지점이 지하구의 실제거리와 일치하도록 수신기 등에 표시할 것.
④ 공동구 내부에 상수도용 또는 냉·난방용 설비만 존재하는 부분은 감지기를 설치하지 않을 수 있다.

357 ① 천장 또는 벽면에 설치할 것
② 헤드간의 수평거리는 연소방지설비 전용헤드의 경우에는 2미터 이하, 스프링클러

헤드의 경우에는 1.5미터 이하로 할 것
③ 소방대원의 출입이 가능한 환기구·작업구마다 지하구의 양쪽방향으로 살수헤드를 설정하되, 한쪽 방향의 살수구역의 길이는 3미터 이상으로 할 것. 다만, 환기구 사이의 간격이 700미터를 초과할 경우에는 700미터 이내마다 살수구역을 설정하되, 지하구의 구조를 고려하여 방화벽을 설치한 경우에는 그렇지 않다.
④ 연소방지설비 전용헤드를 설치할 경우에는 「소화설비용헤드의 성능인증 및 제품검사의 기술기준」에 적합한 '살수헤드'를 설치할 것

358 ① 송수구는 송수 및 그 밖의 소화작업에 지장을 주지 않는 장소에 설치해야 한다.
② 송수구는 구경 65밀리미터의 쌍구형으로 할 것
③ 송수구로부터 1미터 이내에 살수구역 안내표지를 설치할 것
④ 지면으로부터 높이가 0.5미터 이상 1미터 이하의 위치에 설치할 것
⑤ 송수구의 가까운 부분에 자동배수밸브(또는 직경 5밀리미터의 배수공)를 설치할 것. 이 경우 자동배수밸브는 배관안의 물이 잘 빠질 수 있는 위치에 설치하되, 배수로 인하여 다른 물건 또는 장소에 피해를 주지 않아야 한다.
⑥ 송수구로부터 주배관에 이르는 연결배관에는 개폐밸브를 설치하지 않을 것
⑦ 송수구에는 이물질을 막기 위한 마개를 씌어야 한다.

359 ㉠ 350
㉡ 분기구
㉢ 지하구의 인입부 또는 인출부
㉣ 절연유 순환펌프 등이 설치된 부분

360 ① 특고압 케이블이 포설된 송·배전 전용의 지하구(공동구를 제외한다)에는 온도 확인 기능 없이 최대 700미터의 경계구역을 설정하여 발화지점(1미터 단위)을 확인할 수 있는 감지기를 설치할 수 있다.
② 소방본부장 또는 소방서장은 이 기준이 정하는 기준에 따라 해당 건축물에 설치해야 할 소방시설 등의 공사가 현저하게 곤란하다고 인정되는 경우에는 해당 설비의 기능 및 사용에 지장이 없는 범위 안에서 소방시설 등의 화재안전성능기준의 일부를 적용하지 않을 수 있다.

화재안전기준 답안   건설현장

361 ① 소화기의 소화약제는 「소화기구 및 자동소화장치의 화재안전성능기준(NFPC101)」 제4조제1호에 따른 적응성이 있는 것을 설치해야 한다.

② 각 층 계단실마다 계단실 출입구 부근에 능력단위 3단위 이상인 소화기 2개 이상을 설치하고, 영 제18조제1항에 해당하는 작업을 하는 경우 작업종료 시까지 작업지점으로부터 5 미터 이내의 쉽게 보이는 장소에 능력단위 3단위 이상인 소화기 2개 이상과 대형소화기 1개 이상을 추가 배치해야 한다.

③ "소화기"라고 표시한 축광식 표지를 소화기 설치장소 보기 쉬운 곳에 부착하여야 한다.

362 ① 20분 이상의 소화수를 공급할 수 있는 수원을 확보해야 한다.

② 소화수의 방수압력은 0.1 메가파스칼 이상, 방수량은 분당 65 리터 이상이어야 한다.

③ 영 제18조제1항에 해당하는 작업을 하는 경우 작업종료 시까지 작업지점으로부터 25 미터 이내에 배치하여 즉시 사용이 가능하도록 해야 한다.

④ 간이소화장치는 소방청장이 정하여 고시한 「간이소화장치의 성능인증 및 제품검사의 기술기준」에 적합한 것으로 해야 한다.

⑤ 영 제18조제2항 별표 8 제3호가목에 따라 당해 특정소방대상물에 설치되는 다음 각 목의 소방시설을 사용승인 전이라도 「소방시설공사업법」 제14조에 따른 완공검사(이하 "완공검사"라 한다)를 받아 사용할 수 있게 된 경우 간이소화장치를 배치하지 않을 수 있다.

    가. 옥내소화전설비
    나. 연결송수관설비와 연결송수관설비의 방수구 인근에 대형소화기를 6개 이상 배치한 경우

363 ① 영 제18조제2항 별표 8 제2호마목에 따른 지하층이나 무창층에는 간이피난유도선을 녹색 계열의 광원점등방식으로 해당 층의 직통계단마다 계단의 출입구로부터 건물 내부로 10 미터 이상의 길이로 설치해야 한다.

② 바닥으로부터 1 미터 이하의 높이에 설치하고, 피난유도선이 점멸하거나 화살표로 표시하는 등의 방법으로 작업장의 어느 위치에서도 피난유도선을 통해 출입구로의 피난방향을 알 수 있도록 해야 한다.

③ 층 내부에 구획된 실이 있는 경우에는 구획된 각 실로부터 가장 가까운 직통계단의 출입구까지 연속하여 설치해야 한다.
④ 공사 중에는 상시 점등되도록 하고, 간이피난유도선을 20분 이상 유효하게 작동시킬 수 있는 비상전원을 확보해야 한다.
⑤ 영 제18조제2항 별표 8 제3호다목에 따라 당해 특정소방대상물에 설치되는 피난유도선, 피난구유도등, 통로유도등 또는 비상조명등을 사용승인 전이라도 완공검사를 받아 사용할 수 있게 된 경우 간이피난유도선을 설치하지 않을 수 있다.

364 ① 영 제18조제2항 별표 8 제2호바목에 따른 지하층이나 무창층에서 피난층 또는 지상으로 통하는 직통계단의 계단실 내부에 각 층마다 설치해야 한다.
② 비상조명등이 설치된 장소의 조도는 각 부분의 바닥에서 1 럭스 이상이 되도록 해야 한다.
③ 비상조명등을 20분(지하층과 지상 11층 이상의 층은 60분) 이상 유효하게 작동시킬 수 있는 비상전원을 확보해야 한다.
④ 비상경보장치가 작동할 경우 연동하여 점등되는 구조로 설치해야 한다.
⑤ 비상조명등은 소방청장이 정하여 고시한 「비상조명등의 형식승인 및 제품검사의 기술기준」에 적합한 것으로 해야 한다.

365 영 제18조제1항제1호에 따른 가연성가스를 발생시키는 작업을 하는 지하층 또는 무창층 내부(내부에 구획된 실이 있는 경우에는 구획실마다)에 가연성가스를 발생시키는 작업을 하는 부분으로부터 수평거리 10 m 이내에 바닥으로부터 탐지부 상단까지의 거리가 0.3 m 이하인 위치에 설치할 것

366 용접·용단 작업 시 11 m 이내에 가연물이 있는 경우 해당 가연물을 방화포로 보호할 것

367 ① 방수·도장·우레탄폼 성형 등 가연성가스 발생 작업과 용접·용단 및 불꽃이 발생하는 작업이 동시에 이루어지지 않도록 수시로 확인해야 한다.
② 가연성가스가 발생되는 작업을 할 경우에는 사전에 가스누설경보기의 정상작동 여부를 확인하고, 작업 중 또는 작업 후 가연성가스가 체류되지 않도록 충분한 환기조치를 실시해야 한다.

③ 용접·용단 작업을 할 경우에는 성능인증 받은 방화포가 설치기준에 따라 적정하게 도포되어 있는지 확인해야 한다.
④ 위험물 등이 있는 장소에서 화기 등을 취급하는 작업이 이루어지지 않도록 확인해야 한다.

화재안전기준 답안 — 전기저장시설

368

전기저장장치	생산된 전기를 전력 계통에 저장했다가 전기가 가장 필요한 시기에 공급해 에너지 효율을 높이는 것으로 배터리(이차전지에 한정한다. 이하 같다), 배터리 관리 시스템, 전력 변환 장치 및 에너지 관리 시스템 등으로 구성되어 발전·송배전·일반 건축물에서 목적에 따라 단계별 저장이 가능한 장치를 말한다.
더블인터락(Double-Interlock) 방식	준비작동식스프링클러설비의 작동방식 중 화재감지기와 스프링클러헤드가 모두 작동되는 경우 준비작동식유수검지장치가 개방되는 방식을 말한다.

369
① 스프링클러설비는 습식스프링클러설비 또는 준비작동식스프링클러설비(신속한 작동을 위해 '더블인터락' 방식은 제외한다)로 설치할 것
② 전기저장장치가 설치된 실의 바닥면적(바닥면적이 230제곱미터 이상인 경우에는 230제곱미터) 1제곱미터에 분당 12.2리터 이상의 수량을 균일하게 30분 이상 방수할 수 있도록 할 것
③ 스프링클러헤드의 방수로 인해 인접 헤드에 미치는 영향을 최소화하기 위하여 스프링클러헤드 사이의 간격을 1.8미터 이상 유지할 것. 이 경우 헤드 사이의 최대 간격은 스프링클러설비의 소화성능에 영향을 미치지 않는 간격 이내로 해야 한다.
④ 준비작동식스프링클러설비를 설치할 경우 제8조제2항에 따른 감지기를 설치할 것
⑤ 스프링클러설비를 유효하게 일정 시간 이상 작동할 수 있는 비상전원을 갖출 것
⑥ 준비작동식스프링클러설비의 경우 전기저장장치의 출입구 부근에 수동식기동장치를 설치할 것
⑦ 소방자동차로부터 전기저장장치 설비에 송수할 수 있는 송수구를 「스프링클러설비의 화재안전성능기준(NFPC 103)」 제11조에 따라 설치할 것

370 ㉠ 옥외형 전기저장장치 설비가 컨테이너 내부에 설치된 경우
㉡ 옥외형 전기저장장치 설비가 다른 건축물, 주차장, 공용도로, 적재된 가연물, 위험물 등으로부터 30미터 이상 떨어진 지역에 설치된 경우

371 배출설비는 화재감지기의 감지에 따라 작동하고, 바닥면적 1제곱미터에 시간당 18세제곱미터 이상의 용량을 배출할 수 있는 용량의 것으로 설치해야 한다.

372 전기저장장치는 소방대의 원활한 소방활동을 위해 지면으로부터 지상 22미터 이내, 지하 9미터 이내로 설치해야 한다.

373 ① 공기흡입형 감지기 또는 아날로그식 연기감지기(감지기의 신호처리방식은 「자동화재탐지설비 및 시각경보장치의 화재안전기술기준(NFTC 203)」 1.7.2에 따른다)
② 중앙소방기술심의위원회의 심의를 통해 전기저장장치 화재에 적응성이 있다고 인정된 감지기

화재안전기준 답안 공동주택

374 ① 바닥면적 100제곱미터 마다 1단위 이상의 능력단위를 기준으로 설치할 것
② 아파트등의 경우 각 세대 및 공용부(승강장, 복도 등)마다 설치할 것
③ 아파트등의 세대 내에 설치된 보일러실이 방화구획되거나, 스프링클러설비·간이스프링클러설비·물분무등소화설비 중 하나가 설치된 경우에는 「소화기구 및 자동소화장치의 화재안전성능기준(NFPC 101)」제4조제1항제3호를 적용하지 않을 수 있다.
④ 아파트등의 경우 「소화기구 및 자동소화장치의 화재안전성능기준(NFPC 101)」 제5조의 기준에 따른 소화기의 감소 규정을 적용하지 않을 것

보충설명 공동주택의 화재안전기술기준 2.1 소화기구 및 자동소화장치

2.1.1 소화기는 다음의 기준에 따라 설치해야 한다.
2.1.1.1 바닥면적 100 ㎡ 마다 1단위 이상의 능력단위를 기준으로 설치할 것

2.1.1.2 아파트등의 경우 각 세대 및 공용부(승강장, 복도 등)마다 설치할 것
2.1.1.3 아파트등의 세대 내에 설치된 보일러실이 방화구획되거나, 스프링클러설비·간이스프링클러설비·물분무등소화설비 중 하나가 설치된 경우에는 「소화기구 및 자동소화장치의 화재안전기술기준(NFTC 101)」[표 2.1.1.3]제1호 및 제5호를 적용하지 않을 수 있다.
2.1.1.4 아파트등의 경우 「소화기구 및 자동소화장치의 화재안전기술기준(NFTC 101)」2.2에 따른 소화기의 감소 규정을 적용하지 않을 것

375 주거용 주방자동소화장치는 아파트등의 주방에 열원(가스 또는 전기)의 종류에 적합한 것으로 설치하고, 열원을 차단할 수 있는 차단장치를 설치해야 한다.

376 ① 호스릴(hose reel) 방식으로 설치할 것
② 복층형 구조인 경우에는 출입구가 없는 층에 방수구를 설치하지 아니할 수 있다.
③ 감시제어반 전용실은 피난층 또는 지하 1층에 설치할 것. 다만, 상시 사람이 근무하는 장소 또는 관계인이 쉽게 접근할 수 있고 관리가 용이한 장소에 감시제어반 전용실을 설치할 경우에는 지상 2층 또는 지하 2층에 설치할 수 있다.

377 ㉠ 10   ㉡ 30   ㉢ 소화수   ㉣ 2개
㉤ 2.6   ㉥ 0.6   ㉦ 드렌처   ㉧ 90
㉨ 발코니   ㉩ 조기반응형 ㉪ 지상 2층
㉫ 지하 2층 ㉬ 대피공간   ㉭ 60

> **보충설명** 공동주택의 화재안전기술기준 2.3 스프링클러설비

2.3.1 스프링클러설비는 다음의 기준에 따라 설치해야 한다.
2.3.1.1 폐쇄형스프링클러헤드를 사용하는 아파트등은 기준개수 10개(스프링클러헤드의 설치개수가 가장 많은 세대에 설치된 스프링클러헤드의 개수가 기준개수보다 작은 경우에는 그 설치개수를 말한다)에 1.6 ㎥를 곱한 양 이상의 수원이 확보되도록 할 것. 다만, 아파트등의 각 동이 주차장으로 서로 연결된 구조인 경우 해당 주차장 부분의 기준개수는 30개로 할 것
2.3.1.2 아파트등의 경우 화장실 반자 내부에는 「소방용 합성수지배관의 성능인증 및 제품검사의 기술기준」에 적합한 소방용 합성수지배관으로 배관을 설치할 수 있다. 다만, 소방용 합성수지배관 내부에 항상 소화수가 채워진 상태를 유지할 것
2.3.1.3 하나의 방호구역은 2개 층에 미치지 아니하도록 할 것. 다만, 복층형 구조의 공동주택에는 3개 층 이내로 할 수 있다.

> 2.3.1.4 아파트등의 세대 내 스프링클러헤드를 설치하는 천장·반자·천장과 반자사이·덕트·선반 등의 각 부분으로부터 하나의 스프링클러헤드까지의 수평거리는 2.6 m 이하로 할 것.
> 2.3.1.5 외벽에 설치된 창문에서 0.6 m 이내에 스프링클러헤드를 배치하고, 배치된 헤드의 수평거리 이내에 창문이 모두 포함되도록 할 것. 다만, 다음의 기준에 어느 하나에 해당하는 경우에는 그렇지 않다.
> 2.3.1.5.1 창문에 드렌처설비가 설치된 경우
> 2.3.1.5.2 창문과 창문 사이의 수직부분이 내화구조로 90 cm 이상 이격되어 있거나,「발코니 등의 구조변경절차 및 설치기준」,제4조제1항부터 제5항까지에서 정하는 구조와 성능의 방화판 또는 방화유리창을 설치한 경우
> 2.3.1.5.3 발코니가 설치된 부분
> 2.3.1.6 거실에는 조기반응형 스프링클러헤드를 설치할 것.
> 2.3.1.7 감시제어반 전용실은 피난층 또는 지하 1층에 설치할 것. 다만, 상시 사람이 근무하는 장소 또는 관계인이 쉽게 접근할 수 있고 관리가 용이한 장소에 감시제어반 전용실을 설치할 경우에는 지상 2층 또는 지하 2층에 설치할 수 있다.
> 2.3.1.8 「건축법 시행령」제46조제4항에 따라 설치된 대피공간에는 헤드를 설치하지 않을 수 있다.
> 2.3.1.9 「스프링클러설비의 화재안전기술기준(NFTC 103)」 2.7.7.1 및 2.7.7.3의 기준에도 불구하고 세대 내 실외기실 등 소규모 공간에서 해당 공간 여건상 헤드와 장애물 사이에 60 cm 반경을 확보하지 못하거나 장애물 폭의 3배를 확보하지 못하는 경우에는 살수방해가 최소화되는 위치에 설치할 수 있다.

378 물분무소화설비의 감시제어반 전용실은 피난층 또는 지하 1층에 설치해야 한다. 다만, 상시 사람이 근무하는 장소 또는 관계인이 쉽게 접근할 수 있고 관리가 용이한 장소에 감시제어반 전용실을 설치할 경우에는 지상 2층 또는 지하 2층에 설치할 수 있다.

379 포소화설비의 감시제어반 전용실은 피난층 또는 지하 1층에 설치해야 한다. 다만, 상시 사람이 근무하는 장소 또는 관계인이 쉽게 접근할 수 있고 관리가 용이한 장소에 감시제어반 전용실을 설치할 경우에는 지상 2층 또는 지하 2층에 설치할 수 있다.

380 ① 기동장치는 기동용수압개폐장치 또는 이와 동등 이상의 성능이 있는 것을 설치할 것.
② 감시제어반 전용실은 피난층 또는 지하 1층에 설치할 것. 다만, 상시 사람이 근무하는 장소 또는 관계인이 쉽게 접근할 수 있고 관리가 용이한 장소에 감시제어반 전용실을 설치할 경우에는 지상 2층 또는 지하 2층에 설치할 수 있다.

> **보충설명** 공동주택의 화재안전기술기준 2.6 옥외소화전설비
>
> 2.6.1 옥외소화전설비는 다음의 기준에 따라 설치해야 한다.
> 2.6.1.1 기동장치는 기동용수압개폐장치 또는 이와 동등 이상의 성능이 있는 것을 설치할 것.
> 2.6.1.2 감시제어반 전용실은 피난층 또는 지하 1층에 설치할 것. 다만, 상시 사람이 근무하는 장소 또는 관계인이 쉽게 접근할 수 있고 관리가 용이한 장소에 감시제어반 전용실을 설치할 경우에는 지상 2층 또는 지하 2층에 설치할 수 있다.

381　① 아날로그방식의 감지기, 광전식 공기흡입형 감지기 또는 이와 동등 이상의 기능·성능이 인정되는 것으로 설치할 것
② 감지기의 신호처리방식은 「자동화재탐지설비 및 시각경보장치의 화재안전성능기준(NFPC 203)」 제3조2에 따른다.
③ 세대 내 거실(취침용도로 사용될 수 있는 통상적인 방 및 거실을 말한다)에는 연기감지기를 설치할 것
④ 감지기 회로 단선 시 고장표시가 되며, 해당 회로에 설치된 감지기가 정상 작동될 수 있는 성능을 갖도록 할 것

> **보충설명** 공동주택의 화재안전기술기준
>
> 2.7 자동화재탐지설비
> 2.7.1 감지기는 다음 기준에 따라 설치해야 한다.
> 2.7.1.1 아날로그방식의 감지기, 광전식 공기흡입형 감지기 또는 이와 동등 이상의 기능·성능이 인정되는 것으로 설치할 것
> 2.7.1.2 감지기의 신호처리방식은 「자동화재탐지설비 및 시각경보장치의 화재안전기술기준(NFTC 203)」 1.7.1.2에 따른다.
> 2.7.1.3 세대 내 거실(취침용도로 사용될 수 있는 통상적인 방 및 거실을 말한다)에는 연기감지기를 설치할 것
> 2.7.1.4 감지기 회로 단선 시 고장표시가 되며, 해당 회로에 설치된 감지기가 정상 작동될 수 있는 성능을 갖도록 할 것
> 2.7.2 복층형 구조인 경우에는 출입구가 없는 층에 발신기를 설치하지 아니할 수 있다.

382　1. 확성기는 각 세대마다 설치할 것
2. 아파트등의 경우 실내에 설치하는 확성기 음성입력은 2와트 이상일 것

> **보충설명** 공동주택의 화재안전기술기준 2.8 비상방송설비

2.8.1 비상방송설비는 다음의 기준에 따라 설치해야 한다.
2.8.1.1 확성기는 각 세대마다 설치할 것
2.8.1.2 아파트등의 경우 실내에 설치하는 확성기 음성입력은 2 W 이상일 것

383 ① 아파트등의 경우 각 세대마다 설치할 것
② 피난장애가 발생하지 않도록 하기 위하여 피난기구를 설치하는 개구부는 동일 직선상이 아닌 위치에 있을 것. 다만, 수직 피난방향으로 동일 직선상인 세대별 개구부에 피난기구를 엇갈리게 설치하여 피난장애가 발생하지 않는 경우에는 그렇지 않다.
③ 「공동주택관리법」 제2조제1항제2호(마목은 제외함)에 따른 "의무관리대상 공동주택"의 경우에는 하나의 관리주체가 관리하는 공동주택 구역마다 공기안전매트 1개 이상을 추가로 설치할 것. 다만, 옥상으로 피난이 가능하거나 수평 또는 수직 방향의 인접세대로 피난할 수 있는 구조인 경우에는 추가로 설치하지 않을 수 있다.

> **보충설명** 공동주택의 화재안전기술기준(NFTC 608)

2.9 피난기구
2.9.1 피난기구는 다음의 기준에 따라 설치해야 한다.
2.9.1.1 아파트등의 경우 각 세대마다 설치할 것
2.9.1.2 피난장애가 발생하지 않도록 하기 위하여 피난기구를 설치하는 개구부는 동일 직선상이 아닌 위치에 있을 것. 다만, 수직 피난방향으로 동일 직선상인 세대별 개구부에 피난기구를 엇갈리게 설치하여 피난장애가 발생하지 않는 경우에는 그렇지 않다.
2.9.1.3 「공동주택관리법」제2조제1항제2호(마목은 제외함)에 따른 "의무관리대상 공동주택"의 경우에는 하나의 관리주체가 관리하는 공동주택 구역마다 공기안전매트 1개 이상을 추가로 설치할 것. 다만, 옥상으로 피난이 가능하거나 수평 또는 수직 방향의 인접세대로 피난할 수 있는 구조인 경우에는 추가로 설치하지 않을 수 있다.
2.9.2 갓복도식 공동주택 또는「건축법 시행령」제46조제5항에 해당하는 구조 또는 시설을 설치하여 수평 또는 수직 방향의 인접세대로 피난할 수 있는 아파트는 피난기구를 설치하지 않을 수 있다.
2.9.3 승강식 피난기 및 하향식 피난구용 내림식 사다리가「건축물의 피난·방화구조 등의 기준에 관한 규칙」제14조에 따라 방화구획된 장소(세대 내부)에 설치될 경우에는 해당 방화구획된 장소를 대피실로 간주하고, 대피실의 면적규정과 외기에 접하는 구조로 대피실을 설치하는 규정을 적용하지 않을 수 있다.

384 ① 소형 피난구 유도등을 설치할 것. 다만, 세대 내에는 유도등을 설치하지 않을 수 있다.
② 주차장으로 사용되는 부분은 중형 피난구유도등을 설치할 것.
③ 「건축법 시행령」제40조제3항제2호나목 및 「주택건설기준 등에 관한 규정」제16조의2제3항에 따라 비상문자동개폐장치가 설치된 옥상 출입문에는 대형 피난구유도등을 설치할 것.
④ 내부구조가 단순하고 복도식이 아닌 층에는 「유도등 및 유도표지의 화재안전성능기준(NFPC 303)」제5조제3항 및 제6조제1항제1호가목 기준을 적용하지 아니할 것

> **보충설명** 공동주택의 화재안전기술기준(NFTC 608)
>
> **2.10 유도등**
> 2.10.1 유도등은 다음의 기준에 따라 설치해야 한다.
> 2.10.1.1 소형 피난구 유도등을 설치할 것. 다만, 세대 내에는 유도등을 설치하지 않을 수 있다.
> 2.10.1.2 주차장으로 사용되는 부분은 중형 피난구유도등을 설치할 것.
> 2.10.1.3 「건축법 시행령」제40조제3항제2호나목 및 「주택건설기준 등에 관한 규정」제16조의2제3항에 따라 비상문자동개폐장치가 설치된 옥상 출입문에는 대형 피난구유도등을 설치할 것.
> 2.10.1.4 내부구조가 단순하고 복도식이 아닌 층에는 「유도등 및 유도표지의 화재안전기술기준(NFTC 303)」 2.2.1.3 및 2.3.1.1.1 기준을 적용하지 아니할 것

385 비상조명등은 각 거실로부터 지상에 이르는 복도·계단 및 그 밖의 통로에 설치해야 한다. 다만, 공동주택의 세대 내에는 출입구 인근 통로에 1개 이상 설치한다.

> **보충설명** 공동주택의 화재안전기술기준(NFTC 608)
>
> **2.11 비상조명등**
> 2.11.1 비상조명등은 각 거실로부터 지상에 이르는 복도·계단 및 그 밖의 통로에 설치해야 한다. 다만, 공동주택의 세대 내에는 출입구 인근 통로에 1개 이상 설치한다.

386 특별피난계단의 계단실 및 부속실 제연설비는 「특별피난계단의 계단실 및 부속실 제연설비의 화재안전기술기준(NFTC 501A)」 2.2.의 기준에 따라 성능확인을 해야 한다. 다만, 부속실을 단독으로 제연하는 경우에는 부속실과 면하는 옥내 출입문만 개방한 상태로 방연풍속을 측정할 수 있다.

387 ① 층마다 설치할 것. 다만, 아파트등의 1층과 2층(또는 피난층과 그 직상층)에는 설치하지 않을 수 있다.
② 아파트등의 경우 계단의 출입구(계단의 부속실을 포함하며 계단이 2 이상 있는 경우에는 그 중 1개의 계단을 말한다)로부터 5미터 이내에 방수구를 설치하되, 그 방수구로부터 해당 층의 각 부분까지의 수평거리가 50미터를 초과하는 경우에는 방수구를 추가로 설치할 것
③ 쌍구형으로 할 것. 다만, 아파트등의 용도로 사용되는 층에는 단구형으로 설치할 수 있다.
④ 송수구는 동별로 설치하되, 소방차량의 접근 및 통행이 용이하고 잘 보이는 장소에 설치할 것.

> **보충설명** 공동주택의 화재안전기술기준(NFTC 608)
>
> 2.13 연결송수관설비
> 2.13.1 방수구는 다음의 기준에 따라 설치해야 한다.
> 2.13.1.1 층마다 설치할 것. 다만, 아파트등의 1층과 2층(또는 피난층과 그 직상층)에는 설치하지 않을 수 있다.
> 2.13.1.2 아파트등의 경우 계단의 출입구(계단의 부속실을 포함하며 계단이 2 이상 있는 경우에는 그 중 1개의 계단을 말한다)로부터 5 m 이내에 방수구를 설치하되, 그 방수구로부터 해당 층의 각 부분까지의 수평거리가 50 m를 초과하는 경우에는 방수구를 추가로 설치할 것.
> 2.13.1.3 쌍구형으로 할 것. 다만, 아파트등의 용도로 사용되는 층에는 단구형으로 설치할 수 있다.
> 2.13.1.4 송수구는 동별로 설치하되, 소방차량의 접근 및 통행이 용이하고 잘 보이는 장소에 설치할 것.
> 2.13.2 펌프의 토출량은 2,400 L/min 이상(계단식 아파트의 경우에는 1,200 L/min 이상)으로 하고, 방수구 개수가 3개를 초과(방수구가 5개 이상인 경우에는 5개)하는 경우에는 1개마다 800 L/min(계단식 아파트의 경우에는 400 L/min 이상)를 가산해야 한다.

388 아파트등의 경우에는 계단의 출입구(계단의 부속실을 포함하며 계단이 2개 이상 있는 경우에는 그 중 1개의 계단을 말한다)로부터 5미터 이내에 비상콘센트를 설치하되, 그 비상콘센트로부터 해당 층의 각 부분까지의 수평거리가 50미터를 초과하는 경우에는 비상콘센트를 추가로 설치해야 한다.

389 ① 소화기구 및 자동소화장치, 옥내소화전설비, 스프링클러설비, 물분무소화설비, 포소화설비, 옥외소화전설비
② 비상방송설비, 자동화재탐지설비
③ 피난기구, 유도등, 비상조명등
④ 특별피난계단의 계단실 및 부속실 제연설비, 연결송수관설비, 비상콘센트설비

화재안전기준 답안 창고시설

390 ① 소화기구 및 자동소화장치 옥내소화전설비 스프링클러설비
② 비상방송설비 자동화재탐지설비
③ 유도등
④ 소화수조 및 저수조

391

라지드롭형 (large-drop type) 스프링클러헤드	동일 조건의 수압력에서 큰 물방울을 방출하여 화염의 전파속도가 빠르고 발열량이 큰 저장창고 등에서 발생하는 대형화재를 진압할 수 있는 헤드를 말한다.
송기공간	랙을 일렬로 나란하게 맞대어 설치하는 경우 랙 사이에 형성되는 공간(사람이나 장비가 이동하는 통로는 제외한다.)을 말한다.

392 창고시설 내 배전반 및 분전반마다 가스자동소화장치·분말자동소화장치·고체에어로졸자동소화장치 또는 소공간용 소화용구를 설치해야 한다.

393 ① 수원의 저수량은 옥내소화전의 설치개수가 가장 많은 층의 설치개수(2개 이상 설치된 경우에는 2개)에 5.2세제곱미터(호스릴옥내소화전설비를 포함한다)를 곱한 양 이상이 되도록 해야 한다.
② 사람이 상시 근무하는 물류창고 등 동결의 우려가 없는 경우에는 「옥내소화전설비의 화재안전성능기준(NFPC 102)」 제5조제1항제9호의 단서를 적용하지 않는다.
③ 비상전원은 자가발전설비, 축전지설비(내연기관에 따른 펌프를 사용하는 경우에는 내연기관의 기동 및 제어용 축전지를 말한다) 또는 전기저장장치(외부 전기에

너지를 저장해 두었다가 필요한 때 전기를 공급하는 장치)로서 옥내소화전설비를 유효하게 40분 이상 작동할 수 있어야 한다.

> **보충설명** 창고시설의 화재안전기술기준(NFTC 609) 2.2 옥내소화전설비
>
> **2.2.1** 수원의 저수량은 옥내소화전의 설치개수가 가장 많은 층의 설치개수(2개 이상 설치된 경우에는 2개)에 5.2 ㎥ (호스릴옥내소화전설비를 포함한다)를 곱한 양 이상이 되도록 해야 한다.
> **2.2.2** 사람이 상시 근무하는 물류창고 등 동결의 우려가 없는 경우에는 「옥내소화전설비의 화재안전기술기준(NFTC 102)」 2.2.1.9의 단서를 적용하지 않는다.
> **2.2.3** 비상전원은 자가발전설비, 축전지설비(내연기관에 따른 펌프를 사용하는 경우에는 내연기관의 기동 및 제어용 축전지를 말한다) 또는 전기저장장치(외부 전기에너지를 저장해 두었다가 필요한 때 전기를 공급하는 장치)로서 옥내소화전설비를 유효하게 40분 이상 작동할 수 있어야 한다.

394 ① 창고시설에 설치하는 스프링클러설비는 라지드롭형 스프링클러헤드를 습식으로 설치할 것. 다만, 다음 각 목의 어느 하나에 해당하는 경우에는 건식스프링클러설비로 설치할 수 있다.
  가. 냉동창고 또는 영하의 온도로 저장하는 냉장창고
  나. 창고시설 내에 상시 근무자가 없어 난방을 하지 않는 창고시설
② 랙식 창고의 경우에는 제1호에 따라 설치하는 것 외에 라지드롭형 스프링클러헤드를 랙 높이 3미터 이하마다 설치할 것. 이 경우 수평거리 15센티미터 이상의 송기공간이 있는 랙식 창고에는 랙 높이 3미터 이하마다 설치하는 스프링클러헤드를 송기공간에 설치할 수 있다.
③ 창고시설에 적층식 랙을 설치하는 경우 적층식 랙의 각 단 바닥면적을 방호구역 면적으로 포함할 것
④ 제①호 내지 제③호에도 불구하고 천장 높이가 13.7미터 이하인 랙식 창고에는 「화재조기진압용 스프링클러설비의 화재안전성능기준(NFPC 103B)」에 따른 화재조기진압용 스프링클러설비를 설치할 수 있다.

> **보충설명** 창고시설의 화재안전기술기준(NFTC 609) 2.3 스프링클러설비
>
> **2.3.1** 스프링클러설비의 설치방식은 다음 기준에 따른다.
> **2.3.1.1** 창고시설에 설치하는 스프링클러설비는 라지드롭형 스프링클러헤드를 습식으로 설치할 것. 다만, 다음의 어느 하나에 해당하는 경우에는 건식스프링클러설비로 설치할 수 있다.

(1) 냉동창고 또는 영하의 온도로 저장하는 냉장창고
(2) 창고시설 내에 상시 근무자가 없어 난방을 하지 않는 창고시설

2.3.1.2 랙식 창고의 경우에는 2.3.1.1에 따라 설치하는 것 외에 라지드롭형 스프링클러헤드를 랙 높이 3 m 이하마다 설치할 것. 이 경우 수평거리 15 cm 이상의 송기공간이 있는 랙식 창고에는 랙 높이 3 m 이하마다 설치하는 스프링클러헤드를 송기공간에 설치할 수 있다.

2.3.1.3 창고시설에 적층식 랙을 설치하는 경우 적층식 랙의 각 단 바닥면적을 방호구역 면적으로 포함할 것

2.3.1.4 2.3.1.1 내지 2.3.1.3에도 불구하고 천장 높이가 13.7 m 이하인 랙식 창고에는 「화재조기진압용 스프링클러설비의 화재안전기술기준(NFTC 103B)」에 따른 화재조기진압용 스프링클러설비를 설치할 수 있다.

2.3.1.5 높이가 4 m 이상인 창고(랙식 창고를 포함한다)에 설치하는 폐쇄형 스프링클러 헤드는 그 설치장소의 평상시 최고 주위온도에 관계 없이 표시온도 121 ℃ 이상의 것으로 할 수 있다.

395 ① 라지드롭형 스프링클러헤드의 설치개수가 가장 많은 방호구역의 설치개수(30개 이상 설치된 경우에는 30개)에 3.2(랙식 창고의 경우에는 9.6)세제곱미터를 곱한 양 이상이 되도록 할 것
② 제1항제4호에 따라 화재조기진압용 스프링클러설비를 설치하는 경우 「화재조기진압용 스프링클러설비의 화재안전성능기준(NFPC 103B)」 제5조제1항에 따를 것

> **보충설명** 창고시설의 화재안전기술기준(NFTC 609) 2.3 스프링클러설비

2.3.2 수원의 저수량은 다음의 기준에 적합해야 한다.
2.3.2.1 라지드롭형 스프링클러헤드의 설치개수가 가장 많은 방호구역의 설치개수(30개 이상 설치된 경우에는 30개)에 3.2 ㎥(랙식 창고의 경우에는 9.6 ㎥)를 곱한 양 이상이 되도록 할 것
2.3.2.2 2.3.1.4에 따라 화재조기진압용 스프링클러설비를 설치하는 경우 「화재조기진압용 스프링클러설비의 화재안전기술기준(NFTC 103B)」 2.2.1에 따를 것

396 ① 가압송수장치의 송수량은 0.1메가파스칼의 방수압력 기준으로 분당 160리터 이상의 방수성능을 가진 기준 개수의 모든 헤드로부터의 방수량을 충족시킬 수 있는 양 이상인 것으로 할 것. 이 경우 속도수두는 계산에 포함하지 않을 수 있다.
② 제1항제4호에 따라 화재조기진압용 스프링클러설비를 설치하는 경우 「화재조기진압용 스프링클러설비의 화재안전성능기준(NFPC 103B)」 제6조제1항제9호에 따를 것

> **보충설명** 창고시설의 화재안전기술기준(NFTC 609) 2.3 스프링클러설비
>
> 2.3.3 가압송수장치의 송수량은 다음 기준의 기준에 적합해야 한다.
> 2.3.3.1 가압송수장치의 송수량은 0.1 MPa의 방수압력 기준으로 160 L/min 이상의 방수성능을 가진 기준 개수의 모든 헤드로부터의 방수량을 충족시킬 수 있는 양 이상인 것으로 할 것. 이 경우 속도수두는 계산에 포함하지 않을 수 있다.
> 2.3.3.2 2.3.1.4에 따라 화재조기진압용 스프링클러설비를 설치하는 경우「화재조기진압용 스프링클러설비의 화재안전기술기준(NFTC 103B)」2.3.1.10에 따를 것

397 ① 라지드롭형 스프링클러헤드를 설치하는 천장·반자·천장과 반자사이·덕트·선반 등의 각 부분으로부터 하나의 스프링클러헤드까지의 수평거리는「화재의 예방 및 안전관리에 관한 법률 시행령」별표2의 특수가연물을 저장 또는 취급하는 창고는 1.7미터 이하, 그 외의 창고는 2.1미터(내화구조로 된 경우에는 2.3미터를 말한다) 이하로 할 것

② 화재조기진압용 스프링클러헤드는「화재조기진압용 스프링클러설비의 화재안전성능기준(NFPC 103B)」제10조에 따라 설치할 것

> **보충설명** 창고시설의 화재안전기술기준(NFTC 609) 2.3 스프링클러설비
>
> 2.3.5 스프링클러헤드는 다음의 기준에 적합해야 한다.
> 2.3.5.1 라지드롭형 스프링클러헤드를 설치하는 천장·반자·천장과 반자사이·덕트·선반 등의 각 부분으로부터 하나의 스프링클러헤드까지의 수평거리는「화재의 예방 및 안전관리에 관한 법률 시행령」별표2의 특수가연물을 저장 또는 취급하는 창고는 1.7 m 이하, 그 외의 창고는 2.1 m(내화구조로 된 경우에는 2.3 m를 말한다) 이하로 할 것
> 2.3.5.2 화재조기진압용 스프링클러헤드는「화재조기진압용 스프링클러설비의 화재안전기술기준(NFTC 103B)」2.7.1에 따라 설치할 것

398 비상전원은 자가발전설비, 축전지설비(내연기관에 따른 펌프를 사용하는 경우에는 내연기관의 기동 및 제어용 축전지를 말한다) 또는 전기저장장치(외부 전기에너지를 저장해 두었다가 필요한 때 전기를 공급하는 장치를 말한다. 이하 같다)로서 스프링클러설비를 유효하게 20분(랙식 창고의 경우 60분을 말한다) 이상 작동할 수 있어야 한다.

> **보충설명** 창고시설의 화재안전기술기준(NFTC 609) 2.3 스프링클러설비
>
> 2.3.7 비상전원은 자가발전설비, 축전지설비(내연기관에 따른 펌프를 사용하는 경우에는 내연기관의 기동 및 제어용 축전지를 말한다) 또는 전기저장장치(외부 전기에너지를 저장해 두었다가 필요한 때 전기를 공급하는 장치를 말한다. 이하 같다)로서 스프링클러설비를 유효하게 20분(랙식 창고의 경우 60분을 말한다) 이상 작동할 수 있어야 한다.

399 ① 확성기의 음성입력은 3와트(실내에 설치하는 것을 포함한다) 이상으로 해야 한다.
② 창고시설에서 발화한 때에는 전 층에 경보를 발해야 한다.
③ 비상방송설비에는 그 설비에 대한 감시상태를 60분간 지속한 후 유효하게 30분 이상 경보할 수 있는 축전지설비(수신기에 내장하는 경우를 포함한다. 이하 같다) 또는 전기저장장치를 설치해야 한다.

> **보충설명** 창고시설의 화재안전기술기준(NFTC 609) 2.4 비상방송설비
>
> **2.4.1** 확성기의 음성입력은 3 W(실내에 설치하는 것을 포함한다) 이상으로 해야 한다.
> **2.4.2** 창고시설에서 발화한 때에는 전 층에 경보를 발해야 한다.
> **2.4.3** 비상방송설비에는 그 설비에 대한 감시상태를 60분간 지속한 후 유효하게 30분 이상 경보할 수 있는 축전지설비(수신기에 내장하는 경우를 포함한다. 이하 같다) 또는 전기저장장치를 설치해야 한다.

400 (1) ㉠ 수신기　㉡ 전 층　㉢ 감시상태　㉣ 30분
(2) ① 아날로그방식의 감지기, 광전식 공기흡입형 감지기 또는 이와 동등 이상의 기능·성능이 인정되는 감지기를 설치할 것
② 감지기의 신호처리 방식은 「자동화재탐지설비 및 시각경보장치의 화재안전성능기준(NFPC 203)」 제3조의2에 따를 것

> **보충설명** 창고시설의 화재안전기술기준(NFTC 609) 2.5 자동화재탐지설비
>
> **2.5.1** 감지기 작동 시 해당 감지기의 위치가 수신기에 표시되도록 해야 한다.
> **2.5.2** 「개인정보 보호법」 제2조제7호에 따른 영상정보처리기기를 설치하는 경우 수신기는 영상정보의 열람·재생 장소에 설치해야 한다.
> **2.5.3** 영 제11조에 따라 스프링클러설비를 설치해야 하는 창고시설의 감지기는 다음 기준에 따라 설치해야 한다.
> **2.5.3.1** 아날로그방식의 감지기, 광전식 공기흡입형 감지기 또는 이와 동등 이상의 기능·성능이 인정되는 감지기를 설치할 것
> **2.5.3.2** 감지기의 신호처리 방식은 「자동화재탐지설비 및 시각경보장치의 화재안전기술기준(NFTC 203)」 1.7.2에 따른다.
> **2.5.4** 창고시설에서 발화한 때에는 전 층에 경보를 발해야 한다.
> **2.5.5** 자동화재탐지설비에는 그 설비에 대한 감시상태를 60분간 지속한 후 유효하게 30분 이상 경보할 수 있는 비상전원으로서 축전지설비 또는 전기저장장치를 설치해야 한다. 다만, 상용전원이 축전지설비인 경우에는 그렇지 않다.

401 ① 피난구유도등과 거실통로유도등은 대형으로 설치해야 한다.
② 피난유도선은 연면적 1만 5천제곱미터 이상인 창고시설의 지하층 및 무창층에 다음 각 호의 기준에 따라 설치해야 한다.
  1. 광원점등방식으로 바닥으로부터 1미터 이하의 높이에 설치할 것
  2. 각 층 직통계단 출입구로부터 건물 내부 벽면으로 10미터 이상 설치할 것
  3. 화재 시 점등되며 비상전원 30분 이상을 확보할 것
  4. 피난유도선은 소방청장이 정해 고시하는 「피난유도선 성능인증 및 제품검사의 기술기준」에 적합한 것으로 설치할 것

> **보충설명** 창고시설의 화재안전기술기준(NFTC 609) 2.6 유도등
>
> 2.6.1 피난구유도등과 거실통로유도등은 대형으로 설치해야 한다.
> 2.6.2 피난유도선은 연면적 15,000 ㎡ 이상인 창고시설의 지하층 및 무창층에 다음의 기준에 따라 설치해야 한다.
> 2.6.2.1 광원점등방식으로 바닥으로부터 1 m 이하의 높이에 설치할 것
> 2.6.2.2 각 층 직통계단 출입구로부터 건물 내부 벽면으로 10 m 이상 설치할 것
> 2.6.2.3 화재 시 점등되며 비상전원 30분 이상을 확보할 것
> 2.6.2.4 피난유도선은 소방청장이 정하여 고시하는 「피난유도선 성능인증 및 제품검사의 기술기준」에 적합한 것으로 설치할 것

402 소화수조 또는 저수조의 저수량은 특정소방대상물의 연면적을 5,000제곱미터로 나누어 얻은 수(소수점 이하의 수는 1로 본다)에 20세제곱미터를 곱한 양 이상이 되도록 해야 한다.

> **보충설명** 창고시설의 화재안전기술기준(NFTC 609) 2.7 소화수조 및 저수조
>
> 2.7.1 소화수조 또는 저수조의 저수량은 특정소방대상물의 연면적을 5,000 ㎡로 나누어 얻은 수(소수점 이하의 수는 1로 본다)에 20 ㎡를 곱한 양 이상이 되도록 해야 한다.

화재안전기준 답안 — 소방시설의 내진설계 기준

403

내진	면진, 제진을 포함한 지진으로부터 소방시설의 피해를 줄일 수 있는 구조를 의미하는 포괄적인 개념을 말한다.
면진	건축물과 소방시설을 분리시켜 지반진동으로 인한 지진력이 직접 구조물로 전달되는 양을 감소시킴으로써 내진성을 확보하는 수동적인 지진 제어 기술을 말한다.
제진	별도의 장치를 이용하여 지진력에 상응하는 힘을 구조물 내에서 발생시키거나 지진력을 흡수하여 구조물이 부담해야 하는 지진력을 감소시키는 능동적 지진 제어 기술을 말한다.

404 수조, 가압송수장치, 함류, 제어반등, 가스계 및 분말소화설비의 저장용기, 비상전원, 배관의 작동상태를 고려한 무게를 말하며 다음 각 목의 기준에 따른다.
 ① 배관의 작동상태를 고려한 무게란 배관 및 기타 부속품의 무게를 포함하기 위한 중량으로 용수가 충전된 배관 무게의 1.15배를 적용한다.
 ② 수조, 가압송수장치, 함류, 제어반등, 가스계 및 분말소화설비의 저장용기, 비상전원의 작동상태를 고려한 무게란 유효중량에 안전율을 고려하여 적용한다.

405 ① 수조는 지진에 의하여 손상되거나 과도한 변위가 발생하지 않도록 기초(패드포함), 본체 및 연결부분의 구조안전성을 확인하여야 한다.
 ② 수조는 건축물의 구조부재나 구조부재와 연결된 수조 기초부(패드)에 고정하여 지진 시 파손(손상), 변형, 이동, 전도 등이 발생하지 않아야 한다.
 ③ 수조와 연결되는 소화배관에는 지진 시 상대변위를 고려하여 가요성이음장치를 설치하여야 한다.

406 ㉠ 65 ㉡ 50 ㉢ 12 ㉣ 1.8 ㉤ 600
 ㉥ 50 ㉦ 12 ㉧ 24 ㉨ 24 ㉩ 12

407 ① 건물 구조부재간의 상대변위에 의한 배관의 응력을 최소화하기 위하여 지진분리이음 또는 지진분리장치를 사용하거나 이격거리를 유지하여야 한다.
 ② 건축물 지진분리이음 설치위치 및 건축물 간의 연결배관 중 지상노출 배관이 건축물로 인입되는 위치의 배관에는 관경에 관계없이 지진분리장치를 설치하여야 한다.

③ 천장과 일체 거동을 하는 부분에 배관이 지지되어 있을 경우 배관을 단단히 고정시키기 위해 흔들림 방지 버팀대를 사용하여야 한다.
④ 배관의 흔들림을 방지하기 위하여 흔들림 방지 버팀대를 사용하여야 한다.
⑤ 흔들림 방지 버팀대와 그 고정장치는 소화설비의 동작 및 살수를 방해하지 않아야 한다.

408 ① 관통구 및 배관 슬리브의 호칭구경은 배관의 호칭구경이 25 mm 내지 100 mm 미만인 경우 배관의 호칭구경보다 50 mm 이상, 배관의 호칭구경이 100 mm 이상인 경우에는 배관의 호칭구경보다 100 mm 이상 커야 한다. 다만, 배관의 호칭구경이 50 mm 이하인 경우에는 배관의 호칭구경 보다 50 mm 미만의 더 큰 관통구 및 배관 슬리브를 설치할 수 있다.
② 방화구획을 관통하는 배관의 틈새는 「건축물의 피난·방화구조 등의 기준에 관한 규칙」 제14조제2항에 따라 내화채움성능이 인정된 구조 중 신축성이 있는 것으로 메워야 한다.

409 ① 소화펌프 흡입측 수평직선배관 및 수직직선배관의 수평지진하중을 계산하여 흔들림 방지 버팀대를 설치하여야 한다.
② 소화펌프 토출측 수평직선배관 및 수직직선배관의 수평지진하중을 계산하여 흔들림 방지 버팀대를 설치하여야 한다.

410 ① 지진 시 파손 및 변형이 발생하지 않아야 하며, 개폐에 장애가 발생하지 않아야 한다.
② 건축물의 구조부재인 내력벽·바닥 또는 기둥 등에 고정하여야 하며, 바닥에 설치하는 경우 지진하중에 의해 전도가 발생하지 않도록 설치하여야 한다.
③ 소화전함의 지진하중은 제3조의2제2항에 따라 계산하고, 앵커볼트는 제3조의2제3항에 따라 설치하여야 한다. 단, 소화전함의 하중이 450N 이하이고 내력벽 또는 기둥에 설치하는 경우 직경 8mm 이상의 고정용 볼트 4개 이상으로 고정할 수 있다.

411 ① 자가발전설비의 지진하중은 제3조의2제2항에 따라 계산하고, 앵커볼트는 제3조의2제3항에 따라 설치하여야 한다.
② 비상전원은 지진 발생 시 전도되지 않도록 설치하여야 한다.

412 ㉠ 방진장치　㉡ 3 mm　㉢ 6 mm　㉣ 2배　㉤ 가요성이음장치

413 ① 흔들림 방지 버팀대는 내력을 충분히 발휘할 수 있도록 견고하게 설치하여야 한다.
② 배관에는 제6조제2항에서 산정된 횡방향 및 종방향의 수평지진하중에 모두 견디도록 흔들림 방지 버팀대를 설치하여야 한다.
③ 흔들림 방지 버팀대가 부착된 건축 구조부재는 소화배관에 의해 추가된 지진하중을 견딜 수 있어야 한다.
④ 흔들림 방지 버팀대의 세장비(L/r)는 300을 초과하지 않아야 한다.
⑤ 4방향 흔들림 방지 버팀대는 횡방향 및 종방향 흔들림 방지 버팀대의 역할을 동시에 할 수 있어야 한다.
⑥ 하나의 수평직선배관은 최소 2개의 횡방향 흔들림 방지 버팀대와 1개의 종방향흔들림 방지 버팀대를 설치하여야 한다. 다만, 영향구역 내 배관의 길이가 6m 미만인 경우에는 횡방향과 종방향 흔들림 방지 버팀대를 각 1개씩 설치할 수 있다.

414 ㉠ 1　㉡ 0.6　㉢ 8　㉣ 65　㉤ 3.7　㉥ 1.2

415 ㉠ 600　㉡ 150　㉢ 400　㉣ 150　㉤ 75

화재안전기준 답안　기타

416 ㉠ 기동용수압개폐장치의 압력스위치회로
㉡ 수조 또는 물올림수조의 저수위감시회로
㉢ 개폐밸브의 폐쇄상태 확인회로
㉣ 기동용수압개폐장치의 압력스위치회로
㉤ 수조 또는 물올림수조의 저수위감시회로

417 ㉠ 기동용수압개폐장치의 압력스위치회로
㉡ 수조 또는 물올림수조의 저수위감시회로
㉢ 개폐밸브의 폐쇄상태 확인회로

418 ㉠ 기동용수압개폐장치의 압력스위치회로
㉡ 수조 또는 물올림수조의 저수위감시회로
㉢ 유수검지장치 또는 일제개방 밸브의 압력스위치회로
㉣ 일제개방밸브를 사용하는 설비의 화재감지기회로

419 ㉠ 기동용수압개폐장치의 압력스위치회로
㉡ 수조 또는 물올림수조의 저수위감시회로
㉢ 유수검지장치 또는 압력스위치회로
㉣ 수조의 저수위감시회로
㉤ 개방식 미분무소화설비의 화재감지기회로

420 ㉠ 30초 ㉡ 1분 ㉢ 7분 ㉣ 10초
㉤ 10초 ㉥ 1분 ㉦ 2분 ㉧ 30초

421 ㉠ 1.05 ㉡ 2.1 ㉢ 0.9 ㉣ 0.2 ㉤ 0.1

422 ㉠ 1.1 이상 1.4 이하   ㉡ 1.5 이상 1.9 이하
㉢ 0.9 이상 1.6 이하   ㉣ 0.7 이상 1.4 이하
㉤ 0.8[L/kg] 이상   ㉥ 1.0[L/kg] 이상

423 ㉠ 60 ㉡ 15 ㉢ 45 ㉣ 20
㉤ 50 ㉥ 27 ㉦ 15 ㉧ 18

424 ㉠ 25 ㉡ 25 ㉢ 25 ㉣ 40 ㉤ 25
㉥ 40 ㉦ 32 ㉧ 50 ㉨ 100 ㉩ 65

425 ㉠ 2.0 ㉡ 2.5

426 (1) 수위계 · 배수관 · 급수관 · 오버플로우관 및 맨홀
(2) 수위계 · 급수관 · 배수관 · 급기관 · 맨홀 · 압력계 · 안전장치 및 압력저하 방지

를 위한 자동식 공기압축기
(3) 수조, 가압용기, 제어반, 압력조정장치, 성능시험배관 및 기타 필요한 기기 등

427 ㉠ 주배관   ㉡ 방수구
㉢ 개폐밸브   ㉣ 유량측정장치
㉤ 유량조절밸브   ㉥ 175
㉦ 체절운전   ㉧ 체절압력 미만
㉨ 동결방지조치   ㉩ 난연재료

428 ① 급수개폐밸브가 잠길 경우 탬퍼스위치의 동작으로 인하여 감시제어반 또는 수신기에 표시되어야 하며 경보음을 발할 것
② 탬퍼스위치는 감시제어반 또는 수신기에서 동작의 유무 확인과 동작시험, 도통시험을 할 수 있을 것
③ 급수개폐밸브의 작동표시 스위치에 사용되는 전기배선은 내화전선 또는 내열전선으로 설치할 것

429 (1) 피난층 또는 지하 1층에 설치할 것.
(2) ①「건축법 시행령」제35조에 따라 특별피난계단이 설치되고 그 계단(부속실을 포함한다) 출입구로부터 보행거리 5 m 이내에 전용실의 출입구가 있는 경우
② 아파트의 관리동(관리동이 없는 경우에는 경비실)에 설치하는 경우

430

주펌프	구동장치의 회전 또는 왕복운동으로 소화수를 가압하여 그 압력으로 급수하는 주된 펌프를 말한다.
충압펌프	배관 내 압력손실에 따른 주펌프의 빈번한 기동을 방지하기 위하여 충압 역할을 하는 펌프를 말한다.
예비펌프	주펌프와 동등 이상의 성능이 있는 별도의 펌프를 말한다.

FINAL 적중 화재안전기준 및 소방관련법령 580제

소방관련법령
150제 답안

소방관련법령 답안 — 화재의 예방 및 안전관리에 관한 법률

001
1. 제36조에 따른 피난계획에 관한 사항과 대통령령으로 정하는 사항이 포함된 소방계획서의 작성 및 시행
2. 자위소방대(自衛消防隊) 및 초기대응체계의 구성, 운영 및 교육
3. 「소방시설 설치 및 관리에 관한 법률」 제16조에 따른 피난시설, 방화구획 및 방화시설의 관리
4. 소방시설이나 그 밖의 소방 관련 시설의 관리
5. 제37조에 따른 소방훈련 및 교육
6. 화기(火氣) 취급의 감독
7. 행정안전부령으로 정하는 바에 따른 소방안전관리에 관한 업무수행에 관한 기록·유지(제3호·제4호 및 제6호의 업무를 말한다)
8. 화재발생 시 초기대응
9. 그 밖에 소방안전관리에 필요한 업무

> **보충설명** 소방안전관리대상물의 소방안전관리자의 업무
> 1. 제36조에 따른 피난계획에 관한 사항과 대통령령으로 정하는 사항이 포함된 소방계획서의 작성 및 시행
> 2. 자위소방대(自衛消防隊) 및 초기대응체계의 구성, 운영 및 교육
> 5. 제37조에 따른 소방훈련 및 교육
> 7. 행정안전부령으로 정하는 바에 따른 소방안전관리에 관한 업무수행에 관한 기록·유지(제3호·제4호 및 제6호의 업무를 말한다)

002
1. 건설현장의 소방계획서의 작성
2. 「소방시설 설치 및 관리에 관한 법률」 제15조제1항에 따른 임시소방시설의 설치 및 관리에 대한 감독
3. 공사진행 단계별 피난안전구역, 피난로 등의 확보와 관리
4. 건설현장의 작업자에 대한 소방안전 교육 및 훈련
5. 초기대응체계의 구성·운영 및 교육
6. 화기취급의 감독, 화재위험작업의 허가 및 관리
7. 그 밖에 건설현장의 소방안전관리와 관련하여 소방청장이 고시하는 업무

> **보충설명** 화재의 예방 및 안전관리에 관한 법률 시행령
>
> **제29조**(건설현장 소방안전관리대상물) 법 제29조제1항에서 "대통령령으로 정하는 특정소방대상물"이란 다음 각 호의 어느 하나에 해당하는 특정소방대상물을 말한다.
> 1. 신축·증축·개축·재축·이전·용도변경 또는 대수선을 하려는 부분의 연면적의 합계가 **1만5천제곱미터** 이상인 것
> 2. 신축·증축·개축·재축·이전·용도변경 또는 대수선을 하려는 부분의 연면적이 **5천제곱미터** 이상인 것으로서 다음 각 목의 어느 하나에 해당하는 것
>   가. 지하층의 층수가 **2개 층** 이상인 것
>   나. 지상층의 층수가 11층 이상인 것
>   다. **냉동창고, 냉장창고 또는 냉동·냉장창고**

003
1. 거짓이나 그 밖의 부정한 방법으로 소방안전관리자 자격증을 발급받은 경우
2. 제24조제5항에 따른 소방안전관리업무를 게을리한 경우
3. 제30조제4항을 위반하여 소방안전관리자 자격증을 다른 사람에게 빌려준 경우
4. 제34조에 따른 실무교육을 받지 아니한 경우
5. 이 법 또는 이 법에 따른 명령을 위반한 경우

004
1. 복합건축물(지하층을 제외한 층수가 11층 이상 또는 연면적 3만제곱미터 이상인 건축물)
2. 지하가(지하의 인공구조물 안에 설치된 상점 및 사무실, 그 밖에 이와 비슷한 시설이 연속하여 지하도에 접하여 설치된 것과 그 지하도를 합한 것을 말한다)
3. 그 밖에 대통령령으로 정하는 특정소방대상물
   (판매시설 중 도매시장, 소매시장 및 전통시장)

소방관련법령 답안 — 화재의 예방 및 안전관리에 관한 법률 시행령

005

특급 소방안전관리대상물	1급 소방안전관리대상물
1) 50층 이상(지하층은 제외한다)이거나 지상으로부터 높이가 200미터 이상인 아파트 2) 30층 이상(지하층을 포함한다)이거나 지상으로부터 높이가 120미터 이상인 특정소방대상물(아파트는 제외한다) 3) 2)에 해당하지 않는 특정소방대상물로서 연면적이 10만제곱미터 이상인 특정소방대상물(아파트는 제외한다)	4) 30층 이상(지하층은 제외한다)이거나 지상으로부터 높이가 120미터 이상인 아파트 5) 연면적 1만5천제곱미터 이상인 특정소방대상물(아파트 및 연립주택은 제외한다) 6) 5)에 해당하지 않는 특정소방대상물로서 지상층의 층수가 11층 이상인 특정소방대상물(아파트는 제외한다) 7) 가연성 가스를 1천톤 이상 저장·취급하는 시설

006

2급 소방안전관리대상물 (특급, 1급 소방안전관리대상물은 제외)	3급 소방안전관리대상물 (특급, 1급, 2급 소방안전관리대상물은 제외)
1) 「소방시설 설치 및 관리에 관한 법률 시행령」 별표 4 제1호다목에 따라 옥내소화전설비를 설치해야 하는 특정소방대상물, 같은 호 라목에 따라 스프링클러설비를 설치해야 하는 특정소방대상물 또는 같은 호 바목에 따라 물분무등소화설비[화재안전기준에 따라 호스릴(hose reel) 방식의 물분무등소화설비만을 설치할 수 있는 특정소방대상물은 제외한다]를 설치해야 하는 특정소방대상물 2) 가스 제조설비를 갖추고 도시가스사업의 허가를 받아야 하는 시설 또는 가연성 가스를 100톤 이상 1천톤 미만 저장·취급하는 시설 3) 지하구 4) 「공동주택관리법」 제2조제1항제2호의 어느 하나에 해당하는 공동주택(「소방시설 설치 및 관리에 관한 법률 시행령」 별표 4 제1호다목 또는 라목에 따른 옥내소화전설비 또는 스프링클러설비가 설치된 공동주택으로 한정한다) 5) 「문화유산의 보존 및 활용에 관한 법률」 제23조에 따라 보물 또는 국보로 지정된 목조건축물	6) 「소방시설 설치 및 관리에 관한 법률 시행령」 별표 4 제1호마목에 따라 간이스프링클러설비(주택전용 간이스프링클러설비는 제외한다)를 설치해야 하는 특정소방대상물 7) 「소방시설 설치 및 관리에 관한 법률 시행령」 별표 4 제2호다목에 따른 자동화재탐지설비를 설치해야 하는 특정소방대상물

007 1. 별표 4 제1호에 따른 특급 소방안전관리대상물
2. 별표 4 제2호에 따른 1급 소방안전관리대상물

008 ① 소방안전관리대상물에 설치한 소방시설, 방화시설, 전기시설, 가스시설 및 위험물 시설의 현황
② 화재 예방을 위한 자체점검계획 및 대응대책
③ 소방시설·피난시설 및 방화시설의 점검·정비계획
④ 소방훈련·교육에 관한 계획
⑤ 소방안전관리에 대한 업무수행에 관한 기록 및 유지에 관한 사항

009 (1) 1. 별표 4 제2호가목3)에 따른 지상층의 층수가 11층 이상인 1급 소방안전관리대상물(연면적 1만5천제곱미터 이상인 특정소방대상물과 아파트는 제외한다)
2. 별표 4 제3호에 따른 2급 소방안전관리대상물
3. 별표 4 제4호에 따른 3급 소방안전관리대상물
(2) 대행업무
1. 법 제24조제5항제3호에 따른 피난시설, 방화구획 및 방화시설의 관리
2. 법 제24조제5항제4호에 따른 소방시설이나 그 밖의 소방 관련 시설의 관리

010 1. 신축·증축·개축·재축·이전·용도변경 또는 대수선을 하려는 부분의 연면적의 합계가 1만5천제곱미터 이상인 것
2. 신축·증축·개축·재축·이전·용도변경 또는 대수선을 하려는 부분의 연면적이 5천제곱미터 이상인 것으로서 다음 각 목의 어느 하나에 해당하는 것
 가. 지하층의 층수가 2개 층 이상인 것
 나. 지상층의 층수가 11층 이상인 것
 다. 냉동창고, 냉장창고 또는 냉동·냉장창고

011 1. 용접 또는 용단 작업장 주변 반경 5미터 이내에 소화기를 갖추어 둘 것
2. 용접 또는 용단 작업장 주변 반경 10미터 이내에는 가연물을 쌓아두거나 놓아두지 말 것. 다만, 가연물의 제거가 곤란하여 방화포 등으로 방호조치를 한 경우는 제외한다.

소방관련법령 답안 — 화재의 예방 및 안전관리에 관한 법률 시행규칙

012 ㉠ 30일 이내
㉡ 해당 특정소방대상물의 사용승인일(건축물의 경우에는 「건축법」 제22조에 따라 건축물을 사용할 수 있게 된 날을 말한다. 이하 이 조 및 제16조에서 같다)
㉢ 증축공사의 사용승인일 또는 용도변경 사실을 건축물관리대장에 기재한 날
㉣ 소방안전관리자가 해임된 날, 퇴직한 날 등 근무를 종료한 날
㉤ 소방안전관리자 자격이 정지 또는 취소된 날

013 1. 소방안전관리대상물의 명칭 및 등급
2. 소방안전관리자의 성명 및 선임일자
3. 소방안전관리자의 연락처
4. 소방안전관리자의 근무 위치(화재 수신기 또는 종합방재실을 말한다)

014 (1) 1. 화재경보의 수단 및 방식
2. 층별, 구역별 피난대상 인원의 연령별·성별 현황
3. 피난약자의 현황
4. 각 거실에서 옥외(옥상 또는 피난안전구역을 포함한다)로 이르는 피난경로
5. 피난약자 및 피난약자를 동반한 사람의 피난동선과 피난방법
6. 피난시설, 방화구획, 그 밖에 피난에 영향을 줄 수 있는 제반 사항
(2) 1. 연 2회 피난안내 교육을 실시하는 방법
2. 분기별 1회 이상 피난안내방송을 실시하는 방법
3. 피난안내도를 층마다 보기 쉬운 위치에 게시하는 방법
4. 엘리베이터, 출입구 등 시청이 용이한 장소에 피난안내영상을 제공하는 방법

015 (1) ㉠ 스프링클러설비, 물분무등소화설비 또는 제연설비
㉡ 중급점검자   ㉢ 옥내소화전설비 또는 옥외소화전설비
㉣ 초급점검자   ㉤ 자동화재탐지설비 또는 간이스프링클러설비
㉥ 5천   ㉦ 스프링클러설비
㉧ 물분무등소화설비

(2) 1. 소방시설 점검 시 공용부 점검을 원칙으로 한다. 다만, 단독경보형 감지기 등이 동작(오동작)한 경우에는 단독경보형 감지기 등이 동작한 장소도 점검을 실시한다.
2. 방문 시 리모델링 또는 내부 구획변경 등이 있는 경우에는 해당 부분을 점검하여 점검표에 그 결과를 기재한다.
3. 계단, 통로 등 피난통로 상에 피난에 장애가 되는 물건 등이 쌓여 있는 경우에는 즉시 이동조치 하도록 관계인에게 설명한다.
4. 방화문은 항시 닫힘 상태를 유지하거나 정상 작동될 수 있도록 관계인에게 설명한다.
5. 점검 완료 시 해당 소방안전관리자(또는 관계인)에게 점검결과를 설명하고 점검표에 기재한다.

소방관련법령 답안 — 소방시설 설치 및 관리에 관한 법률

016 (1)

성능기준	화재안전 확보를 위하여 재료, 공간 및 설비 등에 요구되는 안전성능으로서 소방청장이 고시로 정하는 기준
기술기준	성능기준을 충족하는 상세한 규격, 특정한 수치 및 시험방법 등에 관한 기준으로서 행정안전부령으로 정하는 절차에 따라 소방청장의 승인을 받은 기준

(2)

주택의 종류	소방시설의 종류
1. 「건축법」 제2조제2항제1호의 단독주택 2. 「건축법」 제2조제2항제2호의 공동주택 (아파트 및 기숙사는 제외한다)	소화기 및 단독경보형 감지기

017 ㉠ 소화기구
㉡ 비상경보설비
㉢ 자동화재탐지설비
㉣ 자동화재속보설비
㉤ 피난구조설비
㉥ 공동구
㉦ 전력 및 통신사업용 지하구
㉧ 노유자(老幼者) 시설
㉨ 의료시설

> **보충설명** 소방시설법 시행령 제13조(강화된 소방시설기준의 적용대상)
>
> 법 제13조제1항제2호 각 목 외의 부분에서 "대통령령으로 정하는 것"이란 다음 각 호의 소방시설을 말한다.
> 1. 「국토의 계획 및 이용에 관한 법률」 제2조제9호에 따른 공동구에 설치하는 소화기, 자동소화장치, 자동화재탐지설비, 통합감시시설, 유도등 및 연소방지설비
> 2. 전력 및 통신사업용 지하구에 설치하는 소화기, 자동소화장치, 자동화재탐지설비, 통합감시시설, 유도등 및 연소방지설비
> 3. 노유자 시설에 설치하는 간이스프링클러설비, 자동화재탐지설비 및 단독경보형 감지기
> 4. 의료시설에 설치하는 스프링클러설비, 간이스프링클러설비, 자동화재탐지설비 및 자동화재속보설비

018 ㉠ 피난시설, 방화구획 및 방화시설을 폐쇄하거나 훼손하는 등의 행위
㉡ 피난시설, 방화구획 및 방화시설의 주위에 물건을 쌓아두거나 장애물을 설치하는 행위
㉢ 피난시설, 방화구획 및 방화시설의 용도에 장애를 주거나 「소방기본법」 제16조에 따른 소방활동에 지장을 주는 행위

019 (1) 60일
(2) 소방시설등 자체점검에 대한 품질확보를 위하여 필요하다고 인정하는 경우에는 특정소방대상물의 규모, 소방시설등의 종류 및 점검인력 등에 따라 관계인이 부담하여야 할 자체점검 비용의 표준이 될 금액

020 ㉠ 관리업자등 ㉡ 점검일시
㉢ 점검자 ㉣ 자체점검 기간 및 점검자
㉤ 특정소방대상물의 정보 및 자체점검 결과

021

취소사유	정지사유
1. 거짓이나 그 밖의 부정한 방법으로 시험에 합격한 경우 2. 제25조제7항을 위반하여 소방시설관리사증을 다른 사람에게 빌려준 경우 3. 제25조제8항을 위반하여 동시에 둘 이상의 업체에 취업한 경우 4. 제27조 각 호의 어느 하나에 따른 결격사유에 해당하게 된 경우	1. 「화재의 예방 및 안전관리에 관한 법률」 제25조제2항에 따른 대행인력의 배치기준·자격·방법 등 준수사항을 지키지 아니한 경우 2. 제22조에 따른 점검을 하지 아니하거나 거짓으로 한 경우 3. 제25조제9항을 위반하여 성실하게 자체점검 업무를 수행하지 아니한 경우

022 ㉠ 관리업자가 사망한 경우 그 상속인
㉡ 관리업자가 그 영업을 양도한 경우 그 양수인
㉢ 법인인 관리업자가 합병한 경우 합병 후 존속하는 법인이나 합병으로 설립되는 법인
㉣ 관리업의 시설 및 장비의 전부를 인수한 자
㉤ 시·도지사

023

등록취소사유	영업정지사유
1. 거짓이나 그 밖의 부정한 방법으로 등록을 한 경우 2. 제30조 각 호의 어느 하나에 해당하게 된 경우. 다만, 제30조제5호에 해당하는 법인으로서 결격사유에 해당하게 된 날부터 2개월 이내에 그 임원을 결격사유가 없는 임원으로 바꾸어 선임한 경우는 제외한다. 3. 제33조제2항을 위반하여 등록증 또는 등록수첩을 빌려준 경우	1. 제22조에 따른 점검을 하지 아니하거나 거짓으로 한 경우 2. 제29조제2항에 따른 등록기준에 미달하게 된 경우 3. 제34조제1항에 따른 점검능력 평가를 받지 아니하고 자체점검을 한 경우

024 ㉠ 관리업자의 지위를 승계한 경우
㉡ 관리업의 등록취소 또는 영업정지 처분을 받은 경우
㉢ 휴업 또는 폐업을 한 경우
㉣ 영업정지처분의 경우 도급계약이 해지되지 아니한 때에는 대행 또는 점검 중에 있는 특정소방대상물의 소방안전관리업무 대행과 자체점검

025

등록 취소 사유	영업의 정지 사유
1. 거짓이나 그 밖의 부정한 방법으로 등록을 한 경우 2. 제30조 각 호의 어느 하나에 해당하게 된 경우. 다만, 제30조제5호에 해당하는 법인으로서 결격사유에 해당하게 된 날부터 2개월 이내에 그 임원을 결격사유가 없는 임원으로 바꾸어 선임한 경우는 제외한다. 3. 제33조제2항을 위반하여 등록증 또는 등록수첩을 빌려준 경우	1. 제22조에 따른 점검을 하지 아니하거나 거짓으로 한 경우 2. 제29조제2항에 따른 등록기준에 미달하게 된 경우 3. 제34조제1항에 따른 점검능력 평가를 받지 아니하고 자체점검을 한 경우

026 (1) 5년 이하의 징역 또는 5천만원 이하의 벌금
(2) 7년 이하의 징역 또는 7천만원 이하의 벌금
(3) 10년 이하의 징역 또는 1억원 이하의 벌금
(4)~(7) 1년 이하의 징역 또는 1천만원 이하의 벌금
(8) 300만원 이하의 벌금
(9)~(15) 300만원 이하의 과태료

소방관련법령 답안 — 소방시설 설치 및 관리에 관한 법률 시행령

027 지상층 중 다음 각 목의 요건을 모두 갖춘 개구부(건축물에서 채광·환기·통풍 또는 출입 등을 위하여 만든 창·출입구, 그 밖에 이와 비슷한 것을 말한다. 이하 같다)의 면적의 합계가 해당 층의 바닥면적(「건축법 시행령」 제119조제1항제3호에 따라 산정된 면적을 말한다. 이하 같다)의 30분의 1 이하가 되는 층을 말한다.
가. 크기는 지름 50센티미터 이상의 원이 통과할 수 있을 것
나. 해당 층의 바닥면으로부터 개구부 밑부분까지의 높이가 1.2미터 이내일 것
다. 도로 또는 차량이 진입할 수 있는 빈터를 향할 것
라. 화재 시 건축물로부터 쉽게 피난할 수 있도록 창살이나 그 밖의 장애물이 설치되지 않을 것
마. 내부 또는 외부에서 쉽게 부수거나 열 수 있을 것

028 옥내소화전설비, 스프링클러설비 및 물분무등소화설비

029

적용대상	소방시설
「국토의 계획 및 이용에 관한 법률」 제2조제9호에 따른 공동구	소화기, 자동소화장치, 자동화재탐지설비, 통합감시시설, 유도등 및 연소방지설비
전력 및 통신사업용 지하구	소화기, 자동소화장치, 자동화재탐지설비, 통합감시시설, 유도등 및 연소방지설비
노유자 시설	간이스프링클러설비, 자동화재탐지설비 및 단독경보형 감지기

적용대상	소방시설
의료시설	스프링클러설비, 간이스프링클러설비, 자동화재탐지설비 및 자동화재속보설비

030 ㉠ 기존 부분과 증축 부분이 내화구조(耐火構造)로 된 바닥과 벽으로 구획된 경우
㉡ 기존 부분과 증축 부분이 「건축법 시행령」 제46조제1항제2호에 따른 자동방화셔터(이하 "자동방화셔터"라 한다) 또는 같은 영 제64조제1항제1호에 따른 60분+ 방화문(이하 "60분+ 방화문"이라 한다)으로 구획되어 있는 경우
㉢ 특정소방대상물의 구조·설비가 화재연소 확대 요인이 적어지거나 피난 또는 화재진압활동이 쉬워지도록 변경되는 경우
㉣ 용도변경으로 인하여 천장·바닥·벽 등에 고정되어 있는 가연성 물질의 양이 줄어드는 경우

031 1. 근린생활시설 중 의원, 조산원, 산후조리원, 체력단련장, 공연장 및 종교집회장
2. 건축물의 옥내에 있는 다음 각 목의 시설
   가. 문화 및 집회시설
   나. 종교시설
   다. 운동시설(수영장은 제외한다)
3. 의료시설
4. 교육연구시설 중 합숙소
5. 노유자 시설
6. 숙박이 가능한 수련시설
7. 숙박시설
8. 방송통신시설 중 방송국 및 촬영소
9. 「다중이용업소의 안전관리에 관한 특별법」 제2조제1항제1호에 따른 다중이용업의 영업소(이하 "다중이용업소"라 한다)
10. 제1호부터 제9호까지의 시설에 해당하지 않는 것으로서 층수가 11층 이상인 것 (아파트등은 제외한다)

032 ㉠ 창문에 설치하는 커튼류(블라인드를 포함한다)
㉡ 카펫
㉢ 벽지류(두께가 2밀리미터 미만인 종이벽지는 제외한다)

    ㄹ 영화상영관
    ㅁ 가상체험 체육시설업
    ㅂ 단란주점영업
    ㅅ 유흥주점영업
    ㅇ 노래연습장업

033 ㄱ 종이류(두께 2밀리미터 이상인 것을 말한다)·합성수지류 또는 섬유류를 주원료로 한 물품
    ㄴ 합판이나 목재
    ㄷ 흡음(吸音)을 위하여 설치하는 흡음재(흡음용 커튼을 포함한다)
    ㄹ 방음(防音)을 위하여 설치하는 방음재(방음용 커튼을 포함한다)

034 ㄱ 불꽃을 올리며 연소   ㄴ 불꽃을 올리지 않고 연소
    ㄷ 50제곱센티미터   ㄹ 20센티미터
    ㅁ 불꽃에 의하여 완전히 녹을 때까지 불꽃의 접촉 횟수
    ㅂ 최대연기밀도는 400 이하

035 1. 제31조제1항제1호라목의 전시용 합판·목재 또는 무대용 합판·목재 중 설치 현장에서 방염처리를 하는 합판·목재류
    2. 제31조제1항제2호에 따른 방염대상물품 중 설치 현장에서 방염처리를 하는 합판·목재류

036 1. 「재난 및 안전관리 기본법」 제3조제1호에 해당하는 재난이 발생한 경우
    2. 경매 등의 사유로 소유권이 변동 중이거나 변동된 경우
    3. 관계인의 질병, 사고, 장기출장의 경우
    4. 그 밖에 관계인이 운영하는 사업에 부도 또는 도산 등 중대한 위기가 발생하여 자체점검을 실시하기 곤란한 경우

037 1. 소화펌프(가압송수장치를 포함한다. 이하 같다), 동력·감시 제어반 또는 소방시설용 전원(비상전원을 포함한다)의 고장으로 소방시설이 작동되지 않는 경우
    2. 화재 수신기의 고장으로 화재경보음이 자동으로 울리지 않거나 화재 수신기와 연

동된 소방시설의 작동이 불가능한 경우
3. 소화배관 등이 폐쇄·차단되어 소화수(消火水) 또는 소화약제가 자동 방출되지 않는 경우
4. 방화문 또는 자동방화셔터가 훼손되거나 철거되어 본래의 기능을 못하는 경우

038 1. 「재난 및 안전관리 기본법」 제3조제1호에 해당하는 재난이 발생한 경우
2. 경매 등의 사유로 소유권이 변동 중이거나 변동된 경우
3. 관계인의 질병, 사고, 장기출장 등의 경우
4. 그 밖에 관계인이 운영하는 사업에 부도 또는 도산 등 중대한 위기가 발생하여 이행계획을 완료하기 곤란한 경우

039 ㉠ 30일   ㉡ 공개 기간   ㉢ 공개 내용
㉣ 공개 방법   ㉤ 10일   ㉥ 10일

040 ㉠ 건축물의 설비(제23호마목의 전기저장시설을 포함한다), 대피 또는 위생을 위한 용도, 그 밖에 이와 비슷한 용도
㉡ 사무, 작업, 집회, 물품저장 또는 주차를 위한 용도, 그 밖에 이와 비슷한 용도
㉢ 구내식당, 구내세탁소, 구내운동시설 등 종업원후생복리시설(기숙사는 제외한다) 또는 구내소각시설의 용도, 그 밖에 이와 비슷한 용도

041 ㉠ 벽이 없는 구조로서 그 길이가 6m 이하인 경우
㉡ 벽이 있는 구조로서 그 길이가 10m 이하인 경우.
㉢ 컨베이어로 연결되거나 플랜트설비의 배관 등으로 연결되어 있는 경우
㉣ 지하보도, 지하상가, 지하가로 연결된 경우
㉤ 자동방화셔터 또는 60분+ 방화문이 설치되지 않은 피트(전기설비 또는 배관설비 등이 설치되는 공간을 말한다)로 연결된 경우

042 ㉠ 화재 시 경보설비 또는 자동소화설비의 작동과 연동하여 자동으로 닫히는 자동방화셔터 또는 60분+ 방화문이 설치된 경우
㉡ 화재 시 자동으로 방수되는 방식의 드렌처설비 또는 개방형 스프링클러헤드가 설치된 경우

043 ㉠ 자동방화셔터
㉡ 60분+ 방화문
㉢ 드렌처설비

044 ㉠ 소화기구(소화약제 외의 것을 이용한 간이소화용구는 제외한다)
㉡ 자동소화장치
㉢ 소화전, 관창(菅槍), 소방호스, 스프링클러헤드, 기동용 수압개폐장치, 유수제어밸브 및 가스관선택밸브
㉣ 누전경보기 및 가스누설경보기
㉤ 발신기, 수신기, 중계기, 감지기 및 음향장치(경종만 해당한다)
㉥ 공기호흡기(충전기를 포함한다)
㉦ 피난구유도등, 통로유도등, 객석유도등 및 예비 전원이 내장된 비상조명등
㉧ 방염제(방염액·방염도료 및 방염성물질을 말한다)

045 (1) ㉠ 후드 및 덕트가 설치되어 있는 주방이 있는 특정소방대상물
㉡ 아파트등 및 오피스텔의 모든 층
㉢ 캐비닛형 자동소화장치
㉣ 가스자동소화장치
㉤ 분말자동소화장치
㉥ 고체에어로졸자동소화장치
(2) 자동소화장치(주거용 주방자동소화장치 및 상업용 주방자동소화장치는 제외한다)를 설치해야 하는 특정소방대상물에 물분무등소화설비를 화재안전기준에 적합하게 설치한 경우에는 그 설비의 유효범위(해당 소방시설이 화재를 감지·소화 또는 경보할 수 있는 부분을 말한다. 이하 같다)에서 설치가 면제된다.

046 (1) ㉠ 지하층·무창층(축사는 제외한다)으로서 바닥면적이 600㎡ 이상인 층이 있는 것
㉡ 층수가 4층 이상인 것 중 바닥면적이 600㎡ 이상인 층이 있는 것
㉢ 연면적 1천5백㎡ 이상인 것
㉣ 옥상에 설치된 차고·주차장
㉤ 1천m 이상
(2) 소방본부장 또는 소방서장이 옥내소화전설비의 설치가 곤란하다고 인정하는 경

우로서 호스릴 방식의 미분무소화설비 또는 옥외소화전설비를 화재안전기준에 적합하게 설치한 경우에는 그 설비의 유효범위에서 설치가 면제된다.

047 ㉠ 수용인원이 100명 이상인 것
㉡ 영화상영관의 용도로 쓰는 층의 바닥면적이 지하층 또는 무창층인 경우에는 500㎡ 이상, 그 밖의 층의 경우에는 1천㎡ 이상인 것
㉢ 무대부가 지하층·무창층 또는 4층 이상의 층에 있는 경우에는 무대부의 면적이 300㎡ 이상인 것
㉣ 근린생활시설 중 조산원 및 산후조리원
㉤ 의료시설 중 정신의료기관
㉥ 의료시설 중 종합병원, 병원, 치과병원, 한방병원 및 요양병원
㉦ 노유자 시설
㉧ 숙박이 가능한 수련시설

048 (1) ㉒ 창고시설(물류터미널로 한정한다) 중 4)에 해당하지 않는 것으로서 바닥면적의 합계가 2천5백㎡ 이상이거나 수용인원이 250명 이상인 경우에는 모든 층
㉓ 창고시설(물류터미널은 제외한다) 중 6)에 해당하지 않는 것으로서 바닥면적의 합계가 2천5백㎡ 이상인 경우에는 모든 층
㉠ 공장 또는 창고시설 중 7)에 해당하지 않는 것으로서 지하층·무창층 또는 층수가 4층 이상인 것 중 바닥면적이 500㎡ 이상인 경우에는 모든 층
㉡ 랙식 창고 중 8)에 해당하지 않는 것으로서 바닥면적의 합계가 750㎡ 이상인 경우에는 모든 층
㉣ 공장 또는 창고시설 중 9)가)에 해당하지 않는 것으로서 「화재의 예방 및 안전관리에 관한 법률 시행령」 별표 2에서 정하는 수량의 500배 이상의 특수가연물을 저장·취급하는 시설
㉤ 발전시설 중 전기저장시설
(2) 가. 스프링클러설비를 설치해야 하는 특정소방대상물(발전시설 중 전기저장시설은 제외한다)에 적응성 있는 자동소화장치 또는 물분무등소화설비를 화재안전기준에 적합하게 설치한 경우에는 그 설비의 유효범위에서 설치가 면제된다.
나. 스프링클러설비를 설치해야 하는 전기저장시설에 소화설비를 소방청장이 정하여 고시하는 방법에 따라 설치한 경우에는 그 설비의 유효범위에서 설치가 면제된다.

049 (1) 1) 공동주택 중 아파트등·기숙사 및 숙박시설의 경우에는 모든 층
2) 층수가 6층 이상인 건축물의 경우에는 모든 층
3) 근린생활시설(목욕장은 제외한다), 의료시설(정신의료기관 및 요양병원은 제외한다), 위락시설, 장례시설 및 복합건축물로서 연면적 600㎡ 이상인 경우에는 모든 층
4) 근린생활시설 중 목욕장, 문화 및 집회시설, 종교시설, 판매시설, 운수시설, 운동시설, 업무시설, 공장, 창고시설, 위험물 저장 및 처리 시설, 항공기 및 자동차 관련 시설, 교정 및 군사시설 중 국방·군사시설, 방송통신시설, 발전시설, 관광 휴게시설, 지하가(터널은 제외한다)로서 연면적 1천㎡ 이상인 경우에는 모든 층
5) 교육연구시설(교육시설 내에 있는 기숙사 및 합숙소를 포함한다), 수련시설(수련시설 내에 있는 기숙사 및 합숙소를 포함하며, 숙박시설이 있는 수련시설은 제외한다), 동물 및 식물 관련 시설(기둥과 지붕만으로 구성되어 외부와 기류가 통하는 장소는 제외한다), 자원순환 관련 시설, 교정 및 군사시설(국방·군사시설은 제외한다) 또는 묘지 관련 시설로서 연면적 2천㎡ 이상인 경우에는 모든 층
6) 노유자 생활시설의 경우에는 모든 층
7) 6)에 해당하지 않는 노유자 시설로서 연면적 400㎡ 이상인 노유자 시설 및 숙박시설이 있는 수련시설로서 수용인원 100명 이상인 경우에는 모든 층
8) 의료시설 중 정신의료기관 또는 요양병원으로서 다음의 어느 하나에 해당하는 시설
　가) 요양병원(의료재활시설은 제외한다)
　나) 정신의료기관 또는 의료재활시설로 사용되는 바닥면적의 합계가 300㎡ 이상인 시설
　다) 정신의료기관 또는 의료재활시설로 사용되는 바닥면적의 합계가 300㎡ 미만이고, 창살(철재·플라스틱 또는 목재 등으로 사람의 탈출 등을 막기 위하여 설치한 것을 말하며, 화재 시 자동으로 열리는 구조로 되어 있는 창살은 제외한다)이 설치된 시설
9) 판매시설 중 전통시장
10) 지하가 중 터널로서 길이가 1천m 이상인 것
11) 지하구
12) 3)에 해당하지 않는 근린생활시설 중 조산원 및 산후조리원
13) 4)에 해당하지 않는 공장 및 창고시설로서「화재의 예방 및 안전관리에 관한

법률 시행령」별표 2에서 정하는 수량의 500배 이상의 특수가연물을 저장·취급하는 것

    14) 4)에 해당하지 않는 발전시설 중 전기저장시설

(2) 자동화재탐지설비의 기능(감지·수신·경보기능을 말한다)과 성능을 가진 화재알림설비, 스프링클러설비 또는 물분무등소화설비를 화재안전기준에 적합하게 설치한 경우에는 그 설비의 유효범위에서 설치가 면제된다.

050 (1) 1) 노유자 생활시설
    2) 노유자 시설로서 바닥면적이 500㎡ 이상인 층이 있는 것
    3) 수련시설(숙박시설이 있는 것만 해당한다)로서 바닥면적이 500㎡ 이상인 층이 있는 것
    4) 문화유산 중「문화유산의 보존 및 활용에 관한 법률」제23조에 따라 보물 또는 국보로 지정된 목조건축물
    5) 근린생활시설 중 다음의 어느 하나에 해당하는 시설
        가) 의원, 치과의원 및 한의원으로서 입원실이 있는 시설
        나) 조산원 및 산후조리원
    6) 의료시설 중 다음의 어느 하나에 해당하는 것
        가) 종합병원, 병원, 치과병원, 한방병원 및 요양병원(의료재활시설은 제외한다)
        나) 정신병원 및 의료재활시설로 사용되는 바닥면적의 합계가 500㎡ 이상인 층이 있는 것
    7) 판매시설 중 전통시장
(2) 자동화재속보설비를 설치해야 하는 특정소방대상물에 화재알림설비를 화재안전기준에 적합하게 설치한 경우에는 그 설비의 유효범위에서 설치가 면제된다.

051 1) 문화 및 집회시설, 종교시설, 판매시설, 운수시설, 의료시설, 노유자 시설
    2) 수련시설, 운동시설, 숙박시설, 창고시설 중 물류터미널, 장례시설

052 1) 방열복 또는 방화복(안전모, 보호장갑 및 안전화를 포함한다), 인공소생기 및 공기호흡기를 설치해야 하는 특정소방대상물: 지하층을 포함하는 층수가 7층 이상인 것 중 관광호텔 용도로 사용하는 층
    2) 방열복 또는 방화복(안전모, 보호장갑 및 안전화를 포함한다) 및 공기호흡기를 설

치해야 하는 특정소방대상물: 지하층을 포함하는 층수가 5층 이상인 것 중 병원 용도로 사용하는 층
3) 공기호흡기를 설치해야 하는 특정소방대상물은 다음의 어느 하나에 해당하는 것으로 한다.
   가) 수용인원 100명 이상인 문화 및 집회시설 중 영화상영관
   나) 판매시설 중 대규모점포
   다) 운수시설 중 지하역사
   라) 지하가 중 지하상가
   마) 제1호바목 및 화재안전기준에 따라 이산화탄소소화설비(호스릴이산화탄소소화설비는 제외한다)를 설치해야 하는 특정소방대상물

053 (1) 1) 층수가 5층 이상으로서 연면적 6천㎡ 이상인 경우에는 모든 층
   2) 1)에 해당하지 않는 특정소방대상물로서 지하층을 포함하는 층수가 7층 이상인 경우에는 모든 층
   3) 1) 및 2)에 해당하지 않는 특정소방대상물로서 지하층의 층수가 3층 이상이고 지하층의 바닥면적의 합계가 1천㎡ 이상인 경우에는 모든 층
   4) 지하가 중 터널로서 길이가 1천m 이상인 것
(2) 연결송수관설비를 설치해야 하는 소방대상물에 옥외에 연결송수구 및 옥내에 방수구가 부설된 옥내소화전설비, 스프링클러설비, 간이스프링클러설비 또는 연결살수설비를 화재안전기준에 적합하게 설치한 경우에는 그 설비의 유효범위에서 설치가 면제된다. 다만, 지표면에서 최상층 방수구의 높이가 70m 이상인 경우에는 설치해야 한다.

054 (1) 1) 판매시설, 운수시설, 창고시설 중 물류터미널로서 해당 용도로 사용되는 부분의 바닥면적의 합계가 1천㎡ 이상인 경우에는 해당 시설
   2) 지하층(피난층으로 주된 출입구가 도로와 접한 경우는 제외한다)으로서 바닥면적의 합계가 150㎡ 이상인 경우에는 지하층의 모든 층. 다만, 「주택법 시행령」 제46조제1항에 따른 국민주택규모 이하인 아파트등의 지하층(대피시설로 사용하는 것만 해당한다)과 교육연구시설 중 학교의 지하층의 경우에는 700㎡ 이상인 것으로 한다.
   3) 가스시설 중 지상에 노출된 탱크의 용량이 30톤 이상인 탱크시설
   4) 1) 및 2)의 특정소방대상물에 부속된 연결통로

(2) 가. 연결살수설비를 설치해야 하는 특정소방대상물에 송수구를 부설한 스프링클러설비, 간이스프링클러설비, 물분무소화설비 또는 미분무소화설비를 화재안전기준에 적합하게 설치한 경우에는 그 설비의 유효범위에서 설치가 면제된다.
　　나. 가스 관계 법령에 따라 설치되는 물분무장치 등에 소방대가 사용할 수 있는 연결송수구가 설치되거나 물분무장치 등에 6시간 이상 공급할 수 있는 수원(水源)이 확보된 경우에는 설치가 면제된다.

055 1) 지하가(터널은 제외한다)로서 연면적 1천㎡ 이상인 것
　　2) 지하층의 바닥면적의 합계가 3천㎡ 이상인 것 또는 지하층의 층수가 3층 이상이고 지하층의 바닥면적의 합계가 1천㎡ 이상인 것은 지하층의 모든 층
　　3) 지하가 중 터널로서 길이가 500m 이상인 것
　　4) 지하구 중 공동구
　　5) 층수가 30층 이상인 것으로서 16층 이상 부분의 모든 층

056 (1) 1) 지상 1층 및 2층의 바닥면적의 합계가 9천㎡ 이상인 것. 이 경우 같은 구(區) 내의 둘 이상의 특정소방대상물이 행정안전부령으로 정하는 연소(延燒) 우려가 있는 구조인 경우에는 이를 하나의 특정소방대상물로 본다.
　　　2) 문화유산 중 「문화유산의 보존 및 활용에 관한 법률」 제23조에 따라 보물 또는 국보로 지정된 목조건축물
　　　3) 1)에 해당하지 않는 공장 또는 창고시설로서 「화재의 예방 및 안전관리에 관한 법률 시행령」 별표 2에서 정하는 수량의 750배 이상의 특수가연물을 저장·취급하는 것
　(2) 옥외소화전설비를 설치해야 하는 문화유산인 목조건축물에 상수도소화용수설비를 화재안전기준에서 정하는 방수압력·방수량·옥외소화전함 및 호스의 기준에 적합하게 설치한 경우에는 설치가 면제된다.

057 (1) ㉠ 차고, 주차용 건축물 또는 철골 조립식 주차시설.
　　　㉡ 건축물의 내부에 설치된 차고·주차장으로서 차고 또는 주차의 용도로 사용되는 면적이 200㎡ 이상인 경우 해당 부분(50세대 미만 연립주택 및 다세대주택은 제외한다)
　　　㉢ 기계장치에 의한 주차시설을 이용하여 20대 이상의 차량을 주차할 수 있는 시설

ⓔ 특정소방대상물에 설치된 전기실·발전실·변전실(가연성 절연유를 사용하지 않는 변압기·전류차단기 등의 전기기기와 가연성 피복을 사용하지 않은 전선 및 케이블만을 설치한 전기실·발전실 및 변전실은 제외한다)·축전지실·통신기기실 또는 전산실
ⓜ 이산화탄소소화설비, 할론소화설비 또는 할로겐화합물 및 불활성기체 소화설비
(2) 물분무등소화설비를 설치해야 하는 차고·주차장에 스프링클러설비를 화재안전기준에 적합하게 설치한 경우에는 그 설비의 유효범위에서 설치가 면제된다.

058 (1) 1) 문화 및 집회시설, 종교시설, 운동시설 중 무대부의 바닥면적이 200㎡ 이상인 경우에는 해당 무대부
2) 문화 및 집회시설 중 영화상영관으로서 수용인원 100명 이상인 경우에는 해당 영화상영관
3) 지하층이나 무창층에 설치된 근린생활시설, 판매시설, 운수시설, 숙박시설, 위락시설, 의료시설, 노유자 시설 또는 창고시설(물류터미널로 한정한다)로서 해당 용도로 사용되는 바닥면적의 합계가 1천㎡ 이상인 경우 해당 부분
4) 운수시설 중 시외버스정류장, 철도 및 도시철도 시설, 공항시설 및 항만시설의 대기실 또는 휴게시설로서 지하층 또는 무창층의 바닥면적이 1천㎡ 이상인 경우에는 모든 층
5) 지하가(터널은 제외한다)로서 연면적 1천㎡ 이상인 것
6) 지하가 중 예상 교통량, 경사도 등 터널의 특성을 고려하여 행정안전부령으로 정하는 터널
7) 특정소방대상물(갓복도형 아파트등은 제외한다)에 부설된 특별피난계단, 비상용 승강기의 승강장 또는 피난용 승강기의 승강장
(2) 가. 제연설비를 설치해야 하는 특정소방대상물[별표 4 제5호가목6)은 제외한다]에 다음의 어느 하나에 해당하는 설비를 설치한 경우에는 설치가 면제된다.
1) 공기조화설비를 화재안전기준의 제연설비기준에 적합하게 설치하고 공기조화설비가 화재 시 제연설비기능으로 자동전환되는 구조로 설치되어 있는 경우
2) 직접 외부 공기와 통하는 배출구의 면적의 합계가 해당 제연구역[제연경계(제연설비의 일부인 천장을 포함한다)에 의하여 구획된 건축물 내의 공간을 말한다] 바닥면적의 100분의 1 이상이고, 배출구부터 각 부분까지의 수평거리가 30m 이내이며, 공기유입구가 화재안전기준에 적합하게(외부 공

기를 직접 자연 유입할 경우에 유입구의 크기는 배출구의 크기 이상이어야 한다) 설치되어 있는 경우

나. 별표 4 제5호가목6)에 따라 제연설비를 설치해야 하는 특정소방대상물 중 노대(露臺)와 연결된 특별피난계단, 노대가 설치된 비상용 승강기의 승강장 또는 「건축법 시행령」 제91조제5호의 기준에 따라 배연설비가 설치된 피난용 승강기의 승강장에는 설치가 면제된다.

059 (1) 석재, 불연성금속, 불연성 건축재료 등의 가공공장·기계조립공장 또는 불연성 물품을 저장하는 창고
(2) 옥외소화전 및 연결살수설비
(3) 펄프공장의 작업장, 음료수 공장의 세정 또는 충전을 하는 작업장, 그 밖에 이와 비슷한 용도로 사용하는 것
(4) 스프링클러설비, 상수도소화용수설비 및 연결살수설비
(5) 정수장, 수영장, 목욕장, 농예·축산·어류양식용 시설, 그 밖에 이와 비슷한 용도로 사용되는 것
(6) 자동화재탐지설비, 상수도소화용수설비 및 연결살수설비

060 (1) 원자력발전소, 중·저준위방사성폐기물의 저장시설
(2) 연결송수관설비 및 연결살수설비
(3) 자체소방대가 설치된 제조소등에 부속된 사무실
(4) 옥내소화전설비, 소화용수설비, 연결살수설비 및 연결송수관설비

061 1. 가. 침대가 있는 숙박시설 :
해당 특정소방대상물의 종사자 수에 침대 수(2인용 침대는 2개로 산정한다)를 합한 수
나. 침대가 없는 숙박시설 :
해당 특정소방대상물의 종사자 수에 숙박시설 바닥면적의 합계를 3㎡로 나누어 얻은 수를 합한 수
2. 가. 강의실·교무실·상담실·실습실·휴게실 용도로 쓰는 특정소방대상물: 해당 용도로 사용하는 바닥면적의 합계를 1.9㎡로 나누어 얻은 수
나. 강당, 문화 및 집회시설, 운동시설, 종교시설: 해당 용도로 사용하는 바닥면적의 합계를 4.6㎡로 나누어 얻은 수(관람석이 있는 경우 고정식 의자를 설치한

부분은 그 부분의 의자 수로 하고, 긴 의자의 경우에는 의자의 정면너비를 0.45m로 나누어 얻은 수로 한다)

다. 그 밖의 특정소방대상물: 해당 용도로 사용하는 바닥면적의 합계를 3㎡로 나누어 얻은 수

062 (1) 가. 주된 기술인력
　　　　1) 소방시설관리사 자격을 취득한 후 소방 관련 실무경력이 5년 이상인 사람 1명 이상
　　　　2) 소방시설관리사 자격을 취득한 후 소방 관련 실무경력이 3년 이상인 사람 1명 이상
　　나. 보조 기술인력
　　　　1) 고급점검자 이상의 기술인력: 2명 이상
　　　　2) 중급점검자 이상의 기술인력: 2명 이상
　　　　3) 초급점검자 이상의 기술인력: 2명 이상
(2) 가. 주된 기술인력:
　　소방시설관리사 자격을 취득한 후 소방 관련 실무경력이 1년 이상인 사람 1명 이상
　　나. 보조 기술인력
　　　　1) 중급점검자 이상의 기술인력: 1명 이상
　　　　2) 초급점검자 이상의 기술인력: 1명 이상

063 ㉠ 100　㉡ 300　㉢ 300　㉣ 300　㉤ 50　㉥ 100　㉦ 200　㉧ 300　㉨ 300　㉩ 300

소방관련법령 답안　소방시설 설치 및 관리에 관한 법률 시행규칙

064 (1) 실비정액가산방식
　　(2) 5일

064-1 ㉠ 건축물의 규모와 특성을 고려한 최적의 소방시설 설치

ⓒ 소화수 공급시스템 최적화를 통한 화재피해 최소화 방안 마련
ⓒ 특별피난계단을 포함한 피난경로의 안전성 확보

065 ㉠ 3일 전   ㉡ 소방본부장 또는 소방서장
    ㉢ 소방본부장 또는 소방서장   ㉣ 3일 이내

066 ㉠ 10일
    ㉡ 소방시설등 자체점검 실시결과 보고서
    ㉢ 15일
    ㉣ 점검인력 배치확인서(관리업자가 점검한 경우만 해당한다)
    ㉤ 소방시설등의 자체점검 결과 이행계획서
    ㉥ 2년간
    ㉦ 10일
    ㉧ 20일
    ㉨ 10일
    ㉩ 이행계획 건별 전·후 사진 증명자료
    ㉪ 소방시설공사 계약서

067 ㉠ 10일   ㉡ 30일

068 ㉮ 기술력   ㉯ 신인도   ㉰ 7월 31일
    ㉱ 3일   ㉲ 1년

069 가. 작동점검: 소방시설등을 인위적으로 조작하여 소방시설이 정상적으로 작동하는지를 소방청장이 정하여 고시하는 소방시설등 작동점검표에 따라 점검하는 것을 말한다.
    나. 종합점검: 소방시설등의 작동점검을 포함하여 소방시설등의 설비별 주요 구성 부품의 구조기준이 화재안전기준과 「건축법」 등 관련 법령에서 정하는 기준에 적합한지 여부를 소방청장이 정하여 고시하는 소방시설등 종합점검표에 따라 점검하는 것을 말하며, 다음과 같이 구분한다.
       1) 최초점검: 법 제22조제1항제1호에 따라 소방시설이 새로 설치되는 경우 「건축

법」제22조에 따라 건축물을 사용할 수 있게 된 날부터 60일 이내 점검하는 것을 말한다.
2) 그 밖의 종합점검: 최초점검을 제외한 종합점검을 말한다.

070 작동점검은 영 제5조에 따른 특정소방대상물을 대상으로 한다. 다만, 다음의 어느 하나에 해당하는 특정소방대상물은 제외한다.
1) 특정소방대상물 중「화재의 예방 및 안전관리에 관한 법률」제24조제1항에 해당하지 않는 특정소방대상물(소방안전관리자를 선임하지 않는 대상을 말한다)
2) 「위험물안전관리법」제2조제6호에 따른 제조소등(이하 "제조소등"이라 한다)
3) 「화재의 예방 및 안전관리에 관한 법률 시행령」별표 4 제1호가목의 특급소방안전관리대상물

071

특정소방대상물	점검가능한 기술인력
1) 영 별표 4 제1호마목의 간이스프링클러설비(주택전용 간이스프링클러설비는 제외한다) 또는 같은 표 제2호다목의 자동화재탐지설비가 설치된 특정소방대상물	가) 관계인 나) 관리업에 등록된 기술인력 중 소방시설관리사 다) 「소방시설공사업법 시행규칙」별표 4의2에 따른 특급점검자 라) 소방안전관리자로 선임된 소방시설관리사 및 소방기술사
2) 1)에 해당하지 않는 특정소방대상물	가) 관리업에 등록된 소방시설관리사 나) 소방안전관리자로 선임된 소방시설관리사 및 소방기술사

072

(1) 종합점검 대상	종합점검(최초점검은 제외한다)을 받은 달부터 6개월이 되는 달에 실시한다.
(2) (1)에 해당하지 않는 특정소방대상물	특정소방대상물의 사용승인일(건축물의 경우에는 건축물관리대장 또는 건물 등기사항증명서에 기재되어 있는 날, 시설물의 경우에는「시설물의 안전 및 유지관리에 관한 특별법」제55조제1항에 따른 시설물통합정보관리체계에 저장·관리되고 있는 날을 말하며, 건축물관리대장, 건물 등기사항증명서 및 시설물통합정보관리체계를 통해 확인되지 않는 경우에는 소방시설완공검사증명서에 기재된 날을 말한다)이 속하는 달의 말일까지 실시한다. 다만, 건축물관리대장 또는 건물 등기사항증명서 등에 기입된 날이 서로 다른 경우에는 건축물관리대장에 기재되어 있는 날을 기준으로 점검한다.

073 (1) 해당 특정소방대상물의 소방시설등이 신설된 경우: 「건축법」 제22조에 따라 건축물을 사용할 수 있게 된 날부터 60일

(2) 1. 식품접객업 중 다음 각 목의 어느 하나에 해당하는 것
　　　나. 단란주점영업과 유흥주점영업
　2. 영화상영관·비디오물감상실업·비디오물소극장업 및 복합영상물제공업
　6. 노래연습장업
　7. 산후조리업
　7의2. 고시원업[구획된 실(室) 안에 학습자가 공부할 수 있는 시설을 갖추고 숙박 또는 숙식을 제공하는 형태의 영업]
　7의5. 안마시술소

> **보충설명** 법 제22조제1항제1호에 해당하는 특정소방대상물
>
> **제22조(소방시설등의 자체점검)** ① 특정소방대상물의 관계인은 그 대상물에 설치되어 있는 소방시설등이 이 법이나 이 법에 따른 명령 등에 적합하게 설치·관리되고 있는지에 대하여 다음 각 호의 구분에 따른 기간 내에 스스로 점검하거나 제34조에 따른 점검능력 평가를 받은 관리업자 또는 행정안전부령으로 정하는 기술자격자(이하 "관리업자등"이라 한다)로 하여금 정기적으로 점검(이하 "자체점검"이라 한다)하게 하여야 한다. 이 경우 관리업자등이 점검한 경우에는 그 점검 결과를 행정안전부령으로 정하는 바에 따라 관계인에게 제출하여야 한다.
> 1. 해당 특정소방대상물의 소방시설등이 신설된 경우: 「건축법」 제22조에 따라 건축물을 사용할 수 있게 된 날부터 60일
>
> 「다중이용업소의 안전관리에 관한 특별법 시행령」 제2조제1호나목, 같은 조 제2호(비디오물소극장업은 제외한다)·제6호·제7호·제7호의2 및 제7호의5의 다중이용업의 영업장
> 　1. 식품접객업 중 다음 각 목의 어느 하나에 해당하는 것
> 　　　나. 단란주점영업과 유흥주점영업
> 　2. 영화상영관·비디오물감상실업·비디오물소극장업 및 복합영상물제공업
> 　6. 노래연습장업
> 　7. 산후조리업
> 　7의2. 고시원업[구획된 실(室) 안에 학습자가 공부할 수 있는 시설을 갖추고 숙박 또는 숙식을 제공하는 형태의 영업]
> 　7의5. 안마시술소

074 1) 관리업에 등록된 소방시설관리사
　2) 소방안전관리자로 선임된 소방시설관리사 및 소방기술사

075 (1) 종합점검의 점검 횟수
  1) 연 1회 이상(「화재의 예방 및 안전에 관한 법률 시행령」 별표 4 제1호가목의 특급 소방안전관리대상물은 반기에 1회 이상) 실시한다.
  2) 1)에도 불구하고 소방본부장 또는 소방서장은 소방청장이 소방안전관리가 우수하다고 인정한 특정소방대상물에 대해서는 3년의 범위에서 소방청장이 고시하거나 정한 기간 동안 종합점검을 면제할 수 있다. 다만, 면제기간 중 화재가 발생한 경우는 제외한다.

(2) 종합점검의 점검 시기
  1) 법 제22조제1항제1호에 해당하는 특정소방대상물 「건축법」 제22조에 따라 건축물을 사용할 수 있게 된 날부터 60일 이내 실시한다.
  2) 1)을 제외한 특정소방대상물은 건축물의 사용승인일이 속하는 달에 실시한다. 다만, 「공공기관의 안전관리에 관한 규정」 제2조제2호 또는 제5호에 따른 학교의 경우에는 해당 건축물의 사용승인일이 1월에서 6월 사이에 있는 경우에는 6월 30일까지 실시할 수 있다.
  3) 건축물 사용승인일 이후 가목4)에 따라 종합점검 대상에 해당하게 된 경우에는 그 다음 해부터 실시한다.
  4) 하나의 대지경계선 안에 2개 이상의 자체점검 대상 건축물 등이 있는 경우에는 그 건축물 중 사용승인일이 가장 빠른 연도의 건축물의 사용승인일을 기준으로 점검할 수 있다.

076 ㉠ 월 1회 이상   ㉡ 2년간
㉢ 관계인   ㉣ 소방안전관리자
㉤ 관리업자(소방시설관리사를 포함하여 등록된 기술인력을 말한다)

077 ㉠ 2년 주기   ㉡ 아날로그감지기   ㉢ 50퍼센트
㉣ 30퍼센트   ㉤ 소방시설등   ㉥ 2년간

078 (1) 방수압력측정계, 절연저항계(절연저항측정기), 전류전압측정계
(2) 헤드결합렌치(볼트, 너트, 나사 등을 죄거나 푸는 공구)
(3) 이산화탄소소화설비, 분말소화설비, 할론소화설비, 할로겐화합물 및 불활성기체 소화설비

(4) 열감지기시험기, 연(煙)감지기시험기, 공기주입시험기, 감지기시험기연결막대, 음량계
(5) 풍속풍압계, 폐쇄력측정기, 차압계(압력차 측정기)
(6) 조도계(밝기 측정기)

보충설명 소방시설에 따른 점검장비

소방시설	점검 장비	규격
모든 소방시설	방수압력측정계, 절연저항계(절연저항측정기), 전류전압측정계	
소화기구	저울	
옥내소화전설비 옥외소화전설비	소화전밸브압력계	
스프링클러설비 포소화설비	헤드결합렌치 (볼트, 너트, 나사 등을 죄거나 푸는 공구)	
이산화탄소소화설비 분말소화설비 할론소화설비 할로겐화합물 및 불활성기체 소화설비	검량계, 기동관누설시험기, 그 밖에 소화약제의 저장량을 측정할 수 있는 점검기구	
자동화재탐지설비 시각경보기	열감지기시험기, 연(煙)감지기시험기, 공기주입시험기, 감지기시험기연결막대, 음량계	
누전경보기	누전계	누전전류 측정용
무선통신보조설비	무선기	통화시험용
제연설비	풍속풍압계, 폐쇄력측정기, 차압계(압력차 측정기)	
통로유도등 비상조명등	조도계(밝기 측정기)	최소눈금이 0.1럭스 이하인 것

079 ㉠ 해당 특정소방대상물의 소방시설 전체
㉡ 건축물 사용승인 후 그 다음 해
㉢ 사용승인일이 빠른 날

080 점검구분, 점검자, 점검기간, 불량사항, 정비기간

> **보충설명** 자체점검 기록표
>
> ### 소방시설등 자체점검기록표
>
> - 대상물명 :
> - 주　　소 :
> - 점검구분 :　　　　　[　] 작동점검　　　　[　] 종합점검
> - 점　검　자 :
> - 점검기간 :　　　　　년　월　일　～　년　월　일
> - 불량사항 : [　] 소화설비　　[　] 경보설비　　[　] 피난구조설비
>   [　] 소화용수설비 [　] 소화활동설비 [　] 기타설비 [　] 없음
> - 정비기간 :　　　　　년　월　일　～　년　월　일
>
> 　　　　　　　　　　　　　　　　　　　　　　　년　월　일
>
> 「소방시설 설치 및 관리에 관한 법률」제24조제1항 및 같은 법 시행규칙 제25조에 따라 소방시설등 자체점검결과를 게시합니다.

080-1 (1) 주된 점검인력인 특급점검자 1명과 보조 점검인력인 영 별표 9에 따른 주된 기술인력 또는 보조 기술인력 2명을 점검인력 1단위로 하되, 점검인력 1단위에 보조 점검인력으로 2명(같은 건축물을 점검할 때는 4명) 이내의 주된 기술인력 또는 보조 기술인력을 추가할 수 있다.

(2) 주된 점검인력인 소방시설관리사 또는 소방기술사 중 1명과 보조 점검인력 2명을 점검인력 1단위로 하되, 점검인력 1단위에 2명 이내의 보조 점검인력을 추가할 수 있다. 이 경우 보조 점검인력은 해당 특정소방대상물의 관계인, 소방안전관리보조자 또는 관리업자 소속의 소방기술인력으로 할 수 있다.

(3) 주된 점검인력인 관계인 1명과 보조 점검인력 2명을 점검인력 1단위로 한다. 이 경우 보조 점검인력은 해당 특정소방대상물의 관계인, 소방안전관리자, 소방안전관리보조자 또는 관리업자 소속의 소방기술인력으로 할 수 있다.

080-2 ㉠ 50층　㉡ 5년　㉢ 중급　㉣ 3년　㉤ 고급
　　　　㉥ 1년　㉦ 중급　㉧ 특급　㉨ 2명

080-3 (1) 1) 종합점검: 8,000 ㎡　2) 작동점검: 10,000 ㎡
　　　　(2) 1) 종합점검: 250세대　2) 작동점검: 250세대

(3) ㉠ 2,000 ㎡ ㉡ 2,500 ㎡ ㉢ 평균값 ㉣ 5개 ㉤ 2일

080-4 (1) ㉠ 1.8 ㉡ 3.5
㉢ 7 ㉣ 3.5
㉤ 판매시설 ㉥ 숙박시설
㉦ 복합건축물 ㉧ 1.1
㉨ 공동주택 ㉩ 지하구
㉪ 1.0 ㉫ 0.9
㉬ 스프링클러설비
㉭ 물분무등소화설비(호스릴 방식의 물분무등소화설비는 제외한다)
(2) ㉠ 32 ㉡ 40 ㉢ 0.8

080-5 ㉠ 250 ㉡ 60 ㉢ 0.1
㉣ 0.1 ㉤ 제연설비 ㉥ 0.02

081 (1) 기존업체
점검능력평가액 = 실적평가액 + 기술력평가액 + 경력평가액 ± 신인도평가액
(2) 신규업체
점검능력평가액 = (전년도 전체 평가업체의 평균 실적액 × 10/100) + (기술인력 가중치 1단위당 평균 점검면적액 × 보유기술인력가중치합계 × 50/100)

082 ㉠ 연평균점검실적액 ㉡ 연평균대행실적액
㉢ 0.55 ㉣ 0.45 ㉤ 0.5 ㉥ 0.38 ㉦ 0.31

083 ㉠ 3.5 ㉡ 3.0 ㉢ 2.5 ㉣ 2 ㉤ 1.5 ㉥ 1

083-1 ㉠ 소방시설등점검표
㉡ 점검인력 배치확인서(소방시설관리업자가 점검한 경우에만 제출합니다)
㉢ 소방시설등의 자체점검 결과 이행계획서
㉣ 1년 이하의 징역 또는 1천만원 이하
㉤ 300만원 이하

083-2 ㉠ 안전핀 체결 여부
㉡ 지시압력계의 정상 여부
㉢ 지시압력계의 정상 여부
㉣ 수신부의 전원표시등 정상 점등 여부
㉤ 감지기 변형·손상·탈락 여부
㉥ 피난기구 위치 적정성 여부
㉦ 피난기구 위치 표지 및 사용방법 표지 유무
㉧ 방화문(방화구획)의 적정 여부

소방관련법령 답안 — 다중이용업소의 안전관리에 관한 특별법

084 ㉠ 불연재료(不燃材料)
㉡ 준불연재료
㉢ 10분의 3
㉣ 10분의 5
㉤ 방염성능기준

085 ㉠ 불연재료
㉡ 단란주점
㉢ 유흥주점
㉣ 노래연습장

086 1. 2천제곱미터 지역 안에 다중이용업소가 50개 이상 밀집하여 있는 경우
2. 5층 이상인 건축물로서 다중이용업소가 10개 이상 있는 경우
3. 하나의 건축물에 다중이용업소로 사용하는 영업장 바닥면적의 합계가 1천제곱미터 이상인 경우

소방관련법령 답안 — 다중이용업소의 안전관리에 관한 특별법 시행령

087 ㉠ 간이스프링클러설비(캐비닛형 간이스프링클러설비를 포함한다)
㉡ 비상벨설비
㉢ 자동화재탐지설비
㉣ 완강기
㉤ 승강식 피난기
㉥ 피난유도선
㉦ 비상구
㉧ 영상음향차단장치

088 가) 지하층에 설치된 영업장
나) 법 제9조제1항제1호에 따른 숙박을 제공하는 형태의 다중이용업소의 영업장 중 다음에 해당하는 영업장. 다만, 지상 1층에 있거나 지상과 직접 맞닿아 있는 층(영업장의 주된 출입구가 건축물 외부의 지면과 직접 연결된 경우를 포함한다)에 설치된 영업장은 제외한다.
 (1) 제2조제7호에 따른 산후조리업의 영업장
 (2) 제2조제7호의2에 따른 고시원업(이하 이 표에서 "고시원업"이라 한다)의 영업장
다) 법 제9조제1항제2호에 따른 밀폐구조의 영업장
라) 제2조제7호의3에 따른 권총사격장의 영업장

089 가. 주된 출입구 외에 해당 영업장 내부에서 피난층 또는 지상으로 통하는 직통계단이 주된 출입구 중심선으로부터 수평거리로 영업장의 긴 변 길이의 2분의 1 이상 떨어진 위치에 별도로 설치된 경우
나. 피난층에 설치된 영업장[영업장으로 사용하는 바닥면적이 33제곱미터 이하인 경우로서 영업장 내부에 구획된 실(室)이 없고, 영업장 전체가 개방된 구조의 영업장을 말한다]으로서 그 영업장의 각 부분으로부터 출입구까지의 수평거리가 10미터 이하인 경우

소방관련법령 답안 — 다중이용업소의 안전관리에 관한 특별법 시행규칙

090 가) 영업장의 구획된 실마다 비상벨설비 또는 자동화재탐지설비 중 하나 이상을 화재안전기준에 따라 설치할 것
나) 자동화재탐지설비를 설치하는 경우에는 감지기와 지구음향장치는 영업장의 구획된 실마다 설치할 것. 다만, 영업장의 구획된 실에 비상방송설비의 음향장치가 설치된 경우 해당 실에는 지구음향장치를 설치하지 않을 수 있다.
다) 영상음향차단장치가 설치된 영업장에 자동화재탐지설비의 수신기를 별도로 설치할 것

091 ㉠ 반대방향　　㉡ 수평거리　　㉢ 2분의 1
㉣ 75센티미터　　㉤ 150센티미터

092 ㉠ 주요 구조부가 내화구조가 아닌 경우
㉡ 건물의 구조상 비상구등의 문이 지표면과 접하는 경우로서 화재의 연소 확대 우려가 없는 경우
㉢ 피난계단 또는 특별피난계단
㉣ 방화구획
㉤ 화재감지기와 연동

093 ㉠ 각 층마다 영업장 외부의 계단 등으로 피난할 수 있는 비상구를 설치할 것
㉡ 비상구등의 문이 열리는 방향은 실내에서 외부로 열리는 구조로 할 것
㉢ 건축물 주요 구조부를 훼손하는 경우
㉣ 옹벽 또는 외벽이 유리로 설치된 경우 등

094 ㉠ 활하중 5킬로뉴턴/제곱미터(5kN/㎡) 이상, 가로 75센티미터 이상, 세로 150센티미터 이상, 면적 1.12제곱미터 이상, 난간의 높이 100센티미터 이상
㉡ 불연재료로 바닥에서 천장까지 구획된 실로서 가로 75센티미터 이상, 세로 150센티미터 이상, 면적 1.12제곱미터 이상

095 (1) ㉠ 120센티미터   ㉡ 발판
    ㉢ 75센티미터   ㉣ 100센티미터

(2) ① 발코니 및 부속실 입구의 문을 개방하면 경보음이 울리도록 경보음 발생 장치를 설치하고, 추락위험을 알리는 표지를 문(부속실의 경우 외부로 나가는 문도 포함한다)에 부착할 것

② 부속실에서 건물 외부로 나가는 문 안쪽에는 기둥·바닥·벽 등의 견고한 부분에 탈착이 가능한 쇠사슬 또는 안전로프 등을 바닥에서부터 120센티미터 이상의 높이에 가로로 설치할 것. 다만, 120센티미터 이상의 난간이 설치된 경우에는 쇠사슬 또는 안전로프 등을 설치하지 않을 수 있다.

096 ① 내부 피난통로의 폭은 120센티미터 이상으로 할 것. 다만, 양 옆에 구획된 실이 있는 영업장으로서 구획된 실의 출입문 열리는 방향이 피난통로 방향인 경우에는 150센티미터 이상으로 설치하여야 한다.

② 구획된 실부터 주된 출입구 또는 비상구까지의 내부 피난통로의 구조는 세 번 이상 구부러지는 형태로 설치하지 말 것

097 ① 화재 시 자동화재탐지설비의 감지기에 의하여 자동으로 음향 및 영상이 정지될 수 있는 구조로 설치하되, 수동(하나의 스위치로 전체의 음향 및 영상장치를 제어할 수 있는 구조를 말한다)으로도 조작할 수 있도록 설치할 것

② 영상음향차단장치의 수동차단스위치를 설치하는 경우에는 관계인이 일정하게 거주하거나 일정하게 근무하는 장소에 설치할 것. 이 경우 수동차단스위치와 가장 가까운 곳에 "영상음향차단스위치"라는 표지를 부착하여야 한다.

③ 전기로 인한 화재발생 위험을 예방하기 위하여 부하용량에 알맞은 누전차단기(과전류차단기를 포함한다)를 설치할 것

④ 영상음향차단장치의 작동으로 실내 등의 전원이 차단되지 않는 구조로 설치할 것

098 (1) 소화기 또는 자동확산소화기의 외관점검 2가지
    − 구획된 실마다 설치되어 있는지 확인
    − 약제 응고상태 및 압력게이지 지시침 확인

(2) 피난설비 작동기능점검 및 외관점검 4가지
    − 유도등·유도표지 등 부착상태 및 점등상태 확인
    − 구획된 실마다 휴대용비상조명등 비치 여부

- 화재신호 시 피난유도선 점등상태 확인
- 피난기구(완강기, 피난사다리 등) 설치상태 확인

099 (1) 간이스프링클러설비 작동기능점검 2가지
- 시험밸브 개방 시 펌프기동, 음향경보 확인
- 헤드의 누수·변형·손상·장애 등 확인

(2) 경보설비 작동기능점검 3가지
- 비상벨설비의 누름스위치, 표시등, 수신기 확인
- 자동화재탐지설비의 감지기, 발신기, 수신기 확인
- 가스누설경보기 정상작동여부 확인

(3) 영상음향차단장치 작동기능점검 1가지
- 경보설비와 연동 및 수동작동 여부 점검(화재신호 시 영상음향이 차단되는 지 확인)

100 (1) 비상구 관리상태 확인 2가지
- 비상구 폐쇄·훼손, 주변 물건 적치 등 관리상태
- 구조변형, 금속표면 부식·균열, 용접부·접합부 손상 등 확인(건축물 외벽에 발코니 형태의 비상구를 설치한 경우만 해당)

(2) 영업장 내부 피난통로 관리상태 확인 1가지
- 영업장 내부 피난통로 상 물건 적치 등 관리상태

(3) 실내장식물·내부구획 재료 교체 여부 확인 3가지
- 커튼, 카페트 등 방염선처리제품 사용 여부
- 합판·목재 방염성능 확보 여부
- 내부구획재료 불연재료 사용 여부

> **보충설명** 안전시설등 세부점검표 점검사항
>
> ① 소화기 또는 자동확산소화기의 외관점검
>   - 구획된 실마다 설치되어 있는지 확인
>   - 약제 응고상태 및 압력게이지 지시침 확인
> ② 간이스프링클러설비 작동기능점검
>   - 시험밸브 개방 시 펌프기동, 음향경보 확인
>   - 헤드의 누수·변형·손상·장애 등 확인
> ③ 경보설비 작동기능점검
>   - 비상벨설비의 누름스위치, 표시등, 수신기 확인

- 자동화재탐지설비의 감지기, 발신기, 수신기 확인
- 가스누설경보기 정상작동여부 확인

④ 피난설비 작동기능점검 및 외관점검
  - 유도등·유도표지 등 부착상태 및 점등상태 확인
  - 구획된 실마다 휴대용비상조명등 비치 여부
  - 화재신호 시 피난유도선 점등상태 확인
  - 피난기구(완강기, 피난사다리 등) 설치상태 확인

⑤ 비상구 관리상태 확인
  - 비상구 폐쇄·훼손, 주변 물건 적치 등 관리상태
  - 구조변형, 금속표면 부식·균열, 용접부·접합부 손상 등 확인(건축물 외벽에 발코니 형태의 비상구를 설치한 경우만 해당)

⑥ 영업장 내부 피난통로 관리상태 확인
  - 영업장 내부 피난통로 상 물건 적치 등 관리상태

⑦ 창문(고시원) 관리상태 확인

⑧ 영상음향차단장치 작동기능점검
  - 경보설비와 연동 및 수동작동 여부 점검(화재신호 시 영상음향이 차단되는 지 확인)

⑨ 누전차단기 작동 여부 확인

⑩ 피난안내도 설치 위치 확인

⑪ 피난안내영상물 상영 여부 확인

⑫ 실내장식물·내부구획 재료 교체 여부 확인
  - 커튼, 카페트 등 방염선처리제품 사용 여부
  - 합판·목재 방염성능 확보 여부
  - 내부구획재료 불연재료 사용 여부

⑬ 방염 소파·의자 사용 여부 확인

⑭ 안전시설등 세부점검표 분기별 작성 및 1년간 보관 여부

⑮ 화재배상책임보험 가입여부 및 계약기간 확인

소방관련법령 답안 건축물의 피난·방화구조 등의 기준에 관한 규칙
(건축물 방화구조규칙)

101 (1) ㉠ 2층 이상 11층 이하 ㉡ 40
  ㉢ 20   ㉣ 3   ㉤ 90
  ㉥ 1   ㉦ 80   ㉧ 6
  ㉨ 5   ㉩ 50

(2) 1. 10층 이하의 층은 바닥면적 1천제곱미터(스프링클러 기타 이와 유사한 자동식 소화설비를 설치한 경우에는 바닥면적 3천제곱미터)이내마다 구획할 것

2. 매층마다 구획할 것. 다만, 지하 1층에서 지상으로 직접 연결하는 경사로 부위는 제외한다.

3. 11층 이상의 층은 바닥면적 200제곱미터(스프링클러 기타 이와 유사한 자동식 소화설비를 설치한 경우에는 600제곱미터)이내마다 구획할 것. 다만, 벽 및 반자의 실내에 접하는 부분의 마감을 불연재료로 한 경우에는 바닥면적 500제곱미터(스프링클러 기타 이와 유사한 자동식 소화설비를 설치한 경우에는 1천500제곱미터)이내마다 구획하여야 한다.

4. 필로티나 그 밖에 이와 비슷한 구조(벽면적의 2분의 1 이상이 그 층의 바닥면에서 위층 바닥 아래면까지 공간으로 된 것만 해당한다)의 부분을 주차장으로 사용하는 경우 그 부분은 건축물의 다른 부분과 구획할 것

102 (1) ㉠ 연기 또는 불꽃
㉡ 온도
㉢ 급수관・배전관
㉣ 벽과 벽, 벽과 바닥, 바닥과 바닥 사이
㉤ 외벽 사이
㉥ 스프링클러헤드
㉦ 연기 또는 불꽃
㉧ 온도

(2) ㉠ 수막(水幕)을 형성하여 화재확산을 방지하는 설비
㉡ 화재를 조기에 진화할 수 있도록 설계된 스프링클러

> **보충설명** 건축법 시행령 제46조(방화구획 등의 설치) 제2항제2호
>
> ② 다음 각 호에 해당하는 건축물의 부분에는 제1항을 적용하지 않거나 그 사용에 지장이 없는 범위에서 제1항을 완화하여 적용할 수 있다.
> 2. 물품의 제조・가공 및 운반 등(보관은 제외한다)에 필요한 고정식 대형 기기(器機) 또는 설비의 설치를 위하여 불가피한 부분. 다만, 지하층인 경우에는 지하층의 외벽 한쪽 면(지하층의 바닥면에서 지상층 바닥 아래면까지의 외벽 면적 중 4분의 1 이상이 되는 면을 말한다) 전체가 건물 밖으로 개방되어 보행과 자동차의 진입・출입이 가능한 경우로 한정한다.

103 (1) 1. 피난이 가능한 60분+ 방화문 또는 60분 방화문으로부터 3미터 이내에 별도로 설치할 것

2. 전동방식이나 수동방식으로 개폐할 수 있을 것
3. 불꽃감지기 또는 연기감지기 중 하나와 열감지기를 설치할 것
4. 불꽃이나 연기를 감지한 경우 일부 폐쇄되는 구조일 것
5. 열을 감지한 경우 완전 폐쇄되는 구조일 것
(2) ㉠ 내화구조   ㉡ 0.5   ㉢ 2.5

104 1. 피난구의 덮개(덮개와 사다리, 승강식피난기 또는 경보시스템이 일체형으로 구성된 경우에는 그 사다리, 승강식피난기 또는 경보시스템을 포함한다)는 품질시험을 실시한 결과 비차열 1시간 이상의 내화성능을 가져야 하며, 피난구의 유효 개구부 규격은 직경 60센티미터 이상일 것
2. 상층·하층간 피난구의 수평거리는 15센티미터 이상 떨어져 있을 것
3. 아래층에서는 바로 위층의 피난구를 열 수 없는 구조일 것
4. 사다리는 바로 아래층의 바닥면으로부터 50센티미터 이하까지 내려오는 길이로 할 것
5. 덮개가 개방될 경우에는 건축물관리시스템 등을 통하여 경보음이 울리는 구조일 것
6. 피난구가 있는 곳에는 예비전원에 의한 조명설비를 설치할 것

105 가. 정전시 피난용승강기, 기계실, 승강장 및 폐쇄회로 텔레비전 등의 설비를 작동할 수 있는 별도의 예비전원 설비를 설치할 것
나. 가목에 따른 예비전원은 초고층 건축물의 경우에는 2시간 이상, 준초고층 건축물의 경우에는 1시간 이상 작동이 가능한 용량일 것
다. 상용전원과 예비전원의 공급을 자동 또는 수동으로 전환이 가능한 설비를 갖출 것
라. 전선관 및 배선은 고온에 견딜 수 있는 내열성 자재를 사용하고, 방수조치를 할 것

소방관련법령 답안   기타법령

106 ㉠ 0.9미터   ㉡ 3미터   ㉢ 2.1미터
㉣ 1제곱미터   ㉤ 100분의 1   ㉥ 20분의 1
㉦ 연기감지기   ㉧ 열감지기   ㉨ 예비전원

107 ㉠ 불연재료
㉡ 수동개방장치
㉢ 자동개방장치(열감지기 또는 연기감지기에 의한 것을 말한다)
㉣ 예비전원

108 ㉠ 1천 제곱미터   ㉡ 내화구조로 된 바닥 및 벽
㉢ 방화문   ㉣ 자동방화셔터

109 ㉠ 문화 및 집회시설(동·식물원은 제외한다)
㉡ 물품의 제조·가공 및 운반 등(보관은 제외한다)에 필요한 고정식 대형 기기(器機) 또는 설비의 설치를 위하여 불가피한 부분
㉢ 해당 부분에 위치하는 설비배관 등이 바닥을 관통하는 부분
㉣ 대규모 회의장·강당·스카이라운지·로비 또는 피난안전구역
㉤ 복층형 공동주택
㉥ 내화구조 또는 불연재료
㉦ 동물 및 식물 관련 시설
㉧ 500제곱미터

110 (1) 4층 이상인 층의 각 세대가 2개 이상의 직통계단을 사용할 수 없는 경우
(2) 인접 세대를 통하여 2개 이상의 직통계단을 쓸 수 있는 위치에 우선 설치
(3) 1. 대피공간은 바깥의 공기와 접할 것
    2. 대피공간은 실내의 다른 부분과 방화구획으로 구획될 것
    3. 대피공간의 바닥면적은 인접 세대와 공동으로 설치하는 경우에는 3제곱미터 이상, 각 세대별로 설치하는 경우에는 2제곱미터 이상일 것
    4. 대피공간으로 통하는 출입문은 제64조제1항제1호에 따른 60분+ 방화문으로 설치할 것
    5. 국토교통부장관이 정하는 기준에 적합할 것

111 1. 발코니와 인접 세대와의 경계벽이 파괴하기 쉬운 경량구조 등인 경우
2. 발코니의 경계벽에 피난구를 설치한 경우
3. 발코니의 바닥에 국토교통부령으로 정하는 하향식 피난구를 설치한 경우

4. 국토교통부장관이 제4항에 따른 대피공간과 동일하거나 그 이상의 성능이 있다고 인정하여 고시하는 구조 또는 시설(이하 이 호에서 "대체시설"이라 한다)을 갖춘 경우. 이 경우 국토교통부장관은 대체시설의 성능에 대해 미리 「과학기술분야 정부출연연구기관 등의 설립·운영 및 육성에 관한 법률」 제8조제1항에 따라 설립된 한국건설기술연구원(이하 "한국건설기술연구원"이라 한다)의 기술검토를 받은 후 고시해야 한다.

112 1. 각 층마다 별도로 방화구획된 대피공간
2. 거실에 접하여 설치된 노대등
3. 계단을 이용하지 아니하고 건물 외부의 지상으로 통하는 경사로 또는 인접 건축물로 피난할 수 있도록 설치하는 연결복도 또는 연결통로

113 1. 60분+ 방화문: 연기 및 불꽃을 차단할 수 있는 시간이 60분 이상이고, 열을 차단할 수 있는 시간이 30분 이상인 방화문
2. 60분 방화문: 연기 및 불꽃을 차단할 수 있는 시간이 60분 이상인 방화문
3. 30분 방화문: 연기 및 불꽃을 차단할 수 있는 시간이 30분 이상 60분 미만인 방화문

114 ㉠ 관리업자
㉡ 평가기관
㉢ 소방시설의 설비 유무
㉣ 점검인력, 점검일자
㉤ 점검 대상물의 추가·삭제
㉥ 점검 대상물의 주소, 동수
㉦ 점검 대상물의 주용도, 아파트(세대수를 포함한다) 여부, 연면적 수정
㉧ 점검 대상물의 점검 구분

115 1. 점검인력 배치상황 확인 결과 점검인력 배치기준 등을 부적정하게 신고한 대상
2. 표준자체점검비 대비 현저하게 낮은 가격으로 용역계약을 체결하고 자체점검을 실시하여 부실점검이 의심되는 대상
3. 특정소방대상물 관계인이 자체점검한 대상
4. 그 밖에 소방청장, 소방본부장 또는 소방서장이 필요하다고 인정한 대상

116 다음 각 목의 요건을 모두 갖춘 것을 말한다.
　가. 층수가 11층 이상이거나 1일 수용인원이 5천명 이상인 건축물로서 지하부분이 지하역사 또는 지하도상가와 연결된 건축물
　나. 건축물 안에 「건축법」 제2조제2항제5호에 따른 문화 및 집회시설, 같은 항 제7호에 따른 판매시설, 같은 항 제8호에 따른 운수시설, 같은 항 제14호에 따른 업무시설, 같은 항 제15호에 따른 숙박시설, 같은 항 제16호에 따른 위락(慰樂)시설 중 유원시설업(遊園施設業)의 시설 또는 대통령령으로 정하는 용도의 시설이 하나 이상 있는 건축물

117 1. 소화설비 중 소화기구(소화기 및 간이소화용구만 해당한다), 옥내소화전설비 및 스프링클러설비
　2. 경보설비 중 자동화재탐지설비
　3. 피난설비 중 방열복, 공기호흡기(보조마스크를 포함한다), 인공소생기, 피난유도선(피난안전구역으로 통하는 직통계단 및 특별피난계단을 포함한다), 피난안전구역으로 피난을 유도하기 위한 유도등·유도표지, 비상조명등 및 휴대용비상조명등
　4. 소화활동설비 중 제연설비, 무선통신보조설비

118 (1) 1개
　(2) 가. 1층 또는 피난층. 다만, 초고층 건축물등에「건축법 시행령」 제35조에 따른 특별피난계단(이하 "특별피난계단"이라 한다)이 설치되어 있고, 특별피난계단 출입구로부터 5미터 이내에 종합방재실을 설치하려는 경우에는 2층 또는 지하 1층에 설치할 수 있으며, 공동주택의 경우에는 관리사무소 내에 설치할 수 있다.
　　나. 비상용 승강장, 피난 전용 승강장 및 특별피난계단으로 이동하기 쉬운 곳
　　다. 재난정보 수집 및 제공, 방재 활동의 거점(據點) 역할을 할 수 있는 곳
　　라. 소방대(消防隊)가 쉽게 도달할 수 있는 곳
　　마. 화재 및 침수 등으로 인하여 피해를 입을 우려가 적은 곳

119 ㉠ 4제곱미터　　㉡ 20제곱미터　　㉢ 3명

소방관련법령 답안 — 형식승인, 성능인증

120 ㉠ 담회 ㉡ 담홍 ㉢ 황

121 ㉠ 차동식스포트형 ㉡ 차동식분포형
㉢ 정온식감지선형 ㉣ 정온식스포트형

122 ㉠ 이온화식스포트형
㉡ 광전식스포트형
㉢ 공기흡입형

123 ㉠ 내산형 ㉡ 축적형
㉢ 다신호식 ㉣ 비화재알림형 ㉤ 연기 감도

124 ㉠ 다(多)신호식 ㉡ 축적형 ㉢ 아날로그식 ㉣ 연동식
㉤ 무선식 ㉥ 보정식 ㉦ 주소형

125 ㉠ 접점수고 ㉡ 20 ㉢ 0.3 ㉣ 1.9

126 ㉠ −(10 ± 2) ㉡ −(10 ± 2)
㉢ −(20 ± 2) ㉣ (50 ± 2)

127 ㉠ 5초 ㉡ 60초 ㉢ 10초
㉣ 60 ㉤ 150 ㉥ 5 ㉦ 10

128 ㉠ 5 ㉡ 60 ㉢ 10

129 ㉠ 100 ㉡ 5 ㉢ 30 ㉣ 30 ㉤ 120

130 감지기의 절연된 단자간의 절연저항 및 단자와 외함간의 절연저항은 직류 500 V의 절연저항계(절연저항측정기)로 측정한 값이 50 ㏁(정온식감지선형감지기는 선간에서 1 m당 1,000 ㏁) 이상이어야 한다.

131 감지기의 단자와 외함간의 절연내력은 60 ㎐의 정현파에 가까운 실효전압 500 V(정격전압이 60 V를 초과하고 150 V이하인 것은 1,000 V, 정격전압이 150 V를 초과하는 것은 그 정격전압에 2를 곱하여 1,000 V를 더한 값)의 교류전압을 가하는 시험에서 1분간 견디는 것이어야 한다.

132 (1) ㉠ 백색   ㉡ 청색   ㉢ 적색
(2) ㉠ 적색   ㉡ 녹색 또는 백색   ㉢ 황색

133 ㉠ 20   ㉡ 3   ㉢ 30
㉣ 관계인연락처   ㉤ 20

134 ㉠ 주전원과 예비전원의 on/off 상태
㉡ 경계구역의 감지기, 중계기 및 발신기 등의 화재신호와 소화설비, 소화활동설비, 소화용수설비의 작동신호
㉢ 수신기와 외부배선(지구음향장치용의 배선, 확인장치용의 배선 및 전화장치용의 배선을 제외한다)과의 단선 상태
㉣ 수신기의 주경종스위치, 지구경종스위치, 복구스위치 등 기준 제11조(수신기의 제어기능)을 조작하기 위한 스위치의 정지 상태

135 (1)

구분	용어 정의
축적형	㉠ 연기감지기 또는 정온식감지기로부터 일정농도의 연기 또는 온도가 일정시간 연속하는 것을 전기적으로 검출하여 화재신호를 수신하는 수신기를 말한다. 이 경우 전기적 검출 없이 단순히 작동시간만을 지연시키는 것은 제외한다.
아날로그식	㉡ 아날로그식 감지기로부터 발하여지는 고유신호를 직접 또는 중계기를 통하여 화재신호를 수신하는 수신기를 말한다.

구분	용어 정의
주소형	ⓒ 주소형 감지기로부터 발하여지는 고유신호를 직접 또는 중계기를 통하여 화재신호를 수신하고 작동한 감지기를 확인할 수 있는 수신기를 말한다.
단선단락 자동감시형	ⓔ 수신기에 직접 또는 중계기를 통해 감지기(아날로그식 감지기는 제외한다) 접속 배선의 단선, 지구음향장치 접속 배선의 단선 및 단락을 자동적으로 검출하는 기능이 있는 것을 말한다.
보정식	ⓜ 접속된 화재알림형 감지기의 화재정보신호를 수신하여 일정농도 이상의 연기가 일정시간 이상 연속하는 것을 전기적으로 검출하여 작동 감도를 자동적으로 보정하는 방식의 수신기를 말한다.

(2) ㉠ 예비경보
 ㉡ 화재정보신호값
 ㉢ 보정이력
 ㉣ 소방관서 및 관계인에게 통보 이력

136 ㉠ 속도조절기   ㉡ 로프   ㉢ 연결금속구

137 ㉠ 피스톤 릴리스   ㉡ 솔레노이드식 작동장치

138 ㉠ 200   ㉡ 1

139 ㉠ 적색   ㉡ 음향   ㉢ 적색

140 ㉠ 600   ㉡ 90

141 기류의 온도·속도 및 작동시간에 대하여 스프링클러헤드의 반응을 예상한 지수로서 아래 식에 의하여 계산하고(m·s) 0.5을 단위로 한다.
 산출식 : $RTI = \tau\sqrt{U}$
  τ : 감열체의 시간상수(초)
  U : 기류속도(m/s)

142 ㉠ 80 초과~350 이하
㉡ 50 초과~80 이하
㉢ 50 이하

143 ① 오렌지　② 빨강　③ 노랑　④ 초록
⑤ 파랑　⑥ 연한자주　⑦ 검정　⑧ 색 표시 안함
⑨ 흰색　⑩ 파랑　⑪ 빨강　⑫ 초록
⑬ 오렌지　⑭ 검정

144 (1) 비상문에 설치하는 개폐장치(전기·전자 도어록)로서 외부신호(자동화재탐지설비의 화재신호 또는 수동조작신호를 말한다. 이하 같다)에 의하여 자동적으로 개방시키는 장치를 말한다.
(2) ㉠ 5　㉡ 경종　㉢ DC 24　㉣ 5

145 ㉠ 충돌형　㉡ 분사형　㉢ 선회류형
㉣ 디프렉타형　㉤ 슬리트형

146 ㉠ 10　㉡ 80

147 ㉠ 60　㉡ 10　㉢ 80　㉣ 60

148 ㉠ 주전원과 예비전원의 on/off 상태
㉡ 스위치의 조작 내역
㉢ 작동신호·수동 조작에 의한 속보 내역

149 ㉠ 가스계소화설비용 수동식 기동장치
㉡ 과압배출구
㉢ 흔들림 방지 버팀대
㉣ 방화포
㉤ 배출댐퍼

150 (1)

구분	구성요소
압력챔버	몸체, 압력스위치, 안전밸브, 드레인밸브, 유입구 및 압력계
부르동관식 기동용압력스위치	압력표시부, 접속나사부, 부르동관, 제어부 및 시험밸브 등
전자식 기동용압력스위치	압력표시부, 접속나사부, 압력조정부, 신호제어부 및 시험밸브 등

(2) ㉠ 1   ㉡ 3   ㉢ 1

화재안전기준 기출문제 및 답안

화재안전기준 기출문제 — 소화기구 및 자동소화장치

23회 점검

001 소화기구 및 자동소화장치의 화재안전기술기준(NFTC 101)상 용어의 정의에서 정한 자동확산소화기의 종류 3가지를 설명하시오. (6점)

[풀이&답]
① 일반화재용자동확산소화기 : 보일러실, 건조실, 세탁소, 대량화기취급소 등에 설치되는 자동확산소화기를 말한다.
② 주방화재용자동확산소화기 : 음식점, 다중이용업소, 호텔, 기숙사, 의료시설, 업무시설, 공장 등의 주방에 설치되는 자동확산소화기를 말한다.
③ 전기설비용자동확산소화기 : 변전실, 송전실, 변압기실, 배전반실, 제어반, 분전반 등에 설치되는 자동확산소화기를 말한다.

21회 점검

002 자동소화장치에 대하여 다음 물음에 답하시오.

(1) 소화기구 및 자동소화장치의 화재안전기준(NFSC 101)에서 가스용 주방자동소화장치를 사용하는 경우 탐지부 설치위치를 쓰시오. (2점)

[풀이&답]
가스용 주방자동소화장치를 사용하는 경우 탐지부는 수신부와 분리하여 설치하되, 공기보다 가벼운 가스를 사용하는 경우에는 천장 면으로부터 30 cm 이하의 위치에 설치하고, 공기보다 무거운 가스를 사용하는 장소에는 바닥 면으로부터 30 cm 이하의 위치에 설치할 것

17회 설계

003 소화기구 및 자동소화장치의 화재안전기준(NFSC 101)에 관하여 다음 물음에 답하시오. (8점)

(1) 소화기 수량산출에서 소형소화기를 감소할 수 있는 경우에 관하여 쓰시오. (2점)

[풀이&답]
※ 소화기구 및 자동소화장치의 화재안전기술기준(NFTC 101)으로 답안을 작성함
소형소화기를 설치해야 할 특정소방대상물 또는 그 부분에 옥내소화전설비·스프링클러설비·물분무등소화설비·옥외소화전설비 또는 대형소화기를 설치한 경우에는 해당 설비의 유효범위의 부분에 대하여는 2.1.1.2 및 2.1.1.3에 따른 소형소화기의 3분의 2(대형소화기를 둔 경우에는 2분의 1)를 감소할 수 있다.

(2) 소화기 수량산출에서 소형소화기를 감소할 수 없는 특정소방대상물 4가지를 쓰시오. (2점)

[풀이&답]

※ 소화기구 및 자동소화장치의 화재안전기술기준(NFTC 101)으로 답안을 작성함
층수가 11층 이상인 부분, 근린생활시설, 위락시설, 문화 및 집회시설, 운동시설, 판매시설, 운수시설, 숙박시설, 노유자시설, 의료시설, 업무시설(무인변전소를 제외한다), 방송통신시설, 교육연구시설, 항공기 및 자동차관련 시설, 관광 휴게시설 중 4가지 선택

(3) 일반화재를 적용대상으로 하는 소화기구의 적응성이 있는 소화약제를 쓰시오.(4점)

[풀이&답]

구분	내용
가스계소화약제	㉠ 할론소화약제, 할로겐화합물 및 불활성기체소화약제
분말소화약제	㉡ 인산염류소화약제
액체소화약제	㉢ 산알칼리소화약제, 강화액소화약제, 포소화약제, 물·침윤소화약제
기타소화약제	㉣ 고체에어로졸화합물, 마른모래, 팽창질석·팽창진주암

14회 설계

004 자동소화장치 중 가스식, 분말식, 고체에어로졸식 자동소화장치의 설치기준을 쓰시오. (10점)

[풀이&답]

※ 소화기구 및 자동소화장치의 화재안전기술기준(NFTC 101)으로 답안을 작성함
① 2.1.2.4.1 소화약제 방출구는 형식승인을 받은 유효설치범위 내에 설치할 것
② 2.1.2.4.2 자동소화장치는 방호구역 내에 형식승인 된 1개의 제품을 설치할 것. 이 경우 연동방식으로서 하나의 형식으로 형식승인을 받은 경우에는 1개의 제품으로 본다.
③ 2.1.2.4.3 감지부는 형식승인 된 유효설치범위 내에 설치해야 하며 설치장소의 평상시 최고주위온도에 따라 다음 표 2.1.2.4.3에 따른 표시온도의 것으로 설치할 것. 다만, 열감지선의 감지부는 형식승인 받은 최고주위온도범위 내에 설치해야 한다.

표 2.1.2.4.3 설치장소의 평상시 최고주위온도에 따른 감지부의 표시온도

설치장소의 최고주위온도	표시온도
39 ℃ 미만	79 ℃ 미만
39 ℃ 이상 64 ℃ 미만	79 ℃ 이상 121 ℃ 미만
64 ℃ 이상 106 ℃ 미만	121 ℃ 이상 162 ℃ 미만
106 ℃ 이상	162 ℃ 이상

④ 2.1.2.4.4 2.1.2.4.3에도 불구하고 화재감지기를 감지부로 사용하는 경우에는 2.1.2.3의 2.1.2.3.2부터 2.1.2.3.5까지의 설치방법에 따를 것

24회 설계

005 「소화기구 및 자동소화장치의 화재안전기술기준(NFTC 101)」상 LPG를 연료외의 용도로 저장하고 있을 때 부속용도별로 추가하는 소화기구 설치기준을 가스 저장량별로 구분하여 모두 쓰시오. (3점)

풀이&답

「고압가스안전관리법」·「액화석유가스의 안전관리 및 사업법」 또는 「도시가스사업법」에서 규정하는 가연성가스를 제조하거나 연료외의 용도로 저장·사용하는 장소	저장하고 있는 양 또는 1개월 동안 제조·사용하는 양	200 kg 미만	저장하는 장소	능력단위 3단위 이상의 소화기 2개 이상
			제조·사용하는 장소	능력단위 3단위 이상의 소화기 2개 이상
		200 kg 이상 300 kg 미만	저장하는 장소	능력단위 5단위 이상의 소화기 2개 이상
			제조·사용하는 장소	바닥면적 50 ㎡마다 능력단위 5단위 이상의 소화기 1개 이상
		300 kg 이상	저장하는 장소	대형소화기 2개 이상
			제조·사용하는 장소	바닥면적 50 ㎡ 마다 능력단위 5단위 이상의 소화기 1개 이상

화재안전기준 기출문제 — 옥내소화전설비

23회 설계

001 옥내소화전설비의 화재안전기술기준(NFTC 102)상 불연재료로 된 특정소방대상물 또는 그 부분으로서, 옥내소화전 방수구를 설치하지 않을 수 있는 곳 5가지를 쓰시오. (5점)

풀이&답
① 냉장창고 중 온도가 영하인 냉장실 또는 냉동창고의 냉동실
② 고온의 노가 설치된 장소 또는 물과 격렬하게 반응하는 물품의 저장 또는 취급 장소
③ 발전소·변전소 등으로서 전기시설이 설치된 장소
④ 식물원·수족관·목욕실·수영장(관람석 부분을 제외한다) 또는 그 밖의 이와 비슷한 장소
⑤ 야외음악당·야외극장 또는 그 밖의 이와 비슷한 장소

23회 설계

002 옥내소화전설비의 화재안전기술기준(NFTC 102)에 관한 다음 물음에 답하시오. (6점)
(1) 비상전원 3가지를 쓰시오. (3점)

풀이&답
① 자가발전설비
② 축전지설비(내연기관에 따른 펌프를 사용하는 경우에는 내연기관의 기동 및 제어용 축전지를 말한다)
③ 전기저장장치(외부 전기에너지를 저장해 두었다가 필요한 때 전기를 공급하는 장치)

(2) 비상전원을 설치하지 아니할 수 있는 경우 3가지를 쓰시오.(3점)

풀이&답
① 2 이상의 변전소(「전기사업법」제67조에 따른 변전소를 말한다. 이하 같다)에서 전력을 동시에 공급받을 수 있는 경우
② 하나의 변전소로부터 전력의 공급이 중단되는 때에는 자동으로 다른 변전소로부터 전원을 공급받을 수 있도록 상용전원을 설치한 경우
③ 가압수조방식

22회 설계
003 옥내소화전에 사용하는 가압송수장치 4가지 방식을 쓰시오.(4점)

풀이&답
① 전동기 또는 내연기관에 따른 펌프를 이용하는 가압송수장치
② 고가수조의 자연낙차를 이용한 가압송수장치
③ 압력수조를 이용한 가압송수장치
④ 가압수조를 이용한 가압송수장치

22회 점검
004 옥내소화전설비의 화재안전기준(NFSC 102)에서 가압송수장치의 압력수조에 설치해야 하는 것을 5가지만 쓰시오.(5점)

풀이&답
수위계 · 급수관 · 배수관 · 급기관 · 맨홀 · 압력계 · 안전장치 및 압력저하 방지를 위한 자동식 공기압축기 중 5가지 선택

21회 점검
005 옥내소화전설비의 화재안전기준(NFSC 102)에서 소방용 합성수지배관의 성능인증 및 제품검사의 기술기준에 적합한 소방용 합성수지배관을 설치할 수 있는 경우 3가지를 쓰시오.(6점)

풀이&답
① 배관을 지하에 매설하는 경우
② 다른 부분과 내화구조로 구획된 덕트 또는 피트의 내부에 설치하는 경우
③ 천장(상층이 있는 경우에는 상층바닥의 하단을 포함한다. 이하 같다)과 반자를 불연재료 또는 준불연 재료로 설치하고 소화배관 내부에 항상 소화수가 채워진 상태로 설치하는 경우

13회 설계, 5회 설계 유사

006 옥내소화전설비의 화재안전기준에서 정하고 있는 내화배선의 공사방법을 쓰시오.(단, 내화전선을 사용하는 경우는 제외한다)(8점)

풀이&답
금속관 · 2종 금속제 가요전선관 또는 합성수지관에 수납하여 내화구조로 된 벽 또는 바닥 등에 벽 또는 바닥의 표면으로부터 25 ㎜ 이상의 깊이로 매설해야 한다. 다만, 다음의 기준에 적합하게 설치하는 경우에는 그렇지 않다.
가. 배선을 내화성능을 갖는 배선전용실 또는 배선용 샤프트 · 피트 · 덕트 등에 설치하는 경우
나. 배선전용실 또는 배선용 샤프트 · 피트 · 덕트 등에 다른 설비의 배선이 있는 경우에는 이로부터 15 ㎝ 이상 떨어지게 하거나 소화설비의 배선과 이웃하는 다른 설비의 배선 사이에 배선지름(배선의 지름이 다른 경우에는 가장 큰 것을 기준으로 한다)의 1.5배 이상의 높이의 불연성 격벽을 설치하는 경우

12회 설계

007 옥내소화전 방수구 설치제외 대상 5가지를 쓰시오.(10점)

풀이&답
① 냉장창고 중 온도가 영하인 냉장실 또는 냉동창고의 냉동실
② 고온의 노가 설치된 장소 또는 물과 격렬하게 반응하는 물품의 저장 또는 취급 장소
③ 발전소 · 변전소 등으로서 전기시설이 설치된 장소
④ 식물원 · 수족관 · 목욕실 · 수영장(관람석 부분을 제외한다) 또는 그 밖의 이와 비슷한 장소
⑤ 야외음악당 · 야외극장 또는 그 밖의 이와 비슷한 장소

10회 점검

008 화재안전기준에서 정하는 옥내소화전설비 감시제어반의 기능에 대한 기준을 5가지만 쓰시오.(10점)

[풀이&답]
※ 옥내소화전설비의 화재안전기술기준으로 답안을 작성함.
① 각 펌프의 작동여부를 확인할 수 있는 표시등 및 음향경보기능이 있어야 할 것
② 각 펌프를 자동 및 수동으로 작동시키거나 중단시킬 수 있어야 할 것
③ 비상전원을 설치한 경우에는 상용전원 및 비상전원의 공급여부를 확인할 수 있어야 할 것
④ 수조 또는 물올림수조가 저수위로 될 때 표시등 및 음향으로 경보할 것
⑤ 다음의 각 확인회로마다 도통시험 및 작동시험을 할 수 있도록 할 것
　(1) 기동용수압개폐장치의 압력스위치회로
　(2) 수조 또는 물올림수조의 저수위감시회로
　(3) 2.3.10에 따른 개폐밸브의 폐쇄상태 확인회로
　(4) 그 밖의 이와 비슷한 회로
⑥ 예비전원이 확보되고 예비전원의 적합여부를 시험할 수 있어야 할 것

7회 설계

009 수원을 전량 지하수조로만 적용하고자 할 때, 화재안전기준(NFSC)에 의한 조치방법을 제시하시오.

[풀이&답]
① 주펌프와 동등 이상의 성능이 있는 별도의 펌프로서 내연기관의 기동과 연동하여 작동되거나 비상전원을 연결하여 설치한 경우
② 2.2.4에 따라 가압수조를 가압송수장치로 설치한 경우

7회 설계

010 옥내소화전과 호스릴옥내소화전의 차이점(배관)을 기술하시오.

[풀이&답]
옥내소화전방수구와 연결되는 가지배관의 구경은 40 ㎜(호스릴옥내소화전설비의 경우에는 25 ㎜) 이상으로 해야 하며, 주배관 중 수직배관의 구경은 50 ㎜(호스릴옥내소화전설비의 경우에는 32 ㎜) 이상으로 해야 한다.

6회 설계

011 성능시험배관의 시공방법을 기술하시오.

[풀이&답]
펌프의 성능은 체절운전 시 정격토출압력의 140 %를 초과하지 않고, 정격토출량의 150 %로 운전 시 정격토출압력의 65 % 이상이 되어야 하며, 펌프의 성능을 시험할 수 있는 성능시험배관을 설치할 것. 다만, 충압펌프의 경우에는 그렇지 않다.

화재안전기준 기출문제 — 스프링클러설비

20회 설계

001 스프링클러설비의 화재안전기준(NFSC 103)상 다음 물음에 답하시오.(6점)

(1) 개폐밸브의 개폐상태를 감시제어반에서 확인할 수 있도록 설치하여야 하는 급수개폐밸브 작동표시 스위치의 설치기준을 쓰시오.(3점)

[풀이&답]
① 급수개폐밸브가 잠길 경우 탬퍼스위치의 동작으로 인하여 감시제어반 또는 수신기에 표시되어야 하며 경보음을 발할 것
② 탬퍼스위치는 감시제어반 또는 수신기에서 동작의 유무 확인과 동작시험, 도통시험을 할 수 있을 것
③ 급수개폐밸브의 작동표시 스위치에 사용되는 전기배선은 내화전선 또는 내열전선으로 설치할 것

(2) 기동용수압개폐장치를 기동장치로 사용하는 경우 설치하여야 하는 충압펌프의 설치기준을 쓰시오.(3점)

[풀이&답]
① 펌프의 토출압력은 그 설비의 최고위 살수장치(일제개방밸브의 경우는 그 밸브)의 자연압보다 적어도 0.2 MPa이 더 크도록 하거나 가압송수장치의 정격토출압력과 같게 할 것
② 펌프의 정격토출량은 정상적인 누설량보다 적어서는 안 되며, 스프링클러설비가 자동적으로 작동할 수 있도록 충분한 토출량을 유지할 것

19회 설계

002 폐쇄형스프링클러헤드를 사용하는 설비의 방호구역·유수검지장치의 설치기준을 6가지만 쓰시오.(6점)

[풀이&답]
① 하나의 방호구역의 바닥면적은 3,000 ㎡를 초과하지 않을 것. 다만, 폐쇄형스프링클러설비에 격자형배관방식(2 이상의 수평주행배관 사이를 가지배관으로 연결하는 방식을 말한다)을 채택하는 때에는 3,700 ㎡ 범위 내에서 펌프용량, 배관의 구경 등을 수리학적으로 계산한 결과 헤드의 방수압 및 방수량이 방호구역 범위 내에서 소화목적을 달성하는데 충분하도록 해야 한다.
② 하나의 방호구역에는 1개 이상의 유수검지장치를 설치하되, 화재 시 접근이 쉽고 점검하기 편리한 장소에 설치할 것
③ 하나의 방호구역은 2개 층에 미치지 않도록 할 것. 다만, 1개 층에 설치되는 스프링클러헤드의 수가 10개 이하인 경우와 복층형구조의 공동주택에는 3개 층 이내로 할 수 있다.

④ 유수검지장치를 실내에 설치하거나 보호용 철망 등으로 구획하여 바닥으로부터 0.8 m 이상 1.5 m 이하의 위치에 설치하되, 그 실 등에는 가로 0.5 m 이상 세로 1 m 이상의 개구부로서 그 개구부에는 출입문을 설치하고 그 출입문 상단에 "유수검지장치실" 이라고 표시한 표지를 설치할 것. 다만, 유수검지장치를 기계실(공조용기계실을 포함한다)안에 설치하는 경우에는 별도의 실 또는 보호용 철망을 설치하지 않고 기계실 출입문 상단에 "유수검지장치실"이라고 표시한 표지를 설치할 수 있다.
⑤ 스프링클러헤드에 공급되는 물은 유수검지장치를 지나도록 할 것. 다만, 송수구를 통하여 공급되는 물은 그렇지 않다.
⑥ 자연낙차에 따른 압력수가 흐르는 배관 상에 설치된 유수검지장치는 화재 시 물의 흐름을 검지할 수 있는 최소한의 압력이 얻어질 수 있도록 수조의 하단으로부터 낙차를 두어 설치할 것
⑦ 조기반응형 스프링클러헤드를 설치하는 경우에는 습식유수검지장치 또는 부압식스프링클러설비를 설치할 것

17회 설계

003 일제개방밸브를 사용하는 스프링클러설비에 있어서 일제개방밸브 2차측 배관의 부대설비 설치기준을 쓰시오. (4점)

풀이&답
① 개폐표시형밸브를 설치할 것
② ①에 따른 밸브와 준비작동식유수검지장치 또는 일제개방밸브 사이의 배관은 다음의 기준과 같은 구조로 할 것
  1) 수직배수배관과 연결하고 동 연결배관상에는 개폐밸브를 설치할 것
  2) 자동배수장치 및 압력스위치를 설치할 것
  3) 2)에 따른 압력스위치는 수신부에서 준비작동식유수검지장치 또는 일제개방밸브의 작동 여부를 확인할 수 있게 설치할 것

13회 점검, 19회 설계와 유사

004 스프링클러설비의 화재안전기준에서 정하고 있는 폐쇄형 스프링클러설비의 유수검지장치 설치기준 5가지를 쓰시오.(10점)

풀이&답
① 하나의 방호구역에는 1개 이상의 유수검지장치를 설치하되, 화재 시 접근이 쉽고 점검하기 편리한 장소에 설치할 것
② 유수검지장치를 실내에 설치하거나 보호용 철망 등으로 구획하여 바닥으로부터 0.8 m 이상 1.5 m 이하의 위치에 설치하되, 그 실 등에는 가로 0.5 m 이상 세로 1 m 이상의 개구부로서 그 개구부에는 출입문을 설치하고 그 출입문 상단에 "유수검지장치실" 이라고 표시한 표지를 설치할 것. 다만, 유수검지장치를 기계실(공조용기계실을 포함한다)안에 설치하는 경우에는 별도의 실 또는 보호용 철망을 설치하지 않고 기계실 출입문 상단에 "유수검지장치실"이라고 표시한 표지를 설치할 수 있다.

③ 스프링클러헤드에 공급되는 물은 유수검지장치를 지나도록 할 것. 다만, 송수구를 통하여 공급되는 물은 그렇지 않다.
④ 자연낙차에 따른 압력수가 흐르는 배관 상에 설치된 유수검지장치는 화재 시 물의 흐름을 검지할 수 있는 최소한의 압력이 얻어질 수 있도록 수조의 하단으로부터 낙차를 두어 설치할 것
⑤ 조기반응형 스프링클러헤드를 설치하는 경우에는 습식유수검지장치 또는 부압식스프링클러설비를 설치할 것

11회 점검

005 스프링클러설비의 화재안전기준에서 정하는 감시제어반의 설치기준 중 도통시험 및 작동시험을 하여야 하는 확인회로 5가지를 쓰시오.(10점)

풀이&답

※ 스프링클러설비의 화재안전기술기준의 내용으로 답안을 작성함.
(1) 기동용수압개폐장치의 압력스위치회로
(2) 수조 또는 물올림수조의 저수위감시회로
(3) 유수검지장치 또는 일제개방 밸브의 압력스위치회로
(4) 일제개방밸브를 사용하는 설비의 화재감지기회로
(5) 2.5.16에 따른 개폐밸브의 폐쇄상태 확인회로
(6) 그 밖의 이와 비슷한 회로

12회 설계

006 스프링클러설비에서 감시제어반과 동력제어반을 구분하여 설치하지 않아도 되는 경우 4가지에 대하여 설명하시오.

풀이&답

※ 스프링클러설비의 화재안전기술기준의 내용으로 답안을 작성함.
1. 다음의 어느 하나에 해당하지 않는 특정소방대상물에 설치되는 경우
   (1) 지하층을 제외한 층수가 7층 이상으로서 연면적이 2,000 ㎡ 이상인 것
   (2) (1)에 해당하지 않는 특정소방대상물로서 지하층의 바닥면적 합계가 3,000 ㎡ 이상인 것
2. 내연기관에 따른 가압송수장치를 사용하는 경우
3. 고가수조에 따른 가압송수장치를 사용하는 경우
4. 가압수조에 따른 가압송수장치를 사용하는 경우

7회 설계

007 습식 외의 스프링클러설비에는 상향식 스프링클러헤드를 설치하여야 하나 하향식 헤드를 사용할 수 있는 경우 3가지를 쓰시오.

풀이&답
(1) 드라이펜던트스프링클러헤드를 사용하는 경우
(2) 스프링클러헤드의 설치장소가 동파의 우려가 없는 곳인 경우
(3) 개방형스프링클러헤드를 사용하는 경우

24회 점검

008 소방시설 자체점검사항 등에 관한 고시상 소방시설등 점검표 중 "스프링클러설비 점검표 3-F 배관"에서 아래 내용의 점검항목과 그에 대응하는 스프링클러설비의 화재안전기술기준(NFTC 103)의 내용을 각각 쓰시오. (12점)

(1) 펌프 흡입측 배관
- 스프링클러설비의 화재안전기술기준 펌프의 흡입측 배관 설치 기준:

풀이&답
① 공기 고임이 생기지 않는 구조로 하고 여과장치를 설치할 것
② 수조가 펌프보다 낮게 설치된 경우에는 각 펌프(충압펌프를 포함한다)마다 수조로부터 별도로 설치할 것

(2) 성능시험배관
- 스프링클러설비의 화재안전기술기준 펌프의 성능시험배관 설치 기준:

풀이&답
① 성능시험배관은 펌프의 토출 측에 설치된 개폐밸브 이전에서 분기하여 직선으로 설치하고, 유량측정장치를 기준으로 전단 직관부에는 개폐밸브를 후단 직관부에는 유량조절밸브를 설치할 것. 이 경우 개폐밸브와 유량측정장치 사이의 직관부 거리 및 유량측정장치와 유량조절밸브 사이의 직관부 거리는 해당 유량측정장치 제조사의 설치사양에 따르고, 성능시험배관의 호칭지름은 유량측정장치의 호칭지름에 따른다.
② 유량측정장치는 펌프의 정격토출량의 175 % 이상 측정할 수 있는 성능이 있을 것

24회 점검

009 스프링클러설비의 화재안전기술기준(NFTC 103)에 관한 내용이다. (   )에 들어갈 내용을 쓰시오. (4점)

> 준비 작동식유수검지 장치 또는 일제 개방밸브 작동의 화재감지회로는 교차회로방식으로 할 것. 다만, 다음 어느 하나에 해당되는 경우에는 그렇지 않다.
> 가. 스프링클러설비의 배관 또는 헤드에 누설경보용 물 또는 (㉠)가 채워지거나 (㉡)의 경우
> 나. 화재감지기를 불꽃감지기, 정온식 감지선형감지기, 분포형감지기, 복합형 감지기, (㉢), 아날로그방식의 감지기, (㉣), 축적방식의 감지기 중 하나로 설치한 때

풀이&답
  ㉠ 압축공기
  ㉡ 부압식스프링클러설비
  ㉢ 광전식분리형감지기
  ㉣ 다신호방식의 감지기

화재안전기준 기출문제 — 간이스프링클러설비

20회 설계

001 간이스프링클러설비의 화재안전기준(NFSC 103A)상 상수도직결형 및 캐비넷형 가압송수장치를 설치할 수 없는 특정소방대상물 3가지를 쓰시오.(6점)

풀이&답
2) 근린생활시설 중 다음의 어느 하나에 해당하는 것
   가) 근린생활시설로 사용하는 부분의 바닥면적 합계가 1천㎡ 이상인 것은 모든 층
6) 숙박시설로 사용되는 바닥면적의 합계가 300㎡ 이상 600㎡ 미만인 시설
8) 복합건축물(별표 2 제30호나목의 복합건축물만 해당한다)로서 연면적 1천㎡ 이상인 것은 모든 층

[해당기준]
영 별표 4 제1호마목2)가) 또는 6)과 8)에 해당하는 특정소방대상물의 경우에는 상수도직결형 및 캐비닛형 간이스프링클러설비를 제외한 가압송수장치를 설치해야 한다.

20회 설계

002 간이스프링클러설비의 화재안전기준(NFSC 103A)상 가압수조 가압송수장치 방식에서 배관 및 밸브 등의 설치 순서에 대하여 명칭을 쓰고, 소방시설의 도시기호를 그리시오.(5점)

설치 순서는 수원, 가압수조, (ㄱ.), (ㄴ.), (ㄷ.), (ㄹ.), (ㅁ.), 2개의 시험밸브 순으로 설치한다.

풀이&답
ㄱ. 압력계, ㄴ. 체크밸브, ㄷ. 성능시험배관, ㄹ. 개폐표시형밸브, ㅁ. 유수검지장치
※ 도시기호는「소방시설의 자체점검사항 등에 관한 고시」소방시설도시기호를 참조할 것

20회 설계

003 간이스프링클러설비의 화재안전기준(NFSC 103A)상 간이헤드 수별 급수관의 구경에 관한 내용이다. ( )에 들어갈 내용을 쓰시오.(4점)

> "캐비닛형" 및 "상수도직결형"을 사용하는 경우 주배관은 (ㄱ.) mm, 수평주행배관은 (ㄴ.) mm, 가지배관은 (ㄷ.) mm 이상으로 할 것. 이 경우 최장배관은 제5조제6항에 따라 인정받은 길이로 하며 하나의 가지배관에는 간이헤드를 (ㄹ.)개 이내로 설치하여야 한다.

풀이&답
　　　ㄱ. 32　　ㄴ. 32　　ㄷ. 25　　ㄹ. 3

19회 점검

004 간이스프링클러(NFSC 103A)의 간이헤드에 관한 것이다. ( )에 들어갈 내용을 쓰시오. (2점)

> 간이헤드의 작동온도는 실내의 최대 주위 천정온도가 0℃ 이상 38℃ 이하인 경우 공칭작동온도가 (㉠)의 것을 사용하고, 39℃ 이상 66℃ 이하인 경우에는 공칭작동온도가 (㉡)의 것을 사용한다.

풀이&답
　　　㉠ 57 ℃에서 77 ℃
　　　㉡ 79 ℃에서 109 ℃

보충설명

> 간이헤드의 작동온도는 실내의 최대 주위 천장온도가 0 ℃ 이상 38 ℃ 이하인 경우 공칭작동온도가 57 ℃에서 77 ℃의 것을 사용하고, 39 ℃ 이상 66 ℃ 이하인 경우에는 공칭작동온도가 79 ℃에서 109 ℃의 것을 사용할 것

16회 점검

005 간이스프링클러설비의 화재안전기준(NFSC 103A)에 따라 다음 각 물음에 답하시오.
(1) 상수도직결방식의 배관과 밸브의 설치순서를 쓰시오. (3점)

풀이&답
　　　① 수도용계량기, 급수차단장치, 개폐표시형밸브, 체크밸브, 압력계, 유수검지장치(압력스위치 등 유수검지장치와 동등 이상의 기능과 성능이 있는 것을 포함한다. 이하 같다), 2개의 시험밸브의 순으로 설치할 것
　　　② 간이스프링클러설비 이외의 배관에는 화재 시 배관을 차단할 수 있는 급수차단장치를 설치할 것

(2) 펌프를 이용한 배관과 밸브의 설치순서를 쓰시오. (3점)

풀이&답

수원, 연성계 또는 진공계(수원이 펌프보다 높은 경우를 제외한다. 이하 같다), 펌프 또는 압력수조, 압력계, 체크밸브, 성능시험배관, 개폐표시형밸브, 유수검지장치, 시험밸브의 순으로 설치할 것

화재안전기준 기출문제 — 화재조기진압용 스프링클러설비

21회 설계

001 스프링클러헤드의 특성에 대하여 다음 물음에 답하시오.(10점)

(1) 화재조기진압용 스프링클러설비의 화재안전기준(NFSC 103B)에서 화재조기진압용 스프링클러설비를 설치할 장소의 구조 중 해당 층의 높이와 천장의 기울기 기준을 쓰시오.(2점)

풀이&답

① 해당 층의 높이가 13.7 m 이하일 것. 다만, 2층 이상일 경우에는 해당 층의 바닥을 내화구조로 하고 다른 부분과 방화구획 할 것
② 천장의 기울기가 1,000분의 168을 초과하지 않아야 하고, 이를 초과하는 경우에는 반자를 지면과 수평으로 설치할 것

(2) 화재조기진압용 스프링클러설비의 화재안전기준(NFSC 103B)에서 화재조기진압용 스프링클러 가지배관 사이의 거리를 쓰시오.(2점)

풀이&답

가지배관 사이의 거리는 2.4 m 이상 3.7 m 이하로 할 것. 다만, 천장의 높이가 9.1 m 이상 13.7 m 이하인 경우에는 2.4 m 이상 3.1 m 이하로 한다.

17회 점검

002 화재조기진압용 스프링클러설비의 설치금지 장소 2가지를 쓰시오. (2점)

풀이&답

① 제4류 위험물
② 타이어, 두루마리 종이 및 섬유류, 섬유제품 등 연소 시 화염의 속도가 빠르고 방사된 물이 하부까지에 도달하지 못하는 것

화재안전기준 기출문제 — 물분무소화설비

11회 설계

001 고압의 전기기기가 있는 경우 물분무헤드와 전기기기의 이격 기준인 아래의 표를 완성하시오.(7점)

전압(kV)	거리(cm)	전압(kV)	거리(cm)

[풀이&답]

전압(kV)	거리(cm)	전압(kV)	거리(cm)
66 이하	70 이상	154 초과 181 이하	180 이상
66 초과 77 이하	80 이상	181 초과 220 이하	210 이상
77 초과 110 이하	110 이상	220 초과 275 이하	260 이상
110 초과 154 이하	150 이상		

11회 설계

002 차고 또는 주차장에 물분무소화설비를 설치하는 경우 배수설비의 설치기준 4가지를 쓰시오.(8점)

[풀이&답]

① 차량이 주차하는 장소의 적당한 곳에 높이 10 ㎝ 이상의 경계턱으로 배수구를 설치할 것
② 배수구에는 새어 나온 기름을 모아 소화할 수 있도록 길이 40 m 이하마다 집수관·소화핏트 등 기름분리장치를 설치할 것
③ 차량이 주차하는 바닥은 배수구를 향하여 100분의 2 이상의 기울기를 유지할 것
④ 배수설비는 가압송수장치의 최대송수능력의 수량을 유효하게 배수할 수 있는 크기 및 기울기로 할 것

화재안전기준 기출문제 — 미분무소화설비

20회 점검

001 미분무소화설비의 화재안전기준(NFSC 104A)상 '미분무'의 정의를 쓰고, 미분무소화설비의 사용압력에 따른 저압, 중압 및 고압의 압력(MPa)범위를 각각 쓰시오.(4점)

풀이&답

(1) 미분무의 정의
　　물만을 사용하여 소화하는 방식으로 최소설계압력에서 헤드로부터 방출되는 물입자 중 99 %의 누적체적분포가 400 ㎛ 이하로 분무되고 A, B, C급 화재에 적응성을 갖는 것을 말한다.

(2) 저압, 중압 및 고압의 압력(MPa)범위
　　① 저압 : 최고사용압력이 1.2 MPa 이하
　　② 중압 : 사용압력이 1.2 MPa을 초과하고 3.5 MPa 이하
　　③ 고압 : 최저사용압력이 3.5 MPa을 초과

화재안전기준 기출문제 — 포소화설비

23회 점검

001 포소화설비의 화재안전기술기준(NFTC 105)상 다음 용어의 정의를 쓰시오.(5점)

(1) 펌프 프로포셔너방식 (1점)
(2) 프레셔 프로포셔너방식 (1점)
(3) 라인 프로포셔너방식 (1점)
(4) 프레셔사이드 프로포셔너방식 (1점)
(5) 압축공기포 믹싱챔버방식 (1점)

풀이&답

(1) 펌프 프로포셔너방식 (1점)
　　펌프의 토출관과 흡입관 사이의 배관도중에 설치한 흡입기에 펌프에서 토출된 물의 일부를 보내고, 농도 조정밸브에서 조정된 포 소화약제의 필요량을 포 소화약제 저장탱크에서 펌프 흡입측으로 보내어 이를 혼합하는 방식

(2) 프레셔 프로포셔너방식 (1점)
　　펌프와 발포기의 중간에 설치된 벤추리관의 벤추리작용과 펌프 가압수의 포 소화약제 저장탱크에 대한 압력에 따라 포 소화약제를 흡입·혼합하는 방식

(3) 라인 프로포셔너방식 (1점)
펌프와 발포기의 중간에 설치된 벤추리관의 벤추리작용에 따라 포 소화약제를 흡입·혼합하는 방식
(4) 프레셔사이드 프로포셔너방식 (1점)
펌프의 토출관에 압입기를 설치하여 포 소화약제 압입용펌프로 포 소화약제를 압입시켜 혼합하는 방식
(5) 압축공기포 믹싱챔버방식 (1점)
물, 포 소화약제 및 공기를 믹싱챔버로 강제주입시켜 챔버 내에서 포수용액을 생성한 후 포를 방사하는 방식

15회 설계
002 차고 및 주차장에 호스릴포소화설비를 설치할 수 있는 조건을 쓰시오.

풀이&답

※ 포소화설비의 화재안전기술기준으로 답안을 작성함.
① 완전 개방된 옥상주차장 또는 고가 밑의 주차장으로서 주된 벽이 없고 기둥뿐이거나 주위가 위해방지용 철주 등으로 둘러쌓인 부분
② 지상 1층으로서 지붕이 없는 부분

15회 설계
003 포소화설비 기동장치에 설치하는 자동경보장치의 설치기준을 쓰시오.

풀이&답

① 방사구역마다 일제개방밸브와 그 일제개방밸브의 작동여부를 발신하는 발신부를 설치할 것. 이 경우 각 일제개방밸브에 설치되는 발신부 대신 1개 층에 1개의 유수검지장치를 설치할 수 있다.
② 상시 사람이 근무하고 있는 장소에 수신기를 설치하되, 수신기에는 폐쇄형스프링클러헤드의 개방 또는 감지기의 작동여부를 알 수 있는 표시장치를 설치할 것
③ 하나의 소방대상물에 2 이상의 수신기를 설치하는 경우에는 수신기가 설치된 장소 상호간에 동시 통화가 가능한 설비를 할 것

7회 설계
004 포소화설비 혼합장치의 종류 4가지를 열거하고 간략히 설명하시오.

풀이&답

① "펌프 프로포셔너방식"이란 펌프의 토출관과 흡입관 사이의 배관도중에 설치한 흡입기에 펌프에서 토출된 물의 일부를 보내고, 농도 조정밸브에서 조정된 포 소화약제의 필요량을 포 소화약제 저장탱크에서 펌프 흡입측으로 보내어 이를 혼합하는 방식을 말한다.

② "프레셔 프로포셔너방식"이란 펌프와 발포기의 중간에 설치된 벤추리관의 벤추리작용과 펌프 가압수의 포 소화약제 저장탱크에 대한 압력에 따라 포 소화약제를 흡입·혼합하는 방식을 말한다.
③ "라인 프로포셔너방식"이란 펌프와 발포기의 중간에 설치된 벤추리관의 벤추리작용에 따라 포 소화약제를 흡입·혼합하는 방식을 말한다.
④ "프레셔사이드 프로포셔너방식"이란 펌프의 토출관에 압입기를 설치하여 포 소화약제 압입용펌프로 포 소화약제를 압입시켜 혼합하는 방식을 말한다.

화재안전기준 기출문제 — 이산화탄소소화설비

23회 설계
001 이산화탄소소화설비의 화재안전기술기준(NFTC 106)에서 정하고 있는 저장용기 기준 5가지를 쓰시오. (단, 저장용기 설치장소 기준은 제외)(4점)

풀이&답
① 저장용기의 충전비는 고압식은 1.5 이상 1.9 이하, 저압식은 1.1 이상 1.4 이하로 할 것
② 저압식 저장용기에는 내압시험압력의 0.64배부터 0.8배의 압력에서 작동하는 안전밸브와 내압시험압력의 0.8배부터 내압시험압력에서 작동하는 봉판을 설치할 것
③ 저압식 저장용기에는 액면계 및 압력계와 2.3 MPa 이상 1.9 MPa 이하의 압력에서 작동하는 압력경보장치를 설치할 것
④ 저압식 저장용기에는 용기 내부의 온도가 섭씨 영하 18℃ 이하에서 2.1 MPa의 압력을 유지할 수 있는 자동냉동장치를 설치할 것
⑤ 저장용기는 고압식은 25 MPa 이상, 저압식은 3.5 MPa 이상의 내압시험압력에 합격한 것으로 할 것

21회 설계
002 이산화탄소소화설비의 화재안전기준(NFSC 106)에 대하여 다음 물음에 답하시오.(8점)
(1) 이산화탄소소화설비의 분사헤드 설치 제외 장소 4가지를 쓰시오.(4점)

풀이&답
① 방재실·제어실 등 사람이 상시 근무하는 장소
② 니트로셀룰로스·셀룰로이드제품 등 자기연소성물질을 저장·취급하는 장소
③ 나트륨·칼륨·칼슘 등 활성금속물질을 저장·취급하는 장소
④ 전시장 등의 관람을 위하여 다수인이 출입·통행하는 통로 및 전시실 등

(2) 가연성 액체 또는 가연성 가스의 소화에 필요한 설계농도에 관하여 ( )에 들어갈 내용을 쓰시오.(4점)

방호대상물	설계농도(%)
수소	75
(ㄱ)	66
산화에틸렌	(ㄷ)
(ㄴ)	40
사이크로 프로판	37
이소부탄	(ㄹ)

풀이&답

방호대상물	설계농도(%)
수소	75
(아세틸렌)	66
산화에틸렌	(53)
(에탄)	40
사이크로 프로판	37
이소부탄	(34)

18회 설계

003 (1) 이산화탄소 소화설비의 화재안전기준 별표 1에서 정하는 가연성 액체 또는 가연성 가스의 소화에 필요한 설계농도(%) 기준 중 석탄가스와 에틸렌의 설계농도(%)를 쓰시오.(2점)

풀이&답
석탄가스 : 37%
에틸렌 : 49%

(2) 이산화탄소 소화설비의 화재안전기준(NFSC 106)에 따라 이산화탄소 소화설비의 설치장소에 대한 안전시설 설치기준 2가지를 쓰시오.(2점)

풀이&답
① 소화약제 방출 시 방호구역 내와 부근에 가스 방출 시 영향을 미칠 수 있는 장소에 시각경보장치를 설치하여 소화약제가 방출되었음을 알도록 할 것
② 방호구역의 출입구 부근 잘 보이는 장소에 약제방출에 따른 위험경고표지를 부착할 것

> **보충설명** 1. 이산화탄소소화설비의 화재안전성능기준 제19조(안전시설 등) 〈시행 2024.8.1.〉

① 이산화탄소소화설비가 설치된 장소에는 시각경보장치, 위험경고표지 등의 안전시설을 설치해야 한다. 〈개정 2024. 7. 10.〉
② 방호구역 내에 이산화탄소 소화약제가 방출되는 경우 후각을 통해 이를 인지할 수 있도록 부취발생기를 다음 각 호의 어느 하나에 해당하는 방식으로 설치해야 한다. 〈신설 2024. 7. 10.〉
  1. 부취발생기를 소화약제 저장용기실 내의 소화배관에 설치하여 소화약제의 방출에 따라 부취제가 혼합되도록 하는 방식
  2. 방호구역 내에 부취발생기를 설치하여 소화약제 방출 전에 부취제가 방출되도록 하는 방식

> **보충설명** 2. 이산화탄소소화설비의 화재안전기술기준 〈시행 2024.8.1.〉

2.16 안전시설 등
2.16.1 이산화탄소소화설비가 설치된 장소에는 다음의 기준에 따른 안전시설을 설치해야 한다.
2.16.1.1 소화약제 방출 시 방호구역 내와 부근에 가스 방출 시 영향을 미칠 수 있는 장소에 시각경보장치를 설치하여 소화약제가 방출되었음을 알도록 할 것
2.16.1.2 방호구역의 출입구 부근 잘 보이는 장소에 약제방출에 따른 위험경고표지를 부착할 것
2.16.2 방호구역 내에 이산화탄소 소화약제가 방출되는 경우 후각을 통해 이를 인지할 수 있도록 부취발생기를 다음의 어느 하나에 해당하는 방식으로 설치해야 한다.
  〈신설 2024.8.1.〉
2.16.2.1 부취발생기를 소화약제 저장용기실 내의 소화배관에 설치하여 소화약제의 방출에 따라 부취제가 혼합되도록 하는 방식 〈신설 2024.8.1.〉
2.16.2.1.1 소화약제 저장용기실 내의 소화배관에 설치할 것 〈신설 2024.8.1.〉
2.16.2.1.2 점검 및 관리가 쉬운 위치에 설치할 것 〈신설 2024.8.1.〉
2.16.2.1.3 방호구역별로 선택밸브 직후 2차측 배관에 설치할 것. 다만, 선택밸브가 없는 경우에는 집합배관에 설치할 수 있다. 〈신설 2024.8.1.〉
2.16.2.2 방호구역 내에 부취발생기를 설치하여 이산화탄소소화설비의 기동에 따라 소화약제 방출 전에 부취제가 방출되도록 하는 방식 〈신설 2024.8.1.〉

16회 설계

004 이산화탄소소화설비의 화재안전기준(NFSC 106)에 따라 전역방출방식에 있어서 심부화재의 경우 방호대상물별 소화약제의 양과 설계농도를 쓰시오. (12점)

방호대상물	방호구역의 체적 1 m^3에 대한 소화약제의 양	설계농도(%)

풀이&답

방호대상물	방호구역의 체적 1 m^3에 대한 소화약제의 양	설계농도(%)
유압기기를 제외한 전기설비, 케이블실	1.3kg	50
체적 55 m^3 미만의 전기설비	1.6kg	50
서고, 전자제품창고, 목재가공품창고, 박물관	2.0kg	65
고무류, 면화류창고, 모피창고, 석탄창고, 집진설비	2.7kg	75

14회 점검

005 이산화탄소 소화설비의 NFSC 기준에서 호스릴 이산화탄소 소화설비의 설치기준 5가지를 쓰시오.(10점)

풀이&답

① 방호대상물의 각 부분으로부터 하나의 호스접결구까지의 수평거리가 15 m 이하가 되도록 할 것
② 호스릴이산화탄소소화설비의 노즐은 20 ℃에서 하나의 노즐마다 60 kg/min 이상의 소화약제를 방출할 수 있는 것으로 할 것
③ 소화약제 저장용기는 호스릴을 설치하는 장소마다 설치할 것
④ 소화약제 저장용기의 개방밸브는 호스릴의 설치장소에서 수동으로 개폐할 수 있는 것으로 할 것
⑤ 소화약제 저장용기의 가장 가까운 곳의 보기 쉬운 곳에 적색의 표시등을 설치하고, 호스릴이산화탄소소화설비가 있다는 뜻을 표시한 표지를 할 것

13회 설계, 3회 설계
006 이산화탄소 소화설비의 화재안전기준에서 정하고 있는 분사헤드 설치제외 장소 4가지를 쓰시오.(5점)

풀이&답
① 방재실·제어실 등 사람이 상시 근무하는 장소
② 니트로셀룰로스·셀룰로이드제품 등 자기연소성물질을 저장·취급하는 장소
③ 나트륨·칼륨·칼슘 등 활성금속물질을 저장·취급하는 장소
④ 전시장 등의 관람을 위하여 다수인이 출입·통행하는 통로 및 전시실 등

13회 설계
007 이산화탄소 소화설비의 화재안전기준에서 정하고 있는 소화약제의 저장용기 설치기준 5가지를 쓰시오.(5점)

풀이&답
① 저장용기의 충전비는 고압식은 1.5 이상 1.9 이하, 저압식은 1.1 이상 1.4 이하로 할 것
② 저압식 저장용기에는 내압시험압력의 0.64배부터 0.8배의 압력에서 작동하는 안전밸브와 내압시험압력의 0.8배부터 내압시험압력에서 작동하는 봉판을 설치할 것
③ 저압식 저장용기에는 액면계 및 압력계와 2.3 MPa 이상 1.9 MPa 이하의 압력에서 작동하는 압력경보장치를 설치할 것
④ 저압식 저장용기에는 용기 내부의 온도가 섭씨 영하 18℃ 이하에서 2.1 MPa의 압력을 유지할 수 있는 자동냉동장치를 설치할 것
⑤ 저장용기는 고압식은 25 MPa 이상, 저압식은 3.5 MPa 이상의 내압시험압력에 합격한 것으로 할 것

10회 점검
008 화재안전기준에서 정하는 이산화탄소 소화약제 저장용기를 설치하기에 적합한 장소에 대한 기준 6가지만 쓰시오.(12점)

풀이&답
① 방호구역 외의 장소에 설치할 것. 다만, 방호구역 내에 설치할 경우에는 피난 및 조작이 용이하도록 피난구 부근에 설치해야 한다.
② 온도가 40 ℃ 이하이고, 온도변화가 작은 곳에 설치할 것
③ 직사광선 및 빗물이 침투할 우려가 없는 곳에 설치할 것
④ 방화문으로 구획된 실에 설치할 것
⑤ 용기의 설치장소에는 해당 용기가 설치된 곳임을 표시하는 표지를 할 것
⑥ 용기 간의 간격은 점검에 지장이 없도록 3 ㎝ 이상의 간격을 유지할 것
⑦ 저장용기와 집합관을 연결하는 연결배관에는 체크밸브를 설치할 것. 다만, 저장용기가 하나의 방호구역만을 담당하는 경우에는 그렇지 않다.

6회 점검

009 이산화탄소 소화설비 수동식 기동장치의 설치기준을 기술하시오.

풀이&답

① 전역방출방식은 방호구역마다, 국소방출방식은 방호대상물마다 설치할 것
② 해당 방호구역의 출입구 부근 등 조작을 하는 자가 쉽게 피난할 수 있는 장소에 설치할 것
③ 기동장치의 조작부는 바닥으로부터 0.8 m 이상 1.5 m 이하의 위치에 설치하고, 보호판 등에 따른 보호장치를 설치할 것
④ 기동장치 인근의 보기 쉬운 곳에 "이산화탄소소화설비 수동식 기동장치"라는 표지를 할 것
⑤ 전기를 사용하는 기동장치에는 전원표시등을 설치할 것
⑥ 기동장치의 방출용스위치는 음향경보장치와 연동하여 조작될 수 있는 것으로 할 것

보충설명 이산화탄소소화설비의 화재안전기술기준 2.3 기동장치〈시행 2024.8.1.〉

2.3.1 이산화탄소소화설비의 수동식 기동장치는 다음의 기준에 따라 설치해야 한다. 이 경우 수동식 기동장치의 부근에는 소화약제의 방출을 지연시킬 수 있는 방출지연스위치(자동복귀형 스위치로서 수동식 기동장치의 타이머를 순간 정지시키는 기능의 스위치를 말한다)를 설치해야 한다.
2.3.1.1 전역방출방식은 방호구역마다, 국소방출방식은 방호대상물마다 설치할 것
2.3.1.2 해당 방호구역의 출입구 부근 등 조작을 하는 자가 쉽게 피난할 수 있는 장소에 설치할 것
2.3.1.3 기동장치의 조작부는 바닥으로부터 0.8 m 이상 1.5 m 이하의 위치에 설치하고, 보호판 등에 따른 보호장치를 설치할 것
2.3.1.4 기동장치 인근의 보기 쉬운 곳에 "이산화탄소소화설비 수동식 기동장치"라는 표지를 할 것
2.3.1.5 전기를 사용하는 기동장치에는 전원표시등을 설치할 것
2.3.1.6 기동장치의 방출용스위치는 음향경보장치와 연동하여 조작될 수 있는 것으로 할 것
2.3.1.7 기동장치에는 보호장치를 설치해야 하며, 보호장치를 개방하는 경우 기동장치에 설치된 부저 또는 벨 등에 의하여 경고음을 발할 것 〈신설 2024.8.1.〉
2.3.1.8 기동장치를 옥외에 설치하는 경우 빗물 또는 외부 충격의 영향을 받지 아니하도록 설치할 것 〈신설 2024.8.1.〉

화재안전기준 기출문제 — 할론소화설비

6회 설계

001 할론 1301 소화설비 배관으로 강관을 사용할 경우 배관 기준을 쓰시오.

[풀이&답]

강관을 사용하는 경우의 배관은 압력배관용탄소강관(KS D 3562)중 스케줄 40 이상의 것 또는 이와 동등 이상의 강도를 가진 것으로서 아연도금 등에 따라 방식 처리된 것을 사용할 것

24회 설계

002 할론소화설비의 화재안전기술기준(NFTC 107)에 관한 내용이다. ( )에 들어갈 내용을 쓰시오. (2점)

기동용가스용기의 체적은 (㉠)L 이상으로 하고, 해당 용기에 저장하는 질소 등의 비활성기체는 (㉡)MPa 이상(21 ℃ 기준)의 압력으로 충전할 것. 다만, 기동용가스용기의 체적을 1L 이상으로 하고, 해당 용기에 저장하는 이산화탄소의 양은 0.6 kg 이상으로 하며, 충전비는 1.5 이상 1.9 이하의 기동용가스용기로 할 수 있다.

[풀이&답]

㉠ 5   ㉡ 6.0

화재안전기준 기출문제 — 할로겐화합물 및 불활성기체소화설비

20회 설계

001 HFC-227ea, FIC-13I1, FK-5-1-12의 화학식을 각각 쓰시오. (3점)

[풀이&답]

① HFC-227ea : CF_3CHFCF_3
② FIC-13I1 : CF_3I
③ FK-5-1-12 : $CF_3CF_2C(O)CF(CF_3)_2$

19회 점검

002 분사헤드의 오리피스구경 등에 관하여 ( )에 들어갈 내용을 쓰시오. (4점)

구 분	기 준
표시내용	㉠
분사헤드의 개수	㉡
방출율 및 방출압력	㉢
오리피스의 면적	㉣

풀이&답

구 분	기 준
표시내용	㉠ 오리피스의 크기, 제조일자, 제조업체
분사헤드의 개수	㉡ 방호구역에 방출시간이 충족되도록 설치
방출율 및 방출압력	㉢ 제조업체에서 정한 값
오리피스의 면적	㉣ 분사헤드가 연결되는 배관구경 면적의 70 % 이하

19회 설계

003 할로겐화합물 및 불활성기체소화설비의 화재안전기준(NFSC 107A)에 따른 배관의 구경 선정기준을 쓰시오. (2점)

풀이&답

배관의 구경은 해당 방호구역에 할로겐화합물소화약제는 10초 이내에, 불활성기체소화약제는 A·C급 화재 2분, B급 화재 1분 이내에 방호구역 각 부분에 최소설계농도의 95 % 이상에 해당하는 약제량이 방출되도록 해야 한다.

18회 설계

004 화재안전기술기준(NFTC 107A)에서 요구하는 저장용기 교체기준을 쓰시오. (2점)

풀이&답

저장용기의 약제량 손실이 5 %를 초과하거나 압력손실이 10 %를 초과할 경우에는 재충전하거나 저장용기를 교체할 것. 다만, 불활성기체 소화약제 저장용기의 경우에는 압력손실이 5 %를 초과할 경우 재충전하거나 저장용기를 교체해야 한다.

10회 설계

005 저장용기 재충전 또는 교체기준을 쓰시오.

풀이&답

저장용기의 약제량 손실이 5 %를 초과하거나 압력손실이 10 %를 초과할 경우에는 재충전하거나 저장용기를 교체할 것. 다만, 불활성기체 소화약제 저장용기의 경우에는 압력손실이 5 %를 초과할 경우 재충전하거나 저장용기를 교체해야 한다.

14회 설계

006 할로겐화합물 소화약제 중 HCFC BLEND A 화학식과 조성비율을 쓰시오.(5점)

풀이&답

HCFC-123($CHCl_2CF_3$) : 4.75%
HCFC-22($CHClF_2$) : 82%
HCFC-124($CHClFCF_3$) : 9.5%
$C_{10}H_{16}$: 3.75%

10회 설계

007 할로겐화합물 및 불활성기체 소화설비를 설치해서는 안 되는 장소를 쓰시오.(6점)

풀이&답

① 사람이 상주하는 곳으로써 2.4.2의 최대허용 설계농도를 초과하는 장소
②「위험물안전관리법 시행령」별표 1의 제3류위험물 및 제5류위험물을 저장·보관·사용하는 장소. 다만, 소화성능이 인정되는 위험물은 제외한다.

10회 설계

008 과압배출구 설치 장소를 쓰시오.

풀이&답

할로겐화합물 및 불활성기체소화설비가 설치된 방호구역에는 소화약제 방출 시 과압으로 인한 구조물 등의 손상을 방지하기 위하여 과압배출구를 설치해야 한다.

보충설명 할로겐화합물 및 불활성기체 소화설비의 화재안전기술기준〈시행 2024.8.1.〉

2.14 과압배출구
2.14.1 할로겐화합물 및 불활성기체소화설비의 방호구역에는 소화약제 방출시 발생하는 과(부)압으로 인한 구조물 등의 손상을 방지하기 위해 2.14.1.1부터 2.14.1.4까지의 내용을 검토하여 과압배출구를 설치해야 한다. 다만, 과(부)압이 발생해도 구조물 등에 손상이 생길 우려가 없음을 시험 또는 공학적인 자료로 입증하는 경우 설치하지 않을 수 있다. 〈개정 2024.8.1.〉

2.14.1.1 방호구역 누설면적 〈신설 2024.8.1.〉
2.14.1.2 방호구역의 최대허용압력 〈신설 2024.8.1.〉
2.14.1.3 소화약제 방출시의 최고압력 〈신설 2024.8.1.〉
2.14.1.4 소화농도 유지시간 〈신설 2024.8.1.〉

10회 설계

009 자동폐쇄장치 설치 기준을 쓰시오.

[풀이&답]

① 환기장치 등을 설치한 것은 소화약제가 방출되기 전에 해당 환기장치 등이 정지될 수 있도록 할 것
② 개구부가 있거나 천장으로부터 1 m 이상의 아래부분 또는 바닥으로부터 해당 층의 높이의 3분의 2 이내의 부분에 통기구가 있어 소화약제의 유출에 따라 소화효과를 감소시킬 우려가 있는 것은 소화약제가 방출되기 전에 해당 개구부 및 통기구를 폐쇄할 수 있도록 할 것
③ 자동폐쇄장치는 방호구역 또는 방호대상물이 있는 구획의 밖에서 복구할 수 있는 구조로 하고, 그 위치를 표시하는 표지를 할 것

10회 설계

010 다음 물음에 답하시오.

(1) 최대허용설계농도가 가장 높은 약제명을 쓰시오.(4점)

[풀이&답]

FC-3-1-10

(2) 최대허용설계농도가 가장 낮은 약제명을 쓰시오.(4점)

[풀이&답]

FIC-13I1

보충설명 최대허용 설계농도

FC-3-1-10 : 40%
FIC-13I1 : 0.3%

10회 설계
011 다음의 용어 정의를 설명하시오.

(1) 할로겐화합물 및 불활성기체

> **풀이&답**
> 할로겐화합물(할론 1301, 할론 2402, 할론 1211 제외) 및 불활성기체로서 전기적으로 비전도성이며 휘발성이 있거나 증발 후 잔여물을 남기지 않는 소화약제

(2) 할로겐화합물 소화약제

> **풀이&답**
> 불소, 염소, 브롬 또는 요오드 중 하나 이상의 원소를 포함하고 있는 유기화합물을 기본성분으로 하는 소화약제

(3) 불활성기체 소화약제

> **풀이&답**
> 헬륨, 네온, 아르곤 또는 질소가스 중 하나 이상의 원소를 기본성분으로 하는 소화약제

화재안전기준 기출문제   분말소화설비

17회 점검
001 분말소화설비의 자동식 기동장치에서 가스압력식 기동장치의 설치기준 3가지를 쓰시오.(3점)

> **풀이&답**
> ① 기동용가스용기 및 해당 용기에 사용하는 밸브는 25 MPa 이상의 압력에 견딜 수 있는 것으로 할 것
> ② 기동용가스용기에는 내압시험압력의 0.8배부터 내압시험압력 이하에서 작동하는 안전장치를 설치할 것
> ③ 기동용가스용기의 체적은 5 L 이상으로 하고, 해당 용기에 저장하는 질소 등의 비활성기체는 6.0 MPa 이상(21 ℃ 기준)의 압력으로 충전할 것. 다만, 기동용가스용기의 체적을 1 L 이상으로 하고, 해당 용기에 저장하는 이산화탄소의 양은 0.6 kg 이상으로 하며, 충전비는 1.5 이상 1.9 이하의 기동용가스용기로 할 수 있다.

화재안전기준 기출문제 — 옥외소화전설비

14회 점검

001 옥외소화전설비의 화재안전기준에서 옥외소화전설비에 표시하여야 하는 표지의 명칭과 설치위치 7개소를 쓰시오. (7점)

[풀이&답]

표지의 명칭	설치위치
옥외소화전설비용수조	옥외소화전설비용 수조의 외측의 보기 쉬운 곳
옥외소화전설비용배관	소화설비용 흡수배관 또는 소화설비의 수직배관과 수조의 접속부분
옥외소화전 펌프	전동기 또는 내연기관에 따른 펌프를 이용하는 가압송수장치
옥외소화전설비용 동력제어반	옥외소화전설비용 동력제어반의 앞면
옥외소화전설비용	소화설비의 과전류차단기 및 개폐기
옥외소화전단자	소화설비용 전기배선의 양단 및 접속단자

※ 옥외소화전설비의 화재안전기술기준에 대한 내용으로 답안을 작성함.

화재안전기준 기출문제 — 비상경보설비 및 단독경보형감지기

21회 점검

001 비상경보설비 및 단독경보형감지기의 화재안전기준(NFSC 201)에서 발신기의 설치기준이다. ( )에 들어갈 내용을 쓰시오. (5점)

1. 조작이 쉬운 장소에 설치하고, 조작스위치는 바닥으로부터 0.8m 이상 1.5m 이하의 높이에 설치할 것
2. 특정소방대상물의 층마다 설치하되, 해당 특정소방대상물의 각 부분으로부터 하나의 발신기까지의 (ㄱ)가 25m 이하가 되도록 할 것. 다만, 복도 또는 별도로 구획된 실로서 (ㄴ)가 40m 이상일 경우에는 추가로 설치하여야 한다.
3. 발신기의 위치표시등은 (ㄷ)에 설치하되, 그 불빛은 부착 면으로부터 (ㄹ)이상의 범위 안에서 부착지점으로부터 10m 이내의 어느 곳에서도 쉽게 식별할 수 있는 (ㅁ)으로 할 것

풀이&답

ㄱ	ㄴ	ㄷ	ㄹ	ㅁ
수평거리	보행거리	함의 상부	15°	적색등

화재안전기준 기출문제 — 자동화재탐지설비 및 시각경보장치

21회 설계

001 자동화재탐지설비 및 시각경보장치의 화재안전기준(NFSC 203)에 의한 정온식 감지선형 감지기의 설치기준이다. ( )에 들어갈 내용을 쓰시오.(5점)

- (ㄱ)이나 고정금구를 사용하여 감지선이 늘어지지 않도록 설치할 것
- 단자부와 마감 고정금구와의 설치간격은 (ㄴ)cm 이내로 할 것
- 감지선형 감지기의 굴곡반경은 (ㄷ)cm 이상으로 할 것
- 감지기와 감지구역의 각 부분과의 수평거리가 내화구조의 경우 1종 (ㄹ)m 이하, 2종 (ㅁ)m 이하로 할 것. 기타구조의 경우 1종 3m 이하, 2종 1m 이하로 할 것

풀이&답

ㄱ	ㄴ	ㄷ	ㄹ	ㅁ
보조선	10	5	4.5	3

20회 점검

002 자동화재탐지설비 및 시각경보장치의 화재안전기준(NFSC 203)상 감지기에 관한 다음 물음에 답하시오.(6점)

(1) 연기감지기를 설치할 수 없는 경우, 건조실·살균실·보일러실·주조실·영사실·스튜디오에 설치할 수 있는 적응 열감지기 3가지를 쓰시오.(3점)

풀이&답
정온식 특종, 정온식 1종, 열아날로그식

(2) 감지기회로의 도통시험을 위한 종단저항의 기준 3가지를 쓰시오.(3점)

풀이&답
① 점검 및 관리가 쉬운 장소에 설치할 것
② 전용함을 설치하는 경우 그 설치 높이는 바닥으로부터 1.5 m 이내로 할 것

③ 감지기 회로의 끝부분에 설치하며, 종단감지기에 설치할 경우에는 구별이 쉽도록 해당 감지기의 기판 및 감지기 외부 등에 별도의 표시를 할 것

17회 설계

003 종단저항 설치기준 3가지를 쓰시오. (2점)

[풀이&답]

① 점검 및 관리가 쉬운 장소에 설치할 것
② 전용함을 설치하는 경우 그 설치 높이는 바닥으로부터 1.5 m 이내로 할 것
③ 감지기 회로의 끝부분에 설치하며, 종단감지기에 설치할 경우에는 구별이 쉽도록 해당 감지기의 기판 및 감지기 외부 등에 별도의 표시를 할 것

19회 점검

004 공기관식 차동식분포형감지기의 설치기준에 관하여 쓰시오. (6점)

[풀이&답]

① 공기관의 노출 부분은 감지구역마다 20 m 이상이 되도록 할 것
② 공기관과 감지구역의 각 변과의 수평거리는 1.5 m 이하가 되도록 하고, 공기관 상호간의 거리는 6 m(주요구조부가 내화구조로 된 특정소방대상물 또는 그 부분에 있어서는 9 m) 이하가 되도록 할 것
③ 공기관은 도중에서 분기하지 않도록 할 것
④ 하나의 검출 부분에 접속하는 공기관의 길이는 100 m 이하로 할 것
⑤ 검출부는 5°이상 경사되지 않도록 부착할 것
⑥ 검출부는 바닥으로부터 0.8 m 이상 1.5 m 이하의 위치에 설치할 것

19회 점검

005 중계기 설치기준 3가지를 쓰시오. (3점)

[풀이&답]

① 수신기에서 직접 감지기회로의 도통시험을 하지 않는 것에 있어서는 수신기와 감지기 사이에 설치할 것
② 조작 및 점검에 편리하고 화재 및 침수 등의 재해로 인한 피해를 받을 우려가 없는 장소에 설치할 것
③ 수신기에 따라 감시되지 않는 배선을 통하여 전력을 공급받는 것에 있어서는 전원입력 측의 배선에 과전류차단기를 설치하고 해당 전원의 정전이 즉시 수신기에 표시되는 것으로 하며, 상용전원 및 예비전원의 시험을 할 수 있도록 할 것

2회 설계

006 중계기의 설치기준에 대하여 기술하시오.

[풀이&답]
① 수신기에서 직접 감지기회로의 도통시험을 하지 않는 것에 있어서는 수신기와 감지기 사이에 설치할 것
② 조작 및 점검에 편리하고 화재 및 침수 등의 재해로 인한 피해를 받을 우려가 없는 장소에 설치할 것
③ 수신기에 따라 감시되지 않는 배선을 통하여 전력을 공급받는 것에 있어서는 전원입력 측의 배선에 과전류차단기를 설치하고 해당 전원의 정전이 즉시 수신기에 표시되는 것으로 하며, 상용전원 및 예비전원의 시험을 할 수 있도록 할 것

19회 점검

007 광전식분리형감지기 설치기준 6가지를 쓰시오. (6점)

[풀이&답]
① 감지기의 수광면은 햇빛을 직접 받지 않도록 설치할 것
② 광축(송광면과 수광면의 중심을 연결한 선)은 나란한 벽으로부터 0.6 m 이상 이격하여 설치할 것
③ 감지기의 송광부와 수광부는 설치된 뒷벽으로부터 1 m 이내의 위치에 설치할 것
④ 광축의 높이는 천장 등(천장의 실내에 면한 부분 또는 상층의 바닥하부면을 말한다) 높이의 80 % 이상일 것
⑤ 감지기의 광축의 길이는 공칭감시거리 범위 이내일 것
⑥ 그 밖의 설치기준은 형식승인 내용에 따르며 형식승인 사항이 아닌 것은 제조사의 시방서에 따라 설치할 것

19회 점검

008 취침·숙박·입원 등 이와 유사한 용도로 사용되는 거실에 설치하여야 하는 연기감지기 설치대상 특정소방대상물 4가지를 쓰시오. (4점)

[풀이&답]
① 공동주택·오피스텔·숙박시설·노유자시설·수련시설
② 교육연구시설 중 합숙소
③ 의료시설, 근린생활시설 중 입원실이 있는 의원·조산원
④ 교정 및 군사시설
⑤ 근린생활시설 중 고시원

18회 설계

009 자동화재탐지설비 및 시각경보장치의 화재안전기준(NFSC 203)에 따른 정온식 감지선형감지기 설치기준이다. ( ) 안의 내용을 차례대로 쓰시오. (2점)

> 감지기와 감지구역의 각 부분과의 수평거리가 내화구조의 경우 1종 (ㄱ) 이하, 2종 (ㄴ) 이하로 할 것. 기타 구조의 경우 1종 (ㄷ) 이하, 2종 (ㄹ) 이하로 할 것.

[풀이&답]

ㄱ	ㄴ	ㄷ	ㄹ
4.5 m	3 m	3 m	1 m

17회 점검

010 자동화재탐지설비의 감지기 설치기준에서 다음 물음에 답하시오. (7점)

(1) 설치장소별 감지기 적응성(연기감지기를 설치할 수 없는 경우 적용)에서 설치장소의 환경상태가 "물방울이 발생하는 장소"에 설치할 수 있는 감지기의 종류별 설치조건을 쓰시오. (3점)

[풀이&답]
① 보상식스포트형감지기, 정온식감지기 또는 스포트형감지기를 설치하는 경우에는 방수형으로 할 것
② 보상식스포트형감지기는 급격한 온도변화가 없는 장소에 한하여 설치할 것
③ 불꽃감지기를 설치하는 경우에는 방수형으로 설치할 것

(2) 설치장소별 감지기 적응성(연기감지기를 설치할 수 없는 경우 적용)에서 설치장소의 환경상태가 "부식성가스가 발생할 우려가 있는 장소"에 설치할 수 있는 감지기의 종류별 설치조건을 쓰시오. (4점)

[풀이&답]
① 차동식분포형감지기를 설치하는 경우에는 감지부가 피복되어 있고 검출부가 부식성가스에 영향을 받지 않는 것 또는 검출부에 부식성가스가 침입하지 않도록 조치할 것
② 보상식스포트형감지기, 정온식감지기 또는 열아날로그식 스포트형감지기를 설치하는 경우에는 부식성가스의 성상에 반응하지 않는 내산형 또는 내알칼리형으로 설치할 것

15회 점검

011 자동화재탐지설비 및 시각경보장치의 화재안전기준(NFSC 203) 별표1에서 규정한 연기감지기를 설치할 수 없는 장소 중 도금공장 또는 축전지실과 같이 부식성 가스의 발생 우려가 있는 장소에 감지기 설치 시 유의사항을 쓰시오.

[풀이&답]
1. 차동식분포형감지기를 설치하는 경우에는 감지부가 피복되어 있고 검출부가 부식성가스에 영향을 받지 않는 것 또는 검출부에 부식성가스가 침입하지 않도록 조치할 것
2. 보상식스포트형감지기, 정온식감지기 또는 열아날로그식 스포트형감지기를 설치하는 경우에는 부식성가스의 성상에 반응하지 않는 내산형 또는 내알칼리형으로 설치할 것

14회 점검

012 일시적으로 발생한 열·연기 또는 먼지 등으로 인하여 화재신호를 발신할 우려가 있는 장소에 설치장소별 적응성 있는 감지기를 설치하기 위한 [별표2]의 환경상태 구분 장소 7가지를 쓰시오.(7점)

[풀이&답]
1. 흡연에 의해 연기가 체류하며 환기가 되지 않는 장소
2. 취침시설로 사용하는 장소
3. 연기이외의 미분이 떠다니는 장소
4. 바람에 영향을 받기 쉬운 장소
5. 연기가 멀리 이동해서 감지기에 도달하는 장소
6. 훈소화재의 우려가 있는 장소
7. 넓은 공간으로 천장이 높아 열 및 연기가 확산하는 장소

14회 점검

013 정온식 감지선형 감지기 설치기준 8가지를 쓰시오.(16점)

[풀이&답]
① 보조선이나 고정금구를 사용하여 감지선이 늘어지지 않도록 설치할 것
② 단자부와 마감 고정금구와의 설치간격은 10 ㎝ 이내로 설치할 것
③ 감지선형 감지기의 굴곡반경은 5 ㎝ 이상으로 할 것
④ 감지기와 감지구역의 각 부분과의 수평거리가 내화구조의 경우 1종 4.5 m 이하, 2종 3 m 이하로 할 것. 기타 구조의 경우 1종 3 m 이하, 2종 1 m 이하로 할 것
⑤ 케이블트레이에 감지기를 설치하는 경우에는 케이블트레이 받침대에 마감금구를 사용하여 설치할 것
⑥ 지하구나 창고의 천장 등에 지지물이 적당하지 않은 장소에서는 보조선을 설치하고 그 보조선에 설치할 것
⑦ 분전반 내부에 설치하는 경우 접착제를 이용하여 돌기를 바닥에 고정시키고 그곳에 감지기를 설치할 것
⑧ 그 밖의 설치방법은 형식승인 내용에 따르며 형식승인 사항이 아닌 것은 제조사의 시방서에 따라 설치할 것

12회 점검
014 불꽃감지기 설치기준 5가지를 모두 쓰시오. (10점)

풀이&답
① 공칭감시거리 및 공칭시야각은 형식승인 내용에 따를 것
② 감지기는 공칭감시거리와 공칭시야각을 기준으로 감시구역이 모두 포용될 수 있도록 설치할 것
③ 감지기는 화재감지를 유효하게 감지할 수 있는 모서리 또는 벽 등에 설치할 것
④ 감지기를 천장에 설치하는 경우에는 감지기는 바닥을 향하여 설치할 것
⑤ 수분이 많이 발생할 우려가 있는 장소에는 방수형으로 설치할 것
⑥ 그 밖의 설치기준은 형식승인 내용에 따르며 형식승인 사항이 아닌 것은 제조사의 시방서에 따라 설치할 것

12회 점검
015 연기감지기를 설치하여야 하는 장소 중 먼지 또는 미분등이 다량으로 체류하여 연기감지기를 설치할 수 없는 장소인 경우 고려하여야 하는 사항 4가지를 쓰시오. (10점)

풀이&답
① 불꽃감지기에 따라 감시가 곤란한 장소는 적응성이 있는 열감지기를 설치할 것
② 차동식분포형감지기를 설치하는 경우에는 검출부에 먼지, 미분 등이 침입하지 않도록 조치할 것
③ 차동식스포트형감지기 또는 보상식스포트형감지기를 설치하는 경우에는 검출부에 먼지, 미분 등이 침입하지 않도록 조치할 것
④ 섬유, 목재가공 공장 등 화재확대가 급속하게 진행될 우려가 있는 장소에 설치하는 경우 정온식감지기는 특종으로 설치할 것. 공칭작동 온도 75℃ 이하, 열아날로그식스포트형 감지기는 화재표시 설정은 80℃ 이하가 되도록 할 것

11회 설계
016 다음 각 물음에 답하시오.
(1) 지하층, 무창층 등으로 환기가 잘되지 아니하거나 실내 면적이 40 m² 미만인 장소, 감지기의 부착면과 실내 바닥과의 거리가 2.3m 이하인 곳으로서 일시적으로 발생한 열, 연기 또는 먼지 등으로 인하여 화재신호를 발신할 우려가 있는 장소에 설치가 가능한 적응성 있는 화재감지기 8가지를 쓰시오. (8점)

풀이&답
① 불꽃감지기 ② 정온식감지선형감지기
③ 분포형감지기 ④ 복합형감지기
⑤ 광전식분리형감지기 ⑥ 아날로그방식의 감지기
⑦ 다신호방식의 감지기 ⑧ 축적방식의 감지기

(2) 위의 장소에서 적응성 있는 감지기를 제외한 일반감지기를 설치할 수 있는 조건을 쓰시오.(6점)

풀이&답

축적기능 등이 있는 것(축적형감지기가 설치된 장소에는 감지기회로의 감시전류를 단속적으로 차단시켜 화재를 판단하는 방식 외의 것을 말한다)의 수신기를 설치한 경우

9회 설계

017 ( )에 알맞은 답을 쓰시오.

자동화재탐지설비에는 그 설비에 대한 감시상태를 (ㄱ)분간 지속한 후 유효하게 (ㄴ)분 이상 경보할 수 있는 (ㄷ)를 설치하여야 한다. 다만, (ㄹ)이 (ㅁ)인 경우에는 그러하지 아니하다.

풀이&답

ㄱ	ㄴ	ㄷ	ㄹ	ㅁ
60	10	축전지설비(수신기에 내장하는 경우를 포함한다) 또는 전기저장장치(외부 전기에너지를 저장해 두었다가 필요한 때 전기를 공급하는 장치)	상용전원	축전지설비

보충설명 자동화재탐지설비 및 시각경보장치의 화재안전기술기준(NFTC 203)

자동화재탐지설비에는 그 설비에 대한 감시상태를 60분간 지속한 후 유효하게 10분 이상 경보할 수 있는 비상전원으로서 축전지설비(수신기에 내장하는 경우를 포함한다) 또는 전기저장장치(외부 전기에너지를 저장해 두었다가 필요한 때 전기를 공급하는 장치)를 설치해야 한다. 다만, 상용전원이 축전지설비인 경우 또는 건전지를 주전원으로 사용하는 무선식 설비인 경우에는 그렇지 않다.

5회 설계

018 자동화재탐지설비의 화재안전기준 제11조(배선)에서 내화배선으로 시공해야 할 부분을 쓰시오.

풀이&답

전원회로의 배선

보충설명 자동화재탐지설비 및 시각경보장치의 화재안전성능기준(NFPC 203) 제11조(배선)

배선은 「전기사업법」 제67조에 따른 「전기설비기술기준」에서 정한 것 외에 다음 각 호의 기준과 「옥내소화전설비의 화재안전성능기준(NFPC 102)」 제10조제2항에 따라 설치해야 한다.
1. 전원회로의 배선은 내화배선으로 하고, 그 밖의 배선은 내화배선 또는 내열배선에 따를 것

화재안전기준 기출문제 — 누전경보기

22회 점검

001 누전경보기의 화재안전기준(NFSC 205)에서 누전경보기의 설치방법에 대하여 설명하시오.

풀이&답

① 경계전로의 정격전류가 60 A를 초과하는 전로에 있어서는 1급 누전경보기를, 60 A 이하의 전로에 있어서는 1급 또는 2급 누전경보기를 설치할 것. 다만, 정격전류가 60 A를 초과하는 경계전로가 분기되어 각 분기회로의 정격전류가 60 A 이하로 되는 경우 당해 분기회로마다 2급 누전경보기를 설치한 때에는 당해 경계전로에 1급 누전경보기를 설치한 것으로 본다.

② 변류기는 특정소방대상물의 형태, 인입선의 시설방법 등에 따라 옥외 인입선의 제1지점의 부하 측 또는 제2종 접지선 측의 점검이 쉬운 위치에 설치할 것. 다만, 인입선의 형태 또는 특정소방대상물의 구조상 부득이한 경우에는 인입구에 근접한 옥내에 설치할 수 있다.

③ 변류기를 옥외의 전로에 설치하는 경우에는 옥외형으로 설치할 것

1회 점검

002 화재안전기술기준의 누전경보기의 수신기 설치가 제외되는 장소 5곳을 기술하시오.

풀이&답

① 가연성의 증기·먼지·가스 등이나 부식성의 증기·가스 등이 다량으로 체류하는 장소
② 화약류를 제조하거나 저장 또는 취급하는 장소
③ 습도가 높은 장소
④ 온도의 변화가 급격한 장소
⑤ 대전류회로·고주파 발생회로 등에 따른 영향을 받을 우려가 있는 장소

화재안전기준 기출문제 — 가스누설경보기

22회 점검

001 가스누설경보기의 화재안전기준(NFSC 206)에서 분리형 경보기의 탐지부 및 단독형 경보기 설치 제외 장소 5가지를 쓰시오.(5점)

풀이&답
① 출입구 부근 등으로서 외부의 기류가 통하는 곳
② 환기구 등 공기가 들어오는 곳으로부터 1.5 m 이내인 곳
③ 연소기의 폐가스에 접촉하기 쉬운 곳
④ 가구·보·설비 등에 가려져 누설가스의 유통이 원활하지 못한 곳
⑤ 수증기 또는 기름 섞인 연기 등이 직접 접촉될 우려가 있는 곳

화재안전기준 기출문제 — 피난기구

18회 설계

001 피난기구의 화재안전기준(NFSC 301)에 대하여 답하시오. (10점)

(1) 4층 이상의 층에 피난사다리(하향식 피난구용 내림식 사다리는 제외)를 설치하는 경우 기준을 쓰시오. (2점)

풀이&답
4층 이상의 층에 피난사다리(하향식 피난구용 내림식사다리는 제외한다)를 설치하는 경우에는 금속성 고정사다리를 설치하고, 당해 고정사다리에는 쉽게 피난할 수 있는 구조의 노대를 설치할 것

(2) "피난기구는 계단·피난구 기타 피난시설로부터 적당한 거리에 있는 안전한 구조로 된 피난 또는 소화활동상 <u>유효한 개구부</u>에 고정하여 설치하거나 필요한 때에 신속하고 유효하게 설치할 수 있는 상태에 둘 것"이라고 규정하고 있다. 여기에서 밑줄 친 유효한 개구부에 대하여 설명하시오. (2점)

풀이&답
가로 0.5 m 이상 세로 1 m 이상인 것을 말한다. 이 경우 개구부 하단이 바닥에서 1.2 m 이상이면 발판 등을 설치하여야 하고, 밀폐된 창문은 쉽게 파괴할 수 있는 파괴장치를 비치해야 한다.

(3) 지상 10층(업무시설)인 특정소방대상물의 3층에 피난기구를 설치하고자 한다. 적응성이 있는 피난기구 8가지를 쓰시오. (4점)

풀이&답

미끄럼대, 피난사다리, 구조대, 완강기, 피난교, 피난용트랩, 다수인피난장비, 승강식 피난기

16회 설계

002 피난기구의 화재안전기준(NFSC 301)에 따라 승강식피난기 및 하향식 피난구용 내림식 사다리 설치기준 중 ㉠ ~ ㉤에 해당되는 내용을 쓰시오. (5점)

> ▶ 승강기피난기 및 하향식 피난구용 내림식사다리는 다음 각 목에 적합하게 설치할 것
> 가. ㉠
> 나. ㉡
> 다. ㉢
> 라. ㉣
> 마. ㉤
> 바. 하강구 내측에는 기구의 연결 금속구 등이 없어야 하며 전개된 피난기구는 하강구 수평투영면적 공간 내의 범위를 침범하지 않는 구조이어야 할 것. 단, 직경 60cm 크기의 범위를 벗어난 경우이거나, 직하층의 바닥 면으로부터 높이 50cm 이하의 범위는 제외한다.
> 사. 대피실 내에는 비상조명등을 설치 할 것
> 아. 대피실에는 층의 위치표시와 피난기구 사용설명서 및 주의사항 표지판을 부착 할 것
> 자. 사용 시 기울거나 흔들리지 않도록 설치할 것
> 차. 승강식피난기는 한국소방산업기술원 또는 법 제42조제1항에 따라 성능시험기관으로 지정받은 기관에서 그 성능을 검증받은 것으로 설치할 것

풀이&답

※ ㉠ ~ ㉤ 답안순서는 무관함.
㉠ 승강식 피난기 및 하향식 피난구용 내림식사다리는 설치경로가 설치 층에서 피난층까지 연계될 수 있는 구조로 설치할 것. 다만, 건축물의 구조 및 설치 여건 상 불가피한 경우에는 그렇지 않다.
㉡ 대피실의 면적은 2 ㎡(2세대 이상일 경우에는 3 ㎡) 이상으로 하고,「건축법 시행령」제46조제4항 각 호의 규정에 적합하여야 하며 하강구(개구부) 규격은 직경 60 ㎝ 이상일 것. 다만, 외기와 개방된 장소에는 그렇지 않다.
㉢ 대피실의 출입문은 60분+ 방화문 또는 60분 방화문으로 설치하고, 피난방향에서 식별할 수 있는 위치에 "대피실" 표지판을 부착할 것. 다만, 외기와 개방된 장소에는 그렇지 않다.
㉣ 착지점과 하강구는 상호 수평거리 15 ㎝ 이상의 간격을 둘 것

㉤ 대피실 출입문이 개방되거나, 피난기구 작동 시 해당층 및 직하층 거실에 설치된 표시등 및 경보장치가 작동되고, 감시 제어반에서는 피난기구의 작동을 확인할 수 있어야 할 것

15회 점검

003 피난기구의 화재안전기준(NFSC 301) 제6조 피난기구 설치의 감소기준을 쓰시오.

풀이&답

※ 피난기구의 화재안전성능기준(NFPC 301) 제7조(피난기구설치의 감소)의 내용으로 답안을 작성함.
① 피난기구를 설치해야 할 특정소방대상물 중 주요구조부가 내화구조이고, 피난계단 또는 특별피난계단이 둘 이상 설치되어 있는 층에는 제5조제2항에 따른 피난기구의 일부를 감소할 수 있다.
② 피난기구를 설치해야 할 특정소방대상물 중 주요구조부가 내화구조이고 건널 복도가 설치되어 있는 층에는 제5조제2항에 따른 피난기구의 일부를 감소할 수 있다.
③ 피난기구를 설치해야 할 특정소방대상물 중 피난에 유효한 노대가 설치된 거실의 바닥면적은 제5조제2항에 따른 피난기구의 설치개수 산정을 위한 바닥면적에서 이를 제외한다.

13회 점검

004 피난기구의 화재안전기준에서 정하고 있는 다수인 피난장비의 설치기준 9가지를 쓰시오. (10점)

풀이&답

① 피난에 용이하고 안전하게 하강할 수 있는 장소에 적재 하중을 충분히 견딜 수 있도록 「건축물의 구조기준 등에 관한 규칙」 제3조에서 정하는 구조안전의 확인을 받아 견고하게 설치할 것
② 다수인피난장비 보관실(이하 "보관실"이라 한다)은 건물 외측보다 돌출되지 아니하고, 빗물·먼지 등으로부터 장비를 보호할 수 있는 구조일 것
③ 사용 시에 보관실 외측 문이 먼저 열리고 탑승기가 외측으로 자동으로 전개될 것
④ 하강 시에 탑승기가 건물 외벽이나 돌출물에 충돌하지 않도록 설치할 것
⑤ 상·하층에 설치할 경우에는 탑승기의 하강경로가 중첩되지 않도록 할 것
⑥ 하강 시에는 안전하고 일정한 속도를 유지하도록 하고 전복, 흔들림, 경로이탈 방지를 위한 안전조치를 할 것
⑦ 보관실의 문에는 오작동 방지조치를 하고, 문 개방 시에는 해당 특정소방대상물에 설치된 경보설비와 연동하여 유효한 경보음을 발하도록 할 것
⑧ 피난층에는 해당 층에 설치된 피난기구가 착지에 지장이 없도록 충분한 공간을 확보할 것
⑨ 한국소방산업기술원 또는 법 제46조제1항에 따라 성능시험기관으로 지정받은 기관에서 그 성능을 검증받은 것으로 설치할 것

화재안전기준 기출문제 — 인명구조기구

18회 점검

001 소방시설 설치 및 관리에 관한 법률 시행령에 근거한 인명구조기구 중 공기호흡기를 설치해야 할 특정소방대상물과 설치기준을 각각 쓰시오. (7점)

풀이&답

※ 인명구조기구의 화재안전기술기준(NFTC 302)의 내용으로 답안을 작성함.

특정소방대상물	설치수량(설치기준)
1. 문화 및 집회시설 중 수용인원 100명 이상의 영화상영관 2. 판매시설 중 대규모 점포 3. 운수시설 중 지하역사 4. 지하가 중 지하상가	층마다 2개 이상 비치할 것. 다만, 각 층마다 갖추어 두어야 할 공기호흡기 중 일부를 직원이 상주하는 인근 사무실에 갖추어 둘 수 있다.

화재안전기준 기출문제 — 유도등 및 유도표지

23회 점검

001 유도등 및 유도표지의 화재안전성능기준(NFPC 303)상 유도등 및 유도표지를 설치하지 않을 수 있는 경우 4가지를 쓰시오. (4점)

풀이&답

① 바닥면적이 1,000제곱미터 미만인 층으로서 옥내로부터 직접 지상으로 통하는 출입구 또는 거실 각 부분으로부터 쉽게 도달할 수 있는 출입구 등의 경우에는 피난구유도등을 설치하지 않을 수 있다.
② 구부러지지 아니한 복도 또는 통로로서 그 길이가 30미터 미만인 복도 또는 통로 등의 경우에는 통로유도등을 설치하지 않을 수 있다.
③ 주간에만 사용하는 장소로서 채광이 충분한 객석 등의 경우에는 객석유도등을 설치하지 않을 수 있다.
④ 피난구유도등과 통로유도등 설치기준에 따라 적합하게 설치된 출입구·복도·계단 및 통로 등의 경우에는 유도표지를 설치하지 않을 수 있다.

21회 점검
002 유도등 및 유도표지의 화재안전기준(NFSC 303)에서 공연장 등 어두워야 할 필요가 있는 장소에 3선식 배선으로 상시 충전되는 유도등의 전기회로에 점멸기를 설치하는 경우, 점등되어야 하는 때에 해당하는 것 5가지를 쓰시오. (5점)

[풀이&답]
① 자동화재탐지설비의 감지기 또는 발신기가 작동되는 때
② 비상경보설비의 발신기가 작동되는 때
③ 상용전원이 정전되거나 전원선이 단선되는 때
④ 방재업무를 통제하는 곳 또는 전기실의 배전반에서 수동으로 점등하는 때
⑤ 자동소화설비가 작동되는 때

8회 점검
003 3선식 유도등이 점등되어야 하는 경우의 원인(12점)

[풀이&답]
① 자동화재탐지설비의 감지기 또는 발신기가 작동되는 때
② 비상경보설비의 발신기가 작동되는 때
③ 상용전원이 정전되거나 전원선이 단선되는 때
④ 방재업무를 통제하는 곳 또는 전기실의 배전반에서 수동으로 점등하는 때
⑤ 자동소화설비가 작동되는 때

1회 점검
004 점멸기를 설치할 경우 점등되어야 할 때를 기술하시오.

[풀이&답]
① 자동화재탐지설비의 감지기 또는 발신기가 작동되는 때
② 비상경보설비의 발신기가 작동되는 때
③ 상용전원이 정전되거나 전원선이 단선되는 때
④ 방재업무를 통제하는 곳 또는 전기실의 배전반에서 수동으로 점등하는 때
⑤ 자동소화설비가 작동되는 때

15회 설계
005 복도통로유도등에 관한 설치기준을 쓰시오.

[풀이&답]
※ 유도등 및 유도표지의 화재안전성능기준(NFPC 303)의 내용으로 답안작성
가. 복도에 설치하되 제5조제1항제1호 또는 제2호에 따라 피난구유도등이 설치된 출입구의 맞은편 복도에는 입체형으로 설치하거나, 바닥에 설치할 것

나. 구부러진 모퉁이 및 가목에 따라 설치된 통로유도등을 기점으로 보행거리 20미터 마다 설치할 것
다. 바닥으로부터 높이 1미터 이하의 위치에 설치할 것. 다만, 지하층 또는 무창층의 용도가 도매시장·소매시장·여객자동차터미널·지하역사 또는 지하상가인 경우에는 복도·통로 중앙부분의 바닥에 설치하여야 한다.
라. 바닥에 설치하는 통로유도등은 하중에 따라 파괴되지 않는 강도의 것으로 할 것

15회 설계

006 피난층에 이르는 부분의 유도등을 60분 이상 유효하게 작동시킬 수 있는 용량으로 비상전원을 설치하여야 하는 특정소방대상물을 쓰시오.

[풀이&답]
① 지하층을 제외한 층수가 11층 이상의 층
② 지하층 또는 무창층으로서 용도가 도매시장·소매시장·여객자동차터미널·지하역사 또는 지하상가

12회 점검

007 광원점등방식의 피난유도선 설치기준 6가지를 쓰시오.

[풀이&답]
① 구획된 각 실로부터 주출입구 또는 비상구까지 설치할 것
② 피난유도 표시부는 바닥으로부터 높이 1 m 이하의 위치 또는 바닥 면에 설치할 것
③ 피난유도 표시부는 50 ㎝ 이내의 간격으로 연속되도록 설치하되 실내장식물 등으로 설치가 곤란할 경우 1 m 이내로 설치할 것
④ 수신기로부터의 화재신호 및 수동조작에 의하여 광원이 점등되도록 설치할 것
⑤ 비상전원이 상시 충전상태를 유지하도록 설치할 것
⑥ 바닥에 설치되는 피난유도 표시부는 매립하는 방식을 사용할 것
⑦ 피난유도 제어부는 조작 및 관리가 용이하도록 바닥으로부터 0.8 m 이상 1.5 m 이하의 높이에 설치할 것

12회 점검

008 피난구유도등 설치제외 기준 4가지를 쓰시오.(8점)

[풀이&답]
① 바닥면적이 1,000 ㎡ 미만인 층으로서 옥내로부터 직접 지상으로 통하는 출입구(외부의 식별이 용이한 경우에 한한다)
② 대각선 길이가 15 m 이내인 구획된 실의 출입구
③ 거실 각 부분으로부터 하나의 출입구에 이르는 보행거리가 20 m 이하이고 비상조명등과 유도표지가 설치된 거실의 출입구

④ 출입구가 3개소 이상 있는 거실로서 그 거실 각 부분으로부터 하나의 출입구에 이르는 보행거리가 30 m 이하인 경우에는 주된 출입구 2개소 외의 출입구(유도표지가 부착된 출입구를 말한다). 다만, 공연장·집회장·관람장·전시장·판매시설·운수시설·숙박시설·노유자시설·의료시설·장례식장의 경우에는 그렇지 않다.

8회 점검
009 유도등의 평상시 점등상태(6점)

풀이&답
유도등은 전기회로에 점멸기를 설치하지 않고 항상 점등 상태를 유지할 것. 다만, 특정소방대상물 또는 그 부분에 사람이 없거나 다음의 어느 하나에 해당하는 장소로서 3선식 배선에 따라 상시 충전되는 구조인 경우에는 그렇지 않다.
① 외부의 빛에 의해 피난구 또는 피난방향을 쉽게 식별할 수 있는 장소
② 공연장, 암실(暗室) 등으로서 어두워야 할 필요가 있는 장소
③ 특정소방대상물의 관계인 또는 종사원이 주로 사용하는 장소

화재안전기준 기출문제 — 비상조명등

21회 점검
001 비상조명등의 화재안전기준(NFSC 304) 설치기준에 관한 내용 중 일부이다. ( )에 들어갈 내용을 쓰시오. (5점)

비상전원은 비상조명등을 20분 이상 유효하게 작동시킬 수 있는 용량으로 할 것.
다만, 다음 각 목의 특정소방대상물의 경우에는 그 부분에서 피난층에 이르는 부분의 비상조명등을 60분 이상 유효하게 작동시킬 수 있는 용량으로 하여야 한다.
가. 지하층을 제외한 층수가 11층 이상의 층
나. 지하층 또는 무창층으로서 용도가 (ㄱ)·(ㄴ)·(ㄷ)·(ㄹ) 또는 (ㅁ)

풀이&답

ㄱ	ㄴ	ㄷ	ㄹ	ㅁ
도매시장	소매시장	여객자동차터미널	지하역사	지하상가

화재안전기준 기출문제 | 제연설비

19회 점검

001 제연설비의 설치장소 및 제연구획의 설치기준에 관하여 각각 쓰시오. (8점)

(1) 설치장소에 대한 구획기준 (5점)

풀이&답
① 하나의 제연구역의 면적은 1,000 ㎡ 이내로 할 것
② 거실과 통로(복도를 포함한다. 이하 같다)는 각각 제연구획 할 것
③ 통로상의 제연구역은 보행중심선의 길이가 60 m를 초과하지 않을 것
④ 하나의 제연구역은 직경 60 m 원내에 들어갈 수 있을 것
⑤ 하나의 제연구역은 2 이상의 층에 미치지 않도록 할 것. 다만, 층의 구분이 불분명한 부분은 그 부분을 다른 부분과 별도로 제연구획 해야 한다.

(2) 제연구획의 설치기준 (3점)

풀이&답
① 재질은 내화재료, 불연재료 또는 제연경계벽으로 성능을 인정받은 것으로서 화재 시 쉽게 변형·파괴되지 아니하고 연기가 누설되지 않는 기밀성 있는 재료로 할 것
② 제연경계는 제연경계의 폭이 0.6 m 이상이고, 수직거리는 2 m 이내이어야 한다. 다만, 구조상 불가피한 경우는 2 m를 초과할 수 있다.
③ 제연경계벽은 배연 시 기류에 따라 그 하단이 쉽게 흔들리지 않고, 가동식의 경우에는 급속히 하강하여 인명에 위해를 주지 않는 구조일 것

15회 설계

002 제연설비 설치장소에 대한 제연구역 구획 설정기준 5가지를 쓰시오.

풀이&답
① 하나의 제연구역의 면적은 1,000 ㎡ 이내로 할 것
② 거실과 통로(복도를 포함한다. 이하 같다)는 각각 제연구획 할 것
③ 통로상의 제연구역은 보행중심선의 길이가 60 m를 초과하지 않을 것
④ 하나의 제연구역은 직경 60 m 원내에 들어갈 수 있을 것
⑤ 하나의 제연구역은 2 이상의 층에 미치지 않도록 할 것. 다만, 층의 구분이 불분명한 부분은 그 부분을 다른 부분과 별도로 제연구획 해야 한다.

7회 설계

003 제연설비 설치장소 제연구획 기준 5가지를 열거하시오.

풀이&답

① 하나의 제연구역의 면적은 1,000 ㎡ 이내로 할 것
② 거실과 통로(복도를 포함한다. 이하 같다)는 각각 제연구획 할 것
③ 통로상의 제연구역은 보행중심선의 길이가 60 m를 초과하지 않을 것
④ 하나의 제연구역은 직경 60 m 원내에 들어갈 수 있을 것
⑤ 하나의 제연구역은 2 이상의 층에 미치지 않도록 할 것. 다만, 층의 구분이 불분명한 부분은 그 부분을 다른 부분과 별도로 제연구획 해야 한다.

16회 점검

004 제연설비의 화재안전기준(NFSC 501)에 따라 "제연설비를 설치하여야 할 특정소방대상물 중 배출구·공기유입구의 설치 및 배출량 산정에서 이를 제외할 수 있는 부분(장소)"을 쓰시오. (3점)

풀이&답

제연설비를 설치해야 할 특정소방대상물 중 화장실·목욕실·주차장·발코니를 설치한 숙박시설(가족호텔 및 휴양콘도미니엄에 한한다)의 객실과 사람이 상주하지 않는 기계실·전기실·공조실·50 ㎡ 미만의 창고 등으로 사용되는 부분에 대하여는 배출구·공기유입구의 설치 및 배출량 산정에서 이를 제외 할 수 있다.

14회 점검

005 예상제연구역의 바닥면적 400 m² 미만인 예상제연구역(통로인 예상제연구역은 제외)에 대한 배출구의 설치기준 2가지를 쓰시오.(4점)

풀이&답

① 예상제연구역이 벽으로 구획되어 있는 경우의 배출구는 천장 또는 반자와 바닥 사이의 중간 윗부분에 설치할 것
② 예상제연구역 중 어느 한부분이 제연경계로 구획되어 있는 경우에는 천장·반자 또는 이에 가까운 벽의 부분에 설치할 것. 다만, 배출구를 벽에 설치하는 경우에는 배출구의 하단이 해당 예상제연구역에서 제연경계의 폭이 가장 짧은 제연경계의 하단보다 높이 되도록 해야 한다.

6회 설계

006 배연용 송풍기와 전동기의 연결방법에 대하여 설명하시오.

풀이&답

배출기의 전동기부분과 배풍기 부분은 분리하여 설치해야 하며, 배풍기 부분은 유효한 내열처리를 할 것

화재안전기준 기출문제 — 특별피난계단의 계단실 및 부속실 제연설비

23회 점검

001 특별피난계단의 계단실 및 부속실 제연설비의 화재안전성능기준(NFPC 501A)상 제연설비의 시험기준 5가지를 쓰시오.(5점)

풀이&답

1. 제연구역의 모든 출입문 등의 크기와 열리는 방향이 설계 시와 동일한지 여부를 확인할 것
2. 삭제⟨개정 2024.1.26.⟩
3. 제연구역의 출입문 및 복도와 거실(옥내가 복도와 거실로 되어 있는 경우에 한한다) 사이의 출입문마다 제연설비가 작동하고 있지 아니한 상태에서 그 폐쇄력을 측정할 것
4. 층별로 화재감지기(수동기동장치를 포함한다)를 동작시켜 제연설비가 작동하는지 여부를 확인할 것. 다만, 둘 이상의 특정소방대상물이 지하에 설치된 주차장으로 연결되어 있는 경우에는 특정소방대상물의 화재감지기 및 주차장에서 하나의 특정소방대상물의 제연구역으로 들어가는 입구에 설치된 제연용 연기감지기의 작동에 따라 특정소방대상물의 해당 수직풍도에 연결된 모든 제연구역의 댐퍼가 개방되도록 하거나 해당 특정소방대상물을 포함한 둘 이상의 특정소방대상물의 모든 제연구역의 댐퍼가 개방되도록 하고 비상전원을 작동시켜 급기 및 배기용 송풍기의 성능이 정상인지 확인할 것 ⟨개정 2024.1.26.⟩
5. 제4호의 기준에 따라 제연설비가 작동하는 경우 방연풍속, 차압, 및 출입문의 개방력과 자동 닫힘 등이 적합한지 여부를 확인하는 시험을 실시할 것

보충설명 특별피난계단의 계단실 및 부속실 제연설비의 화재안전성능기준(NFPC 501A) 제25조(성능확인)

① 제연설비는 설계목적에 적합한지 검토하고 제연설비의 성능과 관련된 건물의 모든 부분(건축설비를 포함한다)이 완성되는 시점에 맞추어 시험·측정 및 조정(이하 "시험 등"이라 한다)을 해야 한다. ⟨개정 2024. 3. 18.⟩

20회 점검

002 특별피난계단의 계단실 및 부속실 제연설비의 화재안전기준(NFSC 501A)상 방연풍속 측정방법, 측정결과 부적합 시 조치방법을 각각 쓰시오.(4점)

풀이&답

측정방법	부속실과 면하는 옥내 및 계단실의 출입문을 동시에 개방할 경우, 유입공기의 풍속이 방연풍속에 적합한지 여부를 확인
부적합 시 조치방법	급기구의 개구율과 송풍기의 풍량조절댐퍼 등을 조정하여 적합하게 할 것. 이 경우 유입공기의 풍속은 출입문의 개방에 따른 개구부를 대칭적으로 균등 분할하는 10 이상의 지점에서 측정하는 풍속의 평균치로 할 것

18회 점검

003 하나의 특정소방대상물에 특별피난계단의 계단실 및 부속실 제연설비를 화재안전기준(NFSC 501A)에 의하여 설치한 경우 "시험, 측정 및 조정 등"에 관한 "제연설비 시험 등의 실시기준"을 모두 쓰시오. (8점)

[풀이&답]

※ 특별피난계단의 계단실 및 부속실 제연설비의 화재안전기술기준(NFTC 501A) 2.22 성능확인 〈개정 2024.7.1.〉의 내용으로 답안을 작성함.

2.22.1 제연설비는 설계목적에 적합한지 검토하고 제연설비의 성능과 관련된 건물의 모든 부분(건축설비를 포함한다)이 완성되는 시점에 맞추어 시험·측정 및 조정(이하 "시험 등"이라 한다)을 해야 한다. 〈개정 2024.7.1.〉

2.22.2 제연설비의 시험 등은 다음의 기준에 따라 실시해야 한다.

2.22.2.1 제연구역의 모든 출입문 등의 크기와 열리는 방향이 설계 시와 동일한지 여부를 확인하고, 동일하지 아니한 경우 급기량과 보충량 등을 다시 산출하여 조정가능여부 또는 재설계·개수의 여부를 결정할 것

2.22.2.2 〈삭제 2024. 4. 1.〉

2.22.2.3 제연구역의 출입문 및 복도와 거실(옥내가 복도와 거실로 되어 있는 경우에 한한다) 사이의 출입문마다 제연설비가 작동하고 있지 아니한 상태에서 그 폐쇄력을 측정할 것

2.22.2.4 층별로 화재감지기(수동기동장치를 포함한다)를 동작시켜 제연설비가 작동하는지 여부를 확인할 것. 다만, 둘 이상의 특정소방대상물이 지하에 설치된 주차장으로 연결되어 있는 경우에는 특정소방대상물의 화재감지기 및 주차장에서 하나의 특정소방대상물의 제연구역으로 들어가는 입구에 설치된 제연용 연기감지기의 작동에 따라 해당 특정소방대상물의 수직풍도에 연결된 모든 제연구역의 댐퍼가 개방되도록 하거나 해당 특정소방대상물을 포함한 둘 이상의 특정소방대상물의 모든 제연구역의 댐퍼가 개방되도록 하고 비상전원을 작동시켜 급기 및 배기용 송풍기의 성능이 정상인지 확인할 것. 〈개정 2024. 4. 1.〉

2.22.2.5 2.22.2.4의 기준에 따라 제연설비가 작동하는 경우 다음의 기준에 따른 시험 등을 실시할 것

2.22.2.5.1 부속실과 면하는 옥내 및 계단실의 출입문을 동시에 개방할 경우, 유입공기의 풍속이 2.7의 규정에 따른 방연풍속에 적합한지 여부를 확인하고, 적합하지 아니한 경우에는 급기구의 개구율과 송풍기의 풍량조절댐퍼 등을 조정하여 적합하게 할 것. 이 경우 유입공기의 풍속은 출입문의 개방에 따른 개구부를 대칭적으로 균등 분할하는 10 이상의 지점에서 측정하는 풍속의 평균치로 할 것

2.22.2.5.2 2.22.2.5.1에 따른 시험 등의 과정에서 출입문을 개방하지 않은 제연구역의 실제 차압이 2.3.3의 기준에 적합한지 여부를 출입문 등에 차압측정공을 설치하고 이를 통하여 차압측정기구로 실측하여 확인·조정할 것

2.22.2.5.3 제연구역의 출입문이 모두 닫혀 있는 상태에서 제연설비를 가동시킨 후 출입문의 개방에 필요한 힘을 측정하여 2.3.2의 규정에 따른 개방력에 적합한지 여부를 확인하고, 적합하지 아니한 경우에는 급기구의 개구율 조정 및 플랩댐퍼(설치하는 경우에 한한다)와 풍량조절용댐퍼 등의 조정에 따라 적합하도록

조치할 것. 이때 제연구역의 출입문과 면하는 옥내에 거실제연설비가 설치된 경우에는 이 기준에 따른 제연설비와 해당 거실제연설비를 동시에 작동시킨 상태에서 출입문의 개방력을 측정할 것. 〈개정 2024.7.1.〉
2.22.2.5.4 2.22.2.5.1에 따른 시험 등의 과정에서 부속실의 개방된 출입문이 자동으로 완전히 닫히는지 여부를 확인하고, 닫힌 상태를 유지할 수 있도록 조정할 것

17회 설계

004 특별피난계단의 계단식 및 부속실 제연설비에서 옥내의 출입문(방화구조의 복도가 있는 경우로서 복도와 거실사이의 출입문)에 대한 구조기준을 쓰시오. (2점)

풀이&답

① 출입문은 언제나 닫힌 상태를 유지하거나 자동폐쇄장치에 의해 자동으로 닫히는 구조로 할 것
② 거실 쪽으로 열리는 구조의 출입문에 자동폐쇄장치를 설치하는 경우에는 출입문의 개방 시 유입공기의 압력에도 불구하고 출입문을 용이하게 닫을 수 있는 충분한 폐쇄력이 있는 것으로 할 것

13회 설계

005 제연구역에 대한 급기기준 4가지를 쓰시오.(8점)

풀이&답

① 부속실만을 제연하는 경우 동일 수직선상의 모든 부속실은 하나의 전용 수직풍도를 통해 동시에 급기할 것. 다만, 동일 수직선상에 2대 이상의 급기송풍기가 설치되는 경우에는 수직풍도를 분리하여 설치할 수 있다.
② 계단실 및 부속실을 동시에 제연하는 경우 계단실에 대하여는 그 부속실의 수직풍도를 통해 급기할 수 있다.
③ 계단실만을 제연하는 경우에는 전용 수직풍도를 설치하거나 계단실에 급기풍도 또는 급기송풍기를 직접 연결하여 급기하는 방식으로 할 것
④ 하나의 수직풍도마다 전용의 송풍기로 급기할 것
⑤ 비상용승강기 또는 피난용승강기의 승강장을 제연하는 경우에는 해당 승강기의 승강로를 급기풍도로 사용할 수 있다. 〈개정 2024. 7. 1.〉

13회 설계

006 급기송풍기 설치기준 4가지를 쓰시오.(8점)

풀이&답

① 송풍기의 송풍능력은 송풍기가 담당하는 제연구역에 대한 급기량의 1.15배 이상으로 할 것. 다만, 풍도에서의 누설을 실측하여 조정하는 경우에는 그렇지 않다.
② 송풍기에는 풍량조절장치를 설치하여 풍량조절을 할 수 있도록 할 것

③ 송풍기에는 풍량을 실측할 수 있는 유효한 조치를 할 것
④ 송풍기는 인접 장소의 화재로부터 영향을 받지 않고 접근 및 점검이 용이한 장소에 설치할 것
⑤ 송풍기는 옥내의 화재감지기의 동작에 따라 작동하도록 할 것
⑥ 송풍기와 연결되는 캔버스는 내열성(석면재료를 제외한다)이 있는 것으로 할 것
※ 특별피난계단의 계단실 및 부속실 제연설비의 화재안전기술기준(NFTC 501A)에 의거하여 답안을 작성함.

> **보충설명** 특별피난계단의 계단실 및 부속실 제연설비의 화재안전성능기준(NFPC 501A) 제14조(유입공기의 배출)
>
> 5. 기계배출식에 따라 배출하는 경우 배출용 송풍기 적합기준 5가지
>   가. 열기류에 노출되는 송풍기 및 그 부품들은 섭씨 250도의 온도에서 1시간 이상 가동상태를 유지할 것
>   나. 송풍기의 풍량은 제4호가목의 기준에 따른 QN에 여유량을 더한 양을 기준으로 할 것
>   다. 송풍기는 화재감지기의 동작에 따라 연동하도록 할 것 〈개정 2024. 1. 26.〉
>   라. 송풍기의 풍량을 실측할 수 있는 유효한 조치를 할 것 〈신설 2024. 1. 26.〉
>   마. 송풍기는 다른 장소와 방화구획되고 접근과 점검이 용이한 장소에 설치할 것 〈신설 2024. 1. 26.〉
>   QN : 수직풍도가 담당하는 1개층의 제연구역의 출입문(옥내와 면하는 출입문을 말한다) 1개의 면적(㎡)과 방연풍속(㎧)를 곱한 값(㎥/s)

10회 설계
007 제연방식 기준 3가지를 쓰시오.(12점)

풀이&답
① 제연구역에 옥외의 신선한 공기를 공급하여 제연구역의 기압을 제연구역 이외의 옥내(이하 "옥내"라 한다)보다 높게 하되 일정한 기압의 차이(이하 "차압"이라 한다)를 유지하게 함으로써 옥내로부터 제연구역 내로 연기가 침투하지 못하도록 할 것
② 피난을 위하여 제연구역의 출입문이 일시적으로 개방되는 경우 방연풍속을 유지하도록 옥외의 공기를 제연구역 내로 보충 공급하도록 할 것
③ 출입문이 닫히는 경우 제연구역의 과압을 방지할 수 있는 유효한 조치를 하여 차압을 유지할 것

10회 설계
008 제연구역 선정기준 3가지를 쓰시오.(12점)

풀이&답
① 계단실 및 그 부속실을 동시에 제연하는 것
② 부속실을 단독으로 제연하는 것
③ 계단실을 단독으로 제연하는 것

009 전실제연설비의 제어반 기능 5가지를 쓰시오. (20점)

[풀이&답]
① 급기용 댐퍼의 개폐에 대한 감시 및 원격조작기능
② 배출댐퍼 또는 개폐기의 작동여부에 대한 감시 및 원격조작기능
③ 급기송풍기와 유입공기의 배출용 송풍기(설치한경우에 한한다)의 작동여부에 대한 감시 및 원격조작기능
④ 제연구역의 출입문의 일시적인 고정개방 및 해정에 대한 감시 및 원격조작기능
⑤ 수동기동장치의 작동여부에 대한 감시 기능
⑥ 급기구 개구율의 자동조절장치(설치하는 경우에 한한다)의 작동여부에 대한 감시기능. 다만, 급기구에 차압표시계를 고정 부착한 자동차압급기댐퍼를 설치하고 당해 제어반에도 차압표시계를 설치한 경우에는 그렇지 않다.
⑦ 감시선로의 단선에 대한 감시 기능
⑧ 예비전원이 확보되고 예비전원의 적합여부를 시험할 수 있어야 할 것

010 특별피난계단의 계단실 및 부속실 제연설비의 화재안전성능기준(NFPC 501A)에 관한 다음 물음에 답하시오. (8점)

(1) 특별피난계단의 계단실 및 부속실 제연설비에서 배출댐퍼 및 개폐기의 직근 또는 제연구역에 설치된 수동기동장치로 작동 또는 개방하는 4가지를 쓰시오. (4점)

[풀이&답]
1. 전 층의 제연구역에 설치된 급기댐퍼의 개방
2. 당해 층의 배출댐퍼 또는 개폐기의 개방
3. 급기송풍기 및 유입공기의 배출용 송풍기의 작동
4. 개방·고정된 모든 출입문(제연구역과 옥내 사이의 출입문에 한한다)의 개폐장치의 작동

(2) 특별피난계단의 계단실 및 부속실 제연설비의 차압 등에 관한 기준이다. ( )에 들어갈 내용을 쓰시오. (4점)

> **제6조(차압 등)** ① 제4조제1호의 기준에 따라 제연구역과 옥내와의 사이에 유지해야 하는 최소차압은 40파스칼(옥내에 스프링클러설비가 설치된 경우에는 (㉮)파스칼) 이상으로 해야 한다.
> ② 제연설비가 가동되었을 경우 출입문의 개방에 필요한 힘은 (㉯)뉴턴 이하로 해야 한다.
> ③ 제4조제2호의 기준에 따라 출입문이 일시적으로 개방되는 경우 개방되지 않은 제연구역과 옥내와의 차압은 제1항의 기준에도 불구하고 제1항의 기준에 따른 차압의 (㉰)퍼센트 이상이어야 한다.

④ 계단실과 부속실을 동시에 제연 하는 경우 부속실의 기압은 계단실과 같게 하거나 계단실의 기압보다 낮게 할 경우에는 부속실과 계단실의 압력 차이는 (㉣)파스칼 이하가 되도록 해야 한다.

[풀이&답]
㉮ 12.5 ㉯ 110 ㉰ 70 ㉣ 5

화재안전기준 기출문제 — 연결송수관설비

17회 설계

001 연결송수관설비의 송수구 설치기준 중 급수개폐밸브 작동표시스위치의 설치기준을 쓰시오.(3점)

[풀이&답]
① 급수개폐밸브가 잠길 경우 탬퍼스위치의 동작으로 인하여 감시제어반 또는 수신기에 표시되어야 하며 경보음을 발할 것
② 탬퍼스위치는 감시제어반 또는 수신기에서 동작의 유무확인과 동작시험, 도통시험을 할 수 있을 것
③ 탬퍼스위치에 사용되는 전기배선은 내화전선 또는 내열전선으로 설치할 것

화재안전기준 기출문제 — 비상콘센트설비

7회 점검

001 (1) 비상콘센트설비에 원칙적으로 설치 가능한 비상전원 2종류를 쓰시오.

[풀이&답]
자가발전설비, 비상전원수전설비, 축전지설비 또는 전기저장장치 중 2가지 선택

(2) 비상콘센트설비에 대한 다음 각 물음에 답하시오.
① 전원회로 및 공급용량

[풀이&답]
전원회로 : 단상교류 220 V, 공급용량 : 1.5 kVA 이상

② 층별 비상콘센트 5개씩 설치되어 있다면 전원회로의 최소 회로수

풀이&답
　　2회로

(3) 비상콘센트의 바닥으로부터 설치높이

풀이&답
　　0.8 m 이상 1.5 m 이하

(4) 보호함의 설치기준 3가지

풀이&답
　　① 보호함에는 쉽게 개폐할 수 있는 문을 설치할 것
　　② 보호함 표면에 "비상콘센트"라고 표시한 표지를 할 것
　　③ 보호함 상부에 적색의 표시등을 설치할 것. 다만, 비상콘센트의 보호함을 옥내소화전
　　　 함 등과 접속하여 설치하는 경우에는 옥내소화전함 등의 표시등과 겸용할 수 있다.

24회 설계
002 비상콘센트설비에 관한 다음 물음에 답하시오. (10점)

(1) 22.9kV를 수전하는 건축물에 비상콘센트설비를 설치하고자 한다. 비상콘센트설비의 화재안전기술기준(NFTC 504)상 비상콘센트설비의 상용전원회로 배선은 어디에서 분기할 수 있는지 모두 쓰시오. (2점)

풀이&답
　　전력용변압기 2차 측의 주차단기 1차 측 또는 2차 측에서 분기하여 전용배선으로 할 것

> **보충설명** 2.2.1.9의 단서에 해당하는 경우
>
> 상용전원회로의 배선은 저압수전인 경우에는 인입개폐기의 직후에서, 고압수전 또는 특고압수전인 경우에는 전력용변압기 2차 측의 주차단기 1차 측 또는 2차 측에서 분기하여 전용배선으로 할 것

(2) 비상콘센트설비의 화재안전기술기준(NFTC 504)상 비상콘센트설비의 비상전원으로 사용할 수 있는 설비 4종류를 모두 쓰시오. (2점)

풀이&답
　　자가발전설비, 비상전원수전설비, 축전지설비 또는 전기저장장치(외부 전기에너지를 저장해 두었다가 필요한 때 전기를 공급하는 장치를 말한다)

(3) 지하 2층, 지상 15층, 연면적이 10,000 m²인 건축물에 비상콘센트설비를 설치하고자 한다. 비상콘센트설비의 화재안전기술기준(NFTC 504)상 비상전원을 설치하지 않을 수 있는 경우를 모두 쓰시오. (3점)

풀이&답

2 이상의 변전소에서 전력을 동시에 공급받을 수 있거나 하나의 변전소로부터 전력의 공급이 중단되는 때에는 자동으로 다른 변전소로부터 전력을 공급받을 수 있도록 상용전원을 설치한 경우

화재안전기준 기출문제   무선통신보조설비

17회 점검

001 무선통신보조설비를 설치하지 아니할 수 있는 경우의 특정소방대상물의 조건을 쓰시오. (2점)

풀이&답

지하층으로서 특정소방대상물의 바닥부분 2면 이상이 지표면과 동일하거나 지표면으로부터의 깊이가 1 m 이하인 경우에는 해당 층에 한해 무선통신보조설비를 설치하지 아니할 수 있다.

화재안전기준 기출문제   소방시설용 비상전원수전설비

14회 점검

001 인입선 및 인입구 배선의 시설기준 2가지를 쓰시오.(2점)

풀이&답

※ 소방시설용 비상전원수전설비의 화재안전성능기준(NFPC 602)으로 답안을 작성함.
① 인입선은 특정소방대상물에 화재가 발생할 경우에도 화재로 인한 손상을 받지 않도록 설치해야 한다.
② 인입구 배선은 내화배선으로 해야 한다.

14회 점검
002 특고압 또는 고압으로 수전하는 경우, 큐비클형 방식의 설치기준 중 환기장치의 설치기준 4가지를 쓰시오.(8점)

[풀이&답]

※ 소방시설용 비상전원수전설비의 화재안전성능기준(NFPC 602)으로 답안을 작성함.
① 내부의 온도가 상승하지 않도록 환기장치를 할 것
② 자연환기구의 개구부 면적의 합계는 외함의 한 면에 대하여 해당 면적의 3분의 1 이하로 할 것. 이 경우 하나의 통기구의 크기는 직경 10밀리미터 이상의 둥근 막대가 들어가서는 아니 된다.
③ 자연환기구에 따라 충분히 환기할 수 없는 경우에는 환기설비를 설치할 것
④ 환기구에는 금속망, 방화댐퍼 등으로 방화조치를 하고, 옥외에 설치하는 것은 빗물 등이 들어가지 않도록 할 것

화재안전기준 기출문제 — 도로터널

15회 설계
001 도로터널설비의 화재안전기준에서 정한 비상경보설비에 대한 설치기준을 쓰시오.

[풀이&답]

※ 도로터널의 화재안전성능기준(NFPC 603)으로 답안을 작성함.
① 발신기는 주행차로 한쪽 측벽에 50미터 이내의 간격으로 설치하며, 편도 2차선 이상의 양방향 터널이나 4차로 이상의 일방향 터널의 경우에는 양쪽의 측벽에 각각 50미터 이내의 간격으로 엇갈리게 설치할 것.
② 발신기는 바닥면으로부터 0.8미터 이상 1.5미터 이하의 높이에 설치할 것
③ 음향장치는 발신기 설치위치와 동일하게 설치할 것. 다만, 「비상방송설비의 화재안전성능기준(NFPC 202)」에 적합하게 설치된 방송설비를 비상경보설비와 연동하여 작동하도록 설치한 경우에는 비상경보설비의 지구음향장치를 설치하지 않을 수 있다.
④ 음향장치의 음량은 부착된 음향장치의 중심으로부터 1미터 떨어진 위치에서 90데시벨 이상이 되도록 할 것
⑤ 음향장치는 터널내부 전체에 동시에 경보를 발하도록 설치할 것
⑥ 시각경보기는 주행차로 한쪽 측벽에 50미터 이내의 간격으로 비상경보설비 상부 직근에 설치하고, 전체 시각경보기는 동기방식에 의해 작동될 수 있도록 할 것

002 [15회 설계]
제연설비의 기동은 자동 또는 수동으로 기동될 수 있도록 하여야 한다. 이 경우 제연설비가 기동되는 조건에 대하여 쓰시오.

[풀이&답]
(1) 화재감지기가 동작되는 경우
(2) 발신기의 스위치 조작 또는 자동소화설비의 기동장치를 동작시키는 경우
(3) 화재수신기 또는 감시제어반의 수동조작스위치를 동작시키는 경우

003 [12회 설계]
화재안전기준에 따른 연결송수관설비의 노즐선단에서의 법적방수압[MPa] 및 방수량[L/min]을 쓰시오.(3점)

[풀이&답]
방수압력은 0.35 MPa 이상, 방수량은 분당 400L/min 이상

004 [12회 설계]
도로터널 내 비상콘센트의 설치기준을 쓰시오.

[풀이&답]
① 비상콘센트설비의 전원회로는 단상교류 220볼트인 것으로서 그 공급용량은 1.5킬로볼트암페어 이상인 것으로 할 것
② 전원회로는 주배전반에서 전용회로로 할 것
③ 콘센트마다 배선용 차단기(KS C 8321)를 설치해야 하며, 충전부가 노출되지 않도록 할 것
④ 주행차로의 우측 측벽에 50미터 이내의 간격으로 바닥으로부터 0.8미터 이상 1.5미터 이하의 높이에 설치할 것

005 [12회 설계]
도로터널 내 자동화재탐지설비를 설치할 경우 설치 가능한 화재감지기 3가지를 쓰시오.

[풀이&답]
① 차동식분포형감지기
② 정온식감지선형감지기(아날로그식에 한한다. 이하 같다.)
③ 중앙기술심의위원회의 심의를 거쳐 터널화재에 적응성이 있다고 인정된 감지기

12회 설계

006 도로터널설비에 대한 다음 각 물음에 답하시오.
화재안전기준에 따른 옥내소화전의 노즐선단에서의 법적방수압[MPa] 및 방수량[L/min]을 쓰시오.(3점)

> [풀이&답]
> 방수압력은 0.35 MPa 이상
> 방수량은 190 L/min 이상

화재안전기준 기출문제 — 고층건축물

23회 점검

001 고층건축물의 화재안전기술기준(NFTC 604)상 초고층 및 지하연계 복합건축물 재난관리에 관한 특별법 시행령에 다른 피난안전구역에 설치하는 소방시설 중 인명구조기구의 설치 기준을 4가지를 쓰시오.(4점)

> [풀이&답]
> ① 방열복, 인공소생기를 각 2개 이상 비치할 것
> ② 45분이상 사용할 수 있는 성능의 공기호흡기(보조마스크를 포함한다)를 2개이상 비치하여야 한다. 다만, 피난안전구역이 50층 이상에 설치되어 있을 경우에는 동일한 성능의 예비용기를 10개 이상 비치할 것
> ③ 화재시 쉽게 반출할 수 있는 곳에 비치할 것
> ④ 인명구조기구가 설치된 장소의 보기 쉬운 곳에 "인명구조기구"라는 표지판 등을 설치할 것

22회 설계

002 고층건축물의 화재안전기준(NFSC 604)상 피난안전구역에 설치하는 소방시설 설치기준에서 제연설비 설치기준을 쓰시오.(3점)

> [풀이&답]
> 피난안전구역과 비 제연구역간의 차압은 50Pa(옥내에 스프링클러설비가 설치된 경우에는 12.5Pa)이상으로 해야 한다. 다만, 피난안전구역의 한쪽 면 이상이 외기에 개방된 구조의 경우에는 설치하지 않을 수 있다.

003 고층건축물의 화재안전기준(NFSC 604)에 대하여 다음 물음에 답하시오.(10점)
21회 설계

(1) 피난안전구역에 설치하는 소방시설 중 인명구조기구, 피난유도선을 제외한 나머지 3가지를 쓰시오.(3점)

[풀이&답]
① 제연설비
② 비상조명등
③ 휴대용비상조명등

(2) 피난안전구역에 설치하는 소방시설 설치기준 중 피난유도선 설치기준 3가지를 쓰시오.(3점)

[풀이&답]
① 피난안전구역이 설치된 층의 계단실 출입구에서 피난안전구역의 주 출입구 또는 비상구까지 설치할 것
② 계단실에 설치하는 경우 계단 및 계단참에 설치할 것
③ 피난유도 표시부의 너비는 최소 25mm 이상으로 설치할 것
④ 광원점등방식(전류에 의하여 빛을 내는 방식)으로 설치하되, 60분 이상 유효하게 작동할 것

(3) 피난안전구역에 설치하는 소방시설 설치기준 중 인명구조기구 설치기준 4가지를 쓰시오.(4점)

[풀이&답]
① 방열복, 인공소생기를 각 2개 이상 비치할 것
② 45분이상 사용할 수 있는 성능의 공기호흡기(보조마스크를 포함한다)를 2개이상 비치하여야 한다. 다만, 피난안전구역이 50층 이상에 설치되어 있을 경우에는 동일한 성능의 예비용기를 10개 이상 비치할 것
③ 화재시 쉽게 반출할 수 있는 곳에 비치할 것
④ 인명구조기구가 설치된 장소의 보기 쉬운 곳에 "인명구조기구"라는 표지판 등을 설치할 것

004 피난안전구역에 설치하는 소방시설 중 제연설비 및 휴대용 비상조명등의 설치기준을 고층건축물의 화재안전기준(NFSC 604)에 따라 각각 쓰시오. (6점)
18회 점검

[풀이&답]

제연설비	피난안전구역과 비 제연구역간의 차압은 50 Pa(옥내에 스프링클러설비가 설치된 경우에는 12.5 Pa)이상으로 해야 한다. 다만, 피난안전구역의 한쪽 면 이상이 외기에 개방된 구조의 경우에는 설치하지 않을 수 있다.

휴대용 비상조명등	가. 피난안전구역에는 휴대용비상조명등을 다음의 기준에 따라 설치해야 한다. 　1) 초고층 건축물에 설치된 피난안전구역: 피난안전구역 위층의 재실자 수(「건축물의 피난·방화구조 등의 기준에 관한 규칙」 별표 1의2에 따라 산정된 재실자 수를 말한다)의 10분의 1 이상 　2) 지하연계 복합건축물에 설치된 피난안전구역: 피난안전구역이 설치된 층의 수용인원(영 별표 7에 따라 산정된 수용인원을 말한다)의 10분의 1 이상 나. 건전지 및 충전식 건전지의 용량은 40분 이상 유효하게 사용할 수 있는 것으로 한다. 다만, 피난안전구역이 50층 이상에 설치되어 있을 경우의 용량은 60분 이상으로 할 것

17회 점검
005 소방시설관리사가 지상 53층인 건축물의 점검과정에서 설계도면상 자동화재탐지설비의 통신 및 신호배선방식의 적합성 판단을 위해 「고층건축물의 화재안전기준(NFSC604)」에서 확인해야할 배선관련 사항을 모두 쓰시오. (2점)

풀이&답

50층 이상인 건축물에 설치하는 다음의 통신·신호배선은 이중배선을 설치하도록 하고 단선 시에도 고장표시가 되며 정상 작동할 수 있는 성능을 갖도록 설비를 해야 한다.
(1) 수신기와 수신기 사이의 통신배선
(2) 수신기와 중계기 사이의 신호배선
(3) 수신기와 감지기 사이의 신호배선

화재안전기준 기출문제　지하구

23회 점검
001 지하구의 화재안전성능기준(NFPC 605)상 방화벽 설치기준을 쓰시오.(5점)

풀이&답

① 내화구조로서 홀로 설 수 있는 구조일 것
② 방화벽의 출입문은 「건축법 시행령」 제64조에 따른 방화문으로서 60분+ 방화문 또는 60분 방화문으로 설치할 것
③ 방화벽을 관통하는 케이블·전선 등에는 국토교통부 고시(「건축자재등 품질인정 및 관리기준」)에 따라 내화채움구조로 마감할 것

④ 방화벽은 분기구 및 국사(局舍, central office)·변전소 등의 건축물과 지하구가 연결되는 부위(건축물로부터 20 m 이내)에 설치할 것
⑤ 자동폐쇄장치를 사용하는 경우에는「자동폐쇄장치의 성능인증 및 제품검사의 기술기준」에 적합한 것으로 설치할 것

19회 점검

002 연소방지설비의 화재안전기준(NFSC 506)에서 정하는 방수헤드의 설치기준 3가지를 쓰시오. (3점)

[풀이&답]

※ 지하구의 화재안전기술기준(NFTC 605) 내용으로 답안을 작성함.
① 천장 또는 벽면에 설치할 것
② 헤드간의 수평거리는 연소방지설비 전용헤드의 경우에는 2 m 이하, 개방형스프링클러헤드의 경우에는 1.5 m 이하로 할 것
③ 소방대원의 출입이 가능한 환기구·작업구마다 지하구의 양쪽방향으로 살수헤드를 설정하되, 한쪽 방향의 살수구역의 길이는 3 m 이상으로 할 것. 다만, 환기구 사이의 간격이 700 m를 초과할 경우에는 700 m 이내마다 살수구역을 설정하되, 지하구의 구조를 고려하여 방화벽을 설치한 경우에는 그렇지 않다.
④ 연소방지설비 전용헤드를 설치할 경우에는「소화설비용헤드의 성능인증 및 제품검사 기술기준」에 적합한 살수헤드를 설치할 것

18회 점검

003 연소방지시설의 화재안전기준(NFSC 506)에 관하여 다음 물음에 답하시오.
(1) 방화벽의 용어정의와 설치기준을 각각 쓰시오.(3점)

[풀이&답]

※ 지하구의 화재안전성능기준(NFPC 605) 내용으로 답안작성
1. 방화벽의 용어정의
   화재 시 발생한 열, 연기 등의 확산을 방지하기 위하여 설치하는 벽
2. 설치기준
   ① 내화구조로서 홀로 설 수 있는 구조일 것
   ② 방화벽의 출입문은「건축법 시행령」제64조에 따른 방화문으로서 60분+ 방화문 또는 60분 방화문으로 설치하고, 항상 닫힌 상태를 유지하거나 자동폐쇄장치에 의하여 화재 신호를 받으면 자동으로 닫히는 구조로 해야 한다.
   ③ 방화벽을 관통하는 케이블·전선 등에는 국토교통부 고시(내화구조의 인정 및 관리기준)에 따라 내화충전 구조로 마감할 것
   ④ 방화벽은 분기구 및 국사·변전소 등의 건축물과 지하구가 연결되는 부위(건축물로부터 20미터 이내)에 설치할 것
   ⑤ 자동폐쇄장치를 사용하는 경우에는「자동폐쇄장치의 성능인증 및 제품검사의 기술기준」에 적합한 것으로 설치할 것

화재안전기준 기출문제 — 전기저장시설

23회 점검

001 전기저장시설의 화재안전기술기준(NFTC 607)에 대하여 다음 물음에 답하시오.(6점)

(1) 전기저장장치의 설치장소에 대하여 쓰시오.(2점)

【풀이&답】
전기저장장치는 관할 소방대의 원활한 소방활동을 위해 지면으로부터 지상 22 m(전기저장장치가 설치된 전용 건축물의 최상부 끝단까지의 높이) 이내, 지하 9 m(전기저장장치가 설치된 바닥면까지의 깊이) 이내로 설치해야 한다.

(2) 배출설비 설치기준 4가지를 쓰시오.(4점)

【풀이&답】
① 배풍기·배출덕트·후드 등을 이용하여 강제적으로 배출할 것
② 바닥면적 1 m²에 시간당 18 m³ 이상의 용량을 배출할 것
③ 화재감지기의 감지에 따라 작동할 것
④ 옥외와 면하는 벽체에 설치

화재안전기준 기출문제 — 소방시설의 내진설계기준

23회 설계

001 소방시설의 내진설계 기준상 지진분리장치 설치기준 4가지를 쓰시오.(4점)

【풀이&답】
① 지진분리장치는 배관의 구경에 관계없이 지상층에 설치된 배관으로 건축물 지진분리이음과 소화배관이 교차하는 부분 및 건축물 간의 연결배관 중 지상 노출 배관이 건축물로 인입되는 위치에 설치하여야 한다.
② 지진분리장치는 건축물 지진분리이음의 변위량을 흡수할 수 있도록 전후좌우 방향의 변위를 수용할 수 있도록 설치하여야 한다.
③ 지진분리장치의 전단과 후단의 1.8 m 이내에는 4방향 흔들림 방지 버팀대를 설치하여야 한다.
④ 지진분리장치 자체에는 흔들림 방지 버팀대를 설치할 수 없다.

소방관련법령
기출문제 및 답안

소방관련법령 기출문제 — 소방시설 설치 및 관리에 관한 법률 시행령

22회 점검

001 화재예방, 소방시설 설치·유지 및 안전관리에 관한 법령에 따라 무선통신보조설비를 설치하여야 하는 특정소방대상물(위험물 저장 및 처리시설 중 가스시설은 제외한다) 5가지를 쓰시오.(5점)

> **풀이&답**
> 1) 지하가(터널은 제외한다)로서 연면적 1천 m^2 이상인 것
> 2) 지하층의 바닥면적의 합계가 3천 m^2 이상인 것 또는 지하층의 층수가 3층 이상이고 지하층의 바닥면적의 합계가 1천 m^2 이상인 것은 지하층의 모든 층
> 3) 지하가 중 터널로서 길이가 500 m 이상인 것
> 4) 지하구 중 공동구
> 5) 층수가 30층 이상인 것으로서 16층 이상 부분의 모든 층

20회 설계

002 화재예방, 소방시설 설치·유지 및 안전관리에 관한 법령상 간이스프링클러설비를 설치해야 하는 특정소방대상물을 쓰시오.(11점)

> **풀이&답**
> 1) 공동주택 중 연립주택 및 다세대주택(연립주택 및 다세대주택에 설치하는 간이스프링클러설비는 화재안전기준에 따른 주택전용 간이스프링클러설비를 설치한다)
> 2) 근린생활시설 중 다음의 어느 하나에 해당하는 것
> 가) 근린생활시설로 사용하는 부분의 바닥면적 합계가 1천 m^2 이상인 것은 모든 층
> 나) 의원, 치과의원 및 한의원으로서 입원실이 있는 시설
> 다) 조산원 및 산후조리원으로서 연면적 600 m^2 미만인 시설
> 3) 의료시설 중 다음의 어느 하나에 해당하는 시설
> 가) 종합병원, 병원, 치과병원, 한방병원 및 요양병원(의료재활시설은 제외한다)으로 사용되는 바닥면적의 합계가 600 m^2 미만인 시설
> 나) 정신의료기관 또는 의료재활시설로 사용되는 바닥면적의 합계가 300 m^2 이상 600 m^2 미만인 시설
> 다) 정신의료기관 또는 의료재활시설로 사용되는 바닥면적의 합계가 300 m^2 미만이고, 창살(철재·플라스틱 또는 목재 등으로 사람의 탈출 등을 막기 위하여 설치한 것을 말하며, 화재 시 자동으로 열리는 구조로 되어 있는 창살은 제외한다)이 설치된 시설
> 4) 교육연구시설 내에 합숙소로서 연면적 100 m^2 이상인 경우에는 모든 층
> 5) 노유자 시설로서 다음의 어느 하나에 해당하는 시설
> 가) 제7조제1항제7호 각 목에 따른 시설[같은 호 가목2) 및 같은 호 나목부터 바목까지의 시설 중 단독주택 또는 공동주택에 설치되는 시설은 제외하며, 이하 "노유자 생

활시설"이라 한다]
나) 가)에 해당하지 않는 노유자 시설로 해당 시설로 사용하는 바닥면적의 합계가 300 m^2 이상 600 m^2 미만인 시설
다) 가)에 해당하지 않는 노유자 시설로 해당 시설로 사용하는 바닥면적의 합계가 300 m^2 미만이고, 창살(철재·플라스틱 또는 목재 등으로 사람의 탈출 등을 막기 위하여 설치한 것을 말하며, 화재 시 자동으로 열리는 구조로 되어 있는 창살은 제외한다)이 설치된 시설
6) 숙박시설로 사용되는 바닥면적의 합계가 300 m^2 이상 600 m^2 미만인 시설
7) 건물을 임차하여 「출입국관리법」 제52조제2항에 따른 보호시설로 사용하는 부분
8) 복합건축물(별표 2 제30호나목의 복합건축물만 해당한다)로서 연면적 1천 m^2 이상인 것은 모든 층

19회 설계

003 특정소방대상물의 규모, 용도 및 수용인원 등을 고려하여 갖추어야 하는 소방시설의 종류 중 문화 및 집회시설(동·식물원 제외), 종교시설(주요구조부가 목조인 것 제외), 운동시설(물놀이형 시설제외)의 모든층에 설치하여야 하는 경우에 해당하는 스프링클러설비 설치대상 4가지를 쓰시오.(4점)

풀이&답
① 수용인원이 100명 이상인 것
② 영화상영관의 용도로 쓰는 층의 바닥면적이 지하층 또는 무창층인 경우에는 500 m^2 이상, 그 밖의 층의 경우에는 1천 m^2 이상인 것
③ 무대부가 지하층·무창층 또는 4층 이상의 층에 있는 경우에는 무대부의 면적이 300 m^2 이상인 것
④ 무대부가 다) 외의 층에 있는 경우에는 무대부의 면적이 500 m^2 이상인 것

19회 점검

004 「화재예방, 소방시설 설치·유지 및 안전관리에 관한 법률」에 따른 특정소방대상물의 관계인이 특정소방대상물의 규모·용도 및 수용인원 등을 고려하여 갖추어야 하는 소방시설의 종류에서 다음 물음에 답하시오.

(1) 단독경보형 감지기를 설치하여야 하는 특정소방대상물(6점)

풀이&답
1) 교육연구시설 내에 있는 기숙사 또는 합숙소로서 연면적 2천 m^2 미만인 것
2) 수련시설 내에 있는 기숙사 또는 합숙소로서 연면적 2천 m^2 미만인 것
3) 다목7)에 해당하지 않는 수련시설(숙박시설이 있는 것만 해당한다)
4) 연면적 400 m^2 미만의 유치원
5) 공동주택 중 연립주택 및 다세대주택

(2) 시각경보기를 설치하여야 하는 특정소방대상물 (4점)

풀이&답
1) 근린생활시설, 문화 및 집회시설, 종교시설, 판매시설, 운수시설, 의료시설, 노유자 시설
2) 운동시설, 업무시설, 숙박시설, 위락시설, 창고시설 중 물류터미널, 발전시설 및 장례시설
3) 교육연구시설 중 도서관, 방송통신시설 중 방송국
4) 지하가 중 지하상가

17회 점검

005 특정소방대상물 가운데 대통령령으로 정하는 "소방시설을 설치하지 아니할 수 있는 특정소방대상물과 그에 따른 소방시설의 범위"를 다음 빈칸에 각각 쓰시오. (4점)

구분	특정소방대상물	소방시설
화재안전기술기준을 적용하기 어려운 특정소방대상물	A	B
	C	D

풀이&답

구분	특정소방대상물	소방시설
화재안전기준을 적용하기 어려운 특정소방대상물	펄프공장의 작업장, 음료수 공장의 세정 또는 충전을 하는 작업장, 그 밖에 이와 비슷한 용도로 사용하는 것	스프링클러설비, 상수도소화용수설비 및 연결살수설비
	정수장, 수영장, 목욕장, 농예·축산·어류양식용 시설, 그 밖에 이와 비슷한 용도로 사용되는 것	자동화재탐지설비, 상수도소화용수설비 및 연결살수설비

17회 설계

006 특정소방대상물의 관계인이 특정소방대상물의 규모·용도 및 수용인원을 고려하여 스프링클러설비를 설치하고자 한다. "지붕 또는 외벽이 불연재료가 아니거나 내화구조가 아닌 공장 또는 창고시설"로서 스프링클러설비 설치대상이 되는 경우 5가지를 쓰시오. (5점)

풀이&답
가) 창고시설(물류터미널로 한정한다) 중 4)에 해당하지 않는 것으로서 바닥면적의 합계가 2천5백 m² 이상이거나 수용인원이 250명 이상인 경우에는 모든 층
나) 창고시설(물류터미널은 제외한다) 중 6)에 해당하지 않는 것으로서 바닥면적의 합계가 2천5백 m² 이상인 경우에는 모든 층

다) 공장 또는 창고시설 중 7)에 해당하지 않는 것으로서 지하층·무창층 또는 층수가 4층 이상인 것 중 바닥면적이 500 m² 이상인 경우에는 모든 층
라) 랙식 창고 중 8)에 해당하지 않는 것으로서 바닥면적의 합계가 750 m² 이상인 경우에는 모든 층
마) 공장 또는 창고시설 중 9)가)에 해당하지 않는 것으로서 「화재의 예방 및 안전관리에 관한 법률 시행령」 별표 2에서 정하는 수량의 500배 이상의 특수가연물을 저장·취급하는 시설

16회 점검

007 특정소방대상물의 규모, 용도 및 수용인원 등을 고려하여 갖추어야 하는 소방시설의 종류 중 제연설비에 대하여 다음 물음에 답하시오. (12점)

(1) 화재예방, 소방시설 설치·유지 및 안전관리에 관한 법령에 따라 "제연설비를 설치하여야 하는 특정소방대상물"을 쓰시오. (6점)

풀이&답
1) 문화 및 집회시설, 종교시설, 운동시설 중 무대부의 바닥면적이 200 m² 이상인 경우에는 해당 무대부
2) 문화 및 집회시설 중 영화상영관으로서 수용인원 100명 이상인 경우에는 해당 영화상영관
3) 지하층이나 무창층에 설치된 근린생활시설, 판매시설, 운수시설, 숙박시설, 위락시설, 의료시설, 노유자 시설 또는 창고시설(물류터미널로 한정한다)로서 해당 용도로 사용되는 바닥면적의 합계가 1천 m² 이상인 경우 해당 부분
4) 운수시설 중 시외버스정류장, 철도 및 도시철도 시설, 공항시설 및 항만시설의 대기실 또는 휴게시설로서 지하층 또는 무창층의 바닥면적이 1천 m² 이상인 경우에는 모든 층
5) 지하가(터널은 제외한다)로서 연면적 1천 m² 이상인 것
6) 지하가 중 예상 교통량, 경사도 등 터널의 특성을 고려하여 행정안전부령으로 정하는 터널
7) 특정소방대상물(갓복도형 아파트등은 제외한다)에 부설된 특별피난계단, 비상용 승강기의 승강장 또는 피난용 승강기의 승강장

(2) 화재예방, 소방시설 설치·유지 및 안전관리에 관한 법령에 따라 "제연설비를 면제할 수 있는 기준"을 쓰시오. (6점)

풀이&답
가. 제연설비를 설치해야 하는 특정소방대상물[별표 4 제5호가목6)은 제외한다]에 다음의 어느 하나에 해당하는 설비를 설치한 경우에는 설치가 면제된다.
 1) 공기조화설비를 화재안전기준의 제연설비기준에 적합하게 설치하고 공기조화설비가 화재 시 제연설비기능으로 자동전환되는 구조로 설치되어 있는 경우
 2) 직접 외부 공기와 통하는 배출구의 면적의 합계가 해당 제연구역[제연경계(제연설비의 일부인 천장을 포함한다)에 의하여 구획된 건축물 내의 공간을 말한다] 바닥

면적의 100분의 1 이상이고, 배출구부터 각 부분까지의 수평거리가 30 m 이내이며, 공기유입구가 화재안전기준에 적합하게(외부 공기를 직접 자연 유입할 경우에 유입구의 크기는 배출구의 크기 이상이어야 한다) 설치되어 있는 경우

나. 별표 4 제5호가목6)에 따라 제연설비를 설치해야 하는 특정소방대상물 중 노대(露臺)와 연결된 특별피난계단, 노대가 설치된 비상용 승강기의 승강장 또는 「건축법 시행령」 제91조제5호의 기준에 따라 배연설비가 설치된 피난용 승강기의 승강장에는 설치가 면제된다.

16회 설계

008 화재예방, 소방시설 설치·유지 및 안전관리에 관한 법령상 강화된 소방시설기준의 적용대상인 노유자시설과 의료시설에 설치하는 소방설비를 쓰시오. (6점)

[풀이&답]

① 노유자 시설 : 간이스프링클러설비, 자동화재탐지설비 및 단독경보형 감지기
② 의료시설 : 스프링클러설비, 간이스프링클러설비, 자동화재탐지설비 및 자동화재속보설비

15회 설계

009 「화재예방, 소방시설설치·유지 및 안전관리에 관한 법률 시행령」 별표5에 의거하여 문화 및 집회시설(동·식물원은 제외)의 전층에 스프링클러설비를 설치하여야 하는 특정소방대상물 4가지를 쓰시오.

[풀이&답]

가) 수용인원이 100명 이상인 것
나) 영화상영관의 용도로 쓰는 층의 바닥면적이 지하층 또는 무창층인 경우에는 500 m² 이상, 그 밖의 층의 경우에는 1천 m² 이상인 것
다) 무대부가 지하층·무창층 또는 4층 이상의 층에 있는 경우에는 무대부의 면적이 300 m² 이상인 것
라) 무대부가 다) 외의 층에 있는 경우에는 무대부의 면적이 500 m² 이상인 것

24회점검

010 소방시설 설치 및 관리에 관한 법령상 소방시설등의 자체점검에 관한 내용이다. ( )에 들어갈 내용을 쓰시오. (6점)

○ '최초점검'이란 해당 특정소방대상물의 소방시설등이 신설된 경우 「건축법」 제22조에 따라 건축물을 사용할 수 있게 된 날부터 (ㄱ)일 이내 점검하는 것을 말하며, 이는 자체점검의 구분 중 (ㄴ)에 해당한다.

○ 관리업자 또는 소방안전관리자로 선임된 소방시설관리사 및 소방기술사(이하 "관리업자 등"이라 한다)는 자체점검을 실시한 경우에는 그 점검이 끝난 날부터 (ㄷ.)일 이내에 소방시설등 자체점검 실시결과 보고서(전자문서로 된 보고서를 포함한다)에 소방청장이 정하여 고시하는 소방시설등점검표를 첨부하여 관계인에게 제출해야 한다.
○ 관리업자등으로부터 자체점검 실시결과 보고서를 제출받거나 스스로 자체점검을 실시한 관계인은 자체점검이 끝난 날부터 (ㄹ.)일 이내에 소방시설등 자체점검 실시결과 보고서(전자문서로 된 보고서를 포함한다)에 다음 각 호의 서류를 첨부하여 소방본부장 또는 소방서장에게 서면이나 소방청장이 지정하는 전산망을 통하여 보고해야 한다.
  1. 점검인력 배치확인서(관리업자가 점검한 경우만 해당한다)
  2. 별지 제10호서식의 소방시설등의 자체점검 결과 이행계획서
○ 소방시설등의 자체점검 결과 이행계획서를 보고받은 소방본부장 또는 소방서장은 다음 각 호의 구분에 따라 이행계획의 완료 기간을 정하여 관계인에게 통보해야 한다. 다만, 소방시설등에 대한 수리·교체·정비의 규모 또는 절차가 복잡하여 다음 각 호의 기간 내에 이행을 완료하기가 어려운 경우에는 그 기간을 달리 정할 수 있다.
  1. 소방시설등을 구성하고 있는 기계·기구를 수리하거나 정비하는 경우: 보고일부터 (ㅁ.)일 이내
  2. 소방시설등의 전부 또는 일부를 철거하고 새로 교체하는 경우: 보고일부터 (ㅂ.)일 이내

풀이&답
ㄱ. 60   ㄴ. 종합점검   ㄷ. 10
ㄹ. 15   ㅁ. 10   ㅂ. 20

24회 점검

011 소방시설 설치 및 관리에 관한 법령상 특정소방대상물이 증축되는 경우에도 소방본부장 또는 소방서장이 기존 부분에 대해서 증축 당시의 소방시설의 설치에 관한 대통령령 또는 화재안전기준을 적용하지 않는 경우 4가지를 쓰시오.(4점)

풀이&답
1. 기존 부분과 증축 부분이 내화구조(耐火構造)로 된 바닥과 벽으로 구획된 경우
2. 기존 부분과 증축 부분이 「건축법 시행령」제46조제1항제2호에 따른 자동방화셔터(이하 "자동방화셔터"라 한다) 또는 같은 영 제64조제1항제1호에 따른 60분+ 방화문(이하 "60분+방화문"이라 한다)으로 구획되어 있는 경우
3. 자동차 생산공장 등 화재 위험이 낮은 특정소방대상물 내부에 연면적 33제곱미터 이하의 직원 휴게실을 증축하는 경우
4. 자동차 생산공장 등 화재 위험이 낮은 특정소방대상물에 캐노피(기둥으로 받치거나 매달아 놓은 덮개를 말하며, 3면 이상에 벽이 없는 구조의 것을 말한다)를 설치하는 경우

24회 점검

012 소방시설 설치 및 관리에 관한 법령상 소방시설을 설치하지 않을 수 있는 특정소방대상물 및 소방시설의 범위에 관한 내용이다. ( )에 들어갈 내용을 쓰시오. (4점)

구분	특정소방대상물	설치하지 않을 수 있는 소방시설
1. 화재 위험도가 낮은 특정소방대상물	석재, 불연성금속, 불연성 건축재료 등의 가공공장·기계조립공장 또는 불연성 물품을 저장하는 창고	(ㄱ.) 및 연결살수설비
2. 화재안전기준을 적용하기 어려운 특정소방대상물	펄프공장의 작업장, 음료수 공장의 세정 또는 충전을 하는 작업장, 그 밖에 이와 비슷한 용도로 사용하는 것	(ㄴ.), 상수도소화용수설비 및 연결살수설비
	정수장, 수영장, 목욕장, 농예·축산·어류양식용 시설, 그 밖에 이와 비슷한 용도로 사용되는 것	(ㄷ.), 상수도소화용수설비 및 연결살수설비
3. 화재안전기준을 달리 적용해야 하는 특수한 용도 또는 구조를 가진 특정소방대상물	원자력발전소, 중·저준위방사성폐기물의 저장시설	연결송수관설비 및 연결살수설비
4. 「위험물 안전관리법」 제19조에 따른 자체소방대가 설치된 특정소방대상물	자체소방대가 설치된 제조소등에 부속된 사무실	(ㄹ.), 소화용수설비, 연결살수설비 및 연결송수관설비

풀이&답
ㄱ. 옥외소화전
ㄴ. 스프링클러설비
ㄷ. 자동화재탐지설비
ㄹ. 옥내소화전설비

24회 점검

013 소방시설 설치 및 관리에 관한 법령상 대통령령이나 화재안전기준이 변경되어 그 기준이 강화되는 경우 강화된 기준을 적용할 수 있는 소방시설 중 의료시설에 설치하는 것 4가지를 쓰시오. (4점)

풀이&답
스프링클러설비, 간이스프링클러설비, 자동화재탐지설비, 자동화재속보설비

보충설명 강화된 소방시설기준의 적용대상

공동구	소화기, 자동소화장치, 자동화재탐지설비, 통합감시시설, 유도등 및 연소방지설비
전력 및 통신사업용 지하구	소화기, 자동소화장치, 자동화재탐지설비, 통합감시시설, 유도등 및 연소방지설비
노유자 시설	간이스프링클러설비, 자동화재탐지설비 및 단독경보형 감지기
의료시설	스프링클러설비, 간이스프링클러설비, 자동화재탐지설비 및 자동화재속보설비

소방관련법령 기출문제 | 소방시설 설치 및 관리에 관한 법률 시행규칙

22회 점검

001 화재예방, 소방시설 설치·유지 및 안전관리에 관한 법령상 소방시설별 점검 장비이다. ( )에 들어갈 내용을 쓰시오.(단, 종합정밀점검의 경우임)(5점)

소방시설	장비
스프링클러설비 포소화설비	(ㄱ)
이산화탄소소화설비 분말소화설비 할론소화설비 할로겐화합물 및 불활성기체(다른 원소와 화학 반응을 일으키기 어려운 기체) 소화설비	(ㄴ) (ㄷ) 그 밖에 소화약제의 저장량을 측정할 수 있는 점검기구
자동화재탐지설비 시각경보기	열감지기시험기 연(煙)감지기시험기 (ㄹ) (ㅁ) 음량계

풀이&답

ㄱ	ㄴ	ㄷ	ㄹ	ㅁ
헤드결합렌치 (볼트, 너트, 나사 등을 죄거나 푸는 공구)	검량계	기동관누설 시험기	공기주입 시험기	감지기 시험기 연결막대

20회 점검

002 화재예방, 소방시설 설치·유지 및 안전관리에 관한 법령상 소방시설등의 자체점검 시 점검인력 배치기준에 관한 다음 물음에 답하시오.(15점)

(1) 다음 ( )에 들어갈 내용을 쓰시오.(9점)

대상용도	가감계수
공동주택(아파트 제외), (ㄱ), 항공기 및 자동차 관련 시설, 동물 및 식물 관련 시설, 분뇨 및 쓰레기 처리시설, 군사시설, 묘지 관련 시설, 관광휴게시설, 장례식장, 지하구, 문화재	(ㅅ)
문화 및 집회시설, (ㄴ), 의료시설(정신보건시설 제외), 교정 및 군사시설(군사시설 제외), 지하가, 복합건축물(1류에 속하는 시설이 있는 경우 제외), 발전시설, (ㄷ)	1.1
공장, 위험물 저장 및 처리시설, 창고시설	0.9
근린생활시설, 운동시설, 업무시설, 방송통신시설, (ㄹ)	(ㅇ)
노유자시설, (ㅁ), 위락시설, 의료시설(정신보건의료기관), 수련시설, (ㅂ)(1류에 속하는 시설이 있는 경우)	(ㅈ)

풀이&답

ㄱ	ㄴ	ㄷ	ㄹ	ㅁ	ㅂ	ㅅ	ㅇ	ㅈ
교육연구 시설	종교 시설	판매 시설	운수 시설	숙박 시설	복합건축물	0.8	1.0	1.2

보충설명

구분	대상용도	가감계수
1류	노유자시설, 숙박시설, 위락시설, 의료시설(정신보건의료기관), 수련시설, 복합건축물(1류에 속하는 시설이 있는 경우)	1.2
2류	문화 및 집회시설, 종교시설, 의료시설(정신보건시설 제외), 교정 및 군사시설(군사시설 제외), 지하가, 복합건축물(1류에 속하는 시설이 있는 경우 제외), 발전시설, 판매시설	1.1
3류	근린생활시설, 운동시설, 업무시설, 방송통신시설, 운수시설	1.0

구분	대상용도	가감계수
4류	공장, 위험물 저장 및 처리시설, 창고시설	0.9
5류	공동주택(아파트 제외), 교육연구시설, 항공기 및 자동차 관련 시설, 동물 및 식물 관련 시설, 분뇨 및 쓰레기 처리시설, 군사시설, 묘지 관련 시설, 관광휴게시설, 장례식장, 지하구, 문화재	0.8

(2) 화재예방, 소방시설 설치·유지 및 안전관리에 관한 법령상 소방시설의 자체점검시 인력배치기준에 따라, 지하구의 길이가 800m, 4차로인 터널의 길이가 1,000 m 일 때 다음에 답하시오.(6점)

① 지하구의 실제점검면적(m^2)을 구하시오.

[풀이&답]
실제점검면적 = 800 m × 1.8 m = 1,440 m^2

② 한쪽 측벽에 소방시설이 설치되어 있는 터널의 실제점검면적(m^2)을 구하시오.

[풀이&답]
실제점검면적 = 1,000 m × 3.5 m = 3,500 m^2

③ 한쪽 측벽에 소방시설이 설치되어 있지 않는 터널의 실제점검면적(m^2)을 구하시오.

[풀이&답]
실제점검면적 = 1,000 m × 3.5 m = 3,500 m^2

소방관련법령 기출문제 — 다중이용업소의 안전관리에 관한 특별법

17회 점검

001 소방시설관리사가 종합정밀점검 과정에서 해당 건축물 내 다중이용업소 수가 지난해보다 크게 증가하여 이에 대한 화재위험평가를 해야 한다고 판단하였다. 「다중이용업소의 안전관리에 관한 특별법」에 따라 다중이용업소에 대한 화재위험평가를 해야 하는 경우를 쓰시오. (3점)

[풀이&답]
1. 2천제곱미터 지역 안에 다중이용업소가 50개 이상 밀집하여 있는 경우
2. 5층 이상인 건축물로서 다중이용업소가 10개 이상 있는 경우
3. 하나의 건축물에 다중이용업소로 사용하는 영업장 바닥면적의 합계가 1천제곱미터 이상인 경우

소방관련법령 기출문제 — 다중이용업소의 안전관리에 관한 특별법 시행령

20회 설계

001 다중이용업소의 안전관리에 관한 특별법상 간이스프링클러설비를 설치해야 하는 특정소방대상물을 쓰시오.(4점)

> **풀이&답**
> 가) 지하층에 설치된 영업장
> 나) 법 제9조제1항제1호에 따른 숙박을 제공하는 형태의 다중이용업소의 영업장 중 다음에 해당하는 영업장. 다만, 지상 1층에 있거나 지상과 직접 맞닿아 있는 층(영업장의 주된 출입구가 건축물 외부의 지면과 직접 연결된 경우를 포함한다)에 설치된 영업장은 제외한다.
>   (1) 제2조제7호에 따른 산후조리업의 영업장
>   (2) 제2조제7호의2에 따른 고시원업(이하 이 표에서 "고시원업"이라 한다)의 영업장
> 다) 법 제9조제1항제2호에 따른 밀폐구조의 영업장
> 라) 제2조제7호의3에 따른 권총사격장의 영업장

24회 점검

002 다중이용업소의 안전관리에 관한 특별법령상 간이스프링클러설비를 설치하여야 할 다중이용업소의 영업장 3가지만 쓰시오.(3점)

> **풀이&답**
> 가) 지하층에 설치된 영업장
> 나) 법 제9조제1항제1호에 따른 숙박을 제공하는 형태의 다중이용업소의 영업장 중 다음에 해당하는 영업장. 다만, 지상 1층에 있거나 지상과 직접 맞닿아 있는 층(영업장의 주된 출입구가 건축물 외부의 지면과 직접 연결된 경우를 포함한다)에 설치된 영업장은 제외한다.
>   (1) 제2조제7호에 따른 산후조리업의 영업장
>   (2) 제2조제7호의2에 따른 고시원업(이하 이 표에서 "고시원업"이라 한다)의 영업장
> 다) 법 제9조제1항제2호에 따른 밀폐구조의 영업장
> 라) 제2조제7호의3에 따른 권총사격장의 영업장 중 3가지 선택

소방관련법령 기출문제 — 다중이용업소의 안전관리에 관한 특별법 시행규칙

001 [20회 점검] 2층에 일반음식점영업(영업장 사용면적 100 m²)을 하고자 한다. 다음에 답하시오.(7점)

(1) 다중이용업소의 안전관리에 관한 특별법령상 영업장의 비상구에 부속실을 설치하는 경우 부속실 입구의 문과 부속실에서 건물 외부로 나가는 문(난간 높이 1 m)에 설치하여야 하는 추락 등의 방지를 위한 시설을 각각 쓰시오.(3점)

[풀이&답]
① 경보음 발생 장치
② 추락위험을 알리는 표지
③ 쇠사슬 또는 안전로프

[보충설명]

3) 추락 등의 방지를 위하여 다음 사항을 갖추도록 할 것
　가) 발코니 및 부속실 입구의 문을 개방하면 경보음이 울리도록 경보음 발생 장치를 설치하고, 추락위험을 알리는 표지를 문(부속실의 경우 외부로 나가는 문도 포함한다)에 부착할 것
　나) 부속실에서 건물 외부로 나가는 문 안쪽에는 기둥·바닥·벽 등의 견고한 부분에 탈착이 가능한 쇠사슬 또는 안전로프 등을 바닥에서부터 120센티미터 이상의 높이에 가로로 설치할 것. 다만, 120센티미터 이상의 난간이 설치된 경우에는 쇠사슬 또는 안전로프 등을 설치하지 않을 수 있다.

(2) 다중이용업소의 안전관리에 관한 특별법령상 안전시설등 세부점검표의 점검사항 중 피난설비 작동기능점검 및 외관점검에 관한 확인사항 4가지를 쓰시오.(4점)

[풀이&답]
① 유도등·유도표지 등 부착상태 및 점등상태 확인
② 구획된 실마다 휴대용비상조명등 비치 여부
③ 화재신호 시 피난유도선 점등상태 확인
④ 피난기구(완강기, 피난사다리 등) 설치상태 확인

002 [20회 점검]

다중이용업소의 안전관리에 관한 특별법령상 다중이용업소의 비상구 공통기준 중 비상구 구조, 문이 열리는 방향, 문의 재질에 대하여 규정된 사항을 각각 쓰시오.(10점)

풀이&답

※ [시행일: 2024. 1. 1.] 기준으로 답안을 작성함.

비상구 구조	가) 비상구등은 구획된 실 또는 천장으로 통하는 구조가 아닌 것으로 할 것. 다만, 영업장 바닥에서 천장까지 불연재료(不燃材料)로 구획된 부속실(전실), 「모자보건법」제2조제10호에 따른 산후조리원에 설치하는 방풍실 또는 「녹색건축물 조성 지원법」에 따라 설계된 방풍구조는 그렇지 않다. 나) 비상구등은 다른 영업장 또는 다른 용도의 시설(주차장은 제외한다)을 경유하는 구조가 아닌 것이어야 할 것.
문이 열리는 방향	피난방향으로 열리는 구조로 할 것
문의 재질	주요 구조부(영업장의 벽, 천장 및 바닥을 말한다. 이하 이 표에서 같다)가 내화구조(耐火構造)인 경우 비상구등의 문은 방화문(防火門)으로 설치할 것. 다만, 다음의 어느 하나에 해당하는 경우에는 불연재료로 설치할 수 있다. (1) 주요 구조부가 내화구조가 아닌 경우 (2) 건물의 구조상 비상구등의 문이 지표면과 접하는 경우로서 화재의 연소 확대 우려가 없는 경우 (3) 비상구등의 문이「건축법 시행령」제35조에 따른 피난계단 또는 특별피난계단의 설치 기준에 따라 설치해야 하는 문이 아니거나 같은 영 제46조에 따라 설치되는 방화구획이 아닌 곳에 위치한 경우

보충설명 안전시설등의 설치·유지 기준(제9조 관련)[시행일: 2024. 1. 1.]

2. 주된 출입구 및 비상구(이하 이 표에서 "비상구등"이라 한다)	가. 공통기준 1) 설치 위치: 비상구는 영업장(2개 이상의 층이 있는 경우에는 각각의 층별 영업장을 말한다. 이하 이 표에서 같다) 주된 출입구의 반대방향에 설치하되, 주된 출입구 중심선으로부터의 수평거리가 영업장의 가장 긴 대각선 길이, 가로 또는 세로 길이 중 가장 긴 길이의 2분의 1 이상 떨어진 위치에 설치할 것. 다만, 건물구조로 인하여 주된 출입구의 반대방향에 설치할 수 없는 경우에는 주된 출입구 중심선으로부터의 수평거리가 영업장의 가장 긴 대각선 길이, 가로 또는 세로 길이 중 가장 긴 길이의 2분의 1 이상 떨어진 위치에 설치할 수 있다. 2) 비상구등 규격: 가로 75센티미터 이상, 세로 150센티미터 이상(문틀을 제외한 가로길이 및 세로길이를 말한다)으로 할 것 3) 구조 　가) 비상구등은 구획된 실 또는 천장으로 통하는 구조가 아닌 것으로 할 것. 다만, 영업장 바닥에서 천장까지 불연재료(不燃材料)로 구

획된 부속실(전실), 「모자보건법」 제2조제10호에 따른 산후조리원에 설치하는 방풍실 또는 「녹색건축물 조성 지원법」에 따라 설계된 방풍구조는 그렇지 않다.
　　　　　나) 비상구등은 다른 영업장 또는 다른 용도의 시설(주차장은 제외한다)을 경유하는 구조가 아닌 것이어야 할 것.
　　　　4) 문
　　　　　가) 문이 열리는 방향: 피난방향으로 열리는 구조로 할 것
　　　　　나) 문의 재질: 주요 구조부(영업장의 벽, 천장 및 바닥을 말한다. 이하 이 표에서 같다)가 내화구조(耐火構造)인 경우 비상구등의 문은 방화문(防火門)으로 설치할 것. 다만, 다음의 어느 하나에 해당하는 경우에는 불연재료로 설치할 수 있다.
　　　　　　(1) 주요 구조부가 내화구조가 아닌 경우
　　　　　　(2) 건물의 구조상 비상구등의 문이 지표면과 접하는 경우로서 화재의 연소 확대 우려가 없는 경우
　　　　　　(3) 비상구등의 문이 「건축법 시행령」 제35조에 따른 피난계단 또는 특별피난계단의 설치 기준에 따라 설치해야 하는 문이 아니거나 같은 영 제46조에 따라 설치되는 방화구획이 아닌 곳에 위치한 경우
　　　　　다) 주된 출입구의 문이 나)(3)에 해당하고, 다음의 기준을 모두 충족하는 경우에는 주된 출입구의 문을 자동문[미서기(슬라이딩)문을 말한다]으로 설치할 수 있다.
　　　　　　(1) 화재감지기와 연동하여 개방되는 구조
　　　　　　(2) 정전 시 자동으로 개방되는 구조
　　　　　　(3) 정전 시 수동으로 개방되는 구조

나. 복층구조(複層構造) 영업장(2개 이상의 층에 내부계단 또는 통로가 각각 설치되어 하나의 층의 내부에서 다른 층의 내부로 출입할 수 있도록 되어 있는 구조의 영업장을 말한다)의 기준
　　1) 각 층마다 영업장 외부의 계단 등으로 피난할 수 있는 비상구를 설치할 것
　　2) 비상구등의 문이 열리는 방향은 실내에서 외부로 열리는 구조로 할 것
　　3) 비상구등의 문의 재질은 가목4)나)의 기준을 따를 것
　　4) 영업장의 위치 및 구조가 다음의 어느 하나에 해당하는 경우에는 1)에도 불구하고 그 영업장으로 사용하는 어느 하나의 층에 비상구를 설치할 것
　　　가) 건축물 주요 구조부를 훼손하는 경우
　　　나) 옹벽 또는 외벽이 유리로 설치된 경우 등

다. 영업장의 위치가 4층 이하(지하층인 경우는 제외한다)인 경우의 기준
　　1) 피난 시에 유효한 발코니[활하중 5킬로뉴턴/제곱미터(5kN/㎡) 이상, 가로 75센티미터 이상, 세로 150센티미터 이상, 면적 1.12제곱

| | 미터 이상, 난간의 높이 100센티미터 이상인 것을 말한다. 이하 이 목에서 같다] 또는 부속실(불연재료로 바닥에서 천장까지 구획된 실로서 가로 75센티미터 이상, 세로 150센티미터 이상, 면적 1.12제곱미터 이상인 것을 말한다. 이하 이 목에서 같다)을 설치하고, 그 장소에 적합한 피난기구를 설치할 것
2) 부속실을 설치하는 경우 부속실 입구의 문과 건물 외부로 나가는 문의 규격은 가목2)에 따른 비상구등의 규격으로 할 것. 다만, 120센티미터 이상의 난간이 있는 경우에는 발판 등을 설치하고 건축물 외부로 나가는 문의 규격과 재질을 가로 75센티미터 이상, 세로 100센티미터 이상의 창호로 설치할 수 있다.
3) 추락 등의 방지를 위하여 다음 사항을 갖추도록 할 것
  가) 발코니 및 부속실 입구의 문을 개방하면 경보음이 울리도록 경보음 발생 장치를 설치하고, 추락위험을 알리는 표지를 문(부속실의 경우 외부로 나가는 문도 포함한다)에 부착할 것
  나) 부속실에서 건물 외부로 나가는 문 안쪽에는 기둥·바닥·벽 등의 견고한 부분에 탈착이 가능한 쇠사슬 또는 안전로프 등을 바닥에서부터 120센티미터 이상의 높이에 가로로 설치할 것. 다만, 120센티미터 이상의 난간이 설치된 경우에는 쇠사슬 또는 안전로프 등을 설치하지 않을 수 있다. |

17회 설계

003 다중이용업소의 영업장에 설치·유지하여야 하는 안전시설등의 종류 중 영상음향 차단장치에 대한 설치·유지기준을 쓰시오. (4점)

풀이&답

가. 화재 시 자동화재탐지설비의 감지기에 의하여 자동으로 음향 및 영상이 정지될 수 있는 구조로 설치하되, 수동(하나의 스위치로 전체의 음향 및 영상장치를 제어할 수 있는 구조를 말한다)으로도 조작할 수 있도록 설치할 것

나. 영상음향차단장치의 수동차단스위치를 설치하는 경우에는 관계인이 일정하게 거주하거나 일정하게 근무하는 장소에 설치할 것. 이 경우 수동차단스위치와 가장 가까운 곳에 "영상음향차단스위치"라는 표지를 부착하여야 한다.

다. 전기로 인한 화재발생 위험을 예방하기 위하여 부하용량에 알맞은 누전차단기(과전류차단기를 포함한다)를 설치할 것

라. 영상음향차단장치의 작동으로 실내 등의 전원이 차단되지 않는 구조로 설치할 것

11회 점검

004 다중이용업소의 영업주는 안전시설등을 정기적으로 "안전시설 등 세부점검표"를 사용하여 점검하여야 한다. "안전시설 등 세부점검표"의 점검사항 9가지를 쓰시오. (18점)

[풀이&답]

〈2023.08.01. 기준으로 답안을 작성〉

점검사항
① 소화기 또는 자동확산소화기의 외관점검 　- 구획된 실마다 설치되어 있는지 확인 　- 약제 응고상태 및 압력게이지 지시침 확인
② 간이스프링클러설비 작동기능점검 　- 시험밸브 개방 시 펌프기동, 음향경보 확인 　- 헤드의 누수·변형·손상·장애 등 확인
③ 경보설비 작동기능점검 　- 비상벨설비의 누름스위치, 표시등, 수신기 확인 　- 자동화재탐지설비의 감지기, 발신기, 수신기 확인 　- 가스누설경보기 정상작동여부 확인
④ 피난설비 작동기능점검 및 외관점검 　- 유도등·유도표지 등 부착상태 및 점등상태 확인 　- 구획된 실마다 휴대용비상조명등 비치 여부 　- 화재신호 시 피난유도선 점등상태 확인 　- 피난기구(완강기, 피난사다리 등) 설치상태 확인
⑤ 비상구 관리상태 확인 　- 비상구 폐쇄·훼손, 주변 물건 적치 등 관리상태 　- 구조변형, 금속표면 부식·균열, 용접부·접합부 손상 등 확인(건축물 외벽에 발코니 형태의 비상구를 설치한 경우만 해당)
⑥ 영업장 내부 피난통로 관리상태 확인 　- 영업장 내부 피난통로 상 물건 적치 등 관리상태
⑦ 창문(고시원) 관리상태 확인
⑧ 영상음향차단장치 작동기능점검 　- 경보설비와 연동 및 수동작동 여부 점검 　　(화재신호 시 영상음향이 차단되는 지 확인)
⑨ 누전차단기 작동 여부 확인
⑩ 피난안내도 설치 위치 확인
⑪ 피난안내영상물 상영 여부 확인

점검사항
⑫ 실내장식물·내부구획 재료 교체 여부 확인 　- 커튼, 카페트 등 방염선처리제품 사용 여부 　- 합판·목재 방염성능 확보 여부 　- 내부구획재료 불연재료 사용 여부
⑬ 방염 소파·의자 사용 여부 확인
⑭ 안전시설등 세부점검표 분기별 작성 및 1년간 보관 여부
⑮ 화재배상책임보험 가입여부 및 계약기간 확인

소방관련법령 기출문제 — 건축물의 피난·방화구조 등의 기준에 관한 규칙

17회 점검
001 피난용승강기 전용 예비전원의 설치기준을 쓰시오. (4점)

풀이&답

가. 정전시 피난용승강기, 기계실, 승강장 및 폐쇄회로 텔레비전 등의 설비를 작동할 수 있는 별도의 예비전원 설비를 설치할 것
나. 가목에 따른 예비전원은 초고층 건축물의 경우에는 2시간 이상, 준초고층 건축물의 경우에는 1시간 이상 작동이 가능한 용량일 것
다. 상용전원과 예비전원의 공급을 자동 또는 수동으로 전환이 가능한 설비를 갖출 것
라. 전선관 및 배선은 고온에 견딜 수 있는 내열성 자재를 사용하고, 방수조치를 할 것

24회 설계
002 수직풍도를 「건축물의 피난·방화구조 등의 기준에 관한 규칙」제3조 제2호의 기준에 맞게 설치할 경우 다음 (　)에 들어갈 내용을 쓰시오. (5점)

○ 철근콘크리트조 또는 철골철근콘크리트조로서 두께가 (ㄱ.)센티미터 이상인 것
○ 골구를 철골조로 하고 그 양면을 두께 (ㄴ.)센티미터 이상의 철망모르타르 또는 두께 (ㄷ.)센티미터 이상의 콘크리트블록·벽돌 또는 석재로 덮은 것
○ 철재로 보강된 콘크리트블록조, 벽돌조 또는 석조로서 철재에 덮은 콘크리트블록 등의 두께가 (ㄹ.)센티미터 이상인 것
○ 무근콘크리트조·콘크리트블록조·벽돌조 또는 석조로서 그 두께가 (ㅁ.)센티미터 이상인 것

> [풀이&답]
> ㄱ. 7   ㄴ. 3   ㄷ. 4   ㄹ. 4   ㅁ. 7

소방관련법령 기출문제   건축법 시행령

17회 점검

001 방화구획 대상 건축물에 방화구획을 적용하지 아니하거나 그 사용에 지장이 없는 범위에서 방화구획을 완화하여 적용할 수 있는 경우 7가지를 쓰시오. (7점)

> [풀이&답]
> 1. 문화 및 집회시설(동·식물원은 제외한다), 종교시설, 운동시설 또는 장례시설의 용도로 쓰는 거실로서 시선 및 활동공간의 확보를 위하여 불가피한 부분
> 2. 물품의 제조·가공 및 운반 등(보관은 제외한다)에 필요한 고정식 대형 기기(器機) 또는 설비의 설치를 위하여 불가피한 부분. 다만, 지하층인 경우에는 지하층의 외벽 한쪽 면(지하층의 바닥면에서 지상층 바닥 아래면까지의 외벽 면적 중 4분의 1 이상이 되는 면을 말한다) 전체가 건물 밖으로 개방되어 보행과 자동차의 진입·출입이 가능한 경우로 한정한다.
> 3. 계단실·복도 또는 승강기의 승강장 및 승강로로서 그 건축물의 다른 부분과 방화구획으로 구획된 부분. 다만, 해당 부분에 위치하는 설비배관 등이 바닥을 관통하는 부분은 제외한다.
> 4. 건축물의 최상층 또는 피난층으로서 대규모 회의장·강당·스카이라운지·로비 또는 피난안전구역 등의 용도로 쓰는 부분으로서 그 용도로 사용하기 위하여 불가피한 부분
> 5. 복층형 공동주택의 세대별 층간 바닥 부분
> 6. 주요구조부가 내화구조 또는 불연재료로 된 주차장
> 7. 단독주택, 동물 및 식물 관련 시설 또는 국방·군사시설(집회, 체육, 창고 등의 용도로 사용되는 시설만 해당한다)로 쓰는 건축물
> 8. 건축물의 1층과 2층의 일부를 동일한 용도로 사용하며 그 건축물의 다른 부분과 방화구획으로 구획된 부분(바닥면적의 합계가 500제곱미터 이하인 경우로 한정한다)

Non-Stop High-Pass
FINAL 적중
화재안전기준 및 소방관련법령 580제

발　　행 / 2025년 1월 20일	판 권 소 유
저　　자 / 김 상 현	
펴 낸 이 / 정 창 희	
펴 낸 곳 / 동일출판사	
주　　소 / 서울시 강서구 곰달래로31길7 (2층)	
전　　화 / (02) 2608-8250	
팩　　스 / (02) 2608-8265	
등록번호 / 제109-90-92166호	

ISBN 978-89-381-1703-8 13500
값 / 25,000원

이 책은 저작권법에 의해 저작권이 보호됩니다.
동일출판사 발행인의 승인자료 없이 무단 전재하거나 복제하는 행위는 저작권법 제136조에 의해 5년 이하의 징역 또는 5,000만원 이하의 벌금에 처하거나 이를 병과(倂科)할 수 있습니다.